高端装备关键基础理论及技术丛书·传动与控制

高端液压元件理论与实践

Theory and Application of Advanced Hydraulic Component

阎耀保 著

上海科学技术出版社

内 容 提 要

　　本书系统地论述高端液压元件的理论与实践，主要内容有：高端液压元件的由来及其演变过程，新型工作介质，射流管伺服阀及冲蚀磨损数值模拟方法，射流管压力伺服阀，偏转板伺服阀，直接驱动式电液伺服阀，飞行器单级溢流阀，极端小尺寸双级溢流阀，飞行器液压减压阀，非对称液压阀与对称不均等正开口液压滑阀，增压油箱与液压附件，双边气动伺服阀与四边气动伺服阀等。书后附有我国电液伺服阀代表单位的系列产品结构与参数。本书内容翔实，图文并茂，深入浅出，侧重系统性、专业性、前沿性，前瞻性理论与实践案例紧密结合，国家重大装备核心基础零部件(元器件)案例丰富、翔实。

　　本书可供从事重大装备、重点领域整机和武器系统用高端液压气动元件和装置的研究、设计、制造、试验和管理的科技人员阅读，也可供航空、航天、舰船、机械、能源、海洋、交通等专业的师生参考。

图书在版编目(CIP)数据

高端液压元件理论与实践 / 訚耀保著. —上海：上海科学技术出版社，2017.4
(高端装备关键基础理论及技术丛书. 传动与控制)
ISBN 978 - 7 - 5478 - 3402 - 2

Ⅰ.①高…　Ⅱ.①訚…　Ⅲ.①液压元件—研究
Ⅳ.①TH137.5

中国版本图书馆 CIP 数据核字(2016)第 309602 号

高端液压元件理论与实践

訚耀保　著

上海世纪出版股份有限公司
上海 科 学 技 术 出 版 社　出版
(上海钦州南路 71 号　邮政编码 200235)

上海世纪出版股份有限公司发行中心发行
200001　上海福建中路 193 号　www.ewen.co
上海中华商务联合印刷有限公司印刷

开本 787×1092　1/16　印张 26.5　插页 4
字数：650 千字
2017 年 4 月第 1 版　2017 年 4 月第 1 次印刷
ISBN 978 - 7 - 5478 - 3402 - 2/TH·64
定价：148.00 元

前　言

纵观世界液压元件发明史，经历了从原理到元件、从复杂高端元件到一般工业基础件的发展过程。古希腊数学家阿基米德发现浮力定律，15 世纪初法国物理学家帕斯卡(Blaise Pascal)发现静止流体可以传递力和功率的规律以来，欧洲人和美国人在 16 世纪末至 20 世纪中叶相继发明了各种液压元件。如 1795 年英国人 Joseph Braman 发明水压机，1905 年将工作介质由水改为油，1911 年英国人 H. S. Hele-Shaw 申请径向柱塞泵与马达专利，1935 年瑞士人 Hans Thoma 发明斜轴式轴向柱塞泵与马达，1931 年美国人 H. F. Vickers 发明先导式溢流阀并用于液压泵的压力控制，1942 年美国人 Jean Mercier 发明皮囊式蓄能器，1950 年美国发明自增压油箱与冷气挤压式液压能源为飞行器供油。

20 世纪 40 年代以来，高端电液伺服元件原理相继诞生。德国 Askania 发明射流管阀，美国 Foxboro 发明单喷嘴挡板阀，德国 Siemens 发明双喷嘴挡板阀。1946 年英国 Tinsiey 获得两级阀专利，美国 Raytheon 和 Bell 发明两级电液伺服阀，1957 年 R. Atchley 研制两级射流管伺服阀，1970 年 MOOG 公司开发两级偏转板伺服阀。从此拉开了高端液压元件及其重大装备、航空航天及舰船等领域的应用序幕。第二次世界大战前后，出于军事和宇航开发的需要，美国空军先后组织四十余个早期机构，研制了各种形式的单级和双级电液伺服阀，形成了电液伺服元件新结构、新原理、试制产品，并撰写了包括各类电液伺服元件数学模型、传递函数、功率键合图、实验等内容的国防科技报告，但保密 30～50 年。高端装备高新技术，处于价值链的高端和产业链的核心环节。多年来，极端温度、极端尺寸、极端环境、高性能的高端液压元件理论和技术已经被列为各国重点研究的课题，公开著作尚不多见。

核心基础零部件(元器件)已列为《中国制造 2025》实施工业强基工程的重点突破瓶颈之一。针对百余年来高端装备一直被国外垄断的现状，本书作者结合多年来从事重大装备和武器系统研制过程中的实践成果，包括作者所承担的国防武器系统、国家高技术研究发展计划(863 计划)、国家科技支撑计划、国家自然科学基金、航空科学基金、上海市浦江人才计划项目，系统地及时地总结了二十余年潜心研究高端液压元件的基础理论与实践案例，涉及航天能源与舵机、航空装备、智能工程机械、海洋工程装备和智能装备等方面。全书共分为 14 章。第 1 章绪论，着重阐述液压元件的由来，电液伺服元件和高端液压元件的演变过程，主要介绍世界液压元件的产生背景及过程。第 2 章工作介质，介绍新型液压油、磷酸酯液压油、喷气燃料(燃油)、航天煤油、自然水(淡水与海水)、压缩气体(空气、氮气、惰性气体)、燃气发生剂与燃气介质等的成分和特性。第 3、4 章射流管伺服阀和压力伺服阀，叙述射流管伺服阀数学模型、压力特性、射流负压现象以及前置级冲蚀磨损数值模拟方法，压力伺服阀结构与特性。第5章阐述偏转板伺服阀原理与静动态特性，流场规律与卡门涡街现象。第6章直接驱动式电液伺服阀，包括由来、旋转直接驱动式电液伺服阀、大流量电气四余度液压双余度两级直接驱动伺服阀。第7、8、9章介绍飞行器单级溢流阀、极端小尺寸的集成式双级溢流阀、飞行器液压减压阀，着重介绍新结构和整体集成式一体化设计方法，包括新原理、振动环境下的数学模型、双级溢流阀稳定性与极端尺寸之间的关系、典型应用案例。第10、11章描述非对称液压阀和对称不均等正开口液压滑阀的新原理、阀特性与阀控缸特性。第12章介绍闭式液压系统增压油箱与液压附件结构与原理。第13、14章阐述双边气动伺服阀与四边气动伺服阀结构、特性及气动阀控缸典型案例。为便于读者了解电液伺服阀结构、性能，附录列出了电液伺服阀术语与定义，以及我国电液伺服阀高端产品。本书旨在为我国重大装备和武器系统的研究、设计、制造、试验和管理的专业技术人员提供有益的前瞻性基础理论和实践案例，也希望为探索高端液压元件目前未知的基础理论、技术途径或解决方案，破解重大装备、重点领域整机核心元件理论和关键技术难题，提高我国核心基础零部件（元器件）的原始创新能力起到一定的促进作用。

本书根据作者多年来在国外和国内的实践经验和理论成果系统地凝练、归纳而成，包括作者与南京机电液压工程研究中心郭生荣、上海航天控制技术研究所傅俊勇等同仁的共同研究成果。附录由上海航天控制技术研究所张鑫彬、南京机电液压工程研究中心方向、中航工业西安飞行自动控制研究所牛世勇、中国运载火箭技术研究院第十八研究所王书铭、上海衡拓液压控制技术有限公司金瑶兰、上海诺玛液压系统有限公司曹涌提供素材编写而成。在出版过程中得到了上海科学技术出版社、上海市教育委员会和上海市新闻出版局"上海高校服务国家重大战略出版工程"、同济大学研究生教材出版基金的大力支持和帮助。同济大学訚耀保教授研究室博士研究生原佳阳、王玉、李长明、张曦，硕士研究生张鹏、傅嘉华、张晓琪、张阳进行成果归纳工作，2009—2016年硕士生进行资料整理工作。本书作为同济大学博士研究生教材、硕士研究生教材已在教学中连续使用。

限于作者水平，书中难免有不妥和错误之处，恳请读者批评、指正。

著　者

2016 年 10 月

高端液压元件理论与实践

目　录

高端液压元件理论与实践

高端液压元件理论与实践

第 1 章

绪 论

1.1 液压元件的由来

1.1.1 流体静力学

流体静力学可追溯到古希腊哲学家阿基米德(前 287—前 212)。有一天,他在踏入澡盆发现水位随之上升后,想到可以用测定固体在水中排水量的办法,突然悟出了浮力定律,大声喊出"Eureka(恍然大悟、顿悟)",意思是"找到办法了"。阿基米德浮力定律 1627 年才传入中国。我国流体静力学应用事例,有秦昭王(前 325—前 251)将水灌入洞中利用浮力寻找木球,曹冲(196—208)称象,书籍记载"置象于船上,而刻其水痕所至,称物以载之,则校可知矣。复称他物,则象重可知也"等典故。液压理论和应用技术的发源可追溯到 17 世纪的欧洲。法国人帕斯卡(Blaise Pascal)在 1646 年表演了著名的裂桶试验。如图 1.1 所示,他将 10 m(32.8 ft)长的空心

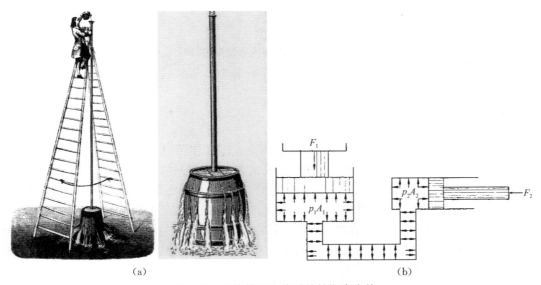

(a)   (b)

图 1.1 流体静压力传递的帕斯卡定律

(a) 流体静压力的帕斯卡裂桶实验(帕斯卡,1646); (b) 帕斯卡定律(帕斯卡,1654)

细管垂直插入装满水的木桶中并做好密封,之后向细管加水。尽管只往垂直的空心细管中注入了一杯水,但随着管子中水位上升,木桶最终在内部压力下被冲破开裂,桶内的水就从裂缝中流了出来。这证明了所设想的静水压力取决于高度差而非流体重量,当时这个结果对许多人来说是不可思议的。在此基础上,帕斯卡在 1654 年发现了流体静压力可传递力和功率,封闭容腔内部的静压力可以等值地传递到各个部位,即帕斯卡定律。后来,为纪念法国物理学家帕斯卡,国际单位制中压强的基本单位采用帕斯卡(Pa)表示,简称帕($1\ \mathrm{Pa}=1\ \mathrm{N/m^2}$)。

1795 年英国人布拉曼(Joseph Braman)基于帕斯卡定律利用水作为工作介质,发明了水压机。如图 1.2 所示,由人工操作并往复提压操纵杆将水箱中的液体通过管道压入缸筒中,继而推动液压缸活塞杆 6 伸出,完成重物抬升并在静止的桁架顶板之间形成对重物的挤压作用。由于活塞 2 的直径小于活塞 6 的直径,因此仅需要较小的驱动力就可产生较大的挤压作用。1905 年人们将工作介质由水改为油,由此诞生了以液压油作为介质的液压传动。

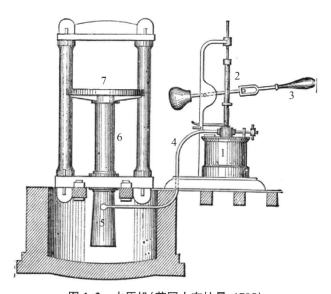

图 1.2　水压机(英国人布拉曼,1795)

1—水箱;2、6—活塞;3—操纵杆;4—管道;5—缸筒;7—重物

1.1.2　柱塞机械与液压泵液压马达

近代历史上,英美发明的典型液压元件相继问世。1911 年英国人 H. S. Hele-Shaw 申请了初期的径向柱塞泵与马达专利。如图 1.3 所示,提出在传动轴与径向柱塞组件之间设置一定的偏心量,当传动轴转动时,带动柱塞组件转动的同时,柱塞由于偏心布局而在径向产生一定位移的运动,形成柱塞和柱塞缸体之间的容腔体积变化,产生配油的供给过程。

1935 年瑞士人 Hans Thoma 在德国发明了斜轴式轴向柱塞泵与马达。如图 1.4 所示,将传动轴与缸体布置在不同轴线且通过曲柄连杆相连接,柱塞与缸体在同一轴线上,当传动轴旋转时,曲柄连杆带动活塞在缸体内做轴向相对运动,形成柱塞与缸体之间体积的变化,实现吸排油过程。1960 年,Hans Thoma 又发明了斜盘式轴向柱塞泵。如图 1.5 所示,将传动轴与缸体布置在同一轴线上,斜盘与缸体轴线之间具有一定倾斜角度。当传动轴转动时,带动缸体转动,柱塞

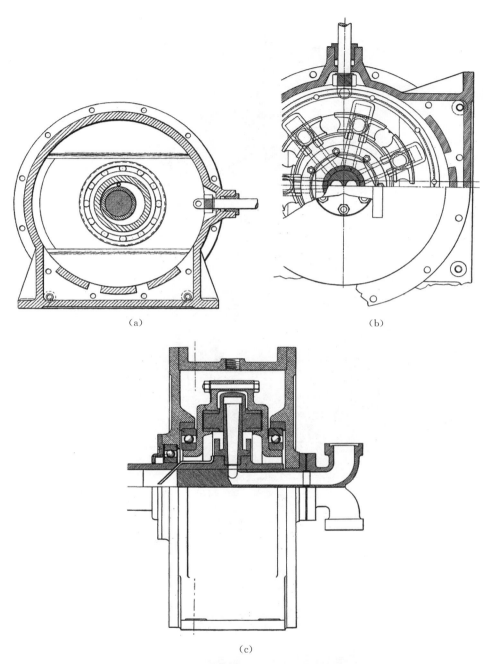

（a）　　　　　　　　　　　　　　　　（b）

（c）

图 1.3　初期的径向柱塞泵与马达专利（英国人 H. S. Hele-Shaw，美国专利 US1077979，1911—1913）

（a）传动轴与径向柱塞组件的偏心机构；（b）径向柱塞布局；（c）柱塞容腔配油过程

在缸体内随缸体转动的同时，由于柱塞球头一端与斜盘端面相约束，形成柱塞在缸体内的轴向往复移动，造成柱塞与缸体之间封闭容腔体积的变化，实现吸排油动作。同时还提出了双缸体组合式轴向柱塞泵结构，实现了大排量输出功能。

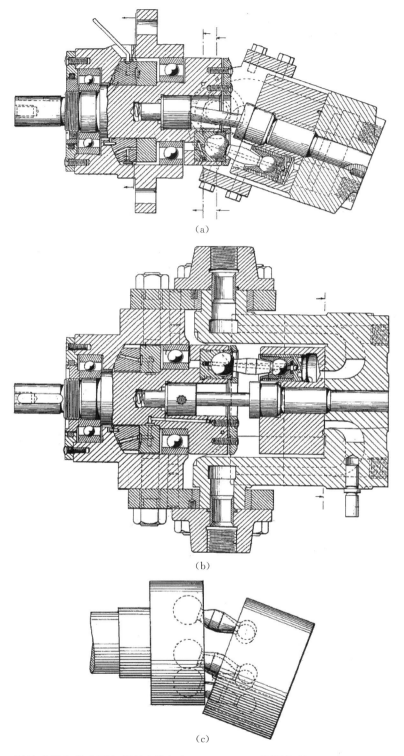

(a)

(b)

(c)

图 1.4　斜轴式轴向柱塞泵与马达(瑞士人 Hans Thoma, 美国专利 US2155455, 1935—1939)

(a) 斜轴式轴向柱塞泵转动轴与缸体组件的连接; (b) 曲柄连杆带动活塞吸排油过程;
(c) 传动轴与缸体组件的曲柄连杆

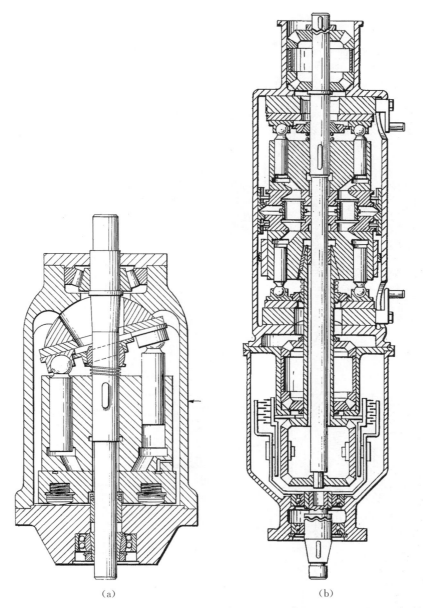

(a) (b)

图 1.5 斜盘式轴向柱塞泵(瑞士人 Hans Thoma,美国专利 US3059432,1960—1962)

(a)斜盘式轴向柱塞泵剖面图;(b)双缸体组合式轴向柱塞泵

1.1.3 溢流阀

1931 年美国人 H. F. Vickers 发明了先导式溢流阀,用于压力的精确和平滑控制。如图 1.6 所示,先导式溢流阀由主阀和先导阀组成,通过先导阀控制主阀的开启。供给的液压油作用于主阀阀芯的下端面,并经过阻尼孔后,进入主阀阀芯上腔的上端面和先导阀球阀。当供油压力超过先导阀设定压力时溢流回油箱。此时,由于油液的流动,阻尼孔两侧具有一定的压力差,即主阀

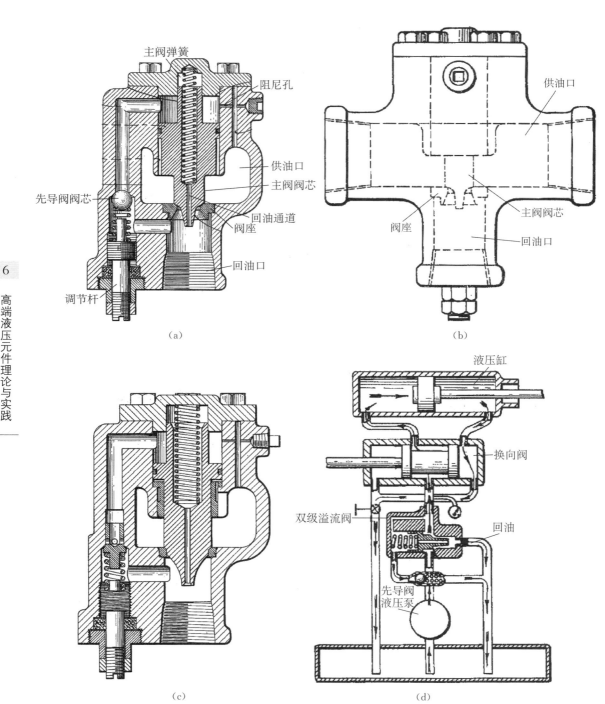

图 1.6　液压双级溢流阀(美国人 H. F. Vickers, 美国专利 US2053453, 1931—1936)

(a) 先导阀为球阀；(b) 外形图；(c) 先导阀为锥形阀；(d) 双级溢流阀压力控制系统实例

阀芯下端面和上端面之间具有一定的压力差,该压力差与主阀阀芯的弹簧力相比较,当超过弹簧力时主阀阀芯开启,主阀溢流并通过回油口回油箱。这里,先导阀的弹簧决定先导阀溢流的压力值,主阀的弹簧和阻尼孔两侧的压差决定主阀溢流的压力值。由于先导阀控制阻尼孔两侧的压差,主阀输出压力变化范围更小,输出压力更加精确和平稳。先导阀可以是球阀,也可以是锥形阀、滑阀。通过阻尼孔两侧的压差实现主阀的位置控制,主阀阀芯尾端作成平衡尾端的活塞式结构,实现阀芯无振动、无压力冲击。

1931 年,H. F. Vickers 还提出了基于溢流阀的双泵合流液压速度控制系统专利,通过电机驱动同轴连接的大小两台并联的液压泵,大泵与小泵之间并联溢流阀。如图 1.7 所示为采用溢流阀的双泵液压速度控制系统案例。当负载压力较低,例如低于溢流阀设定压力时,溢流阀关闭,大泵输出液压油与小泵输出液压油合流,联合向负载输出低压大流量液压油;当负载压力较高,例如高于溢流阀设定压力时,溢流阀溢流,大泵输出液压油通过溢流阀回油箱,只有小泵向负载输出高压液压油。即实现低压大流量(轻载高速)、高压小流量(重载低速)的负载运转需求。如图 1.7a 所示采用单级溢流阀控制大泵的溢流压力,采用安全阀控制双泵合流的安全运行,采用调速阀(溢流阀与节流阀并联)实现液压缸恒速控制。如图 1.7b 所示采用单级溢流阀控制大泵的高压溢流压力,采用单向阀隔离大泵和小泵的输出流量,采用双级溢流阀控制双泵合流时的低压压力控制。采用溢流阀的双泵液压速度控制系统适用于满足同时具有低压大流量和高压小流量工况需求。高压工况时,溢流阀打开,大排量泵溢流,小泵工作,实现小流量输出;低压工况时,大泵通过单向阀和小泵合流,实现大流量输出。

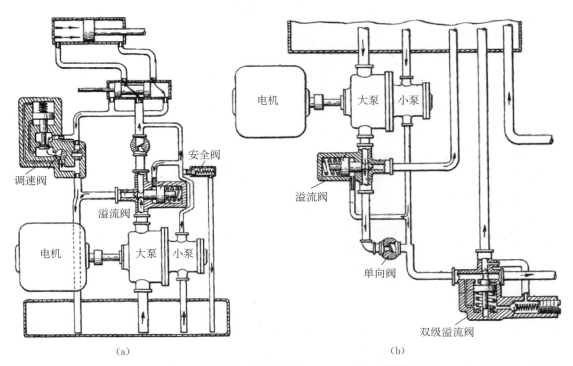

（a）　　　　　　　　　　　　　　　　（b）

图 1.7　采用溢流阀的双泵液压速度控制系统(美国人 H. F. Vickers,美国专利 US1982711,1931—1934)

（a）采用溢流阀的双泵合流液压调速系统；（b）采用溢流阀的双泵合流液压系统

1934 年,H. F. Vickers 将双级溢流阀用于压力控制系统,控制液压泵出口压力,然后再将稳定压力的液压油输送至换向阀和液压缸负载。如图 1.8 所示为液压双级溢流阀压力控制系统案例。电机带动液压泵产生的液压油输出至并联连接的节流阀与溢流阀,液压油通过双级溢流阀的阻尼孔进入先导阀,先导阀开启后,阻尼孔两侧形成压力差,控制主阀阀芯的开启和溢流。双级溢流阀的作用使得节流阀两侧的压差恒定,向换向阀控液压缸输出稳定流量的液压油,从而可以通过调节手柄直接控制液压缸的速度。

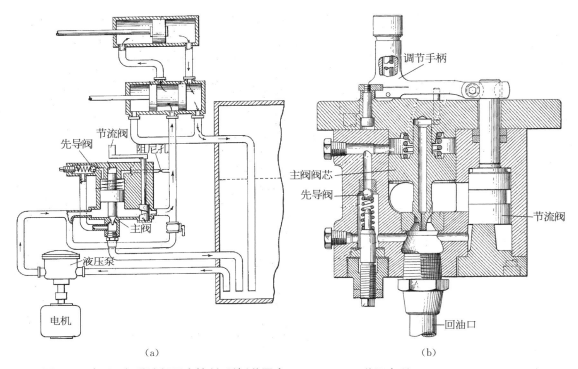

(a)   (b)

图 1.8　液压双级溢流阀压力控制系统(美国人 H. F. Vickers,美国专利 US2102865,1934—1937)

(a) 双级溢流阀压力控制系统案例;(b) 双级溢流阀组件

1.1.4　蓄能器

1942 年,美国人 Jean Mercier 提出了一种采用天然橡胶气囊的皮囊式蓄能器,用于给飞行器油箱提供一定压力,实现油箱增压功能。如图 1.9 所示的皮囊式蓄能器内藏天然橡胶材质的皮囊,外部为金属容器,皮囊内部为气体,皮囊外部与金属容器之间为液体。通过充气阀给皮囊充气,当金属容器内、皮囊外的液体压力波动时,该压力传递至皮囊而使皮囊内气体压缩或释放,形成液体与气体之间的能量交换,维持液体的工作压力。还提出了金属容器底部充液结构以及皮囊下部耐磨构造、皮囊与充气阀充液阀一体化结构(图 1.10)、皮囊式蓄能器充液阀(图 1.11)、皮囊式蓄能器方便更换的皮囊结构(图 1.12)、活塞式蓄能器(图 1.13)。

1.1.5　增压油箱

飞行器、行走机械等由于各种工况原因,如液压系统油箱往往处于颠簸状态,很容易导致液

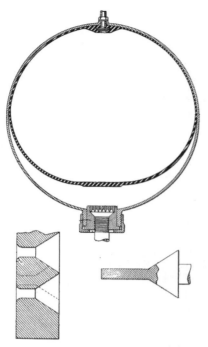

图 1.9　皮囊式蓄能器(美国人 Jean Mercier, 美国专利 US2387598,1942—1945)

图 1.10　皮囊与充气阀充液阀一体化设计 的皮囊式蓄能器(美国人 Jean Mercier, 美国专利 US2342356,1938—1944)

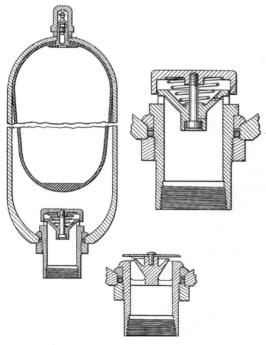

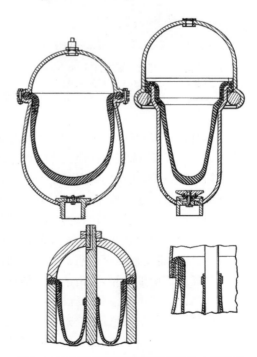

图 1.11　皮囊式蓄能器充液阀(美国人 Jean Mercier, 美国专利 US2801067,1951—1957)

图 1.12　皮囊式蓄能器方便更换的皮囊结构 (美国人 Jean Mercier,美国专利 US2773511,1952—1956)

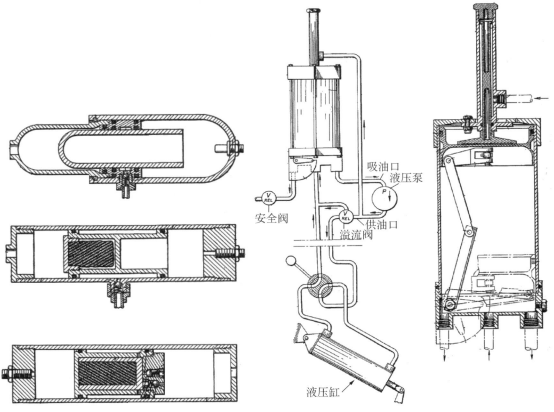

吸油口
液压泵
安全阀
供油口
溢流阀
液压缸

图 1.13　活塞式蓄能器(美国人 Jean Mercier,
美国专利 US2817361,1953—1957)

图 1.14　自增压油箱(R. H. Sullwold,
美国专利 US2809596,1954—1957)

压泵吸油时产生气穴现象。为此,往往采用闭式系统和增压油箱的方式,来保证液压泵入口压力在 0.2～0.5 MPa,避免液压泵吸油压力过低而产生油液气穴现象。图 1.14 所示的飞行器自增压油箱,将液压泵出口的高压油液与油箱活塞上部小腔连接,将液压泵入口吸油腔和油箱活塞下部大腔连接。通过液压泵出口与入口分别连接至油箱平衡活塞的小腔和大腔,通过油箱活塞的力平衡,实现液压泵出口高压给入口低压的增压,即自增压油箱功能。通过油箱下部的弹簧或电磁力释放等还可实现液压泵启动前的油箱预增压。采用自增压油箱的闭式液压系统,可以有效地避免液压泵的吸油气穴现象。如图 1.15 所示为发动机润滑用增压装置。将发动机排气通入润滑油油箱,润滑油在气体压力的作用下被挤出,向发动机齿轮等传动部件提供持续的润滑油。美国航空公司提出了一种冷气挤压式液压能源装置专利。如图 1.16 所示,采用冷气瓶给油箱的油液增压,通过气体压力挤压液体,形成高压液压源,然后通过控制阀来控制火箭喷管的偏转角度,从而控制火箭的飞行方向。该原理后来还用于导弹冷气挤压式舵机系统。

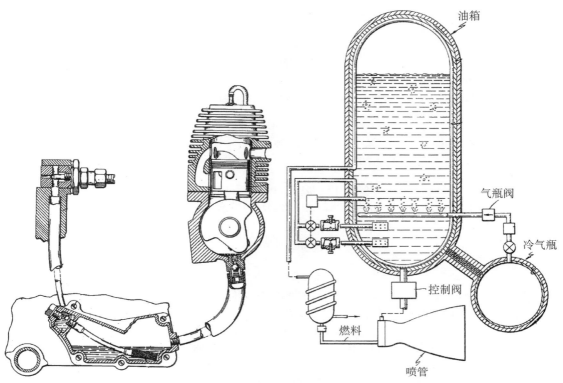

图 1.15　发动机润滑用增压装置(E. C. Kiekhaefer,
　　　　美国专利 US2605787,1948—1952)

图 1.16　冷气挤压式液压能源装置(J. Chamberlain,
　　　　美国专利 US3473343,1968—1969)

1.2　电液伺服元件及其演变过程

　　18 世纪末至 19 世纪初,欧洲人发明了单级射流管阀原理以及单级单喷嘴挡板阀、单级双喷嘴挡板阀。第二次世界大战期间,随着新材料的出现,人们发明了螺线管、力矩马达,之后双级电液伺服阀、带反馈的双级电液伺服阀相继问世。20 世纪 60 年代电液伺服阀大多数为具有反馈及力矩马达的两级伺服阀。第一级与第二级形成反馈的闭环控制,出现弹簧管后产生了干式力矩马达。第一级的机械对称结构减小了温度、压力变化对零位的影响。航空航天和军事领域则出现了高可靠性的多余度电液伺服阀。80 年代之前,电液伺服阀力马达的磁性材料多为镍铝合金,输出力有限。目前多采用稀土合金磁性材料,力矩马达的输出力大幅提高。电液伺服阀的演变历史如图 1.17 所示。

　　电液伺服阀种类较多,目前主要有双喷嘴挡板式电液伺服阀、射流伺服阀、直动型电液伺服阀、电反馈电液伺服阀以及动圈式/动铁式/单喷嘴电液伺服阀。喷嘴挡板式电液伺服阀的主要特点表现在:结构较简单,制造精密,特性可预知,无死区、无摩擦副,灵敏度高,挡板惯量小、动态响应高;缺点是挡板与喷嘴间距小,抗污染能力差。射流伺服阀的主要特点表现在:喷口尺寸大,抗污染性能好,容积效率高,失效对中,灵敏度高,分辨力高;缺点是加工难度大,工艺复杂。表 1.1 为喷嘴挡板式电液伺服阀和射流伺服阀的先导级最小尺寸比较表。图 1.18 所示为喷嘴

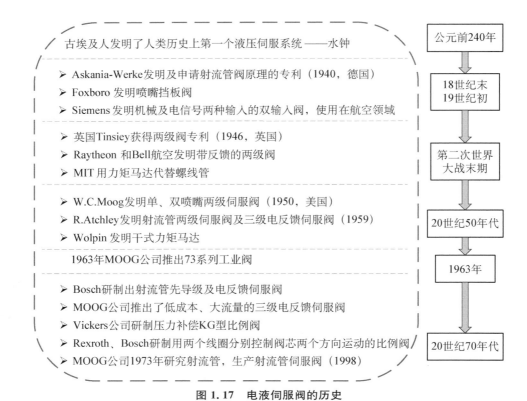

图 1.17 电液伺服阀的历史

表 1.1 喷嘴挡板伺服阀、射流管伺服阀和偏转板伺服阀的最小尺寸

先导阀最小尺寸	位置	大小（mm）	油液清洁度要求	堵塞情况
喷嘴挡板式电液伺服阀	喷嘴与挡板之间的间隙	0.03~0.05	NAS6 级	污染颗粒较大时易堵塞
射流伺服阀（射流管伺服阀与偏转板伺服阀）	喷嘴处	0.2~0.4	NAS8 级	可通过 0.2 mm 的颗粒大小

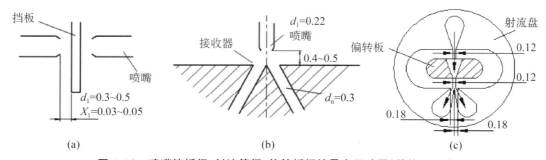

图 1.18 喷嘴挡板阀、射流管阀、偏转板阀的最小尺寸图（单位：mm）

（a）喷嘴挡板阀；（b）射流管阀；（c）偏转板阀

挡板阀、射流管阀和偏转板阀的最小尺寸图。可见,喷嘴挡板式电液伺服阀性能好、对油液清洁度要求高,常用在导弹、火箭等的舵机电液伺服机构场合。射流伺服阀抗污染能力强;特别是先通油先通电均可,阀内没有喷嘴挡板阀那样的碰撞部件;只有一个喷嘴,即使发生堵塞也能做到"失效对中"和"事故归零",即具有"失效→归零""故障→安全"的独特能力,广泛应用于各种舰船、飞机以及军用歼击机的作动器控制。

第二次世界大战前后,考虑军事用途和宇宙开发的需要,美国空军先后组织四十余个早期机构开发和研制了各种形式的单级电液伺服阀和双级电液伺服阀,撰写各种内部研究报告,并详细记录了美国20世纪50年代电液伺服阀研制和结构演变的过程,这期间电液伺服阀的新结构多、新产品多、应用机会多,涉及电液伺服元件新结构、新原理、各单位试制产品,以及各类电液伺服元件的数学模型、传递函数、功率键合图、大量的实验数据。美国空军近年解密的资料显示,1955—1962年先后总结了8本电液伺服阀和电液伺服机构的国防科技报告,详细记载了美国空军这一时期各种电液伺服阀的研究过程、原理、新产品及其应用情况,由于涉及军工顶级技术和宇航技术机密,保密期限长达50年。如1958年美国 Cadillac Gage 公司开发了 FC - 200 型喷嘴挡板式电液伺服阀(图1.19)。1957年美国 R. Atchley 将干式力矩马达和射流管阀组合,发明了 Askania 射流管原理的两级射流管电液伺服阀。如图1.20所示,通过力矩马达组件驱动一级射流管阀,一级阀驱动二级主阀,在一级组件和二级组件之间,设有机械反馈弹簧组件来反馈并稳定主阀阀芯的运动状态。1970年 MOOG 公司开发两级偏转板射流伺服阀,提高抗污染能力,如图1.21所示。通过力矩马达驱动一级偏转板射流阀,一级阀驱动二级主阀,两级阀之间设有用于反馈的锥形弹簧杆。偏转板阀的核心部分是射流盘和偏转板两个功能元件,射流盘是一个开有人字孔的圆片,孔中包括射流喷嘴、两个接收通道和回油腔,两个接收通道由分油劈隔离,分油劈正对射流喷嘴出口的中心。力矩马达控制带 V 形槽的偏转板摆动来改变接收器射流流束的分配,从而控制主阀。1973年 MOOG 公司开始研究射流管原理,直到1998年才批量制造射流管伺服阀。

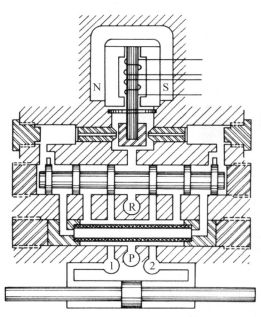

图1.19　喷嘴挡板式电液伺服阀
(Cadillac Gage FC - 200,1958)

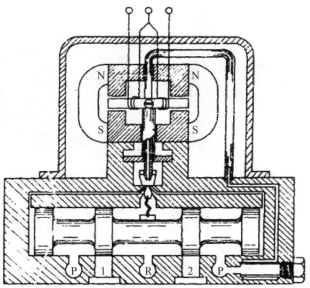

图1.20　射流管伺服阀(R. Atchley,1957)

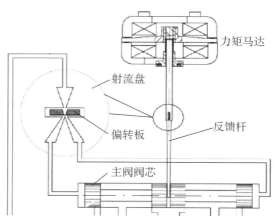

图 1.21　偏转板伺服阀（MOOG，1970）

　　电液伺服阀及伺服机构应用于导弹与火箭的姿态控制。当时的电液伺服阀由一个伺服电机拖动。由于伺服电机惯量大，电液伺服阀成为控制回路中响应最慢但最重要的元件。20世纪50年代初，出现了快速反应的永磁力矩马达，形成了电液伺服阀的雏形。电液伺服机构与精密机械技术、电子技术和液压技术有机结合，具有控制精度高、响应快、体积小、重量轻、功率放大系数高等显著优点，在航空航天、军事、舰船、工业等领域得到了广泛应用。图 1.22 所示为我国自行研制的长征系列运载火箭伺服阀控制伺服作动器。图 1.23 所示为我国自行研制的载人航天运载火箭的三余度动压反馈式伺服阀，它将电液伺服阀的力矩马达、反馈元件、滑阀副做成多套，一旦发生故障可以随时切换，保证液压系统正常工作。

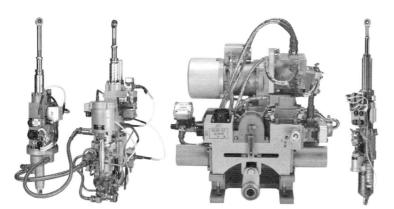

图 1.22　中国长征系列运载火箭伺服阀控制伺服作动器

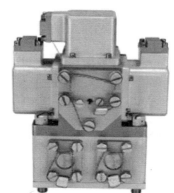

图 1.23　中国载人航天运载火箭的三余度动压反馈式伺服阀

　　第二次世界大战期间及战后，电液控制技术发展加快。两级电液伺服阀、喷嘴挡板元件以及反馈装置等都是这一时期的产物。20世纪50—60年代是电液元件和技术发展的高峰期，电液伺服控制技术在军事应用中广泛应用，特别是航空航天中的应用。这些应用最初包括雷达驱动、制导平台驱动及导弹发射架控制等，后来扩展到导弹的飞行控制、雷达天线的定位、飞机飞行控制系统的增强稳定性、雷达磁控管腔的动态调节以及飞行器的推力矢量控制等。电液伺服作动器用于空间运载火箭的导航和控制。电液控制技术在非军事工业上的应用也越来越多,如机床工业,数控机床的工作台定位伺服装置中采用液压伺服马达的电液系统来代替人工操作。其次是工程机械。在以后的几十年中,电液控制技术的工业应用进一步扩展到工业机器人控制、塑料加工、地质和矿藏探测、燃气或蒸汽涡轮控制及可移动设备的自动化等领域。电液伺服控制应用于试验领域则是军事应用对非军事应用影响的直接结果。电液伺服控制装置的开发在此期间成果累累,如带动压反馈的伺服阀、冗余伺服阀、三级伺服阀及伺服作动器等。20世纪60年代末70年代初出现电液比例控制技术及比例阀。比例阀研制的目的是降低成本,通常比例阀的成本仅为伺服阀的几分之一。虽然就阀的性能而言,比例阀不及伺服阀,但先进的控制技术和先进的电子装置可以弥补比例阀固有的不足,使其性能和功效逼近伺服阀。迅速发展的电子技术和装置对电液控制技术的进化起到了强大的推动作用。70年代集成电路的问世及以后微处理器的诞生具有重要意义,由于它赋予机器以数学计算研究和处理能力,集成电路构成的电子(微电子)器件和装置体积微小但输出功率高,信号处理能力极强,复现性和稳定性极好,电液控制技术的诞生促进了信息化、数字化、智能化装备的发展。

1.3　高端液压元件及其演变过程

　　高端液压元件,是指在极端环境下完成必需的服役性能的核心基础液压元件,所指的极端环境包括极端环境温度、极端工作介质温度、特殊流体、极端尺寸与极端空间、振动、冲击、高加速度、辐射等特殊服役环境。高端液压元件主要指为重大装备配套的、影响关键技术性能的高性能液压元件。国外高端液压元件,主要由国家和行业组织联合研究、开发并形成国家制造能力,并装备了本国核心装备。例如电液伺服元件,美国空军在1950年前后组织四十余家机构联合研制,形成了系列电液伺服元件产品,并已装备于航空航天领域。当时归纳总结了一系列包括元件与系统的数学模型、传递函数、功率键合图,以及大量实践和实验结果等丰富内容的科技报告。由于这些科技报告设置了国家保密期限50年,国外只能购买个别产品,无法得知其产品机理和工作过程的细节。目前,美国的电液伺服元件水平至少领先其他国家30年。

　　我国对基础件尤其是高端液压元件重要地位的认识较晚,长期缺乏机理研究和工匠制作工艺的系列探索。液压元件产品主要集中在低端产品上。在高端液压元件产品领域,甚至工程机械的液压元件关键基础件上,几乎被美国、德国、日本等机械强国所垄断。在高端液压件、气动元件、密封件领域,目前我国仍需大量进口。如挖掘机行业所需的液压件(双联变量柱塞泵、柱塞马达、整体式多路阀、高压油缸、先导比例阀及回转接头等)几乎全部依靠进口;大型冶金成套设备的大型液压系统基本上由用户指定或者选用进口液压元件。从目前发展现状看,我国高端产品的技术对外依存度高达50%以上,95%的高档数控系统,80%的芯片,几乎全部的高档液压件、密封件和发动机都依靠进口。为此,2015年5月8日,国务院正式颁布《中国制造2025》,实施制造强国战略第一个十年的行动纲领,已经将核心基础零部件(元器件)列为工业强基工程的核心部分与工业基石。

　　高端液压元件随着航空、航天、舰船以及军事用途而诞生。航空航天飞行器、舰船、重大装备往往需要承受各种环境极端的考验,甚至要求长期在各种极端环境下正常工作。这里所述的极端环境,包括极限温度、极端尺寸、振动、冲击、高加速度、辐射、高压、高速重载等极端条件。一般而言,地面电子器件的环境温度要求在-20~+55 ℃或者-50~+60 ℃。在常规地面液压系统中，一般要求液压油的温度控制在 80 ℃ 以下或者 105 ℃ 以下。但是，某些航空、航天飞行器的地面试验或者遥测数据显示，液压系统的实测油液温度达到 −40～+160 ℃，运载火箭电液伺服机构的油液温度甚至高达 +250 ℃。美国空军科技报告显示，1958 年美国电液伺服元件的高温试验温度就已经达到 340 ℃（650 ℉）。油液温度的界限已经远远超出人们目前的常规想象。

未来的环境友好型重大装备、飞行器用高端液压元件将面临复杂的极端环境，如极端尺寸、高加速度、高温、高压、高速重载、辐射等极端环境复合作用下，能否正常工作以及如何工作，涉及诸多目前未知的流体控制基础理论与工匠工艺关键技术，流体控制的性能和机制将是复杂多样的。为此，本书探讨极端环境下高端液压元件关键基础问题，为未来更加苛刻、复杂工况下工作的重大装备高端液压元件研制提供急需的基础理论将具有重要的实践意义和应用前景。

参考文献

［1］阚耀保.极端环境下飞行器电液伺服阀特性研究［R］.国家自然科学基金资助项目结题报告（50775161），2011.1.20.

［2］阚耀保.射流伺服阀流场分析［R］.航空科学基金项目结题报告（20120738001），2014.9.30.

［3］阚耀保.液压产品几何参数、工艺方法与产品性能之间的映射关系研究［R］.航空科学基金项目结题报告（20090738003），2012.9.21.

［4］阚耀保.飞行器舵机系统关键基础理论研究［R］.上海市浦江人才计划（A类）总结报告（06PJ14092），2008.9.30.

［5］阚耀保.偏转板射流伺服阀和射流管伺服阀的基础理论研究［R］.国家自然科学基金资助项目进展报告（51475332），2015.12.20.

［6］阚耀保.气阻气容的气动非对称性机理与高速气动控制的基础研究［R］.国家自然科学基金资助项目结题报告（51175378），2015.12.19.

［7］阚耀保.45 MPa 以上的氢气增压、压力控制和调节技术研究［R］.国家高技术研究发展计划（863 计划）课题验收报告（2007AA05Z119），2010.6.30.

［8］阚耀保.燃料电池汽车车载超高压减压阀组集成设计理论研究［R］.上海市白玉兰科技人才基金总结报告（2008B110），2009.5.28.

［9］阚耀保，等.地下连续墙与复杂地层桩基础施工关键装备研发与产业化［R］.国家科技支撑计划总结报告（2011BAJ02B06 − 05），2016.5.4.

［10］阚耀保.极端环境下的电液伺服控制理论及应用技术［M］.上海：上海科学技术出版社，2012.

［11］阚耀保.高速气动控制理论和应用技术［M］.上海：上海科学技术出版社，2014.

［12］阚耀保.海洋波浪能综合利用——发电原理与装置［M］.上海：上海科学技术出版社，2013.

［13］阚耀保，李长明，江金林.三维离心环境下的电液伺服阀特性分析［J］.机械工程学报，2015，51(2)：169 − 177.

［14］阚耀保，李长明.对称负重合型气动伺服阀零位流动状态分析［J］.航空学报，2015，36(11)：3724 − 3733.

［15］阚耀保，黄帅，王康景，等.大直径气动潜孔锤动力学过程分析［J］.中南大学学报（自然科学版），2014，45(3)：721 − 726.

［16］阚耀保，付嘉华，金瑶兰.射流管伺服阀前置级冲蚀磨损数值模拟［J］.浙江大学学报，2015，49(12)：2252 − 2260.

［17］阚耀保，王玉.射流管伺服阀前置级压力特性［J］.航空动力学报，2015，30(12)：3058 − 3064.

［18］阚耀保，范春红山，张曦.Dynamic stiffness spring analysis for the feedback spring pole in a jet pipe electro-hydraulic servovalve［J］.中国科学技术大学学报，2012，42(9)：699 − 705.

［19］阚耀保，张鹏，岑斌.偏转板射流伺服阀前置级流场分析［J］.中国工程机械学报，2015，13(1)：1 − 7.

[20] 闫耀保,李长明,荒木献次.具有对称不均等负重合量的气动伺服阀特性[J].上海交通大学学报,2010,44(4):500－505.

[21] 刘洪宇,张晓琪,闫耀保.振动环境下双级溢流阀的建模与分析[J].北京理工大学学报,2015,35(1):13－18.

[22] 闫耀保,原佳阳,傅俊勇.先导阀前腔串加阻尼孔的新型双级溢流阀特性分析[J].吉林大学学报,2017,47(1):129－136.

[23] 荒木献次,闫耀保,陈剑波.Development of a new type of relief valve in hydraulic servosystem(油圧サーボシステム用の新しいリリーフ弁)[C]//Proceedings of Dynamic and Design Conference'96,日本機械学会,D&D '96,機械力学・計測制御講演論文集,Vol. A, No. 96－5Ⅰ,1996 年 8 月,福岡：231－234.

[24] 闫耀保,水野毅,乌建中,等.具有不均等负重合量的非对称气动伺服阀压力特性研究[J].中国机械工程,2007,18(18):2169－2173.

[25] 闫耀保,荒木献次.具有非对称气动伺服阀的气动压力控制系统建模与分析[J].中国机械工程,2009,20(17):2107－2112.

[26] Yin Y B. Analysis and modeling of a compact hydraulic poppet valve with a circular balance piston[C]//Proceedings of the SICE Annual Conference, SICE 2005 Annual Conference in Okayama, 189－194, Society of Instrument and Control Engineers (SICE), Tokyo, Japan, 2005.

[27] Yin Y B, Li C M, Peng B X. Analysis of pressure characteristics of hydraulic jet pipe servo valve[C]//Proceedings of the 12th International Symposium on Fluid Control, Measurement and Visualization (FLUCOME2013),November 18－23,2013, Nara, Japan：1－10.

[28] Yin Y B, Fu J H, Yuan J Y, et al. Erosion wear characteristics of hydraulic jet pipe servovalve[C]//Proceedings of 2015 Autumn Conference on Drive and Control, The Korean Society for Fluid Power & Construction Equipment, 2015.10.23：45－50.

[29] 闫耀保,李长明.气动伺服阀阀芯阀套重合量间接测量方法及其应用:CN101329171B[P].2010－12－1.

[30] 闫耀保,张丽,傅俊勇.一种高压气动减压阀:201110011195.6[P].2014－3－5.

[31] 闫耀保,孟伟.喷嘴挡板伺服阀的喷嘴挡板间隙的一种间接测量方法:CN101694378A[P].2010－4－14.

[32] 闫耀保.带平衡活塞固定节流器单级溢流阀机理与特性分析[J].上海航天,1995,12(3):14－17.

[33] 闫耀保,陈振华.液压舵机系统功率匹配设计[J].自动驾驶仪与红外技术,1995(80):37－41.

[34] Hele-Shaw H S, Martineau F L. Pump and motor:US1077979[P].1913－11－11.

[35] Thoma H. Hydraulic motor and pump:US2155455[P].1939－4－25.

[36] Thoma H. Axial piston hydraulic units:US3059432[P].1962－10－23.

[37] Vickers H F. Liquid relief valve:US2053453[P].1936－6－9.

[38] Vickers H F. Combined fluid control and relief valve:US2102865[P].1937－12－21.

[39] Vickers H F. Combined rapid traverse and slow traverse hydraulic system:US1982711[P].1934－12－4.

[40] Mercier J. Oleopneumatic storage device:US2387598[P].1945－10－23.

[41] Mercier J. Deformable or elastic accumulator:US2342356[P].1944－2－22.

[42] Mercier J. Closure valve for the oil port of a pressure accumulator:US2801067[P].1957－7－30.

[43] Mercier J. Pressure accumulator:US2773511[P]. 1956－12－11.

[44] Mercier J. Piston accumulator:US2817361[P]. 1957－12－24.

[45] Sullwold R H. Pressurized reservoir for cavitation-free supply to pump:US2809596[P]. 1957－10－15.

[46] Kiekhaefer E C. Pressurized chain saw oiling system:US2605787[P]. 1952－8－5.

[47] Chamberlain J. Cold gas tank pressurizing system:US3473343[P].1969－10－21.

[48] Boyar R E, Johnson B A, Schmid L. Hydraulic servo control valves (Part 1 a summary of the present

state of the art of electrohydraulic servo valves) [R]. WADC Technical Report 55 - 29, United States Air Force, 1955.

[49] Johnson B. Hydraulic servo control valves (Part 3 state of the art summary of electrohydraulic servo valves and applications) [R]. WADC Technical Report 55 - 29, United States Air Force, 1956.

[50] Johnson B A, Axelrod L R, Weiss P A. Hydraulic servo control valves (Part 4 research on servo valves and servo systems) [R]. WADC Technical Report 55 - 29, United States Air Force, 1957.

[51] Axelrod L R, Johnson D R, Kinney W L. Hydraulic servo control valves (Part 5 analog simulation, pressure control, and high-temperature test facility design) [R]. WADC Technical Report 55 - 29, United States Air Force, 1958.

[52] Kinney W L, Schumann E R, Weiss P A. Hydraulic servo control valves (Part 6 research on electrohydraulic servo valves dealing with oil contamination, life and reliability, nuclear radiation and valve testing) [R]. WADC Technical Report 55 - 29, United States Air Force, 1958.

[53] Deadwyler R. Two-stage servovalve development using a first-stage fluidic amplifier [R]. Harry Diamond Laboratories, US Army Materiel Development and Readiness Command, ADA092011,1980.

[54] Thayer W J. Electropneumatic servoactuation an alternative to hydraulics for some low power applications [R]. MOOG Inc. Technical Bulletin 151,1984.

高端液压元件理论与实践

第 2 章

液压与气动系统的工作介质

不同用途的电液伺服系统为适应不同整机的服役环境而采用不同的工作介质,电液伺服阀、作动器、传感器等部件需要在不同的工作介质下实现必要的服役性能。如飞行器液压系统往往采用储气瓶储存气体,发射或飞行时通过电爆活门接通,给增压油箱气腔或蓄能器供气;导弹控制舱舵机系统采用燃气涡轮泵液压能源系统,采用缓燃火药作为能源,燃烧后产生约 1 200 ℃ 的高温燃气介质,通过燃气调节阀控制燃气的压力和流量,从而实现稳定的燃气涡轮液压泵液压能源和电源供给。本章着重介绍液压系统、气动系统包括燃气系统的工作介质。根据整机的功能与环境要求,液压与气动系统主要使用的工作介质分为:液压油、磷酸酯液压油、喷气燃料(燃油)、航天煤油、自然水(淡水与海水)、压缩空气、燃气发生剂。

2.1 液压油

航空液压油和抗磨液压油是目前广泛使用的液压介质。

1) 液压油主要牌号　我国生产和使用的航空液压油主要有 3 个牌号:10 号航空液压油、12 号航空液压油和 15 号航空液压油。其中 10 号航空液压油是 20 世纪 60 年代初参照苏联的航空液压油研制的,在飞机上使用较多,使用成熟;12 号航空液压油生产困难,目前已经较少使用;15 号航空液压油应用于飞机发动机液压系统、导弹与火箭的舵机和电液伺服机构。

2) 工作介质性能

(1) 10 号航空液压油(SH 0358—1995):

工作温度(℃)	−55～+125
密度(+25 ℃)(kg/m³)	≤850
运动黏度(mm²/s)	
+50 ℃	≥10
−50 ℃	≤1 250
闪点(闭口,℃)	≥+92
凝点(℃)	≤−70
酸值(mgKOH/g)	≤0.05
水分(mg/kg)	≤60

（2）12 号航空液压油（Q/XJ 2007—1987）：

工作温度（℃）	−55～+125
密度（+25 ℃）（kg/m³）	≤850
运动黏度（mm²/s）	
+150 ℃	≥3
+50 ℃	≥12
−40 ℃	≤600
−54 ℃	≤3 000
闪点（闭口，℃）	≥+100
凝点（℃）	≤−65
酸值（mgKOH/g）	≤0.05

（3）15 号航空液压油（GJB 1177—1991）：

工作温度（℃）	−55～+120
密度（+25 ℃）（kg/m³）	833.3
运动黏度（mm²/s）	
+100 ℃	5.54
+40 ℃	14.2
−40 ℃	369.5
−54 ℃	1 344
闪点（闭口，℃）	+83
凝点（℃）	−74
固体颗粒污染物（个/100 ml）	
5～15 μm	872
16～25 μm	126
26～50 μm	10
51～100 μm	0
>100 μm	0
水分质量分数（10^{-6}）	44

（4）YB‑N 68 号抗磨液压油（GB 2512—1981）：

工作温度（℃）	−55～+120
密度（+25 ℃）（kg/m³）	833.3
运动黏度（mm²/s）	
+50 ℃	37～43
+40 ℃	61.2～74.8
闪点（开口，℃）	>+170
凝点（℃）	<−25

（5）L‑HM 46 号抗磨液压油（ISO 11158，GB 11118.1—2011）：

工作温度（℃）	−55～+120
密度（+25 ℃）（kg/m³）	833.3

运动黏度（mm²/s）

+40 ℃   41.4~50.6

黏度指数   ≥95

闪点（开口，℃）   ≥+185

倾点（℃）   ≥−9

3）特点与应用

（1）主要特点。

① 黏度大。在零上温度时，黏度随温度变化的变化率较大，即黏-温特性较差，对伺服阀的喷挡特性、射流特性、节流特性影响较大。航空液压油黏-温特性较好。

② 低温下黏度较高，易增加伺服阀滑阀副等运动件阻力。

③ 润滑性好。

④ 剪切安定性较好。

⑤ 密度值较大。

（2）应用。冶金和塑料行业等地面设备液压伺服系统、各类工程机械液压伺服系统上采用抗磨液压油和普通矿物质液压油；各类飞行器液压系统上电液伺服阀一般采用 15 号航空液压油等作为工作介质。

（3）使用注意事项。因与液压油相容性问题，液压元件及管道内密封件胶料不能使用乙丙橡胶、丁基橡胶。

2.2　磷酸酯液压油

1）磷酸酯液压油主要牌号　磷酸酯液压油主要牌号有：Skydrol LD－4（SAE as 1241）、4611、4613－1、4614。

2）工作介质性能

工作温度（℃）   −55~+120

（4614 磷酸酯液压油可在较高温度下使用）

密度（+25 ℃）（kg/m³）   1.000 9

运动黏度（mm²/s）

+38 ℃   11.42

+100 ℃   3.93

（4613－1   +50 ℃   14.23）

（4614   +50 ℃   22.14）

闪点（℃）   +171

燃点（℃）   +182

弹性模量（MPa）   2 650

3）特点与应用

（1）主要特点。

① 抗燃性好。

② 氧化安全性好。

③ 润滑性好。

④ 密度大。

⑤ 黏度较大。在零上温度时,黏度随温度变化的变化率较大,即黏-温特性较差,这对伺服阀的喷挡特性、射流特性、节流特性影响较大。

⑥ 抗燃性好。

（2）应用。民用飞机、地面燃气轮机液压系统上电液伺服系统采用磷酸酯液压油作为工作介质。

（3）使用注意事项。因与磷酸酯液压油相容性问题,液压元件及管道内密封件胶料目前应选取 8350、8360 - 1、8370 - 1、8380 - 1、H8901 三元乙丙橡胶,以及氟、硅等橡胶,不能使用丁腈橡胶、氯丁橡胶。

2.3 喷气燃料(燃油)

喷气燃料(jet fuel),即航空涡轮燃料(aviation turbine fuel,ATF),是一种应用于航空飞行器(包括商业飞机、军机和导弹等)燃气涡轮发动机(gas-turbine engine)的航空燃料;通常由煤油或煤油与汽油混合而成,俗称航空煤油。

1) 喷气燃料主要牌号

（1）典型美国牌号。

① Jet A/Jet A - 1(煤油型喷气燃料)/ASTM specification D1655。自 20 世纪 50 年代以来,Jet A 型喷气燃料就在美国和部分加拿大机场使用;但世界上的其他国家(除苏联采用本国 TS - 1 标准以外)均采用 Jet A - 1 标准:Jet A - 1 标准是由 12 家石油公司依据英国国防部标准 DEFSTAN 91 - 91 和美国试验材料协会标准 ASTM specification D1655(即 Jet A 标准)为蓝本而制定的联合油库技术规范指南。

② Jet B(宽馏分型喷气燃料)/ASTM specification D6615 - 15a。相比 Jet A 喷气燃料,Jet B (由约 30%煤油和 70%汽油组成)在煤油中添加了石脑油(naphtha),增强了其低温时的工作性能(凝点≤-60 ℃),常用于极端低温环境下。

③ JP - 5(军用煤油型喷气燃料,高闪点)/MIL - DTL - 5624 a 和 British Defence Standard 91 - 86。最早于 1952 年应用于航空母舰舰载机上,由烷烃、环烷烃和芳香烃等碳氢化合物构成。

④ JP - 8(军用通用型喷气燃料)/MIL - DTL - 83133 和 British Defence Standard 91 - 87。于 1978 年由北大西洋公约组织(NATO)提出(NATO 代号 F - 34),现在广泛应用于美国军方(飞机、加热器、坦克、地面战术车辆以及发电机等)。JP - 8 与商业航空燃料 Jet A - 1 类似,但其中添加了腐蚀抑制剂和防冻添加剂。

（2）中国牌号。

① RP - 3(3 号喷气燃料,煤油型)/GB 6537—2006。中国的 3 号喷气燃料是 20 世纪 70 年代为了出口任务和国际通航的需要而开始生产的,产品标准也是当初的石油部标准 SY 1008,它于 1986 年被参照采用 ASTM D1655 标准(即 Jet A - 1 标准)制定的国家强制标准 GB 6537 所替代。中国的 3 号喷气燃料与国际市场上通用的喷气燃料 Jet A - 1 都属于民用煤油型涡轮喷气燃料。

② RP - 5(5 号喷气燃料,普通型或专用试验型)/GJB 560A—1997。中国石油炼制公司出口

用高闪点航空涡轮燃料,性质与美国 JP-5 类似,闪点不低于 60 ℃,适应舰艇环境的要求,主要用于海军舰载机;但其实际使用性能不如 RP-3。

③ RP-6(6 号喷气燃料,重煤油型)/GJB 1603—1993。RP-6 是一种高密度型优质喷气燃料,主要用于满足军用飞机的特殊要求。

2)工作介质性能

(1)Jet A/Jet A-1(美国煤油型喷气燃料):

密度(+15 ℃)(kg/m³)	820/804
运动黏度(mm²/s)	
−20 ℃	≤8
冰点(℃)	−40/−47
闪点(℃)	+38
比能(MJ/kg)	43.02/42.80
能量密度(MJ/L)	35.3/34.7
最大绝热燃烧温度(℃)	2 230(空气中燃烧 1 030)

(2)JP-5(美国军用煤油型高闪点喷气燃料):

密度(+15 ℃)(kg/m³)	788~845
运动黏度(mm²/s)	
−20 ℃	≤8.5
冰点(℃)	−46
闪点(℃)	≥+60
比能(MJ/kg)	42.6

(3)RP-3(中国 3 号喷气燃料,煤油型):

密度(+20 ℃)(kg/m³)	786.6
运动黏度(mm²/s)	
+20 ℃	1.55
−20 ℃	3.58
冰点(℃)	−47
闪点(℃)	+45
腐蚀性(铜片腐蚀+100 ℃,2h/级)	1a 级占 84%
固体颗粒污染物(mg/L)	0.31

3)特点与应用

(1)主要特点。

① 黏度小。

② 润滑性差。

③ 热稳定性较差,易受铜合金的催化作用对材料带来热稳定性不利影响,增加油液的恶化率。

④ 有一定的腐蚀性,易腐蚀与燃油接触的铜合金、镀镉层等。

⑤ 冰点较高,低温下易出现絮状物。

(2)应用。各型亚声速和超声速飞机、直升机发动机及辅助动力,导弹、地面燃气轮机、坦克、地面发电机等的电液伺服系统采用喷气燃料作为工作介质。

（3）使用注意事项。

① 以喷气燃料（煤油）为工作介质的液压系统，其内部与燃油接触的零件不得采用纯铜以及青铜、黄铜等铜合金。

② 与燃油接触的零件不得采用镀镉、镀镍等镀层工艺。

③ 与燃油接触的运动副零部件不宜采用钛合金。

④ 考虑到黏度小的特点，电液伺服系统动静态试验测试设备中应采用适合燃油介质的流量测试计或频率测试油缸。

2.4 航天煤油

航天煤油是一种液态火箭推进剂（liquid rocket propellant），与喷气燃料外观相似，但组成和性质不同；喷气燃料燃烧用氧取自周围的大气，其燃烧温度不超过 2 000 ℃；而航天煤油的氧化剂（通常为液氧）需要火箭本身携带，燃烧时温度可达 3 600 ℃。

1）航天煤油主要牌号　美国航天煤油牌号：美国 RP－1（火箭液体推进剂）/MIL－P－25576A。RP－1 是美国专为液体火箭发动机生产的一种煤油，它不是单一化合物，而是符合美国军用规格（MIL－P－25576A）要求的精馏分，其中芳香烃和不饱和烃含量很低，馏程范围在 195～275 ℃，有优良的燃烧性能和热稳定性，是液体火箭中应用很广的一种液体燃料；Saturn V、Atlas V 和 Falcon、the Russian Soyuz、Ukrainian Zenit 以及长征 6 号等火箭均采用 RP－1 煤油作为第一级燃料。

我国近年来研制了高密度、低凝点、高品质的大型火箭发动机用煤油，目前尚未制定国家标准，还没有相应牌号。

2）工作介质性能　美国 RP－1（火箭液体推进剂）主要性能：

密度（＋25 ℃）（kg/m³）　　　　　790～820

运动黏度（mm²/s）

　－34 ℃　　　　　　　　　　16.5

　＋20 ℃　　　　　　　　　　2.17

　＋100 ℃　　　　　　　　　 0.77

闪点（℃）　　　　　　　　　　＋43

冰点（℃）　　　　　　　　　　－38

颗粒物（mg/L）　　　　　　　≤1.5

弹性模量理论值（MPa）　　　1 400～1 800

3）特点与应用

（1）主要特点。

① 黏度很低，渗透性强，容易泄漏，造成液压系统容积损失增加。

② 润滑性差，支撑能力不强，容易导致相对运动表面材料的直接接触，造成混合摩擦甚至干摩擦。

③ 闪点低，摩擦过程中对于静电防爆等要求要特殊考虑。

④ 有一定的腐蚀性，易腐蚀与燃油接触的铜合金、镀铬层等。

（2）应用。火箭推力矢量控制液压系统中的工作介质。直接采用加压的燃油进入液压伺服机构，不再配备电机泵等能源装置。

（3）使用注意事项。

① 航天煤油能与一些金属材料发生氧化还原反应，这些材料包括碳钢、不锈钢、铝、铜、镍、钛等金属及其合金；而钒、钼、镁等金属对煤油的氧化有抑制作用。

② 液压元件及管路中的密封元件应选用氟橡胶、氟硅橡胶、丙烯酸酯橡胶、丁腈橡胶和聚硫橡胶等耐煤油介质性能较好的材料；避免选用丁苯橡胶、丁基橡胶、聚异丁烯橡胶、乙丙橡胶、硅橡胶和顺丁橡胶等在煤油中易老化的材料。

③ 考虑到黏度小的特点，电液燃油伺服阀动静态试验测试设备中应采用适合煤油介质的流量测试计或频率测试油缸。

④ 航天煤油闪点较低，暴露在空气中可能产生燃烧爆炸，采用煤油作为介质时，所有液压设备和管道均应良好密封；同时储罐、容器、管道和设备均应接地，接地电阻不超过 25 Ω。

2.5 自然水（淡水与海水）

以矿物油作为液压传动介质的传统液压行业受到了环境保护的制约，而以自然水（含淡水和海水）作为工作介质的新型液压行业具有无污染、安全和绿色等优点，可以很好地解决环境问题。

1）工作介质性能

（1）淡水：

工作温度（℃）	3～50
密度（+25 ℃）（kg/m³）	1 000
运动黏度（mm²/s）	
+5 ℃	1.52
+25 ℃	0.80
+50 ℃	0.55
+90 ℃	0.32
冰点（℃）	0
弹性模量（MPa）	2 400
比热[kJ/(kg·℃)]	约 4.2

（2）海水：

工作温度（℃）	3～50
密度（+25 ℃）（kg/m³）	1 025
运动黏度（mm²/s）	
+50 ℃	约 0.6
冰点（℃）	−1.332～0
弹性模量（MPa）	2 430

2）特点与应用

（1）主要特点。

① 价格低廉，来源广泛，无须运输仓储。

② 无环境污染。

③ 阻燃性、安全性好。

④ 黏温、黏压系数小。

⑤ 黏度低、润滑性差。

⑥ 导电性强,能引起绝大多数金属材料的电化学腐蚀和大多数高分子材料的化学老化,使液压元件的材料受到破坏。

⑦ 汽化压力高,易诱发水汽化,导致气蚀。

(2) 应用。水下作业工具及机械手;潜器的浮力调节,以及舰艇、海洋钻井平台和石油机械的液压传动;海水淡化处理及盐业生产;冶金、玻璃工业、原子能动力厂、化工生产、采煤、消防等安全性要求高的环境;食品、医药、电子、造纸、包装等要求无污染的工业部门。

(3) 使用注意事项。水液压系统中,摩擦副对偶面上液体润滑条件差、电化学腐蚀严重(特别是海水中大量的电解质加速了电化学腐蚀速度);为提高液压元件使用寿命,相对运动表面应进行喷涂陶瓷材料、镀耐磨金属材料(铬、镍等)、激光熔覆等处理。

水压传动无法在低于零度的环境下工作。

2.6 压缩气体(空气、氮气、惰性气体)

1) 工作介质性能

(1) 空气:

密度(kg/m³)

+0 ℃,0.101 3 MPa,不含水分(基准状态)　　　　1.29

+20 ℃,0.1 MPa,相对湿度 65%(标准状态)　　　　1.185

动力黏度($\times 10^{-6}$ Pa·s)(受压力影响较小)

−50 ℃　　　　14.6

0 ℃　　　　17.2

+100 ℃　　　　21.9

+500 ℃　　　　36.2

液化条件　　　　临界温度为−140.5 ℃,临界压力为 3.766 MPa

比热[kJ/(kg·℃)]　　　　约1.01

导热系数[W/(m·℃)]　　　　2.593(20 ℃)

(2) 氮气:

密度(kg/m³)

+0 ℃,0.101 3 MPa,不含水分(基准状态)　　　　1.251

+20 ℃,0.1 MPa,相对湿度 65%(标准状态)　　　　1.14

动力黏度($\times 10^{-6}$ Pa·s)(受压力影响较小)

0 ℃　　　　16.6

+50 ℃　　　　18.9

+100 ℃　　　　21.1

液化条件　　　　临界温度为−146.9 ℃,临界压力为 3.39 MPa

2) 特点与应用

(1) 主要特点。

① 可随意获取，且无须回收储存。

② 黏度小，适于远距离输送。

③ 对工作环境适应性广，无易燃易爆的安全隐患。

④ 具有可压缩性。

⑤ 压缩气体中的水分、油污和杂质不易完全排除干净，对元件损害较大。

(2) 应用。石油加工、气体加工、化工、肥料、有色金属冶炼和食品工业中具有管道生产流程的比例调节控制系统和程序控制系统；交通运输中，列车制动闸、货物包装与装卸、仓库管理和车辆门窗的开闭等。

(3) 使用注意事项。压缩气体不具有润滑能力，在气动元件使用前后应当注入气动润滑油，以提高其使用寿命；压缩机出口应当加装冷却器、油水分离器、干燥器、过滤器等净化装置；以减少压缩气体中的水分和杂质对气动元件的损害。

2.7 燃气发生剂

燃气发生器中的"燃气发生剂"点火燃烧后，产生高温高压的燃气；通过某种装置例如燃气涡轮、推力喷管、涡轮及螺杆机构、叶片马达等，将燃气的能量直接转变成机械能输出。

1) 燃气发生剂　在固体推进剂中，一般将燃温低于 1 900 ℃、燃速小于 19 mm/s 的低温缓燃推进剂称为燃气发生剂。20 世纪 40 年代以来，国外首先研制了双基气体发生剂，随后研制了硝酸铵(AN)型气体发生剂；70 年代还开发了 5-氨基四唑硝酸盐(5-ATN)型气体发生剂和含硫酸铵(AS)的对加速力不敏感推进剂；80 年代以来，出现了具有更高性能的气体发生剂，它们比过去的燃气发生剂更清洁，残渣更少，燃速调节范围更宽，如无氯"清洁"复合气体发生剂(如硝酸铵 ANS-HTPB 推进剂)、平台气体发生剂、聚叠氮缩水甘油醚(GAP)高性能气体发生剂等；典型燃气发生剂的优缺点见表 2.1。

表 2.1　典型燃气发生剂的优缺点

气体发生剂类型	优　点	缺　点
硝酸铵(AN)型	残渣很少，燃烧产物无腐蚀性，燃温低(约 1 200 ℃)	燃速低(6.89 MPa 下约 2.54 mm/s)，不能很快产生大量气体，达到所需压力，吸湿性大
5-氨基四唑硝酸盐(5-ATN)型	残渣少，燃速可调范围大(6.89 MPa 下 9~20 mm/s)，燃温低	—
平台型	燃速压强指数低，$n \leqslant 0$，对加速力不敏感	燃烧产物有腐蚀性气体 HCl
聚叠氮缩水甘油醚(GAP)	比冲高，燃温适中	燃速压强指数高

2）特点与应用

（1）主要特点。

① 功率质量比大，固体推进剂单位质量含较高的能量。

② 储存期间（固态形式）安全、无泄漏。

③ 相对于普通气动系统，工作状态的燃气温度较高、压力较大。

（2）应用。适用于一次性、短时间内工作的飞行器装置（如导弹、火箭）姿态控制，如各种军用作战飞机（如 B-52 轰炸机）和飞机的应急系统（如紧急脱险滑门、紧急充气系统）、导弹上的伺服机构、MX 导弹各级上的燃气涡轮、弹体滚控用的燃气活门以及发射车的竖立装置等。

（3）使用注意事项。

① 燃气中存在固体火药和燃烧残渣，因此燃气介质的伺服控制系统应采用抗污染能力强的射流管阀。

② 考虑到导弹、火箭等飞行器携带的燃料质量有严格限制，需选用耗气量小的膨胀型燃气叶片马达作为执行机构。

③ 由于燃气温度极高，气动元件（包括密封件）应采用耐高温材料。

参考文献

[1] 阎耀保. 极端环境下的电液伺服控制理论及应用技术[M]. 上海：上海科学技术出版社，2012.

[2] 阎耀保. 高速气动控制理论和应用技术[M]. 上海：上海科学技术出版社，2014.

[3] 阎耀保. 极端环境下飞行器电液伺服阀特性研究[R]. 国家自然科学基金资助项目结题报告（50775161），2011.1.20.

[4] 阎耀保. 飞行器舵机系统关键基础理论研究[R]. 上海市浦江人才计划（A 类）总结报告（06PJ14092），2008.9.30.

[5] 阎耀保. 燃料电池汽车车载超高压减压阀组集成设计理论研究[R]. 上海市白玉兰科技人才基金总结报告（2008B110），2009.5.28.

[6] 阎耀保. 45 MPa 以上的氢气增压、压力控制和调节技术研究[R]. 国家高技术研究发展计划（863 计划）课题验收报告（2007AA05Z119），2010.6.30.

[7] 国家军用标准. GJB 1401—1992 空空导弹制导和控制舱通用规范[S]. 航天工业总公司，1992.

[8] 国家军用标准. GJB 2364—1995 运载火箭通用规范[S]. 航天工业总公司，1995.

[9] 中国石油化工股份公司科技开发部. SH 0358—1995（2005）10 号航空液压油[S]. 石油产品行业标准汇编 2010，北京：中国石化出版社，2011.

[10] 国家质量监督检验检疫总局中国国家标准化管理委员会. GB 6537—2006 3 号喷气燃料[S]. 中华人民共和国国家标准，北京：中国标准出版社，2007.

[11] 国防科学技术委员会. GJB 560A—1997 高闪点喷气燃料规范[S]. 国家军用标准，1997.

[12] 国防科学技术委员会. GJB 1603—1993 大比重喷气燃料规范[S]. 国家军用标准，1993.

[13] 国防科学技术委员会. GJB 2376—1995 宽馏分喷气燃料规范[S]. 国家军用标准，1995.

[14] 马瀚英. 航天煤油[M]. 北京：中国宇航出版社，2003.

[15] 李明. 国内外喷气燃料产品标准的比较[J]. 中国标准化，2000，21(11)：23-24.

[16] 邓康清，陶自成. 国外气体发生剂研制动向[J]. 固体火箭技术，1996(3)：34-40.

[17] 朱忠惠，陈孟荤. 推力矢量控制伺服系统[M]. 北京：中国宇航出版社，1995.

[18] 杨华勇，周华，路甬祥. 水液压技术的研究现状与发展趋势[J]. 中国机械工程，2000，11(12)：1430-1433.

[19] Coordinating Research Council Inc. Handbook of aviation fuel properties [M]. 1983.

[20] 乔应克，鲁国林. 导弹弹射用低温燃气发生剂技术研究[C]//中国宇航学会固体火箭推进年会，2005.

射流伺服阀有两种类型：射流管伺服阀和偏转板伺服阀。射流管伺服阀（jet pipe servovalve）通过控制射流管的偏转角度来控制其接收器两个接收孔内流体的多少和压力的大小，从而控制主阀阀芯的工作位置。偏转板伺服阀（deflector jet servovalve）在射流管和接收器之间设有偏转板，射流喷嘴和接收器固定不动，通过偏转板的偏转来控制其接收器两个接收孔内流体的多少和压力的大小，从而控制主阀阀芯的工作位置。1940 年前后出现射流管伺服阀，1970 年由于发现新材料而产生了偏转板伺服阀。本章主要介绍射流管伺服阀射流前置级压力特性分析方法和基本特性。由于射流管伺服阀耐污染力强，因此液压油颗粒物的要求相对较低，高速射流的较大颗粒物反而更容易造成流体所经过的通道的冲蚀磨损和磨粒磨损。为此，将流体及颗粒物对管路及材料的冲蚀磨损试验统计结果引入射流管伺服阀，介绍射流管伺服阀关键零件的冲蚀磨损量定量计算和预测方法。

3.1　概述

射流管伺服阀最早出现在第二次世界大战前后，Askania Regulator 公司的 Askania-Werke 于 1940 年在德国开发并申请了射流管原理控制阀专利，通过控制喷管的运动来改变射流方向，喷管将流体直接喷入两个接收孔，流体的动量转变为压力或流量，如图 3.1a 所示。Foxboro 发明了单喷嘴挡板阀，采用平板式挡板和固定喷管之间位置变化引起节流孔的面积变化来控制喷嘴内的压力大小，如图 3.1b 所示。德国 Siemens 发明了双喷嘴挡板阀，通过弹簧输入机械信号，通过移动线圈、永久电磁铁力矩马达输入电信号，该阀用于闭式位置控制，作为航空航天飞行器控制阀的前置级，如图 3.1c 所示。

1955—1962 年，美国空军的航空实验室和飞行控制实验室先后组织撰写了 6 份电液伺服阀和电液伺服机构的研究报告，详细记载了美国空军在这一时期研究各种电液伺服阀的过程、新原理、新产品、新技术的情况。这些秘密技术报告涉及电液伺服阀的开发过程、研制单位，尤其是详细介绍了当初的电液伺服阀结构、原理、应用与大量实验结果，建立了电液伺服阀的数学模型、传递函数、功率键合图、稳定性分析方法，50 年后才陆续解密公开。第二次世界大战后，1957 年，R. Atchley 开发了基于 Askania 射流管原理的两级射流管伺服阀，1959 年开发了带电反馈的三级电液伺服阀。1973 年，MOOG 公司开始研究射流管原理，直至 1998 年才批量生产射流管伺服阀。

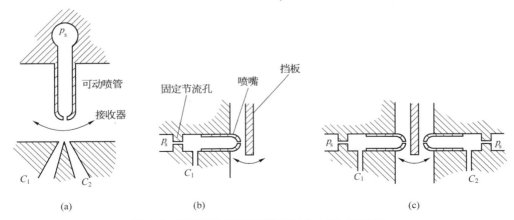

图 3.1 射流管阀与喷嘴挡板阀(20 世纪 40 年代)

(a) 射流管阀(Askania);(b) 单喷嘴挡板阀(Foxboro);(c) 双喷嘴挡板阀(Siemens)

如图 3.2 所示为射流管伺服阀的结构图,射流管伺服阀由永磁动铁式力矩马达、射流管前置放大级和滑阀功率放大级构成。射流管由衔铁枢轴来支撑,并可绕枢轴摆动。压力油通过枢轴引入射流管,从射流管射出的射流冲到接收器的两个接收孔上,两个接收孔分别与滑阀两侧的两腔相连接。液压能通过射流管的喷嘴转换为液流的动能,液流被接收孔接收后,又将其动能转变为压力能。无输入信号时,射流管伺服阀处于零位,射流管的喷嘴与两个接收器处于中立位置,

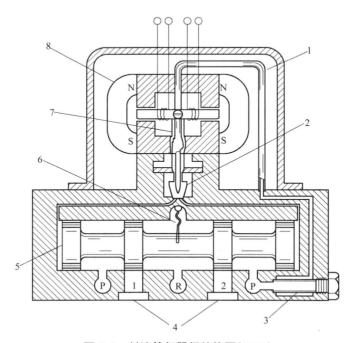

图 3.2 射流管伺服阀结构图(1973)

1—射流管供油口;2—可动射流管及其接收口;3—油滤;4—负载口;
5—滑阀;6—悬臂反馈弹簧;7—弹簧管;8—力矩马达

即对称位置。喷嘴喷出的射流均等地进入两个接收孔,射流动能在接收孔内转化为压力势能,滑阀两端的压力相等,因而滑阀处于中位,电液伺服阀无流量输出。有信号输入时,通电线圈在电流作用下产生磁场使衔铁磁化,衔铁的磁场和永久磁铁的磁场相互作用,力矩马达组件产生的偏转扭矩使射流管组件绕着一个支点旋转,射流管偏离中间位置,使其中一个接收孔接收的射流动能多于另一个,在滑阀两端形成压差,使滑阀产生位移,输出流量;同时阀芯推动反馈弹簧组件,对射流管产生反向力矩,当反向力矩与电流产生的正向力矩相平衡时,反馈杆及滑阀处于某一控制位置输出稳定的控制流量。同时,滑阀阀芯右端的恢复压力与左端的恢复压力产生的压力差与滑阀的液动力和反馈杆变形对阀芯产生的反作用力之和相平衡时,阀芯停止运动。最后,该阀芯位移与输入的控制电流成比例,当负载压差一定时,阀的输出流量与控制电流也成正比。当射流管反方向移动时,反之亦然。

美国和德国射流管伺服阀产品主要集中在几家公司,如制造企业 MOOG、MTS、Honeywell等。波音公司、空中客车公司、军用飞机公司的射流管电液伺服阀应用情况表明,飞机液压系统逐步使用射流管电液伺服阀取代喷嘴挡板式电液伺服阀。日本 1952 年开始进行射流管伺服马达的基础理论和特性研究,用于水射流技术、自动生产线。《日本机械学会论文集》1970 年报道了日本水射流以及射流管伺服阀的流体力学基础研究情况。美国 IEEE 在 1998 年披露气动射流管伺服阀的应用情况。印度的研究涉及射流管伺服阀的建模与结构技术。射流管电液伺服阀的研究文献还特别少见,为此研究国外产品,分析来源、设计思路及使用过程的特点,总结关键技术,对今后产品分析和定位有参考价值。

以 Honeywell 为例,其生产的射流管伺服阀在飞行器上的应用见表 3.1。从中可见,射流管伺服阀已经广泛应用于波音 B737 客机,F15、F16、F18、F22 歼击机,空中客车 A380 客机以及JSF 歼击机等。

表 3.1　Honeywell 生产的射流管伺服阀在飞行器上的应用

飞行器	部　位	数量(台)	飞行器	部　位	数量(台)
波音 B737	CFM56 - 7	12	Bus Jet	AS907	2
F15/F16 歼击机	F100/220/229	14/17	Grippen	RM12UP	2
波音 B777	331—500	1	空中客车 A380	TRENT 900	8
Falcon/猎鹰	CFE738	4	JSF 歼击机	Stova Actuation	8
F18E&F 歼击机	F414	8	JSF 歼击机	燃料输送	8
F22 歼击机	F119	12	JSF 歼击机	发动机作动器	12

3.2　射流管伺服阀前置级压力特性

为分析射流伺服阀射流管喷嘴高压射流区的特性,建立射流管伺服阀前置级数学模型,可得到射流管偏移值、射流管直径和接收孔直径对接收器压力分布、喷孔出口流速及接收器的左右腔恢复压力的影响规律。流场分析发现,射流管的高速射流出口处容易发生旋涡,且存在环状负压效应。结果表明:高压射流状态下,射流管直径增大,恢复压力增加;接收孔直径增大,恢复压力降低。接收孔直径与射流管直径之比最佳取值区间为[1.3，1.5]。射流管偏移值增大，偏移值增大一侧，射流管与接收孔之间的有效流体接收面积增大，射流管与接收孔之间的流体旋涡扩大，内部流场环状负场效应增加，接收孔恢复压力降低。

射流管伺服阀是伺服控制系统中的核心元件，也是用途极为广泛的军民结合的典型高精度液压控制元件。射流管伺服阀通过控制喷管的运动来改变射流方向，推动阀芯移动，具有精度高、响应快、工作可靠、重量轻、功率密度高、安装方便等优点，飞机多采用射流伺服阀替代喷嘴挡板式电液伺服阀。国内外学者陆续研究了射流伺服阀基本特性。印度 Somashekhar 建立了射流管伺服阀两级压力传递函数，并分析前置级恢复压力对反馈杆稳定性的影响。由于伺服阀的结构设计复杂且涉及军工领域，射流伺服阀理论和技术已经被国外封锁和严格控制，国外详细报道尚不多见。国内有少数学者研究射流伺服阀的内在机理。姚晓先通过气动射流伺服阀实验取得压力特性计算式。高殿荣等采用计算流体动力学(CFD)方法分析伺服阀内部流场，探讨不同结构参数下射流前置级的恢复压力特性和流量特性。李松晶研究射流管伺服阀采用磁流体时的特性。朱玉川分析超磁致伸缩执行器驱动的射流伺服阀的射流效率和压力特性与结构参数的关系。

为了建立射流伺服阀结构参数与前置级压力特性的映射关系，本节分析无黏滞、不可压缩流体情况下，射流管偏移值、射流管直径和接收孔直径对其内部流体压力分布、喷孔出口流速及接收孔左右腔恢复压力的影响规律。

如图 3.3 所示为带有执行机构的两级射流管电液伺服阀结构原理图。它主要由两个部分组

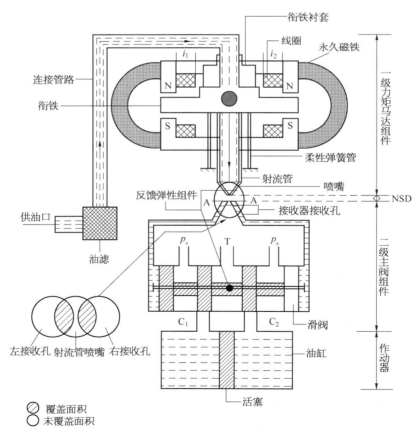

图 3.3 射流管伺服阀结构原理图

成：一级力矩马达组件和二级主阀组件，在一级组件和二级组件之间，设有一个机械反馈弹簧组件来反馈并稳定主阀阀芯的运动状态。一级力矩马达组件包括衔铁、衔铁衬套、柔性弹簧管、射流管及喷嘴、供油管和支承弹簧。射流管和衔铁通过衔铁衬套和弹簧管连接，弹簧管、供油管和支承弹簧固定在力矩马达上，弹簧管作为一种密封装置，位于伺服阀电磁部分和液压部分之间，保证力矩马达运动时的绝缘性。二级主阀组件包括接收器、滑阀，接收器有两个间隔但紧密的接收孔，它固定在主阀的阀体上，接收孔连通至主阀阀芯两边的端面，控制主阀阀芯在阀套中处于适当的位置。阀套和阀体间具有多个控制节流孔并连接到供油口、回油口和两个控制口。反馈弹簧组件由三部分组成：反馈弹簧、弹簧衬套和弹簧座。反馈弹簧组件通过弹簧衬套固定在射流管喷嘴上，另一端通过两个零位调节螺钉安装在阀芯上。射流管伺服阀首先将液体的压力能转化为喷射动能，然后在接收孔两端重新恢复成压力能，控制主阀的运动位置。

3.2.1　数学模型

3.2.1.1　接收器接收孔的接收面积

射流管伺服阀接收器接收面积模型如图 3.4 所示。左圆为左接收孔（假设为入口）投影，右圆为右接收孔射流管出口投影，A 点为左圆圆心，C 点为右圆圆心，B、E 点为两圆的交点，D 点为 AC 与 BE 的交点，X_j 为射流管位移，即偏移值，r_1 为左、右接收孔半径，并假设左、右接收孔半径相等，r_2 为射流管射流口半径，d 为接收器和射流管之间的中心距，并假设以向左为正。图中阴影部分的面积等于接收孔的接收面积，左接收孔的接收面积等于两个扇形面积之和（$S_{扇ABE} + S_{扇CBE}$）减去两个三角形面积之和（$S_{\triangle ABE} + S_{\triangle CBE}$）。

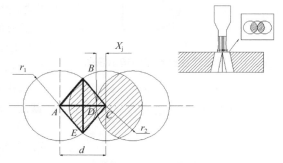

图 3.4　接收器接收孔接收面积

接收器左接收孔的接收面积为

$$A_1 = r_1^2 \arccos \frac{(r_1 - X_j)^2 + r_1^2 - r_2^2}{2r_1(r_1 - X_j)} - \frac{(r_1 - X_j)^2 + r_1^2 - r_2^2}{2(r_1 - X_j)} \sqrt{r_1^2 - \frac{\left[(r_1 - X_j)^2 + r_1^2 - r_2^2\right]^2}{4(r_1 - X_j)^2}} +$$

$$r_2^2 \arccos \frac{(r_1 - X_j)^2 - r_1^2 + r_2^2}{2r_2(r_1 - X_j)} - \frac{(r_1 - X_j)^2 - r_1^2 + r_2^2}{2(r_1 - X_j)} \sqrt{r_2^2 - \frac{\left[(r_1 - X_j)^2 - r_1^2 + r_2^2\right]^2}{4(r_1 - X_j)^2}}$$

（3.1）

由于接收孔轴线与垂直方向存在夹角 φ，则实际接收面积为

$$A_{x1} = \frac{A_1}{\cos \varphi}$$

（3.2）

由于接收器左、右接收孔的结构对称性，同理可计算右接收孔的接收面积 A_2。

当射流管偏移值为零时，左接收孔的接收面积等于右接收孔的接收面积，即零位接收面积 A_0 为

$$A_0 = r_1^2 \arccos \frac{2r_1^2 - r_2^2}{2r_1^2} - \frac{2r_1^2 - r_2^2}{2r_1} \sqrt{r_1^2 - \frac{(2r_1^2 - r_2^2)^2}{4r_1^2}} + r_2^2 \arccos \frac{r_2^2}{2r_1 r_2} - \frac{r_2^2}{2r_1} \sqrt{r_2^2 - \frac{r_2^4}{4r_1^2}} \quad (3.3)$$

假设接收孔直径与射流管直径之比 $r_1/r_2 = k$,零位接收面积 A_0 与接收孔截面积 A_a 之比 K 为

$$K = \frac{A_0}{A_a} = k^2 \arccos \frac{2k^2 - 1}{2k^2} - \frac{2k^2 - 1}{2k} \sqrt{k^2 - \frac{(2k^2 - 1)^2}{4k^2}} + k \arccos \frac{1}{2k} - \frac{1}{2k} \sqrt{k^2 - \frac{1}{4k}}$$

(3.4)

由接收器接收孔接收面积数学模型可知,接收孔直径与射流管直径之比 k 大于或等于 0.5。当接收孔直径与射流管直径之比 $k = 0.5$ 时,零位接收面积与接收孔截面积之比 $K = 1$,不存在局部压力损失;当接收孔直径与射流管直径之比 $k > 0.5$ 时,零位接收面积与接收孔截面积之比 $K < 1$,存在局部压力损失。

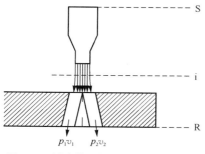

图 3.5　射流管及接收器结构示意图

3.2.1.2　射流管前置级压力特性模型

如图 3.5 所示为射流管伺服阀前置级结构示意图。截面 S 为供油截面,供油压力为 p_s,供油速度为 v_s;截面 i 为速度达到最大的截面,压力为 p_i,速度为 v_i;截面 R 为接收器压力恢复截面,恢复压力 p_1、p_2 为最大,压力恢复截面的平均速度为 v_1、v_2。忽略射流管与接收器之间的压力损失。射流伺服阀前置级区域流体流动过程分为两个阶段:第一阶段是液压油从 S 截面流至 i 截面;第二阶段是液压油从 i 截面流至 R 截面。

第一阶段:液压油由 S 截面进入射流管,供油压力为 p_s,供油速度为 0,到达速度最大截面 i 时,压力为 p_i,最大速度为 v_i,S 截面和 i 截面之间的流体满足伯努利方程式。

$$h_s + \frac{p_s}{\rho g} + \frac{v_s^2}{2g} = h_i + \frac{p_i}{\rho g} + \frac{v_i^2}{2g} + \zeta \frac{v_i^2}{2g}$$

(3.5)

式中　ζ——能量损失系数;

ρ——液压油的密度;

h_s——S 截面的重力能;

h_i——i 截面的重力能;

g——重力加速度。

忽略重力能,h_s、$h_i \approx 0$,$v_s \ll v_i$,$v_s \approx 0$,则式(3.5)为

$$(1 + \zeta) \frac{v_i^2}{2g} = \frac{p_s}{\rho g} - \frac{p_i}{\rho g}$$

(3.6)

喷嘴出油孔处的流速为

$$v_i = \frac{1}{\sqrt{1 + \zeta}} \sqrt{\frac{2(p_s - p_i)}{\rho}} = C_v \sqrt{\frac{2(p_s - p_i)}{\rho}}$$

(3.7)

式中　C_v——喷嘴流速系数,$C_v = \frac{1}{\sqrt{1 + \zeta}}$。

第二阶段:接收器接收由射流管射流而出的液压油,到达压力恢复截面 R,左、右接收孔恢复压力分别为 p_1、p_2,左、右压力恢复截面的平均速度分别为 v_1、v_2,i 截面和 R 截面之间的流体

满足伯努利方程式。

$$h_i + \frac{p_i}{\rho g} + \frac{v_i^2}{2g} = h_R + \frac{p_n}{\rho g} + \frac{v_n^2}{2g} + h_\xi + h_1 \qquad (3.8)$$

式中　n——左、右接收孔,左接收孔 n 取 1,右接收孔 n 取 2;

　　　p_n——左、右接收孔恢复压力;

　　　v_n——左、右接收孔压力恢复截面的平均速度。

重力势能 h_i、h_R 以及沿程压力损失 h_1 忽略不计时,式(3.8)为

$$p_n = p_i + \left(\frac{v_i^2}{2g} - \frac{v_n^2}{2g} - h_\xi \right) \rho g \qquad (3.9)$$

式中　h_ξ——流动过程中由于管道截面突然扩大而产生的局部损失。

$$h_\xi = C_i \frac{v_i^2}{2g} \left(1 - \frac{A_n}{A_a} \cos \varphi \right)^2 \qquad (3.10)$$

式中　A_a——左接收孔截面积;

　　　C_i——入口处的能量损失系数,取 0.95;

　　　A_n——左、右接收孔的接收面积。

接收器左、右接收孔内的流体分别满足连续性方程,即从 i 截面流入的液压油流量等于从 R 截面流出的液压油流量。

左接收孔有

$$v_i A_{x1} = v_1 A_a \qquad (3.11)$$

右接收孔有

$$v_i A_{x2} = v_2 A_a \qquad (3.12)$$

联立式(3.1)~式(3.12),可得接收器左、右腔的恢复压力分别为

$$p_1 = p_i + C_v^2 \left[1 - C_i \left(1 - \frac{A_1}{A_a} \cos \varphi \right)^2 \right] (p_s - p_i) \qquad (3.13)$$

$$p_2 = p_i + C_v^2 \left[1 - C_i \left(1 - \frac{A_2}{A_a} \cos \varphi \right)^2 \right] (p_s - p_i) \qquad (3.14)$$

当射流管的偏移值为零时,左腔恢复压力等于右腔恢复压力,且等于零位恢复压力 p_0。

$$p_0 = p_i + C_v^2 [1 - C_i (1 - K)^2] (p_s - p_i) \qquad (3.15)$$

3.2.2　压力特性

3.2.2.1　接收面积特性与压力特性

选取某型射流管伺服阀产品案例作为分析对象,实际参数见表 3.2。根据式(3.1)~式(3.15)的射流管伺服阀数学模型,可得到射流管偏转位移、射流管直径和接收孔直径对左右接收孔接收面积和恢复压力的影响规律,如图 3.6~图 3.8 所示。

表 3.2 计算参数表

参　数	数　值
p_s（MPa）	10
p_i（MPa）	0.9
φ（°）	17.5
C_v	0.97
C_i	0.95
ρ（kg/m³）	850
r_1（mm）	0.15
r_2（mm）	0.15

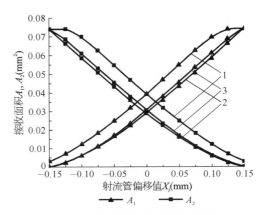

图 3.6　接收器接收面积曲线图

1—$r_1=0.15$ mm，$r_2=0.18$ mm；2—$r_1=0.15$ mm，
$r_2=0.15$ mm；3—$r_1=0.18$ mm，$r_2=0.15$ mm

高端液压元件理论与实践

由图 3.6 中的曲线 1、2 可以得出：射流管处于零位时，左右接收器的接收孔面积相等；射流管偏移值增大，两接收孔的接收面积之比 A_1/A_2 增大，接收面积存在明显的饱和区域。

由图 3.7 中的曲线 1、2 可以得出：射流管处于零位时，接收器左右接收孔的接收面积相等，接收器的左右恢复压力相等。射流管偏移值增大，左右两个接收孔的恢复压力存在明显的饱和区域。左右接收孔半径 r_1 不变，射流管半径 r_2 增大时，恢复压力增大，这是因为从射流管中喷出的流体质量增加，分配到接收孔中的动能增加；射流管半径 r_2 增大，接收面积增大，局部压力损失减小。由图 3.7 中的曲线 2、3 可以看出：射流管半径 r_2 不变，左右接收孔半径 r_1 增大时，从射流管中喷出的流体质量相同，接收面积的增加可以忽略，但接收孔截面积增加，局部压力损失明显增加，恢复压力减小。

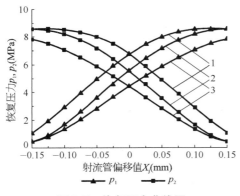

图 3.7　恢复压力曲线图

1—$r_1=0.15$ mm，$r_2=0.18$ mm；2—$r_1=0.15$ mm，
$r_2=0.15$ mm；3—$r_1=0.18$ mm，$r_2=0.15$ mm

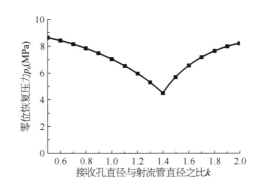

**图 3.8　零位恢复压力随接收孔直径与
射流管直径之比变化曲线**

图 3.8 示出了零位恢复压力随接收孔直径与射流管直径之比 k 值的变化曲线。零位恢复压力在接收孔直径与射流管直径之比 k 变化区间［0.2，1.4］呈减小趋势，在变化区间（1.4，2］呈增大趋势。根据射流管伺服阀校验规则，零位恢复压力为供油压力的 50%，接收孔直径与射流管

直径之比 k 最佳取值区间为 $[1.3, 1.5]$。

3.2.2.2 射流旋涡与射流负压现象

在建立上述数学模型时没有考虑射流管与接收器之间的压力损失,这里建立 CFD 流场仿真,进一步分析射流管与接收器之间的流场情况。采用 ANSYS 软件研究射流管不同偏移值下,射流管伺服阀前置级内部流场情况。建立如图 3.9 所示的结构模型,并划分网格。射流管伺服阀的主要结构参数:喷嘴管半径 $r_2 = 0.15$ mm,左右接收管直径相等且两管之间无间隙 $r_1 = 0.15$ mm。流体介质设为液压油,密度为 850 kg/m³,流体动力黏度 $0.008\ 5$ N·s/m²;流体流动状态为紊流,采用 $k\text{-}\varepsilon$ 湍流模型。边界条件设定如下:入口为压力入口边界(20 MPa),出口为压力边界(0.9 MPa),其余均为 wall 边界,忽略内部流体与壁面的热交换,壁面设为绝热壁面,壁面边界无滑移速度边界,收敛残差精度为 1×10^{-5}。

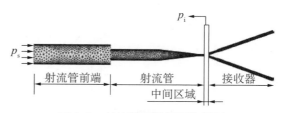

图 3.9　射流管伺服阀网格模型

图 3.10 示出了射流管偏移值为 0 mm 时的压力云图与压力等值线图。从图中可以看出:在射流管前端部分压力为稳定值,压力在射流管喷嘴前段开始急剧下降,在射流管与接收器之间区域达到最小值,进入接收孔后压力恢复至稳定值,与数学模型假设的流动过程一致。

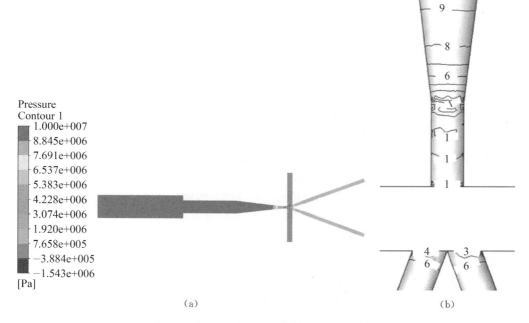

（a）　　　　　　　　　　　　（b）

图 3.10　射流管偏移值为 0 mm 时的压力云图与压力等值线图

（a）压力云图；（b）压力等值线图（MPa）

图 3.11 示出了两种计算方法所得恢复压力随偏移值变化曲线。从图中可以看出:两种计算方法所得恢复压力变化趋势一致;偏移值增大,数学模型计算的恢复压力与 CFD 计算的恢复

压力之差增大;偏移值减小,数学模型计算的恢复压力与 CFD 计算的恢复压力的差值达到了允许的误差范围。

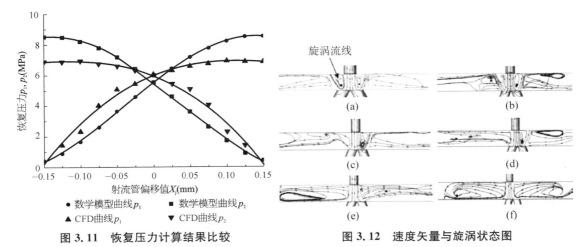

图 3.11　恢复压力计算结果比较

图 3.12　速度矢量与旋涡状态图

(a) $X_j = 0$ mm;(b) $X_j = 0.025$ mm;(c) $X_j = 0.05$ mm;
(d) $X_j = 0.075$ mm;(e) $X_j = 0.1$ mm;(f) $X_j = 0.15$ mm

图 3.12 示出了射流管偏移值 X_j 为 0 mm、0.025 mm、0.05 mm、0.075 mm、0.1 mm 和 0.15 mm 时的速度矢量图。从图中可以看出:在高压射流状态下,射流管与接收器之间区域出现了旋涡,旋涡吸收了射流的能量并耗散掉这部分能量,导致射流能量降低,产生了环状负压效应,进入接收器流体能量降低,恢复压力降低。环状负压效应是恢复压力降低的一个主要原因。射流管伺服阀容易出现射流负压现象,即流体在射流出口某处或某几处出现环状负压区域的现象。

射流管偏移值为 0 mm 时,射流束两边出现了相同状态的环状旋涡;偏移值增大,左旋涡扩大,环状负压效应增加,右旋涡减小,环状负压效应减小。结合图 3.10 可以看出,在供油压力为 10 MPa 时,偏移值增大,左旋涡扩大,环状负压效应增加,偏移值减小,右旋涡变小,环状负压效应减小;在环状负压效应较大的情况下,CFD 计算的恢复压力与数学模型计算的恢复压力最大误差在 2 MPa 左右,在环状负压效应较小的情况下,最大误差在 0.5 MPa 左右。从而可知在忽略环状旋涡压力损失的情况下所建立数学模型的计算结果与实际结果的差异。

主要结论有:

(1)射流管伺服阀前置级压力特性数学模型反映了压力特性的变化趋势,可以根据数学模型进行关键结构参数的设计与改进。

(2)射流管直径增大,接收孔接收面积增大,恢复压力增大;接收孔直径增大,接收孔接收面积增大,恢复压力减小。接收孔直径与射流管直径之比 k 的最佳取值区间为[1.3,1.5]。

(3)当射流管直径等于两个接收孔直径时,射流管与接收器之间存在射流旋涡,产生了环状负压效应,这是导致简化模型较 CFD 计算的恢复压力偏高的原因;随射流管偏移值增大,射流环状旋涡扩大,环状负压效应增加,恢复压力降低的趋势增加。该结果为进一步分析射流伺服阀旋涡产生的条件提供了理论基础。射流管伺服阀容易出现射流负压现象,即流体在射流出口某处或某几处出现环状负压区域的现象。

3.3 射流管伺服阀前置级冲蚀磨损数值模拟

采用计算流体动力学与冲蚀理论,可以模拟射流管伺服阀多相流中固体颗粒物的运动轨迹,并分析离散相固体颗粒的速度和冲击角度等参数对冲蚀磨损的影响规律,得到在工作介质为 7 级清洁度时射流管伺服阀前置级部件的冲蚀磨损率以及冲蚀磨损量。高速射流容易造成射流管伺服阀部件的增重或失重;油液中的固体颗粒物使接收器劈尖产生较严重的冲蚀磨损,冲蚀磨损量与两个接收孔之间的夹角及射流管位移量有关,当夹角为 $40°\sim50°$ 时冲蚀磨损相对较为严重。当射流管处于中立位置时,劈尖附近冲蚀磨损严重;当射流管位移最大时,劈尖的冲蚀磨损最小,实践案例的理论结果与实验结果一致。

射流管伺服阀是液压伺服系统的核心元件,通过微弱电信号控制射流管偏转来改变接收器压力以及滑阀节流窗口面积,进而控制流体的流量、压力和方向,是一种用途极为广泛的典型高精度电液伺服元件。射流管伺服阀最早出现在 1940 年,美国将其用于航空、航天领域。1960 年以后,射流管伺服阀陆续应用于一般工业领域。射流管伺服阀通过控制喷管的运动来改变射流方向,其射流管直径约 0.22 mm,具有抗污染能力强、可靠性高、响应快等优点,已广泛应用于航空、航天、舰船等领域。飞机多采用射流伺服阀代替喷嘴挡板式电液伺服阀。射流伺服阀射流过程中,油液和油液中的颗粒物形成多相混合流体,当其高速经过射流管和接收器并驱动次级元件时,容易导致所接触的金属表面产生弹性变形或塑形变形,甚至表面磨损或失效。工程上射流管伺服阀工作一定时间后,经常出现服役性能下降、静耗流量增大、零偏与零漂的工作点变动,甚至失效等现象。目前关于射流伺服阀高速射流冲蚀现象与内在机理的研究,以及射流冲蚀磨损的定量分析尚不多见。

冲蚀是指材料受到小而松散的流动粒子冲击时,表面出现破坏的一种磨损现象,其发生之前一般有一个短暂的孕育期,即入射粒子嵌入靶材而表现为靶材的冲蚀"增重",经过一段时间后达到稳态冲蚀,流动粒子的当量直径一般小于 $1\ 000\ \mu m$,冲击速度小于 $550\ m/s$。一般冲蚀粒子的硬度比被冲蚀材料的硬度大。速度大时,软粒子(如水滴)也会造成冲蚀,如导弹的雨蚀现象。还有一种气蚀性冲蚀,即流体机械上的冲蚀现象,因为流场中压力波动给气泡成核、长大和溃灭创造了条件而产生的材料表面破坏。

冲蚀现象的研究由来已久。20 世纪中期,冲蚀问题受到关注。近年来,人们通过实验研究探索材料冲蚀的发生与发展过程,提出一些物理模型及数学表达式来预测冲蚀磨损。I. Finnie 发表了冲蚀微切削模型,讨论刚性粒子对塑性金属材料的冲蚀磨损,并通过实验证实低入射角(攻角)下的理论。Tilly 考虑粒子冲击固体表面时有可能发生碎裂,解释了垂直入射时的脆性粒子冲蚀现象,即大攻角下出现的冲蚀现象。I. M. Hutchings 借助高速摄像机,观察到高速球形或正方块入射体冲击材料表面的运动轨迹,证实了单颗粒冲蚀的磨痕形貌。

诸多因素影响射流冲蚀,包括颗粒物形状尺寸、浓度、冲击速度、冲击角度和靶材属性(密度、硬度等)以及流体的属性(密度、黏度、温度等)等。Finnie 用铝合金材料的颗粒冲击塑性材料表面,发现颗粒冲击速度越大,磨损越严重,且当冲击角度为 $13°$ 时,冲蚀磨损最大。Molian 比较了未经处理的样材和激光热处理的样材两者的磨损率,发现经过激光热处理材料的磨损率比未经处理样材的磨损率小。Chen 等研究了固液磨损,发现经过离子渗氮的 S48C 碳钢磨损量大大减小,而纯钛、钛合金 Ti6Al4V 的磨损并没有发生太大的变化,采用硬化复合层可提高抗磨能力。

以上发现均基于实验提出,且实验过程耗费大、周期长。近些年来,国内外逐渐利用 CFD 来仿真模拟单个靶材对液压元件的冲蚀磨损情况,如弯管、汽轮机、双喷嘴挡板阀、射流伺服阀,没有涉及油液介质污染度等级对射流伺服阀实际磨损量的影响。

为此,本节采用 CFD 和冲蚀磨损理论,分析油液和油液中固体颗粒物离散相组成多相流时的数值模拟方法,预测射流管伺服阀的冲蚀磨损部位以及前置级的冲蚀磨损量,并结合某型号射流管伺服阀试验案例进行验证。

3.3.1 射流管伺服阀冲蚀机理

如图 3.13 所示为射流管伺服阀结构示意图。图中,i_1、i_2 分别为力矩马达控制线圈通过的电流,β 为衔铁偏转角度,p_s 为伺服阀供油压力,A、B 分别为伺服阀的负载口,T 为回油口。射流管电液伺服阀由永磁动铁式力矩马达、射流管前置放大级和滑阀功率放大级构成,前置级主要由射流管和接收器组成。射流管可以绕回转中心转动。接收器的两个圆形接收孔分别与滑阀的两侧容腔相连。液压能通过射流管的喷嘴转换为液流的动能,液流被接收孔接收后,又将其动能转换为压力能。

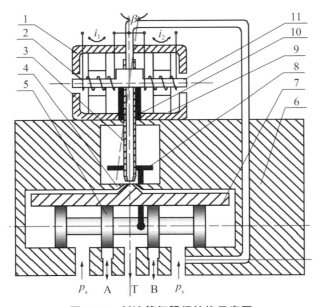

图 3.13 射流管伺服阀结构示意图

1—磁铁;2—控制线圈;3—射流管;4—接收器;5—主阀阀芯;6—阀体;
7—滑阀套;8—反馈杆;9—永久磁铁;10—弹簧管;11—衔铁

无输入信号时,射流管伺服阀处于零位,射流管的喷嘴处于两个接收孔的中间位置,即中立位置。喷嘴喷出的流体均等地进入两个接收孔,射流动能在接收孔内转化为压力能,滑阀两端的压力相等,因而滑阀处于中位,电液伺服阀无流量输出。有信号输入时,通电线圈在电流作用下产生磁场使衔铁磁化,衔铁的磁场和永久磁铁的磁场相互作用,力矩马达组件产生的偏转扭矩使射流管组件绕着一个支点旋转,射流管偏离中间位置,使其中一个接收孔接收的射流动能多于另一个接收孔,并在滑阀两端形成压差,导致滑阀产生位移,输出流量。同时,阀芯推动反馈杆组件,对射流管产生反向力矩,当反向力矩与电流产生的正向力矩平衡时,反馈杆及滑阀处于某一控制位置并输出稳定的控制流量。当滑阀阀芯右端的恢复压力和左端的恢复压力之间的压力差与滑阀的液动力和反馈杆变形对阀芯产生的反作用力之和相平衡时,阀芯停止运动。最后,阀芯位移与输入的控制电流成比例,当负载压差一定时,阀的输出流量与控制电流成正比。射流管伺服阀的射流管喷嘴直径为 0.22~0.25 mm,两个接收孔直径为 0.3 mm,两射流管边缘间距为0.01 mm,射流管和接收器之间的间距为 0.35 mm。射流管喷嘴较大,特别是射流管喷嘴与接收器之间的距离较大,不易堵塞,抗污染能力强。射流管发生堵塞时,主阀两端的控制压力相同,弹簧复位也能工作,即射流伺服阀具有"失效对中"能力,可以做到"事故归零",具有"失效归零"与"故障安全"的能力。

由于射流管伺服阀抗污染能力强,油液清洁度较低或者油液中有微小污染颗粒物时仍能正常工作。但是高压高速射流流体与形状不规则的多角形杂质颗粒物形成多相流,以极高速度和一定角度划过射流伺服阀零件表面时,易将材料微切削或冲蚀变形,造成磨损。射流伺服阀磨损部位主要有:

(1) 射流阀前置级磨损(接收孔处),如图 3.14 所示。液压油高速通过柔性供油管进入射流管后,通过收缩喷嘴将油液射入接收器的两个接收孔内,多余的油液从喷嘴与接收器之间的缝隙流回射流管伺服阀的回油口,整个过程包括淹没射流、壁面射流、壁面绕流、二次回流,固体颗粒物在如此复杂的流动中反复高速冲刷接收器,容易造成局部磨损。

(2) 滑阀级阀芯与阀套节流边的磨损,如图 3.15 所示。射流伺服阀不工作时,滑阀阀芯处于中位,一旦输入控制电流,滑阀阀芯在左右腔压差作用下开启,液压油高速流体质点以及油中固体颗粒物通过阀芯开口处,以速度 v 冲刷阀芯和阀套边缘,造成节流锐边的边缘磨损。

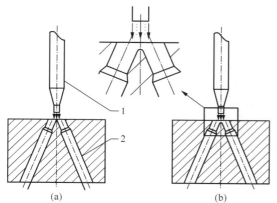

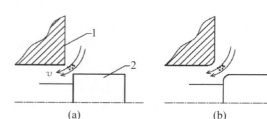

图 3.14 射流管伺服阀前置级冲蚀磨损示意图

(a) 冲蚀前;(b) 冲蚀后

1—射流管;2—接收孔

图 3.15 射流管伺服阀滑阀冲蚀磨损示意图

(a) 冲蚀前;(b) 冲蚀后

1—阀体;2—滑阀阀芯

3.3.2 射流管伺服阀冲蚀磨损理论

3.3.2.1 射流管伺服阀冲蚀磨损率

冲蚀磨损一般用冲蚀磨损率表示。所谓冲蚀磨损率,指因固体颗粒物高速冲刷靶材所造成的磨损速率,即高速运动的颗粒物在单位时间内对单位面积的靶材所造成的磨损质量。有时也将冲蚀磨损率除以材料密度,以长度/时间为单位更直观地反映冲蚀磨损的程度。射流管伺服阀射流前置级材料大多为塑性材料,采用 Edwards 等关于砂粒冲击碳钢和铝表面的冲蚀实验结果,得到塑性材料的冲蚀磨损率表达式为

$$R_e = \sum_{k=1}^{n} \frac{m_p C(d_p) f(\alpha) v^{b(v)}}{A_f} \tag{3.16}$$

式中　R_e——冲蚀磨损率;

　　k、n——污染颗粒数;

　　d_p——颗粒物的直径;

　　m_p——颗粒质量流率;

　$C(d_p)$——颗粒直径的函数,经验值为 1.8×10^{-9};

　　α——颗粒对壁面的冲击角;

　　$f(\alpha)$——冲击角的函数,采用分段函数描述,当冲击角为 $0°$、$20°$、$30°$、$45°$和 $90°$时,$f(\alpha)$分别为 0、0.8、1、0.5、0.4;

　　v——颗粒相对于壁面的速度;

　　$b(v)$——相对速度的函数,通常取 0.2;

　　A_f——靶材被冲击表面的面积。

由式(3.16)可知,冲蚀磨损率与颗粒的浓度、直径、质量、运动轨迹以及颗粒冲击靶材时的冲击角度、速度等有直接关系。通过式(3.16)可以计算 $0°\sim90°$所有冲击角度下的冲蚀磨损率。流体与颗粒物经过射流管伺服阀前置级时的运动较为复杂,固体颗粒物对接收器的冲击为多角度,根据油液清洁度等级可知流体中的颗粒物数量,由式(3.16)可模拟计算颗粒物对射流伺服阀的冲蚀磨损量。

3.3.2.2　射流管伺服阀冲蚀磨损理论计算模型

射流管伺服阀的冲蚀磨损率与油液中固体颗粒物的速度和冲击角度呈非线性关系。采用 FLUENT 离散相模型可以在拉普拉斯坐标下模拟流场中离散相的运动轨迹,通过积分和概率分布函数,可计算离散相的运动速度和冲击角度。所谓离散相,是指分布在连续流场中的离散的第二相,即油液中的颗粒、液滴、气泡等杂质颗粒并假设离散相的体积百分比小于 $10\%\sim12\%$。射流管伺服阀入口处装有过滤器,过滤后液压油中所含杂质颗粒的体积百分比远小于上述数值。

利用离散相模型进行冲蚀磨损率数值模拟的具体步骤如下:假设射流伺服阀油液及杂质颗粒物为定常流动,油液介质为连续相,杂质颗粒物为离散相,且杂质颗粒物为球形颗粒,其半径和质量流率根据油液清洁度等级确定。首先,在欧拉坐标系下计算连续相即流体介质的流场;然后,在拉格朗日坐标系下计算混合在连续相中的离散相即杂质颗粒物的运动轨迹及运动方程,由于杂质颗粒含量很少,因此假设不考虑杂质颗粒的运动对连续相即流体介质的流场的影响;然后,通过离散相即杂质颗粒物的运动方程积分得到离散相速度,运用概率分布函数得到杂质颗粒物的冲击角度等数值;最后,按照上述数值和冲蚀率表达式(3.16)计算冲蚀磨损率。

1) 流场计算　射流伺服阀工作时,来自液压源的油液介质被引入射流管,经射流管喷嘴向接收器喷射,在这段距离内,油液介质及其杂质颗粒物的流动是一个非常复杂的多相流动过程。可以用连续性方程、动量守恒方程、湍动能 k 及湍动能耗散率 ε 的 $k-\varepsilon$ 输运方程来描述。假设射流管前置级内油液介质的流动为定常流动,则流体运动的连续性方程和动量守恒方程分别为

$$\frac{\partial \rho u_i}{\partial x_i} = 0 \tag{3.17}$$

$$\frac{\partial \rho u_i}{\partial t} + \frac{\partial \rho u_i u_j}{\partial x_j} = -\frac{\partial p}{\partial x_i} + \frac{\partial \tau_{ij}}{\partial x_j} + \rho g_i + F_i \tag{3.18}$$

式中　ρ——油液密度；

　u_i、u_j——油液流动速度矢量在 x_i 和 x_j 方向的分量；

　p——油液介质微元体上的压力；

　ρg_i、F_i——油液介质在 i 方向的重力体积力和外部体积力。

$$\tau_{ij} = \mu\left(\frac{\partial \mu_i}{\partial x_j} + \frac{\partial \mu_j}{\partial x_i}\right) - \frac{2\mu}{3}\frac{\partial \mu_i}{\partial x_j}\delta_{ij}$$

式中　δ_{ij}——脉冲函数；

　τ_{ij}——应力张量；

　μ——油液的动力黏度。

射流伺服阀内流体的湍流流动，采用标准 k-ε 模型，其湍流模型方程为

$$\frac{\partial(\rho k)}{\partial t} + \frac{\partial(\rho k u_i)}{\partial x_i} = \frac{\partial}{\partial x_j}\left[\left(\mu + \frac{\mu_t}{\sigma_k}\right)\frac{\partial k}{\partial x_j}\right] + G_k - \rho\varepsilon \tag{3.19}$$

$$\frac{\partial(\rho\varepsilon)}{\partial t} + \frac{\partial(\rho\varepsilon u_i)}{\partial x_i} = \frac{\partial}{\partial x_j}\left[\left(\mu + \frac{\mu_t}{\sigma_\varepsilon}\right)\frac{\partial \varepsilon}{\partial x_j}\right] + \frac{C_{1\varepsilon}\varepsilon}{k}G_k - C_{2\varepsilon}\rho\frac{\varepsilon^2}{k} \tag{3.20}$$

式中　μ_t——湍动黏度；

　G_k——由于平均速度梯度引起的湍动能 k 的产生项；

　$C_{1\varepsilon}$、$C_{2\varepsilon}$——经验常数；

　σ_k、σ_ε——与湍动能 k 方程和耗散率 ε 方程对应的无因次普朗特数，反映流体物理性质对对流传热过程的影响。

2）颗粒物运动轨迹计算　射流管伺服阀在工作过程中，杂质颗粒物在油液中运动时主要受到曳力（相对运动时，油液对颗粒产生的阻力）、重力、因流体压力梯度引起的附加作用力等。杂质颗粒物的运动方程为

$$\frac{du_p}{dt} = F_D + F_g + F_x \tag{3.21}$$

$$F_D = \frac{3\mu C_D Re_p(u - u_p)}{4\rho_p d_p^2} \tag{3.22}$$

$$F_g = \frac{g_x(\rho_p - \rho)}{\rho_p} \tag{3.23}$$

式中　F_D、F_g、F_x——曳力、重力、附加力；

　μ——油液的动力黏度；

　C_D——曳力系数；

　Re_p——相对雷诺数；

u_p、u——杂质颗粒和油液介质的速度；

ρ、ρ_p——油液和杂质颗粒密度；

d_p——杂质颗粒直径；

g_x——重力加速度。

附加力 F_x 主要包括附加质量力和升力,在杂质颗粒密度大于油液密度时附加质量力很小,通常可忽略升力对细小杂质颗粒的影响。为简化计算过程,不考虑附加力的影响。因此,杂质颗粒在 t 时刻的速度 $v(t)$ 可表示为

$$v(t) = \int_{t_0}^{t} \left[\frac{3\mu C_D Re_p (u - u_p)}{4\rho_p d_p^2} + \frac{g_x(\rho_p - \rho)}{\rho_p} \right] \mathrm{d}t \qquad (3.24)$$

因运动颗粒和壁面碰撞过程中,存在能量转化和能量损失,计算过程中需考虑反弹系数。目前尚无铁屑颗粒冲撞不锈钢时的反弹系数实验值。假设油液中固体颗粒物与射流伺服阀零件靶材之间的反弹系数和沙粒与碳素钢之间的反弹系数相近。Forder 以沙粒作为污染颗粒对 AISI 4130 合金结构钢进行冲击实验,得到描述颗粒与壁面碰撞前后法向和切向的动量变化率的反弹系数分别为

$$e_n = \frac{v_{n2}}{v_{n1}} = 0.988 - 0.78\alpha + 0.19\alpha^2 - 0.024\alpha^3 + 0.027\alpha^4 \qquad (3.25)$$

$$e_t = \frac{v_{t2}}{v_{t1}} = 1 - 0.78\alpha + 0.84\alpha^2 - 0.21\alpha^3 + 0.028\alpha^4 - 0.022\alpha^5 \qquad (3.26)$$

式中　e_n、e_t——杂质颗粒法向和切向反弹系数；

v_{n1}、v_{n2}——颗粒与壁面碰撞前后法向速度分量；

v_{t1}、v_{t2}——颗粒与壁面碰撞前后切向速度分量；

α——颗粒与壁面碰撞前的运动轨迹和壁面的夹角。

由于固体颗粒与液体之间的动量交换非常大,当固体颗粒与壁面发生碰撞产生能量损失后,又很快与液体进行动量交换得到能量补充,因此固体颗粒反弹系数对磨损量的影响较小。

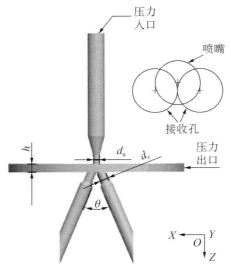

图 3.16　射流管伺服阀前置级仿真模型

3.3.3　射流管伺服阀冲蚀磨损仿真

以 CSDY 型射流管电液伺服阀为例,射流前置级的三维仿真模型如图 3.16 所示。考虑安装时喷嘴中心线与两接收孔中心线组成的平面不共面情况,即喷嘴孔相对于接收孔劈尖处向上偏移 10% 的不对称度。图中,d_n 和 d_r 分别为喷嘴和接收孔的直径,θ 为左右接收孔之间的夹角,h 为喷嘴出口到接收孔入口的垂直距离。

射流伺服阀流体介质为 YH‐10 航空液压油,过滤精度为 $10\sim20~\mu m$,污染颗粒物的尺寸分布在 $0\sim10~\mu m$。考虑过滤器后,假设污染颗粒的平均尺寸为 $5~\mu m$,且材质为金属铁屑,形状为球形,颗粒物按照 GJB 420—2006《航空工作液固体污染度分级》的 7 级清洁度,其他参数见表 3.3。

表 3.3 冲蚀磨损仿真的计算条件

条件参数	数　值	条件参数	数　值
ρ	850 kg/m³	d_n	0.3 mm
μ	0.039 1 Pa·s	d_r	0.4 mm
p	21 MPa	θ	45°
m_p	$1.78×10^{-7}$ kg/s	h	0.4 mm

3.3.3.1 射流速度分布

射流管伺服阀前置放大级射流速度分布云图如图 3.17 所示，在喷嘴入口段及壁面附近，流场速度分布相对均匀。图 3.17b 所示为前置级速度分布云图局部放大图，即喷嘴末端至接收孔劈尖的区域，由于射流管径减小，导致射流速度急剧增大，最大射流速度达 203 m/s。流体流入接收孔后，由于管径的相对增大，流体速度开始减小，最后逐渐变得均匀。可见，接收孔劈尖上方区域的流体速度最大，此时携有杂质颗粒物的流体以很大的动能冲击接收孔劈尖处，导致接收孔劈尖处产生冲蚀磨损。本计算例的射流流场分布中尚未出现汽蚀现象。

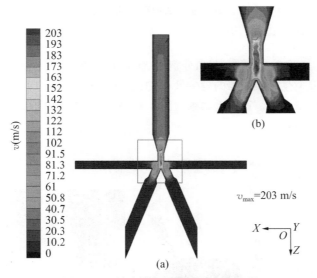

图 3.17 射流管伺服阀流体速度云图

（a）前置级速度云图；（b）前置级速度云图局部放大图

3.3.3.2 接收器冲蚀磨损率

图 3.18 所示为两接收孔之间的夹角为 45°且喷嘴处于中位时，液压油中杂质颗粒的运动轨迹图。纵坐标值越大，代表颗粒运动的时间越长，即轨迹最远。从中可以看出：几乎所有颗粒从进入射流管后都沿喷嘴圆周方向运动。如图 3.18b 所示为单个颗粒的运动轨迹，该图显示颗粒进入后高速冲击劈尖处，然后随液流从出口流出，这样势必对劈尖造成冲蚀磨损。如图 3.18c 所示为颗粒在劈尖附近的运动轨迹局部放大图。

如图 3.19 所示为接收孔之间的夹角为 45°且喷嘴处于中位时，射流伺服阀前置级接收器的

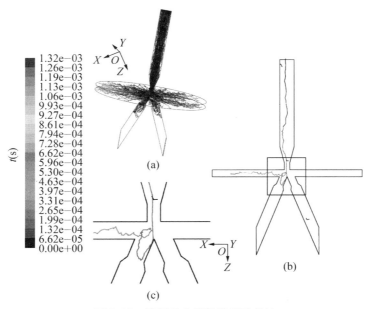

图 3.18　液压油中颗粒的运动轨迹

(a) 所有颗粒的运动轨迹；(b) 单个颗粒的运动轨迹；(c) 单个颗粒的运动轨迹局部放大图

冲蚀磨损率分布图。如图 3.19b 和 c 所示分别为 XOZ 平面和 XOY 平面的冲蚀磨损示意图。可以看出，冲蚀磨损主要发生在接收器的劈尖处，磨损率最大达 2.45×10^{-8} kg/(m^2·s)，且左右呈对称分布，沿接收孔内壁扩散。该仿真结果与图 3.17 速度云图结果均可看出接收器劈尖处受到含颗粒流体的冲击磨损最大。

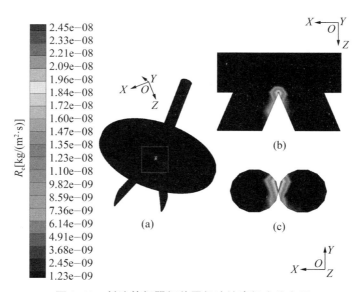

图 3.19　射流管伺服阀前置级冲蚀磨损率分布图

(a) 冲蚀磨损三维空间分布图；(b) 冲蚀磨损 XOZ 平面分布图；
(c) 冲蚀磨损 XOY 平面分布图

图 3.20 所示为当射流管伺服阀零位时,接收器两个接收孔夹角对射流速度和冲蚀磨损率的影响。可知,射流伺服阀前置级射流速度基本不受接收孔夹角的影响,射流速度在 200 m/s 左右。当接收孔夹角约 45°时,射流伺服阀前置级的冲蚀磨损率最大。主要原因有:①当颗粒物的冲击角度为 0°时,冲蚀磨损较小,甚至不产生切削作用,细小的颗粒物与流体之间具有良好的跟随性;②当接收孔夹角为 45°左右时,固体颗粒对射流伺服阀接收孔壁面的冲击角度在 22.5°左右。此时,冲蚀磨损以切削磨损为主,造成的磨损最为严重;③当杂质颗粒物以大于 30°的角度冲击接收孔表面时,对接收孔表面可能同时造成切削磨损和弹性变形磨损,冲蚀磨损没有以切削磨损为主所造成的磨损严重。

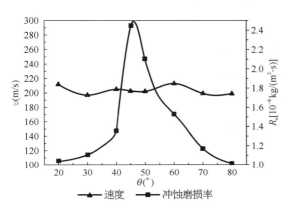

图 3.20　接收孔夹角对最大射流速度和冲蚀磨损率的影响

图 3.21　射流管位移对最大射流速度和冲蚀磨损率的影响

图 3.21 所示为当两接收孔夹角为 45°时,射流管位移对最大射流速度和冲蚀磨损率的影响。由速度曲线可见,射流伺服阀前置级流体最大射流速度基本不受射流管偏转位移 S 的影响,最大射流速度维持在 200 m/s 左右。由冲蚀磨损率曲线可见,射流管偏转位移 S 为 0 mm、0.02 mm、0.04 mm、0.08 mm、0.12 mm、0.15 mm 时,射流伺服阀前置级的最大冲蚀磨损率整体呈下降的趋势,射流管偏转位移为 0~0.04 mm 时的冲蚀磨损率相对比较大,且射流管处于零位时的冲蚀磨损最大。射流管偏转位移为 0.15 mm 时,射流管正好完全对准左侧的接收孔,此时劈尖受到流体动能冲击最小,从而受到的冲蚀磨损最小。

图 3.22 所示为射流管不同偏转位移时的前置级冲蚀磨损率对比图。图中可以清楚地看到,

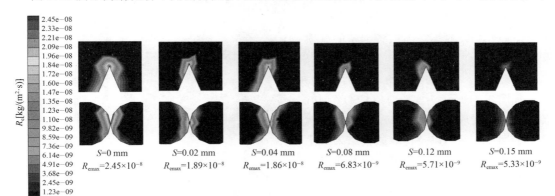

图 3.22　射流管不同偏转位移时的前置级冲蚀磨损率对比图

射流管工作点向左侧越偏离零位,左方接收孔磨损面积越大,相比右方的接收孔冲蚀磨损也越来越大,但是整体上来讲,所受的冲蚀磨损呈减小的趋势。且射流管未偏移时所产生的冲蚀磨损率约为喷嘴偏移至最大位置时所产生的冲蚀磨损率的 5 倍。

3.3.4 案例分析

3.3.4.1 实验对象与实验条件

如图 3.23 所示,以中船重工第七〇四研究所生产的某 CSDY 型射流管电液伺服阀为实验对象。前置级接收器材料 30Cr13,其硬度为 25 HRC,额定压力为 21 MPa,工作介质为 YH-10 航空液压油,温度范围为 −30∼+135 ℃,阀内部结构对称度小于 10%,射流孔和接收器接收孔的直径分别为 0.3 mm 和 0.4 mm,左右接收孔之间的夹角为 45°,射流管出口到接收孔入口的垂直距离为 0.4 mm。液压系统工作介质清洁度要求为 7 级,且射流管电液伺服阀在 12 级清洁度时也能维持正常工作。根据 GJB 420—2006,液压油工作介质在 7 级和 12 级清洁度下,每 100 ml 油液中,含有不同尺寸的颗粒数见表 3.4。

图 3.23 某 CSDY 型射流管伺服阀

表 3.4 7 级与 12 级清洁度油液中的颗粒数及尺寸对比

$d_\text{p}(\mu\text{m})$	n_7	n_{12}
>2	83 900	2 690 000
>5	38 900	1 250 000
>15	6 920	222 000
>25	1 220	39 200
>50	212	6 780

实验对象 CSDY 型射流管伺服阀长期应用于某工业现场,油液污染等级为 7 级,且过滤器精度为 10∼20 μm。在常温下现场工作 5 年(每年 250 天,每天 24 h)后,仍能正常工作和保持液压系统必要的服役性能。该阀返回分解,观察和测量各零件、各部位的磨损情况。

3.3.4.2 冲蚀磨损实物

如图 3.24 所示为实验对象 CSDY 型射流管伺服阀在现场工作 5 年后,接收器分解之后的实物端面图以及仿真磨损结果对比图。图 3.24a 为接收器分解后的端面实物图,图 3.24b 为接收器分解后劈尖端面实物局部放大图,图 3.24c 为仿真冲蚀磨损图。

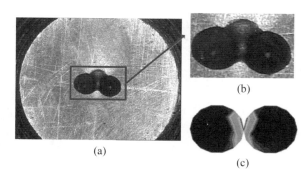

图 3.24 接收器磨损实物图与仿真磨损图

(a) 接收器分解后端面实物图;(b) 劈尖端面实物局部放大图;(c) 仿真冲蚀磨损图

由图 3.24b 可以清楚地看到两个接收孔之间的劈尖处产生了比较严重的冲蚀磨损,接收孔的形状也发生了明显变化,成为不标准的圆形,说明在经过冲刷之后,接收孔圆周方向也发生磨损,但相对于劈尖处的冲蚀磨损要小很多。接收孔上方比下方磨损略严重这一现象,与该阀出厂时装配导致的小于 10% 的结构对称度有直接关系,即由于射流管伺服阀在安装时射流管中心线与接收器两个接收孔中心线不共面的三维结构不对称,从而导致磨损不对称。比较图 3.24c 所示仿真冲蚀磨损图和图 3.24a 所示接收器分解图可以发现,仿真预测的冲蚀磨损发生位置与实际结果基本吻合。

图 3.25 所示为将实验后已磨损的 CSDY 型射流管电液伺服阀前置级接收孔进行注模得到的注塑件实物图。图 3.25a 为接收器接收孔磨损后注塑件,图 3.25b 为注塑件劈尖局部放大图,图 3.25c 为仿真冲蚀磨损图。由图 3.25b 可以清晰地看到两接收孔交界部分由原来的尖角变成了圆角,说明劈尖处发生了比较严重的冲蚀磨损,该结果与图 3.22 预测的冲蚀磨损发生的位置相吻合。对比图 3.25b 和 c,可知仿真结果与实际结果一致。

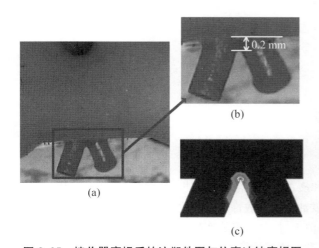

图 3.25　接收器磨损后的注塑件图与仿真冲蚀磨损图

(a) 接收孔磨损后注塑件图;(b) 塑件劈尖局部放大图;
(c) 仿真冲蚀磨损图

图 3.26　射流管伺服阀阀芯冲蚀后的实物图

在拆解实验后的射流管伺服阀滑阀时,发现如图 3.26 所示的滑阀阀芯各部位的颗粒物堆积现象。这是由于油液中的固体颗粒物以较低速度直接撞击阀芯材料,并以一定速度嵌入阀芯表面,造成冲蚀"增重"现象,没有对阀芯造成破坏性冲击。从该现象还可看出射流管伺服阀具有良好的抗污染能力。

3.3.4.3　冲蚀磨损高度

由上节分析可知,含有固体颗粒物的油液高速冲击两接收孔连接处(即劈尖)时,会造成劈尖冲蚀磨损,导致劈尖容易因材料去除作用而使其高度变小。图 3.25 的注塑件劈尖局部放大图可以看出劈尖冲蚀磨损高度大概为接收孔直径的一半,即实际冲蚀磨损高度为

$$\Delta h = 0.2 \text{ mm}$$

由图 3.21 可知仿真得出冲蚀磨损率最大值为 $2.45 \times 10^{-8} \text{ kg}/(\text{m}^2 \cdot \text{s})$,该值出现在极小的位

置处,为了更准确地计算磨损量的数值,取图 3.21 冲蚀磨损率中的一个中间值,即近似取劈尖处平均冲蚀磨损率为

$$R_e = 1.35 \times 10^{-8} \ \text{kg/(m}^2 \cdot \text{s})$$

则冲蚀磨损的理论高度为

$$\Delta h_s = \frac{tR_e}{\rho} = 0.18 \ \text{mm}$$

式中　Δh_s——理论磨损高度;

　　　t——工作时间;

　　　ρ——接收孔材料(30Cr13)密度,7 900 kg/m³。

3.3.4.4　冲蚀磨损质量

为简化计算,假设图 3.24b 所示的磨损部位为等边三角形,且边长与接收孔直径相等,为 0.4 mm。则实际冲蚀磨损质量为

$$\Delta m = \rho \cdot \Delta A \cdot \Delta h = 1.1 \times 10^{-7} \ \text{kg}$$

式中　Δm——实际磨损质量;

　　　ΔA——实际磨损面积(等边三角形面积)。

理论冲蚀磨损质量为

$$\Delta m_s = R_e \cdot \Delta A_s \cdot t = 1.0 \times 10^{-7} \ \text{kg}$$

式中　Δm_s——仿真磨损质量;

　　　ΔA_s——仿真磨损面积。

可见,射流管伺服阀理论冲蚀磨损高度和质量均与实际冲蚀磨损高度和质量基本一致,实际磨损值略为偏大。主要原因在于:7 级清洁度油液中代表性颗粒物之外的颗粒也会产生冲蚀;油液中空气渗入,压力波动时气泡成核、长大和溃灭过程中,可能产生气蚀性冲蚀;液体高速射流产生雨滴冲蚀。这些复合冲蚀作用将导致实际磨损值较计算值偏大。

主要结论有:

(1) 按照计算流体动力学和冲蚀理论,可对射流管伺服阀前置放大级进行冲蚀磨损数值模拟。发现射流管末端到接收孔劈尖这一段区域流体的流速最大,劈尖射流冲击最严重,所受到的冲蚀磨损最严重。

(2) 接收器两接收孔之间的夹角对射流伺服阀前置级流体流速和冲蚀磨损量的影响大。接收器两接收孔之间的夹角为 40°～50°时,射流管前置级的冲蚀磨损最为严重。

(3) 射流管偏转位移影响射流管伺服阀前置级的冲蚀磨损情况。射流管处于中立位置即零位时,接收孔的冲蚀磨损最为严重;射流管偏转位移最大,即射流管喷嘴刚好正对某一接收孔时,射流管伺服阀前置级的冲蚀磨损最小。

参考文献

[1] 阎耀保,付嘉华,金瑶兰. 射流管伺服阀前置级冲蚀磨损数值模拟[J]. 浙江大学学报,2015,49(12):2252-2260.

［2］ 闾耀保,王玉. 射流管伺服阀前置级压力特性[J]. 航空动力学报,2015,30(12)：3058－3064.

［3］ Yin Y B, Fu J H, Yuan J Y, et al. Erosion wear characteristics of hydraulic jet pipe servo valve [C]// Proceedings of 2015 Autumn Conference on Drive and Control, The Korean Society for Fluid Power & Construction Equipment, 2015. 10. 23：45－50.

［4］ Yin Y B, Li C M, Peng B X. Analysis of pressure characteristics of hydraulic jet pipe servo valve [C]//Proceedings of the 12th International Symposium on Fluid Control, Measurement and Visualization (FLUCOME2013), November 18－23,2013, Nara, Japan：1－10.

［5］ 闾耀保. 射流管伺服阀欧美专利分析[J]. 液压气动与密封,2012,32(2)：68－73.

［6］ 闾耀保. 射流管伺服阀在飞机液压系统中的应用[J]. 液压气动与密封,2012(7)：8－12.

［7］ 闾耀保,张鹏,岑斌. 偏转板射流伺服阀前置级流场分析[J]. 中国工程机械学报,2015,13(1)：1－7.

［8］ 闾耀保,张鹏,张阳. 偏转板伺服阀压力特性研究[J]. 流体传动与控制,2014(4)：10－15.

［9］ 闾耀保. 极端环境下的电液伺服控制理论及应用技术[M]. 上海：上海科学技术出版社,2012.

［10］ 闾耀保. 偏转板射流伺服阀和射流管伺服阀的基础理论研究[R]. 国家自然科学基金资助项目进展报告(51475332),2015. 12. 20.

［11］ 闾耀保. 射流伺服阀流场分析[R]. 航空科学基金项目结题报告(20120738001),2014. 9. 30.

［12］ 闾耀保. 极端环境下飞行器电液伺服阀特性研究[R]. 国家自然科学基金资助项目结题报告(50775161),2011. 1. 20.

［13］ 闾耀保. 飞行器舵机系统关键基础理论研究[R]. 上海市浦江人才计划(A 类)总结报告(06PJ14092),2008. 9. 30.

［14］ 王辉强. 射流管伺服阀射流放大器与阀体疲劳寿命分析[D]. 上海：同济大学硕士学位论文,2012.

［15］ 付嘉华. 射流管电液伺服阀磨损机理研究[D]. 上海：同济大学硕士学位论文,2016.

［16］ 国家质量监督检验总局中国国家标准化管理委员会. GB/T 13854—2008 射流管电液伺服阀[S]. 北京：中国标准出版社,2008.

［17］ 李诗卓,董祥林. 材料的冲蚀磨损与微动磨损[M]. 北京：机械工业出版社,1987.

第 4 章

压 力 伺 服 阀

压力伺服阀(pressure servovalve)是一种接收模拟量电控制信号,输出压力随电控制信号大小及极性变化且快速响应的液压控制阀。压力伺服阀的输出负载压力与输入信号有良好的线性关系,它与伺服缸或伺服马达相组合,能线性地输出或控制负载力或力矩。喷嘴挡板式压力伺服阀已经广泛应用于航空航天、舰船、冶金等行业。射流管压力伺服阀是涉及航空基础的电液伺服元件,目前相应的基础理论公开文献少,射流管压力伺服阀的研究和生产还缺乏基本设计准则。本章主要介绍压力伺服阀的由来、专利形成过程、基本原理与结构,以及压力伺服阀在飞机刹车系统的典型工程应用案例,结合作者在射流管压力伺服阀研究进展着重介绍带动压反馈的射流管压力伺服阀数学模型与基本特性。

4.1 概述

4.1.1 压力伺服阀的由来

1950 年前后,压力伺服阀应用于飞机刹车系统与防滑系统。当时采用喷嘴挡板式两级电液伺服阀来实现压力控制,将作动器压力反馈至电液伺服阀主阀回路系统,实现减压功能。后来,采用射流管伺服阀实现双作用缸的压力控制,或者采用射流管伺服阀的单边压力实现刹车系统单作用缸的压力控制。从美国 NASA 公开的一些资料看,压力伺服阀经历了大量结构和压力控制方法的创新与实践过程,形成了具有减压功能的压力伺服阀。1959 年美国人 Samuel A. Gray 申请了一种具有压力反馈的喷嘴挡板式伺服阀(图 4.1)专利,在喷嘴挡板伺服阀的基础上设置了两个弹簧分别反馈两个负载腔的压力,实现对两个负载腔压力的有效控制,并用于导弹导引头天线的精密控制。1964 年 Everett W. Hartshorne 发明了三通压力伺服阀(图 4.2),通过电磁双边压力阀控制三通主阀(减压阀),主阀控制刹车单作用缸控制腔压力,并用于飞机刹车及其防滑系统。如图 4.3 所示,采用射流管阀分别控制两个减压阀,由两个减压阀分别控制作动器的两个容腔压力,该射流伺服阀控缸动力机构用于飞机刹车系统、飞行器控制系统、飞行仿真平台、工业过程装备的力控制系统、飞行器和结构件疲劳测试装置。2006 年 Raymond Grancher 提出了一种单喷嘴挡板阀控减压阀的压力伺服阀专利(图 4.4),采用单喷嘴挡板式电液伺服阀控制减压阀出口压力,该单喷嘴挡板式电液伺服阀采用减压阀出口压力而不是入口压力作为输入液压源,显著

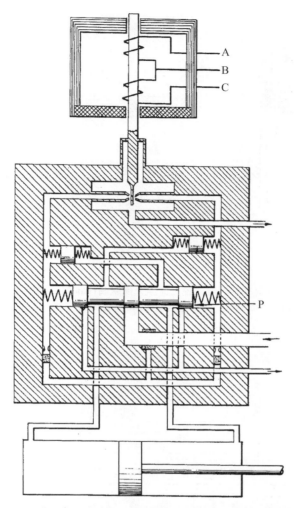

图 4.1 带有压力反馈的喷嘴挡板式压力伺服阀(Hydraulic Research and Manufacturing Company,美国专利 US3042005,1959—1962)

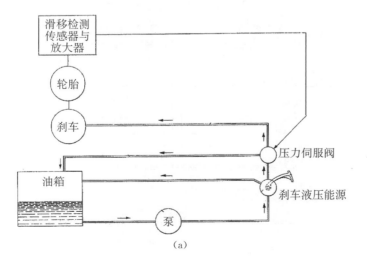

(a)

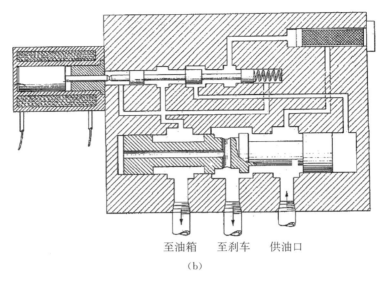

至油箱　　至刹车　　供油口

（b）

图 4.2　飞机刹车与防滑系统三通压力伺服阀（Goodyear Tire & Rubber Company，美国专利 US3286734，1964—1966）

（a）飞机刹车与防滑系统；（b）三通压力伺服阀

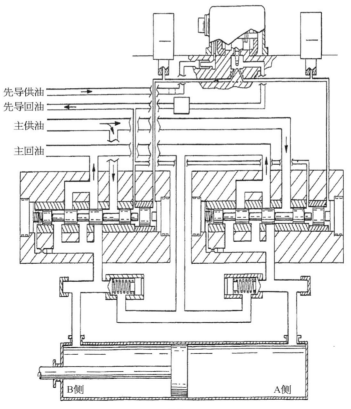

先导供油

先导回油

主供油

主回油

B侧　　　　　　　　　　　　　　A侧

（a）

高端液压元件理论与实践

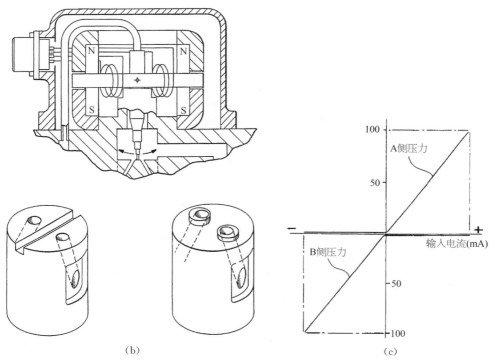

图 4.3　射流管压力伺服阀控缸执行机构(James E. Roth, 美国专利 US5522301A, 1994—1996)

(a) 压力伺服阀控缸动力机构；(b) 射流管伺服阀结构；(c) 伺服阀控缸压力曲线

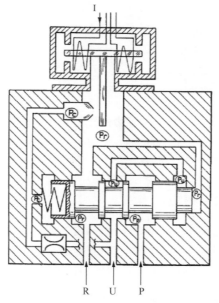

图 4.4　采用单喷嘴挡板式电液伺服阀的小泄漏压力伺服阀(Raymond Grancher, 美国专利 US0021663A1, 2005—2006)

减小了电液伺服阀的泄漏量,该压力伺服阀可用于汽车制动系统和飞机刹车系统。现代客机和军用飞机刹车系统都采用压力伺服阀。欧美飞机压力伺服阀的制造单位主要有 Parker-Aerospace 公司、Hydro-Aire 公司 Mark 型刹车伺服阀、Meggitt 公司双通道刹车伺服阀等。

美国莱特航空开发中心(Wright Air Development Center,WADC)近年公布了 1955 年电液伺服阀技术报告。MOOG 公司早期开发的 MOOG 1256 型压力伺服阀如图 4.5 所示,在 Cadillac Gage 公司 PC-2 型喷嘴挡板阀控两个双边阀的双滑阀型压力伺服阀(图 4.5a)的基础上,将双作用液压缸两个负载腔压力反馈至一个四边滑阀两个单独作用面,参与主阀的压力控制。喷嘴挡板阀控四边滑阀式主阀,同时将双作用液压缸两腔的负载压力分别引入主阀两个次级控制腔并与滑阀两侧的平衡弹簧对比,分别控制双作用液压缸两个负载腔压力的大小。负载压力与输入电流成比例关系。

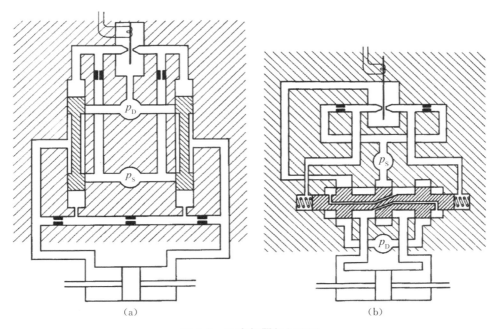

图 4.5　压力伺服阀(1956)

(a) 两个双边阀控双作用液压缸(Cadillac Gage Company,PC-2 型压力伺服阀);
(b) 四边阀控双作用液压缸(MOOG,MOOG 1256 型压力伺服阀)

4.1.2　压力伺服阀的工程应用案例

飞机刹车系统是一个高阶非线性的复杂系统,结构参数具有时变性和不确定性,在刹车过程中还存在随机干扰和不稳定因素,而且整个刹车过程短暂。近年来,电子防滑刹车系统在国内有了一定的发展,先后为新舟 60、歼 10 等机种研制了采用电液压力伺服阀的电子防滑刹车系统。由于电液伺服阀具备高精度高频响的特性,能够根据机轮速度和打滑深度精确地实时调节电液压力伺服阀输出的刹车压力,从而提高刹车准确性。射流管伺服阀抗污染能力强,特别是具有"失效→归零""故障→安全"的独特能力,广泛应用于各种航空飞行器的作动器液压动力控制,几乎所有的客机、歼击机尤其是航空刹车系统都广泛采用射流管伺服阀。

4.1.2.1 工程案例1：飞机刹车系统

自莱特兄弟发明飞机以来，人类飞翔记录已有百年历史。早期飞机的刹车系统十分简单，没有防滑控制功能，由于飞机着陆速度低，依靠驾驶员的点刹即现在的预刹车系统（ABS）来防止高速段刹爆轮胎。后来喷气式飞机速度越来越快，运载更重，对飞机起降装置、刹车系统也不断提出新的要求。随着新材料和控制技术的出现，特别是电液伺服阀的问世，英美等国广泛采用电子防滑刹车系统，新的飞机刹车系统应运而生。美国亚布斯（ABSC，飞机刹车系统公司）、古德里奇（BFGoodrich）、霍尼韦尔（Honeywell）、海德罗-亚尔（Hydro-Aire）、英国邓禄普（Dunlop）和法国米歇尔-布加提（Messier-Bugatti）等企业专门研究和制造飞机机轮刹车系统。

美国 Hydro-Aire 公司1947年以来研制生产马克Ⅰ（Mark Ⅰ）至马克Ⅴ（Mark Ⅴ）的飞机系列刹车系统。马克Ⅰ型属于开-关式系统，由超速离合器、继电器、速度传感器、电磁活门等组成。一旦轮胎进入深滑动，电磁活门放油，刹车压力就被释放，机轮起转后，刹车压力又被重新加上，刹车效率较低。在20世纪60年代，设计了马克Ⅱ型准调试系统。采用机轮速度传感器将感受到的机轮速度信号输入刹车控制盒，控制盒对该信号微分求出机轮的负加速度（即减速率），然后将此值与一个固定的参考值（即门限）进行比较。当其超过门限基准时，控制盒则向电液伺服阀发出指令信号，减小刹车压力，使压力刚好低于飞机机轮打滑的压力。此后刹车压力缓慢上升，直到机轮的减速超过了门限值，则又重复这个过程。70年代末，研制出第三代飞机防滑刹车系统即马克Ⅲ型系统以来，电液压力伺服阀被广泛应用于波音737、747、757、767、777、F16、F22等飞机的刹车系统中。它在最佳滑动点的领域调节刹车压力，并通过微小的刹车压力调节进行补偿。刹车压力波动平缓，避免了周期性的开-关刹车，而在刹车时间内，施加的刹车量是逐渐增加，从而缩短了飞机刹车滑跑距离。80年代，开发了马克Ⅳ型数字式控制系统，其控制原理与马克Ⅲ型模拟式相同。马克Ⅴ型控制原理没有改变，但它采用了电传刹车操纵方式。图4.6和图4.7分别为 Hydro-Aire 公司的常规刹车防滑系统和电传防滑刹车原理图。

图4.8所示为英国 Dunlop 公司电子防滑刹车系统采用准滑动控制原理，提供电传控制、减速率控制、刹车温度指示和风扇冷却。压力调节采用电液压力伺服阀。机轮速度传感器传来的信号与控制盒中模拟生成的基准速度进行比较，据此确定机轮的滑动。通过积分器、微分器、比例器对误差信号进行处理，形成一个控制信号，发给电液伺服阀，不断调节刹车压力，从而大大改善防滑控制效率。图4.9所示为法国 Messier-Bugatti 公司的全电传刹车系统，它由刹车踏板传感器、机轮速度传感器、控制盒、伺服阀等组成，并将前轮速度信号引入控制盒作为参考基准，通过电信号操纵伺服阀刹车。

（a）   （b）

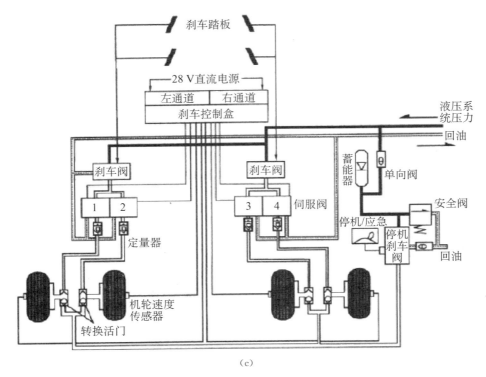

图 4.6　常规机械连接刹车系统（美国 Hydro-Aire 公司）

(a) 飞机起落架刹车系统；(b) 刹车片与刹车机构；(c) 刹车系统原理图

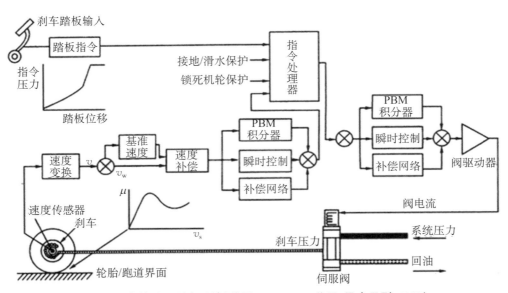

图 4.7　电传防滑刹车系统（美国 Hydro-Aire 公司, 马克 Ⅴ 型, 1980）

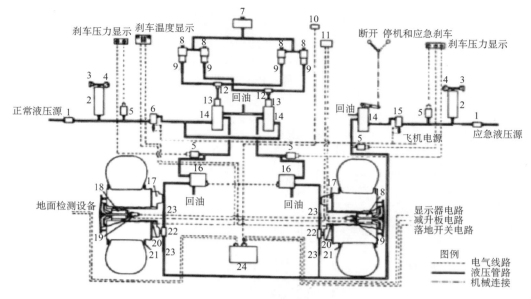

图 4.8　电子防滑刹车系统（英国 Dunlop 公司）

1—单向活门；2—蓄能器；3—充气接头；4—压力表；5—压力传感器；6，15—电磁活门；7—总油箱；
8—刹车调压筒；9，23—软管；10—防滑控制选择器；11—自动选择器；12，22—转换活门；13—伺服筒；
14—刹车控制阀；16—防滑阀；17—刹车装置；18—风扇支座；19—速度传感器；
20—刹车温度传感器；21—机轮；24—控制盒

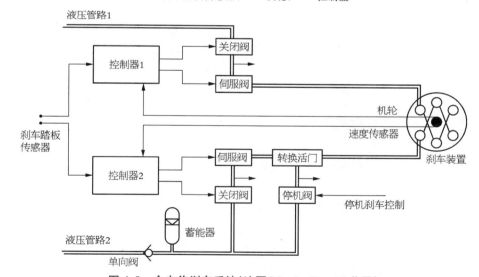

图 4.9　全电传刹车系统（法国 Messier-Bugatti 公司）

4.1.2.2　工程案例 2：苏-27 飞机刹车系统

苏-27 是苏联苏霍伊设计局研制的单座双发全天候空中优势重型歼击机，属于第三代战机，主要任务是国土防空、护航、海上巡逻等。苏-27 歼击机于 1969 年开始研制，1979 年批量生产，1985 年进入部队服役。该型飞机为前三点式起落架，前轮没有刹车，主轮装有盘式刹车装置，刹车系统以液压源为动力，防滑控制并不像英美飞机采用电子防滑，仍采用机械式惯性防滑，但控制原理和附件有较多进展而且安全可靠。

苏-27 刹车系统图如图 4.10 所示，由正常刹车系统、起飞线刹车系统、应急刹车系统以及起落架收起时的自动刹车系统组成。正常刹车系统附件有减压活门、调制器、电磁活门、防滑自动器等。防滑控制附件有液压开关、速度传感器（开关）、电磁活门、防滑自动器等。应急刹车系统附件有减压活门、转换活门。起飞线刹车附件有电磁操纵开关。压力伺服阀安装位置实物图如图 4.11 所示。

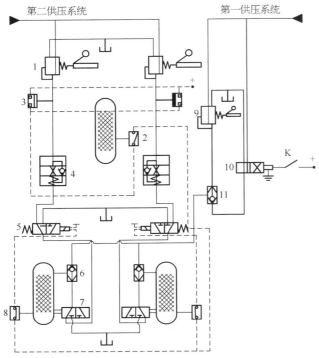

图 4.10　苏-27 刹车系统原理图（苏联,1985）

1—减压活门；2—速度传感器；3—液压开关；4—调制器；
5—电磁活门；6,11—转换活门；7—防滑自动器；
8—速度传感器；9—应急减压活门；10—电磁操纵开关

图 4.11　苏-27 歼击机压力伺服阀安装位置实物图（苏联,1985）

正常刹车时，飞行员踩脚踏板进行。脚踏板与减压活门相连，踩下脚踏板，第二供压系统的油液经减压活门减压，通过调制器、电磁活门、防滑自动器、转换活门到达机轮刹车装置进行刹车，踏板踩的越重，机轮刹车越重。左右机轮分别由左右两个脚踏板控制，松开脚踏板后，减压活门断开刹车来油，同时将通往刹车的油路与回油管路连通，从而解除机轮刹车。

在刹车过程中，如果某一机轮发生卡滞，或机轮减速过猛，则防滑控制系统进行工作。防滑控制系统由电动和机械两部分组成。在飞机着陆后，前轮速度传感器开关接通，而主轮速度传感器是断开的。当机轮的转速减小到对应线速度为某个值时，主轮上的速度传感器开关便接通，使电磁活门工作，切断刹车来油，并使刹车装置与回油路相通。松开刹车，主轮速度传感器为常闭式，前轮速度传感器为常开式，其作用是在飞机速度较低时断开防滑系统的电路，防滑控制完全由机械部分承担。

4.1.2.3　工程案例 3：空中客车飞机刹车系统

空中客车系列飞机，是欧洲空中客车工业公司研制的双发宽机身中远程喷气式客机。图 4.12

所示为法国空中客车系列 A300～A340 飞机刹车系统图,图中仅示出控制一个机轮所需的附件构成情况。刹车系统包含正常刹车系统、备用刹车系统、停机刹车系统(可作为应急刹车系统使用)以及起落架收起时的自动刹车,采用液压源为动力,采用相对滑动量控制的防滑工作原理,具有接地保护和机内检测功能。另外,多数机型配备了轮胎压力监视系统和刹车温度监视系统。正常刹车采用电传操纵,飞行员通过刹车踏板操纵指令传感器,该传感器输出幅值与踏板位移成正比的电压信号到电子控制装置(电子防滑控制盒),经控制盒处理后输出电流控制信号到刹车防滑伺服阀,该伺服阀输出与控制信号成正比的刹车压力到机轮刹车装置。控制盒同时接收机轮速度信号,当有防滑信号产生时,则在控制盒内将刹车控制信号与防滑控制信号综合处理后,再输出电流控制信号到刹车防滑伺服阀,该伺服阀输出相应的刹车压力到刹车装置,备用刹车采用传统的机械液压传动,飞行员通过刹车踏板操纵刹车减压阀,刹车减压阀输出给定压力到防滑伺服阀。无防滑信号时,防滑阀输给机轮刹车装置的刹车压力就是给定压力。法国空中客车 A320 飞机刹车系统实物图如图 4.13 所示。

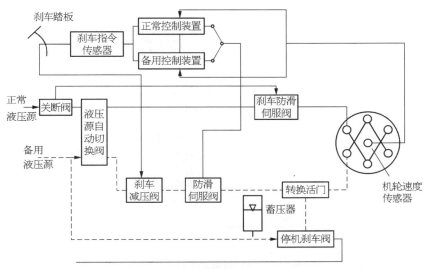

图 4.12　空中客车飞机刹车系统(欧洲空中客车工业公司,A300～A340)

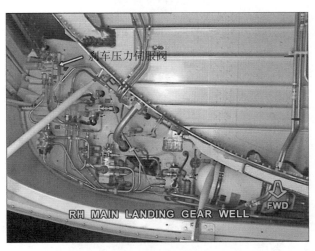

图 4.13　空中客车 A320 飞机刹车系统实物图
(欧洲空中客车工业公司,A300～A340)

4.1.2.4　工程案例 4：波音 737 飞机刹车系统

波音 737 系列飞机是美国波音公司生产的一种中短程双发喷气式客机。波音 737 自研发以来已有 50 年历史,成为民航历史上最成功的窄体民航客机系列之一,至今已发展出 10 个型号,波音 737 是短程双涡轮飞机。波音 737 主要针对中短程航线的需要,具有可靠、简捷且极具运营和维护成本经济性的特点。图 4.14 所示为波音 737 - 300/400/500 客机的自动刹车压力控制单元系统图。压力控制采用两级射流管伺服阀。有自动刹车输入信号时,射流管一级阀工作,其射流管喷嘴射流的油液分别输送至接收器的两个接收孔并与二级阀的阀芯两个端面连通,从而一级射流管阀控制二级阀的工作状态,控制刹车的压力。一级阀的输出压力差还通过机械弹簧反馈至射流管喷嘴。图 4.15 所示为波音 737 刹车系统实物图。

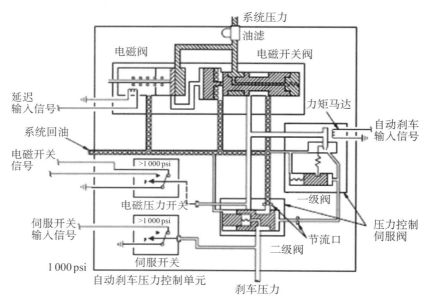

图 4.14　波音 737 - 300/400/500 客机自动刹车压力控制单元系统图(美国波音公司)

注:1 psi＝6.894 8 kPa。

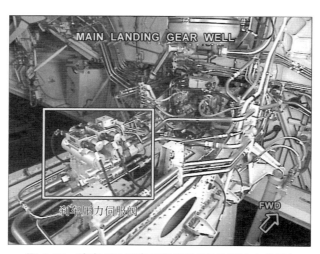

图 4.15　波音 737 刹车系统实物图(美国波音公司)

波音 737 飞机刹车系统由正常刹车系统、备份（应急）刹车系统、停放刹车系统和自动刹车系统等组成。主刹车系统含有正常调节阀、防滑阀、防滑控制盒、机轮速度传感器和刹车装置等。应急刹车系统的组成与主刹车系统相同。正常刹车防滑阀为四个伺服阀模件，备用刹车防滑阀为两个伺服阀模件，停放刹车系统含有停放刹车阀、蓄压器等。自动刹车系统含有自动刹车阀、自动刹车控制盒、自动刹车选择开关、机轮速度传感器、刹车装置等。

刹车系统工作时，机轮转动，安装在主轮轴内的速度传感器由轮毂带动旋转，产生代表机轮速度的电信号，通过屏蔽电缆输送给控制盒。在控制盒内速度信号从模拟量转换为数字量，这些信号经处理和分析后形成修正信号，最后再将数字量的修正信号转换为模拟量（控制电流），输送到防滑伺服阀，调节刹车压力，以实现最佳的刹车效果。如果正常系统的液压源失效，备用系统自动进入工作状态。备用系统有自己的防滑伺服阀。

4.2 压力伺服阀的基本原理与结构

压力伺服阀实质上是一种减压阀，通过将出口负载压力反馈至一级阀或二级阀来实现输出压力的稳定控制。

4.2.1 弹簧式单级减压阀

减压阀是使阀的出口压力（低于进口压力）保持恒定的一种压力控制阀，当液压系统某一部分的压力要求稳定在比供油压力低的压力上，一般采用减压阀来实现。直动式定值输出减压阀工作原理如图 4.16a 所示。减压阀控制压力来自出口压力，正常情况下，阀口常开。当出口压力未达到阀的设定压力时，弹簧力大于阀芯底部的液压作用力，阀芯处于最下方，阀口全开。当出口压力达到阀的设定压力时，阀芯上移，开口量减小乃至完全关闭，实现减压，以维持出口压力恒定，不随入口压力的变化而变化。减压阀泄油口需单独接回油油箱。

如图 4.16b 所示为某减压阀结构图。由端盖、圆柱滑阀、弹簧、调节螺钉、安全阀、反馈通道、弹簧腔、控制节流边等组成。控制油通过 P 口进入减压阀，由阀体和滑阀组成的节流边实现节流后，由 A 口输出控制压力。同时，控制压力 p_A 由反馈通道反馈至滑阀的右腔端面，滑阀的左端面反馈压力和左端的弹簧力相平衡，输出控制压力 p_A。控制压力仅仅与弹簧力有关，可以实现定制压力输出。图 4.16c 所示为具有固定节流器和压力感受腔的小型化液压减压阀，增加了输出压力反馈的阻尼和容腔，提高了减压阀动态控制性能。

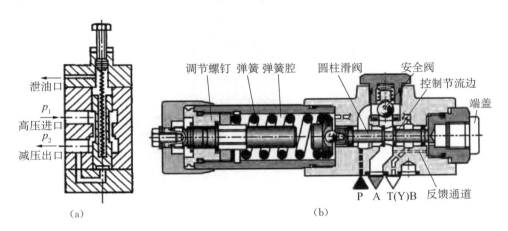

(a)   (b)

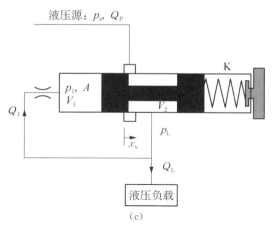

液压源：p_s, Q_P

p_1, A
V_1
Q_1
V_2
K
x_v
p_L
Q_L
液压负载
(c)

图 4.16　直动型减压阀

（a）直动式定值输出减压阀；（b）直动式减压阀（Bosch Rexroth AG）；
（c）具有固定节流器和压力感受腔的小型化液压减压阀（同济大学）

　　图 4.17a 所示为先导式减压阀结构简图，它由先导阀与主阀组成。油压为 p_1 的压力油，由主阀的进油口流入，经减压阀口 h 后由出油口流出，其压力为 p_2。出口油液经主阀阀体和下阀盖上的孔道 a、b 及主阀阀芯上的阻尼孔 c 流入主阀阀芯上腔 d 及先导阀右腔 e。当出口压力 p_2 低于先导阀弹簧的调定压力时，先导阀呈关闭状态，主阀阀芯上、下腔油压相等，它在主阀弹簧力作用下处于最下端位置（图示位置）。这时减压阀口 h 开度最大，不起减压作用，其进、出口油压基本相等。当 p_2 达到先导阀弹簧调定压力时，先导阀开启，主阀阀芯上腔油经先导阀流回油箱 T，下腔油经阻尼孔 c 向上流动，阻尼孔 c 上产生压力损失，使主阀阀芯两端产生压力差。阀芯在此

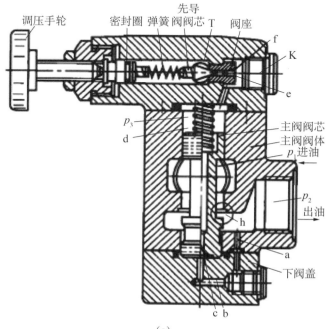

调压手轮　　密封圈 弹簧　阀阀芯 T　阀座　　　　f
　　　　　　　　　　　　先导　　　　　　　　　　K
　　　　　　　　　　　　　　　　　　　　　　　　e
p_3
d
　　　　　　　　　　　　　　　　　　　　　　主阀阀芯
　　　　　　　　　　　　　　　　　　　　　　主阀阀体
　　　　　　　　　　　　　　　　　　　　　　p_1 进油
　　　　　　　　　　　　　　　　　　　　　　p_2
　　　　　　　　　　　　　　　　　　　　　　出油
h
　　　　　　　　　　　　　　　　　　　　a
　　　　　　　　　　　　　　　　下阀盖
c b

(a)

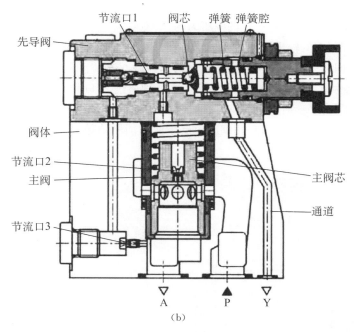

先导阀

阀体

节流口2

主阀

节流口3

主阀芯

通道

A　P　Y

(b)

图 4.17　先导式减压阀结构示意图

（a）先导式减压阀结构简图；（b）先导式减压阀（Bosch Rexroth AG）

压差作用下克服上端弹簧的阻力向上抬起,关小减压阀口 h,阀口压降 Δp 增加,阀起到了减压作用。这时若由于负载增大或进油压力向上波动而使 p_2 增大,在 p_2 大于弹簧调定值的瞬时,主阀阀芯立即上移,使开口 h 迅速减小,Δp 进一步增大,出口压力 p_2 便自动下降,恢复为原来的调定值。由此可见,减压阀能利用出油口压力的反馈作用,自动控制阀口开度,保证出口压力基本为定值。

图 4.17b 所示为 Bosch Rexroth AG 先导式减压阀结构图。该阀由阀体、先导阀、主阀组成。先导阀为直动式溢流阀,设定主阀的最小工作压力 p_L。先导阀的流量小,其超调量也很小。控制口 A 通过节流 3 和节流口 1 与先导阀连通。先导阀由阀芯左端的液压力和右端弹簧的弹簧力平衡,实现压力控制,液压油通过弹簧腔和通道回油箱。主阀阀芯处于常开状态,液压油通过主阀阀芯和阀体节流口由 P 口到控制口 A。主阀阀芯中间有节流口 2,先导阀打开后,节流口 2 前后有液压油流动,存在压差,该压差和弹簧力平衡,实现定压输出。

4.2.2　喷嘴挡板式压力伺服阀

4.2.2.1　负载压力反馈至主阀的喷嘴挡板式压力伺服阀

这里介绍两种喷嘴挡板式压力伺服阀,包括将负载压力反馈至主阀的喷嘴挡板式两级压力伺服阀和将负载压力反馈至双喷嘴挡板阀的喷嘴挡板式两级压力伺服阀。如图 4.18 所示为喷嘴挡板式两级压力伺服阀（负载压力反馈至主阀）结构图。它由力矩马达、喷嘴挡板、圆柱滑阀、复位弹簧及压力反馈通路组成,其中负载油口 B 中的压力与滑阀阀芯左端相通,负载油口 A 中的压力与滑阀阀芯右端相通。当力矩马达控制线圈输入信号电流时,如二级圆柱滑阀阀芯在一级喷嘴挡板阀的输出压力作用下向右运动,则供油口 p 与负载口 A 相通,回油口 O 与负载口 B

相通。因此，反馈到阀芯两端上的负载压力 p_L 使阀芯反向运动，构成了负载压力负反馈。稳态时，作用在阀芯上的负载压力 p_L 产生的液压力与控制压力产生的液压力相平衡，则阀芯平衡在一个相应位置，使伺服阀的输出负载压力 p_L 与信号电流成比例。如果此时信号电流为零，阀芯在复位弹簧作用下回到中位。该阀通过输入电信号控制双喷嘴挡板阀的输出压力差，该压力差作用在主阀阀芯的两端。同时，液压缸的负载压力分别通过 A 口和 B 口反馈至主阀阀芯弹簧腔的两端。主阀阀芯受力平衡时，电信号产生的控制压力和负载反馈压力相互平衡，从而实现稳定的压力输出。由上述工作原理得知，负载压力反馈两级伺服阀是一种压力伺服阀，其压力-流量特性如图 4.19 所示。

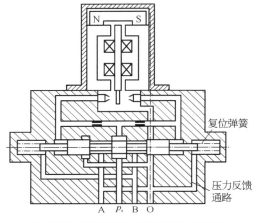

图 4.18　喷嘴挡板式两级压力伺服阀
（负载压力反馈至主阀）

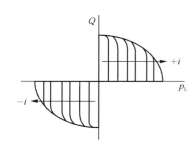

图 4.19　压力伺服阀
压力-流量特性曲线

主阀阀芯的力平衡方程为

$$p_{Lp}A_c = p_L A_f + K_e x_v \tag{4.1}$$

式中　p_{Lp}——一级喷嘴挡板阀产生的推动主阀阀芯的控制压力；

$\quad\quad A_c$——一级喷嘴挡板阀产生的控制压力在主阀阀芯端面上的有效作用面积；

$\quad\quad p_L$——压力伺服阀反馈负载压力；

$\quad\quad A_f$——反馈负载压力在主阀阀芯端面上的有效作用面积；

$\quad\quad K_e$——并联对中弹簧刚度；

$\quad\quad x_v$——主阀阀芯位移。

主阀阀芯的位移为

$$x_v = \frac{A_c}{K_e}p_{Lp} - \frac{A_f}{K_e}p_L \tag{4.2}$$

可见，当负载压力 p_L 增大时，阀开口量减小，输出流量进一步减小，减小负载压力的增加幅度，从而稳定负载压力。压力伺服阀属于负载压力的负反馈。

一般压力伺服阀可以不安装对中弹簧，直接通过喷嘴挡板阀的一级输出压力控制和负载压力反馈来实现二级压力伺服阀的输出压力控制。此时主阀阀芯的力平衡方程为

$$p_{Lp}A_c = p_L A_f \tag{4.3}$$

可见,压力伺服阀输出的负载压力 p_L 与其一级喷嘴挡板阀产生的控制压力 p_{Lp} 成比例,也就是与输入电流 i 成比例。没有对中弹簧的压力伺服阀,输出压力受到负载压力和负载流量的影响。

4.2.2.2 负载压力反馈至双喷嘴挡板阀的喷嘴挡板式压力伺服阀

输出负载压力也可以通过一对反馈喷嘴反馈至喷嘴挡板阀,构成压力伺服阀。如图 4.20 所示为喷嘴挡板式两级压力伺服阀(负载压力反馈至双喷嘴挡板)结构图。当力矩马达有输入电信号时,衔铁产生的电磁力矩使挡板偏离中位,喷嘴挡板阀输出的压差推动滑阀运动,输出负载压力。与此同时,负载压力通过反馈喷嘴反馈至喷嘴挡板阀,挡板反馈的反馈力矩使挡板具有回到中间位置的趋势,当达到力矩平衡时,前置级停止工作,阀芯停止运动。此时,与负载压力成比例的反馈力矩等于力矩马达输入电流产生的电磁力矩。因此,滑阀输出的负载压力与输入电流的大小成比例。

以上两种结构的压力伺服阀,由于负载压力反馈的途径不同,其性能有所不同。负载压力反馈至双喷嘴挡板阀的压力伺服阀,力矩马达及挡板在零位附近工作,线性好,但反馈喷嘴对挡板的作用力与反馈喷嘴腔感受的压力不是严格的线性,因此阀的压力特性线性度较差。负载压力反馈至主阀的压力伺服阀,力矩马达和挡板工作范围较大,对力矩马达线性要求高,压力反馈增益由阀芯大小凸肩面积比来保证,压力反馈有固定的线性增益。

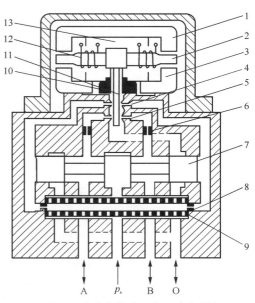

图 4.20 喷嘴挡板式两级压力伺服阀
(负载压力反馈至双喷嘴挡板阀)

1—上导磁体;2—衔铁;3—下导磁体;4—控制喷嘴;
5—反馈喷嘴;6—反馈节流孔;7—阀芯;
8—固定节流孔;9—过滤器;10—挡板;
11—弹簧管;12—线圈;13—永久磁铁

4.2.3 射流管压力伺服阀

如图 4.21 所示为具有单一负载口的射流管压力伺服阀结构原理图,该阀由力矩马达、一级射流管阀、二级圆柱滑阀等部分组成。射流管阀控制压力作用在主阀阀芯右端面,负载压力的大小直接反馈至主阀阀芯的左端面,从而实现输出压力控制。该阀有一个供油口 p_s、一个回油口 p_r、一个负载口 p_L。无控制信号时,主阀阀芯在弹簧力作用下位于右位,负载口 p_L 与回油口 p_r 相通,供油口 p_s 与负载口不连通,负载腔压力等于回油压力,保证在非工作状态下无压力输出。当输入正控制电流时,如射流管向右偏转,接收器右侧控制腔内形成压力,且力矩马达产生的电磁力矩与输入信号成正比。该压力作用在阀芯右侧端面上,使阀芯移动,从而使负载口 p_L 与供油口 p_s 相通,回油口 p_r 关闭,在负载腔输出压力 p_L。同时负载压力 p_L 经过反馈通道反馈至主阀阀芯左侧端面,形成反馈力,与力矩马达产生的控制力矩相平衡。主阀阀芯逐渐移回到"零位"

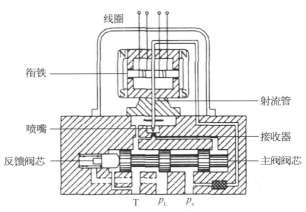

图 4.21　具有单一负载口的射流管压力伺服阀结构原理图

高端液压元件理论与实践

附近的某一位置。在该位置上,作用在阀芯左端面上的反馈力和射流放大器输出压力作用在阀芯右端面的作用力相等。因此压力伺服阀负载口 p_L 的输出压力与控制信号成正比,即与输出电流成正比。

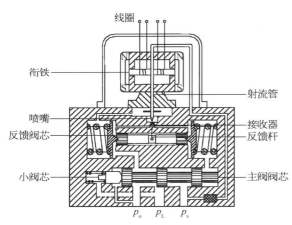

图 4.22　带动压反馈的射流管压力伺服阀结构原理图

如图 4.22 所示为带动压反馈的射流管压力伺服阀结构原理图,该阀由力矩马达、一级射流管阀、二级圆柱滑阀、动压反馈组件(反馈阀芯、反馈杆、反馈弹簧)等部分组成。力矩马达采用永磁结构,弹簧管支承衔铁射流管组件,并使马达与液压部分隔离,力矩马达为干式马达。前置级为射流放大器,它由射流管与接收器组成。当马达线圈输入控制电流为正时,产生磁场使衔铁磁化,带磁性的衔铁与永磁铁磁场相互作用,衔铁受到偏转力矩,使衔铁、弹簧管、喷嘴组件产生一个正比于偏转力矩的向右偏转小角度,射流管右偏转使得右侧接收孔压力增大,主阀阀芯右侧端面油压作用力增大使得主阀阀芯左移,打开中间凸肩的右侧节流窗口,p_s 口压力油进入输出腔 p_c 使得输出压力增大。由于输出压力反馈至小阀芯左侧,与主阀阀芯右侧端面的控制压力平衡,最终实现输出压力 p_c 与控制线圈电流成比例。

当控制线圈电流为零时,该阀在射流管装配时预先设置有固定偏移,射流管偏向左接收孔,接收器右侧的压力较小,小阀芯在左侧弹簧力大于主阀阀芯右侧端面的控制力,主阀阀芯右移至限位,输出腔与回油腔相通,输出压力等于回油压力。

带动压反馈的射流管压力伺服阀(图 4.22)在先导射流级与主阀滑阀之间增加了一个中间反馈级(中间反馈级由反馈阀芯、对中弹簧、反馈杆组成反馈组件)。接收器两腔的压差作用在反馈阀芯上并产生位移,反馈阀芯的位移通过反馈杆反馈至力矩马达,对力矩马达和射流放大器产生负反馈控制,有利于提高阀的控制精度。

4.3　带动压反馈的射流管压力伺服阀数学模型与特性

如图 4.22 所示带动压反馈的射流管压力伺服阀与射流管压力伺服阀相比,增加了一个中间反馈级,这里介绍带动压反馈的射流管压力伺服阀的数学模型与特性。

4.3.1　力矩马达与反馈杆组件力矩方程

力矩马达产生的力矩为

$$T_{\mathrm{d}} = K_{\mathrm{t}} \cdot \Delta i + K_{\mathrm{m}} \cdot \theta \tag{4.4}$$

式中　T_{d}——电磁力矩;

　　　K_{t}——电磁力矩系数;

　　　K_{m}——磁扭矩弹簧刚度;

　　　Δi——控制电流;

　　　θ——射流管旋转角度。

衔铁由弹簧管支撑,悬于上下导磁体工作气隙之间。衔铁受电磁力矩作用而产生偏转。由于衔铁与射流管反馈组件刚性连接,考虑反馈杆力矩时,反馈杆组件的力矩平衡式为

$$T_{\mathrm{d}} = J_{\mathrm{a}} \frac{\mathrm{d}^2 \theta}{\mathrm{d}t^2} + B_{\mathrm{a}} \frac{\mathrm{d}\theta}{\mathrm{d}t} + K_{\mathrm{a}} \theta + T_{\mathrm{r}} \tag{4.5}$$

$$T_{\mathrm{r}} = k_{\mathrm{f}}(r+b)x_{\mathrm{c}} \tag{4.6}$$

式中　J_{a}——衔铁射流管组件的转动惯量;

　　　B_{a}——衔铁射流管组件的阻尼系数;

　　　K_{a}——弹簧管刚度;

　　　T_{r}——反馈杆力矩;

　　　x_{c}——反馈阀芯的位移;

　　　r——衔铁旋转中心到射流管喷嘴端面的距离;

　　　b——射流管喷嘴端面到反馈阀芯轴线距离。

4.3.2　射流管阀前置级控制压力方程

带动压反馈的射流管压力伺服阀的主阀滑阀为单边控制。为了保证零电流时恢复压力为零,射流管装配时存在初始固定偏移量,该偏移量使得射流管在零位时正对左侧接收孔,而右侧接收孔的输入流量近似为零,此时右侧接收孔面积为

$$A_2 = \left(\frac{D_{\mathrm{n}}}{2}\right)^2 \arccos \frac{X_{\mathrm{j}}^2 + \left(\frac{D_{\mathrm{n}}}{2}\right)^2 - \left(\frac{D_{\mathrm{a}}}{2}\right)^2}{D_{\mathrm{n}} X_{\mathrm{j}}} - \frac{X_{\mathrm{j}}^2 + \left(\frac{D_{\mathrm{n}}}{2}\right)^2 - \left(\frac{D_{\mathrm{a}}}{2}\right)^2}{2 X_{\mathrm{j}}} \sqrt{\left(\frac{D_{\mathrm{n}}}{2}\right)^2 - \frac{\left[X_{\mathrm{j}}^2 + \left(\frac{D_{\mathrm{n}}}{2}\right)^2 - \left(\frac{D_{\mathrm{a}}}{2}\right)^2\right]^2}{4 X_{\mathrm{j}}^2}}$$

$$+ \left(\frac{D_{\mathrm{a}}}{2}\right)^2 \arccos \frac{X_{\mathrm{j}}^2 - \left(\frac{D_{\mathrm{n}}}{2}\right)^2 + \left(\frac{D_{\mathrm{a}}}{2}\right)^2}{D_{\mathrm{a}} X_{\mathrm{j}}} - \frac{X_{\mathrm{j}}^2 - \left(\frac{D_{\mathrm{n}}}{2}\right)^2 + \left(\frac{D_{\mathrm{a}}}{2}\right)^2}{2 X_{\mathrm{j}}} \sqrt{\left(\frac{D_{\mathrm{a}}}{2}\right)^2 - \frac{\left[X_{\mathrm{j}}^2 - \left(\frac{D_{\mathrm{n}}}{2}\right)^2 + \left(\frac{D_{\mathrm{a}}}{2}\right)^2\right]^2}{4 X_{\mathrm{j}}^2}}$$

式中　　A_2——右侧接收孔面积；

　　　　D_n——喷嘴面积；

　　　　X_j——喷嘴位移；

　　　　D_a——接收孔截面积。

右侧恢复压力变化为

$$p_c = p_o + C_v^2 \left[1 - C_i \left(1 - \frac{A_2}{A_a} \cos \varphi \right)^2 \right] (p_s - p_o)$$

式中　　p_c——右侧恢复压力；

　　　　p_o——回油压力；

　　　　C_v——流速系数；

　　　　C_i——入口系数；

　　　　p_s——供油压力。

4.3.3　反馈阀芯组件力平衡方程

当射流管向右偏转时，右接收孔恢复压力大于左接收孔恢复压力，反馈阀芯向左移动，反馈杆带动射流管向左偏移。忽略回油压力的影响，当反馈杆组件达到力平衡时，力平衡方程式为

$$p_c A_c - [k_f(r+b) + k] x_c = m_c \ddot{x}_c + B_c \dot{x}_c \tag{4.7}$$

式中　　p_c——恢复压力；

　　　　k——反馈弹簧刚度；

　　　　A_c——反馈阀芯作用面积；

　　　　m_c——反馈阀芯质量；

　　　　B_c——反馈阀芯运动黏性阻尼系数。

4.3.4　滑阀力平衡方程

滑阀圆柱阀芯受单边控制，控制腔压力(恢复压力)推动阀芯运动。滑阀的力平衡方程为

$$p_c A_{v1} - p_o A_{v2} - p_L A_{v3} - F_{vs} - k_v x_{v0} = m_v \ddot{x}_v + B_v \dot{x}_v + k_v x_v \tag{4.8}$$

$$F_{vs} = -2 C_d C_v W_v x_v (p_c - p_L) \cos \theta \tag{4.9}$$

式中　　p_c——单边恢复压力；

　　　　p_L——负载压力；

　　　　p_o——回油压力；

　　　　F_{vs}——稳态液动力；

　　　　k_v——主阀弹簧刚度；

　　　　x_{v0}——主阀弹簧预压缩量；

　　　　m_v——主阀质量；

　　　　B_v——主阀阻尼系数；

　　　　x_v——主阀阀芯位移；

A_{v1}——滑阀端面面积；

A_{v2}——回油压力作用面积；

A_{v3}——控制压力作用面积(活塞端面面积)；

C_d——滑阀流量系数；

C_v——流速系数；

W_v——主阀阀芯开口面积梯度；

θ——液压油入射角。

4.3.5 压力特性与频率特性

根据射流管压力伺服阀基本方程,如图 4.23 所示可采用 Simulink 进行压力特性与动态特性仿真计算。

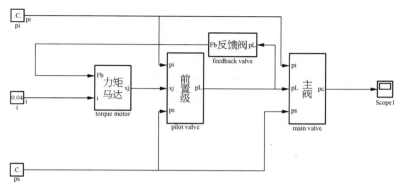

图 4.23 射流管压力伺服阀 Simulink 仿真模型

射流管压力伺服阀的压力特性是指将负载口堵死,输入电流和输出负载压力之间的关系。如图 4.24 所示为压力特性的理论计算结果和实验结果。实际结果往往存在一定程度的滞环,其中箭头上升曲线为电流增大时控制压力变化曲线,箭头下降曲线为电流减小时控制压力变化曲

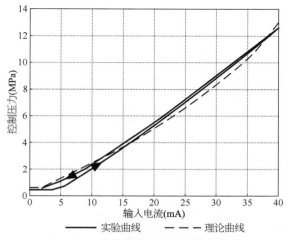

图 4.24 射流管压力伺服阀压力特性

线。理论模型没有考虑阀芯运动的来回摩擦阻力和油液泄漏等因素。可见,射流管压力伺服阀输出负载压力值与控制电流基本成正比。

射流管压力伺服阀的动态特性是指将负载口堵死,输入电流和输出负载压力之间的幅频特性。如图 4.25 所示为动态特性的理论计算结果和实验结果,压力伺服阀可看作两阶环节。截止频率的理论值为 15.22 Hz,略高于试验值 12.04 Hz。

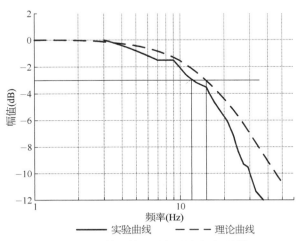

图 4.25 射流管压力伺服阀幅频特性

4.3.6 射流管压力伺服阀控单作用液压缸

飞机刹车系统等常采用压力伺服阀控单作用液压缸,如图 4.26 所示。

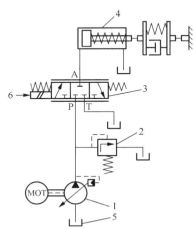

图 4.26 压力伺服阀控单作用
液压缸系统图

1—液压泵;2—溢流阀;
3—压力伺服阀;4—液压缸;
5—油箱;6—刹车控制器信号

压力伺服阀滑阀流量方程为

$$Q = k_q x_v + k_c (p_s - p_L) \qquad (4.10)$$

$$k_q = \frac{\partial Q}{\partial x_v} = C_d W_v \sqrt{(p_s - p_L)/\rho} \qquad (4.11)$$

$$k_c = \frac{\partial Q}{\partial (p_s - p_L)} = \frac{x_v}{2(p_s - p_L)} k_q \qquad (4.12)$$

式中 　Q——阀口流量;

k_q——滑阀流量增益系数;

k_c——滑阀流量压力系数;

p_s——系统供油压力;

W_v——滑阀面积梯度;

ρ——油液密度。

单作用液压缸如刹车液压缸力平衡方程为

$$p_L A_x = m_x \ddot{x}_x + B_x \dot{x}_x + k_x x_x + F_f \qquad (4.13)$$

式中 　A_x——液压缸作用面积;

x_x——液压缸活塞杆运动位移；

m_x——活塞杆质量；

B_x——活塞杆运动黏性阻尼系数；

k_x——活塞杆复位弹簧刚度；

F_f——活塞杆复位受到的摩擦力。

单作用液压缸流量连续性方程为

$$Q = \dot{x}_x A_x + \frac{\mathrm{d}p_L}{\mathrm{d}t} \frac{V}{E} \tag{4.14}$$

式中　V——液压缸容腔体积；

　　　E——油液体积弹性模量。

由上述基本方程可建立射流管压力伺服阀的主阀框图，如图 4.27 所示。

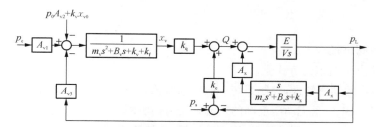

图 4.27　射流管压力伺服阀滑阀级框图

对于单作用液压缸如刹车液压缸，内部安装的复位弹簧刚度非常大，弹簧力远大于负载惯性力和阻尼力，因此通常可忽略活塞的惯性力和阻尼力。供油压力 p_s 与负载压力的差值作为干扰项数值较小，可不考虑。图 4.27 可简化为图 4.28 所示的射流管压力伺服阀滑阀级简化框图。

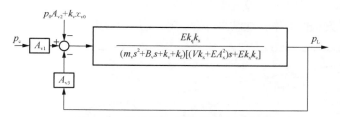

图 4.28　射流管压力伺服阀简化框图

根据图 4.28 所示的射流管压力伺服阀框图，可得到开环传递函数为

$$G = \frac{Ek_q k_x A_{v3}}{(m_v s^2 + B_v s + k_v + k_f)[(Vk_x + EA_x^2)s + Ek_x k_c]} \tag{4.15}$$

该开环传递函数反映了前置级输出的恢复压力和回油压力波动对功率级阀芯动态特性的影响，压力伺服阀功率级的开环增益为

$$K = \frac{k_q A_{v3}}{k_c(k_v + k_f)} = \frac{k_p A_{v3}}{k_v + k_f} \tag{4.16}$$

$$k_{p} = \frac{k_{q}}{k_{c}} = \frac{2(p_{s} - p_{L})}{x_{v}} \qquad (4.17)$$

式中 k_{p}——伺服阀功率滑阀的压力增益系数。

由上式可得

$$K = \frac{2(p_{s} - p_{x})}{x_{v}} \frac{A_{v3}}{k_{v} + k_{f}} \qquad (4.18)$$

根据滑阀的流量方程式

$$Q = C_{d} W_{v} x_{v} \sqrt{\frac{2(p_{s} - p_{L})}{\rho}} \qquad (4.19)$$

可得压力伺服阀的开环增益为

$$K = \frac{2\pi C_{d} \sqrt{2/\rho}(p_{s} - p_{L})^{1.5}}{Q_{x}} \frac{D_{v} A_{v3}}{k_{v} + k_{f}} \qquad (4.20)$$

式中 D_{v}——滑阀直径;

Q_{x}——输出至刹车的负载流量。

为了保证稳定的动态特性,控制系统一般要求幅值裕度应大于 6 dB,相角裕度大于 30°。某刹车系统采用图 4.21 所示无动压反馈的射流管压力伺服阀,该阀具有较大的稳定裕度。采用某型带动压反馈的射流管压力伺服阀后,快速性增加,但幅值裕度仅为 2.43 dB,容易受到外界信号的干扰而失稳。因此需要提高稳定裕度以增加射流管压力伺服阀控缸的工作稳定性。由式(4.20)可知:压力伺服阀控单作用缸如飞机刹车系统的开环增益系数与滑阀直径 D_{v}、滑阀右侧控制压力作用面积 A_{v1}、主阀弹簧刚度 k_{v} 和稳态液动力刚度 k_{f} 的影响。适当减小滑阀直径 D_{v}、控制压力作用面积 A_{v3},增大主阀弹簧刚度 k_{v},可以减小系统的开环增益,增加稳定裕度。图 4.29 和表 4.1 所示为根据上述传递函数模型,某型带动压反馈的射流管压力伺服阀控单作用液压缸刹车系统计算案例的频率特性结果,该阀控缸传递函数为三阶环节。

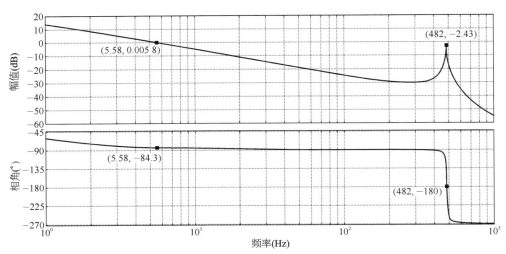

图 4.29 某型带动压反馈的射流管压力伺服阀控单作用液压缸刹车系统频率特性图

表 4.1 带动压反馈的射流管压力伺服阀控单作用缸刹车系统的幅值裕度和相位裕度

某型射流管压力伺服阀	幅值裕度	相位裕度
	2.43 dB	95.7°

4.3.7 油温对射流管伺服阀力矩马达振动特性的影响

共振可能导致压力伺服阀失效。压力伺服阀在高温环境下振动抑制以及结构设计时,可采用有限元方法,分析射流管式压力伺服阀材料的温度特性以及力矩马达衔铁组件在不同油温下的固有频率特性。

4.3.7.1 力矩马达射流管组件的有限元模型

射流管压力伺服阀力矩马达射流管组件如图 4.30 所示。飞机压力伺服阀环境温度为 $-55\sim +85\ ℃$,油液最高温度甚至可达 160 ℃,力矩马达衔铁组件等部位的弹性模量和几何尺寸受油温的影响。以中船重工七○四研究所生产的某型飞机压力伺服阀为例(表 4.2),工作介质为 YH-10 航空液压油,系统工作压力为 21 MPa,工作介质最高温度为 160 ℃,不同温度时力矩马达组件材料弹性模量及其特性不同。

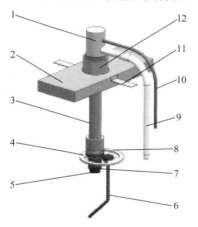

图 4.30 射流管压力伺服阀力矩马达组件图

1—射流管组件;2—衔铁组件;
3—弹簧管;4—反馈弹簧组件;
5—喷嘴;6—反馈杆;7—套管;
8—弹簧片;9—供油管;10—调零丝;
11—支撑弹簧片;12—压环

表 4.2 射流管压力伺服阀力矩马达组件的材料特性

零件名	材料	弹性模量(GPa)	泊松比	密度(kg/m³)
支撑弹簧片	弹性合金	200	0.3	8 500
调零丝	弹性合金	200	0.3	8 500
弹簧管	铍青铜	130	0.285	8 360
反馈弹簧组件	铍青铜	130	0.285	8 360
喷嘴	铍青铜	130	0.285	8 360
射流管组件	不锈钢	190	0.3	7 850
压环	不锈钢	190	0.3	7 850
衔铁组件	软磁合金	200	0.3	8 500

由材料手册可知,在 20~200 ℃时,不锈钢材料的线膨胀系数为 $11.1\times10^{-6}\ ℃^{-1}$,铍青铜材料的线膨胀系数为 $16.6\times10^{-6}\ ℃^{-1}$,弹性合金的线膨胀系数 $12\times10^{-6}\ ℃^{-1}$,软磁合金的线膨胀系数为 $13\times10^{-6}\ ℃^{-1}$。材料在不同温度下的弹性模量值见表 4.3。

表 4.3 不同温度时的材料弹性模量值

温度(℃)	弹性模量(GPa)			
	弹性合金	铍青铜	不锈钢	软磁合金
60	198	128	188	197
100	195	126	186	195
140	193	124	184	192
160	192	122	183	191

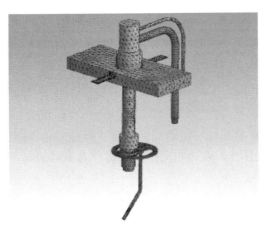

图4.31 力矩马达与射流管组件网格划分模型

力矩马达与射流管组件有限元网格划分：如图4.31所示，在三维软件如UG中建立力矩马达的三维立体图形，然后导入ANSYS Workbench的Geometry几何模块。可采用Patch Conforming法优化零件的网格分割，对力矩马达、射流管组件、反馈杆等结构复杂的区域进行网格适当加密，最终得到力矩马达的有限元网格划分模型。该算例中划分为48 630节点总数，25 474单元总数。

边界条件设定：力矩马达与射流管组件采用焊接和压装连接方式，固定于伺服阀内部，各部件之间存在位移自由度的约束。射流管组件的调零丝下端、供油管下端和支撑簧片端面均焊接在力矩马达壳体上，设置为固定约束（fixed support）。弹簧管下端通过压装在伺服阀阀体上，同样设置为固定约束。反馈杆下端由螺钉夹紧，呈压紧状态，设置为只有压缩的约束（compression only support）。

4.3.7.2 力矩马达射流管组件热模态特性

考虑力矩马达和射流管组件在不同油温下的特性不同，分别在五种不同的温度下进行力矩马达与射流管组件的模态分析，在不同温度下固有频率即转折频率的模态分析结果见表4.4。由表可知：温度升高，力矩马达与射流管结构件各阶固有频率值变小，这是因为温度升高时材料刚度降低即弹性模量降低的结果。当外部激励频率与结构件固有频率接近时，力矩马达结构件会产生共振。力矩马达与射流管结构件的固有频率与温度之间呈近似线性关系。

表4.4 不同温度下力矩马达与射流管组件的各阶转折频率

温度（℃）	频率（Hz）					
	一阶	二阶	三阶	四阶	五阶	六阶
20	1 482.3	1 832.4	2 358	2 903.2	3 280.4	3 305.6
60	1 473.4	1 818.2	2 342.4	2 878.4	3 251.8	3 264.1
100	1 463.7	1 804	2 328.5	2 858.4	3 230.1	3 222.9
140	1 455.4	1 789.8	2 311.1	2 829.9	3 197.3	3 208.8
160	1 452.4	1 783.4	2 305.6	2 824.2	3 190.8	3 202.3

通过ANSYS软件，还可分析力矩马达与射流管组件在自由模态下各阶振型所对应的危险点发生位置，为设计提供预测和评估。160℃时力矩马达与射流管组件在各阶模态下的位移云图分别如图4.32所示。热模态位移云图结果表明：一阶振型的最大位移发生在调零丝弯折段，二阶振型最大位移发生在衔铁表面两端，三、四阶振型最大位移发生在反馈杆处，五阶振型最大位移发生在衔铁表面两端，六阶振型最大位移发生在反馈杆处。因此衔铁表面和反馈杆处是力矩马达组件高温振动的关键部位。

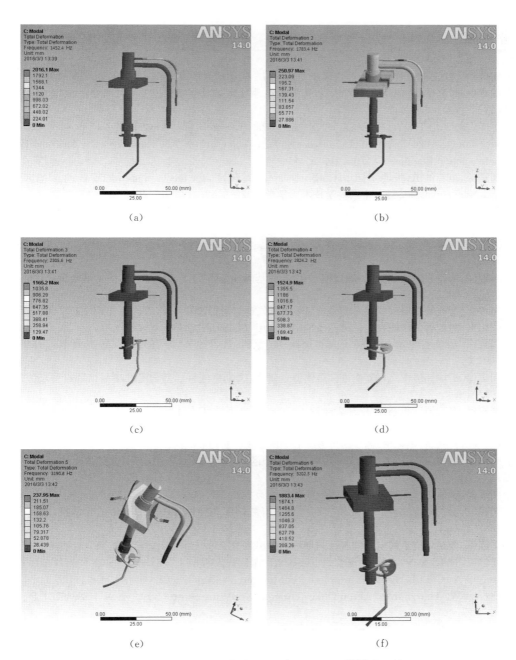

图 4.32　力矩马达与射流管组件 160 ℃ 时的前 6 阶模态位移云图

（a）一阶振型；（b）二阶振型；（c）三阶振型；（d）四阶振型；（e）五阶振型；（f）六阶振型

通过飞机刹车压力伺服阀力矩马达与射流管组件热模态案例分析可知：热振动环境下，温度直接影响力矩马达组件的固有频率，且固有频率随温度的变化呈近似线性关系。高温时，会造成力矩马达的振幅变大，更容易发生共振。可通过恰当的数值计算和设计，减小或消除温度环境与力矩马达结构件之间的耦合作用。

参考文献

［1］ 阎耀保,王玉.射流管伺服阀前置级压力特性[J].航空动力学报,2015,30(12)：3058－3064.

［2］ 阎耀保,付嘉华,金瑶兰.射流管伺服阀前置级冲蚀磨损数值模拟[J].浙江大学学报,2015,49(12)：2252－2260.

［3］ Yin Y B, Fu J H, Yuan J Y, et al. Erosion wear characteristics of hydraulic jet pipe servovalve [C]// Proceedings of 2015 Autumn Conference on Drive and Control, The Korean Society for Fluid Power & Construction Equipment, 2015.10.23：45－50.

［4］ 阎耀保,范春红山,张曦.Dynamic stiffness spring analysis foe feedback spring pole in a jet pipe electro-hydraulic servovalve [J].中国科学技术大学学报,2012,42(9)：699－705.

［5］ 阎耀保,郑云平.油温对射流管式伺服阀力矩马达振动特性的影响[J].流体传动及控制,2016(6)：1－5.

［6］ 阎耀保,费春皓,胡云堂.射流管伺服阀力矩马达的振动特性分析[J].流体传动与控制,2014(6)：1－5.

［7］ 阎耀保.偏转板射流伺服阀和射流管伺服阀的基础理论研究[R].国家自然科学基金资助项目进展报告(51475332),2015.12.20.

［8］ 阎耀保.射流管伺服阀欧美专利分析[J].液压气动与密封,2012,32(2)：68－73.

［9］ 阎耀保.射流管伺服阀在飞机液压系统中的应用[J].液压气动与密封,2012(7)：8－12.

［10］ 阎耀保.射流管电液伺服阀研究进展报告(专利、技术论文、产品)[R].同济大学,TJME－11－200,2011.

［11］ 阎耀保.极端环境下飞行器电液伺服阀特性研究.国家自然科学基金资助项目结题报告(50775161),2011.1.20.

［12］ 阎耀保.飞行器舵机系统关键基础理论研究.上海市浦江人才计划(A类)总结报告(06PJ14092),2008.9.30.

［13］ 阎耀保,肖其新,闫世敏.温度对电液伺服阀的影响分析[J].流体传动与控制,2008(6)：23－26.

［14］ 阎耀保,孟伟.喷嘴挡板伺服阀的喷嘴挡板间隙的一种间接测量方法：CN101694378A[P].2010－04－14.

［15］ 阎耀保,李玲,孟伟.带阻尼节流器的喷嘴挡板阀：CN201714727U[P].2011－01－19.

［16］ 阎耀保,李长明,江金林.三维离心环境下的电液伺服阀特性分析[J].机械工程学报,2015,51(2)：169－177.

［17］ 阎耀保.极端环境下的电液伺服控制理论及应用技术[M].上海：上海科学技术出版社,2012.

［18］ 何学工,黄增,金瑶兰,等.射流管式电液压力伺服阀技术研究[J].机床与液压,2013,41(10)：60－62.

[19] Gray S A, Galif B. Dynamic pressure feedback servo valve：US3042005[P]. 1962－7－3.

[20] Everett W. Hartshorne, Akron Ohio. Three way pressure control servo valve：US3286734[P]. 1966－11－22.

[21] Roth J E, Archley R D. Pressure control valve for a hydraulic actuator：US5522301A[P]. 1996－6－4.

[22] Grancher R, Lailly En Val. Pressure-regulator servovalve with reduced leakage rate：US0021663A1 [P]. 2006－2－2.

[23] Axelrod L R, Johnson D R, Kinney W L. Hydraulic servo control valves (Part 5 analog simulation, pressure control, and high-temperature test facility design) [R]. WADC Technical Report 55－29. United States Air Force, 1958.

高端液压元件理论与实践

偏转板伺服阀（deflector jet servovalve）是一种特殊结构的射流伺服阀，采用偏转板代替射流管，制造更加方便且耐振性更好，已经广泛应用于大型运输机、民用客机的各类舵机和操纵系统。本章主要介绍国外偏转板伺服阀的由来和进展，分析偏转板伺服阀的压力特性、数学模型、传递函数以及频率特性，介绍偏转板伺服阀射流前置级的流场分析方法和流场分布规律，以及偏转板伺服阀存在的旋涡现象和卡门涡街现象。

5.1 偏转板伺服阀的由来与演变

电液伺服阀诞生于第二次世界大战期间，由于当时的战争需求，产生了许多早期的控制阀原理及专利。1940 年前后，德国 Askania 发现并申请了射流管阀原理的专利，采用射流管向接收器喷射流体，并通过接收器两只接收管内的流体来控制作动器的动作。同时，Foxboro 发现了喷嘴挡板阀原理。这两种阀的原理奠定了射流伺服阀和双喷嘴挡板电液伺服阀基础；德国 Siemens 公司发明了永磁式力矩马达，并使用在航空领域。1950 年，W. C. Moog 发明了采用喷嘴挡板阀作前置级的两级电液伺服阀，Wolpin 发明了干式力矩马达，消除了浸在油液内的力矩马达对油液的污染问题。1957 年 R. Atchley 利用 Askania 射流管原理研制了两级射流管伺服阀，并于 1959 年研制了三级电反馈伺服阀。由于抗污染能力强，20 世纪 60 年代起，射流伺服阀广泛地应用于航空航天及民用工业等领域。

1955—1958 年，美国空军航空研究实验室和飞行控制实验室牵头，美国四十余家机构联合研究、开发和使用电液伺服阀，包括各种新原理、新结构、新材料、数学模型和试验技术等，形成了现在的航空航天电液伺服阀，例如单喷嘴挡板阀、双喷嘴挡板阀、射流管伺服阀、喷嘴挡板式电液伺服阀、偏转板伺服阀。其中，MOOG 公司 1968 年开始研究偏转板伺服阀，并于 1973 年前后制造且用于航空领域。偏转板伺服阀采用射流管伺服阀原理，在射流出口和接收器之间增加偏转板，通过力矩马达控制偏转板的偏转来代替力矩马达控制射流管的偏转，从而实现先导级的射流控制。

早期的偏转板伺服阀如图 5.1 所示，射流管射流流体由偏转板控制，然后输出至接收器并传递到液压缸两腔，控制液压缸负载在某一工作位置。当负载位置发生变化时，由圆锥形位置传感器检测位置信号，并传递至弹簧机构，反馈至偏转板，从而控制偏转板的位置以便准确控制偏转板单级阀控双作用缸的工作位置。

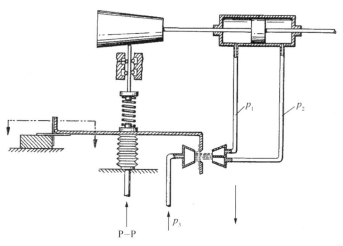

图 5.1　带位置反馈的偏转板单级阀控双作用缸
（法国，美国专利 US3223103，1962—1965）

最早的双级偏转板伺服阀出现于 1973 年，由 MOOG 公司和 Bosch 公司研制。图 5.2 所示为带机械反馈的偏转板射流伺服阀，该阀采用偏转板射流放大器作为一级阀，采用圆柱滑阀作为主阀。一级阀偏转板射流放大器由力矩马达驱动偏转板，从而控制偏转板内部楔形孔流出流体的运动，在偏转板的下方安装有接收器，接收器两个接收孔接收的流体直接作用在主阀滑阀的两个端面，从而控制二级阀圆柱滑阀的工作位置。

2002 年，加拿大学者研究了一种单级浮动悬挂阀芯式偏转板液压阀。如图 5.3 所示，供给液

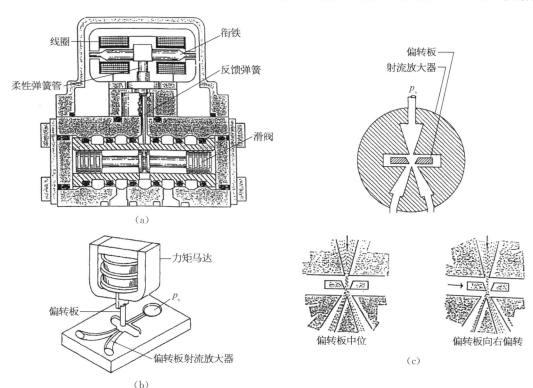

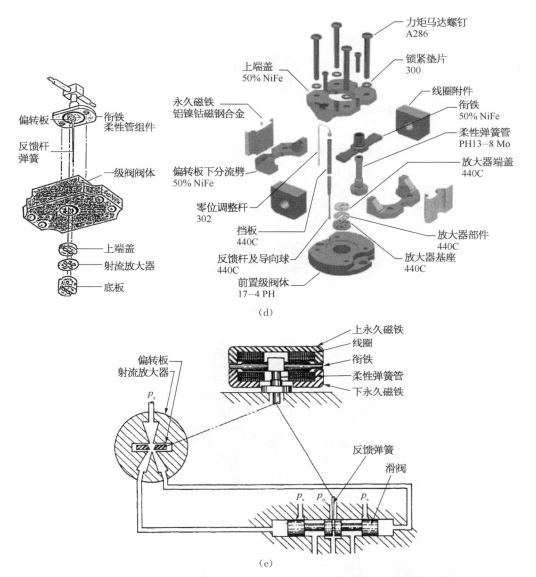

图 5.2 带机械反馈的偏转板射流伺服阀（MOOG 261，Bosch 0814‑SMV2/SMV3，1973）

（a）偏转板射流伺服阀；（b）力矩马达驱动的偏转板射流放大器；（c）MOOG 偏转板射流放大器；
（d）偏转板伺服阀零件装配图；（e）带机械反馈的偏转板射流伺服阀

压油 p_s，力矩马达驱动悬挂式阀门的头部转动，控制供给液压油 p_s 至阀门头部容腔的压力 p_{s2}，通过阀门后，接收器两个接收腔接收的射流输出压力分别为 p_1 和 p_2。从而控制作动器两腔的压力大小以及负载的运动。

空中客车公司在 A340 扰流板作动系统中采用六组扰流板作动器系统，控制飞机空气舵面与空气间的阻力从而控制飞机飞行的阻尼和速度。如图 5.4 所示为空客 A340 扰流板作动器系统。扰流板作动器系统采用偏转板电液伺服阀（EHSV）控制作动器。偏转板伺服阀由力矩马达驱动偏转板，实现一级液压能源的控制，一级偏转板阀控制二级主阀，从而控制作动器推动扰流板偏转。图 5.5 和图 5.6 所示为 HR Textron 公司偏转板伺服阀专利，射流管与接收器固定，形

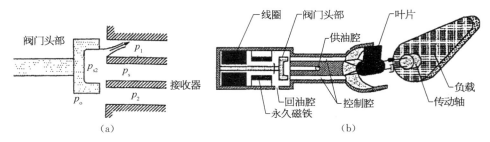

图 5.3　单级浮动悬挂阀芯式液压阀(加拿大,G Bilodeau 与 E Papadopoulos, 2002)

(a) 单级浮动悬挂阀芯式偏转板液压阀原理;(b) 单级浮动悬挂阀芯式偏转板液压阀控负载

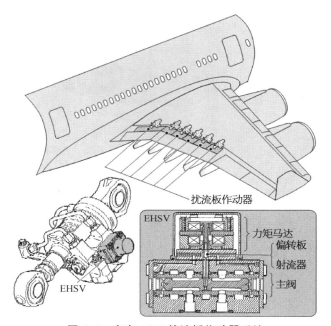

图 5.4　空客 A340 扰流板作动器系统

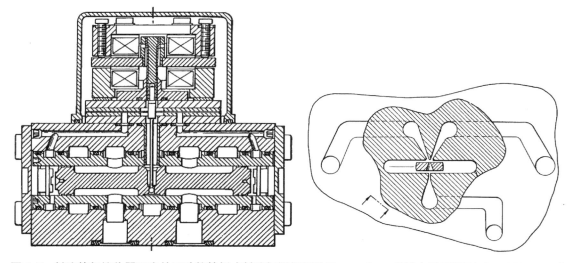

图 5.5　射流管与接收器固定的可动偏转板式射流伺服阀(HR Textron Inc., 美国专利 US5303727,1992—1994)

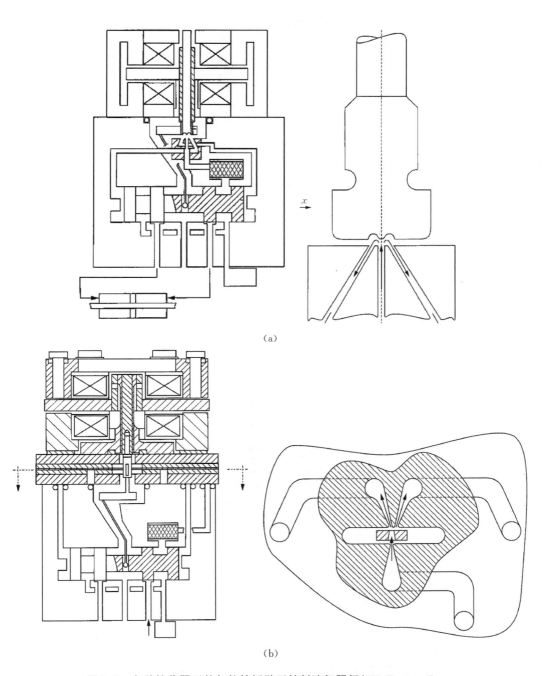

图 5.6　多种接收器形状与偏转板劈形的射流伺服阀（HR Textron Inc.，
美国专利 US7290565B2，2004—2007）

（a）射流管与接收器一体化的射流伺服阀；（b）带反馈杆的偏转板射流伺服阀

成可动偏转板式射流伺服阀。同时，射流口和接收器的布局，可采用多种形状和空间位置，力矩
马达直接控制接收器的偏转位置，形成射流与接收流体的控制；偏转板劈形形状和布局也做了改
进，将主阀阀芯位置通过弹簧反馈杆进行力反馈，实现偏转板射流伺服阀。

近年来,出现了压电材料、超磁致伸缩材料及形状记忆合金等新型材料,可将机电信号进行有效转换,用于电液伺服阀的前置级力矩马达转换器。国内南京航空航天大学、北京航空航天大学、浙江大学等研究智能材料驱动的液压阀与作动器。压电元件的特点是"压电效应":在一定的电场作用下会产生外形尺寸的变化,在一定范围内,形变与电场强度成正比。压电元件的主要材料为压电陶瓷(PZT)、电致伸缩材料(PMN)等,如日本 TOKIN 公司的叠堆型压电伸缩陶瓷材料。如图 5.7 所示为采用压电陶瓷材料力矩马达作动器的偏转板射流伺服阀专利图。其原理是:压电元件通过压电效应使压电材料产生伸缩驱动偏转板移动,实现电-机械转换。偏转板控制射流放大器,从而控制二级主阀滑阀的工作性能。采用压电陶瓷材料的偏转板射流伺服阀用于汽车、飞机燃料控制。图 5.8 所示为 MOOG 26 系列偏转板伺服阀图。该偏转板伺服阀主阀为四边滑阀,采用机械反馈杆,该法用于飞机飞行控制系统。图 5.8a 为 MOOG 26 型偏转板伺服

高端液压元件理论与实践

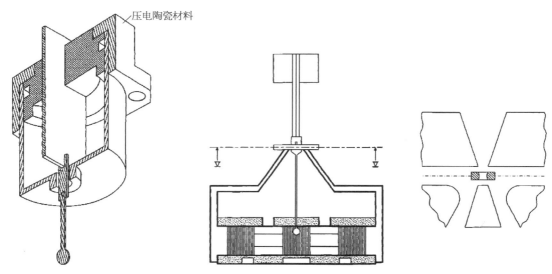

图 5.7 采用压电陶瓷材料(PZT)作动器的偏转板射流伺服阀
(MOOG Controls Ltd,美国专利 US 2014/0042346A1,2011—2014)

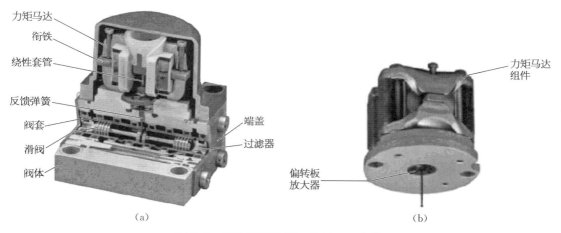

（a）   （b）

图 5.8 偏转板伺服阀(MOOG 26 系列)

（a）偏转板伺服阀截面图；（b）偏转板伺服阀一级偏转板射流阀

阀断面图,图 5.8b 为一级偏转板射流阀的外形图。力矩马达采用压电陶瓷材料 PL127.10,减小了柔性弹簧管的密封和摩擦力,作动器直接和偏转板相连接,偏转板的位移量为 ±80 μm,输入电压为 ±30 V,作动器主要尺寸 12 mm×9.6 mm×0.65 mm,输出力 ±2 N,电容 2×3.4 μF,固有频率≥1 000 Hz。该阀在 21 MPa 负载压力时,空载流量为 29 L/min;最大流量时的 90°相频宽达到 80 Hz。图 5.9 所示为采用压电陶瓷材料的偏转板伺服阀集成设计图。如图所示,该阀由作动器和反馈杆组件(作动器框架、双层压电双晶片执行器、反馈杆球端面、反馈杆、一级放大器阀体、一级阀壳体、一级阀 O 形圈、一级阀支架)、偏转板阀(偏转板阀放大器)、二级阀(二级滑阀 LVDT/位置反馈电位计、二级滑阀、阀套、二级阀阀体)等组成。第二级滑阀采用线性电位计(LVDT)来反馈滑阀的位置信号。

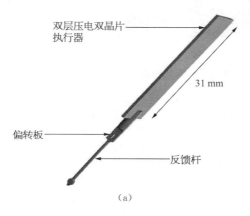

(a)

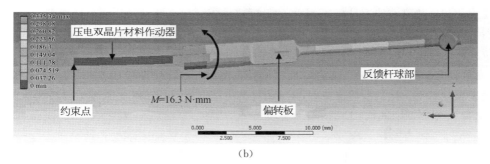

(b)

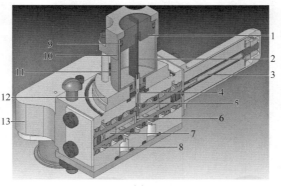

(c)

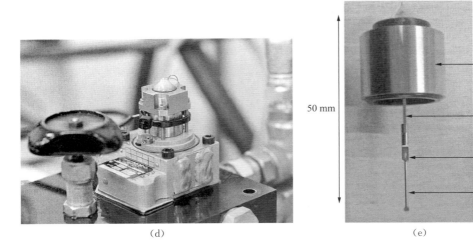

（d）　　　　　　　　　　　　　　　　　　　（e）

图 5.9　采用压电陶瓷材料作动器的偏转板伺服阀

（a）力矩马达作动器和偏转板反馈组件；（b）压电双晶片材料作动器与偏转板组件；（c）带双晶片材料的偏转
板伺服阀结构图；（d）具有压电陶瓷材料力矩马达的偏转板伺服阀实物；（e）作动器及偏转板组件实物
（总长度 50 mm，由壳体、双压电晶片、偏转板、反馈杆组成）
1—作动器框架；2—双层压电双晶片执行器；3—二级滑阀 LVDT/位置反馈电位计；
4—偏转板阀放大器；5—反馈杆；6—反馈杆球端面；7—二级滑阀；8—阀套；9——级阀 O 形圈；
10——级阀支架；11——级阀壳体；12——级放大器阀体；13—二级阀阀体

　　与传统的磁致伸缩材料相比，超磁致伸缩材料（GMM）在磁场的作用下能产生更大的长度或体积变化。利用超磁致伸缩材料（GMM）的长度或体积变化来驱动液压元件的阀芯，称为 GMM 转换器。通过控制驱动线圈的电流来驱动 GMM 的伸缩，将 GMM 转换器与阀芯相连，带动阀芯产生位移从而控制伺服阀输出流量。与传统伺服阀相比，带 GMM 转换器的伺服阀不仅频率响应快，而且具有精度高、结构紧凑的优点。目前，在 GMM 的研制及应用方面，美国、瑞典和日本等国处于领先水平。从目前情况来看，GMM 材料与压电材料和传统磁致伸缩材料相比，具有应变大、能量密度高、响应速度快、输出力大等特点。如图 5.10 所示为 2014 年中国学者提出的

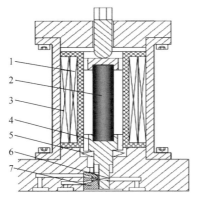

图 5.10　采用 GMM 材料的偏转板射流伺服阀（中国，朱玉川，2014）

1—驱动电磁线圈；2—超磁致伸缩杆；3—偏转用电磁线圈；4—输出杆；5—弹簧；6—偏转板；7—接收器

采用 GMM 材料驱动偏转板偏转的方法制作的偏转板射流伺服阀样机。

此外,形状记忆合金(SMA)的特点是具有形状记忆效应。将其在高温下定型后,冷却到低温状态,对其施加外力。一般金属在超过其弹性变形后会发生永久变形,而 SMA 却在将其加热到某一温度之上后,会恢复其原来高温下的形状。利用该特性的伺服阀是在阀芯两端加一组由 SMA 绕制的 SMA 执行器,通过加热和冷却的方法来驱动 SMA 执行器,使阀芯两端的 SMA 伸长或收缩,驱动阀芯作用移动,同时加入位置反馈来提高伺服阀的控制性能。SMA 变形量大,但响应速度较慢,且变形不连续,限制了应用范围。

国内偏转板伺服阀的研制单位和产品主要有中国运载火箭技术研究院第十八研究所研制的 SFL - 22 偏转板射流伺服阀,中航工业第六〇九研究所研制的 FF - 260、FF - 261 偏转板射流伺服阀,中航工业第六一八研究所研制的 2718A 偏转板射流伺服阀。图 5.11 所示为我国研制的偏转板射流伺服阀工作过程示意图(中国运载火箭技术研究院第十八研究所,2008)。偏转板射流伺服阀由力矩马达、偏转板射流放大器、滑阀功率级组成。当输入电流时,衔铁组件发生转动,与衔铁组件一体的偏转板发生偏转,使偏转板射流组件中两个接收腔接收的液压油流量不相等,滑阀阀芯两端产生压差,进而推动滑阀阀芯移动,滑阀阀芯移动带动反馈杆变形,产生反馈力矩。当滑阀阀芯运动到一定位置,反馈力矩等于电磁力矩时,偏转板被平衡在某一位置,此时滑阀阀芯位置与输入控制电流大小成正比。当供油压力及负载压力一定时,输出到负载的流量与滑阀阀芯位置成正比。偏转板伺服阀的力矩马达工作(图 5.11a)时,首先给永久磁铁充磁使导磁体极化,通过线圈的直流电流使对角气隙中的磁力发生变化,直流电流的大小与衔铁旋转角度成正比。偏转板射流放大器(图 5.11b)的衔铁、弹簧管、导流-反馈杆为刚性连接,靠弹簧管薄壁支撑,从供油 p_s 来的流体,通过反馈杆上的导流口,再回到回油 p_R。衔铁的摆动使反馈杆上导流口相对于射流盘接收口的位置发生变化,从而在偏转板射流放大器接收器的出口 A、B 腔产生压差。圆柱滑阀(图 5.11c)阀芯在阀套内滑动,或直接在阀体内滑动;阀套有矩形腔(或方孔)或连接供油 p_s 和回油 p_R 的环形槽;阀芯零位即阀芯处于阀套中立位置,阀芯台阶刚好覆盖 p_s 口,没有流量输出;当阀芯从中位向某一方向移动时,流体从供油口 p_s 流向控制腔,同时另一腔与回油口 p_R 沟通。反馈机构动作(图 5.11d)时,力矩马达线圈中的电流使衔铁端部产生磁力,衔铁在磁力作用下旋转,在弹簧管支撑下带动导流-反馈杆旋转,导流口相对于射流盘接收口的位置发生变化,使射流流向阀芯的一端,阀芯两端产生压差;阀芯在压差作用下移动,同时供油 p_s 与控制腔相通,

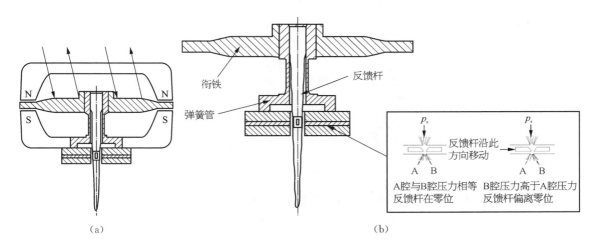

(a)   (b)

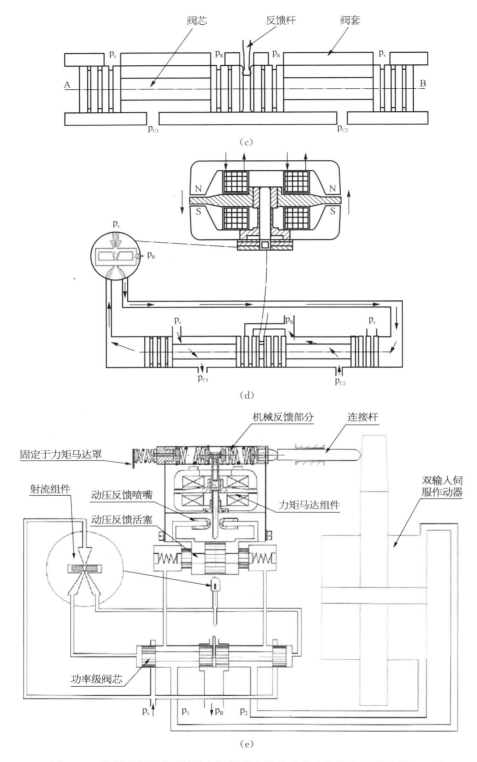

高端液压元件理论与实践

图 5.11　偏转板射流伺服阀（中国运载火箭技术研究院第十八研究所,2008）

（a）力矩马达与偏转板射流放大器；（b）一级阀：偏转板射流放大器；（c）二级阀：圆柱滑阀；
（d）偏转板射流伺服阀；（e）带动压反馈的双输入偏转板射流伺服阀

另一腔与回油 p_R 相通;阀芯推动反馈杆小球,在衔铁组件上建立起一个反馈力矩;当反馈力矩与由于输入电流产生的力矩平衡时,阀芯停在某一位置;阀芯位移与输入电流成正比;在一定压力下,流向负载的流量与阀芯的位移成正比。

图 5.11e 所示的带动压反馈的双输入偏转板射流伺服阀,在偏转板伺服阀的基础上,增加了动压反馈,增加了负载位置的机械反馈,将负载动压通过一对反馈喷嘴进行反馈,提高抑制共振能力,适合大惯量、低阻尼的液压伺服系统。

5.2 偏转板伺服阀工作原理及特点、应用

5.2.1 结构分类及工作原理

射流伺服阀由第一级力矩马达射流放大器和第二级液压放大器组成,第二级放大器通常为滑阀。常见的射流伺服阀第一级射流放大器也称先导阀,有射流管阀(即射流管式先导级)和偏转板阀(即偏转射流式先导级)两种形式。因此,射流伺服阀分为射流管伺服阀和偏转板伺服阀两种形式。偏转板伺服阀由两级阀组成:一级阀为偏转板阀,二级阀为滑阀。

射流管式先导级根据动量原理工作,如图 5.12a 所示。射流管阀在输入信号作用下偏离中间位置时,一个接收孔中的液体压力高于另一个接收孔中的压力,并使负载活塞移动,即有负载压力和负载流量输出。一般喷嘴挡板阀的喷嘴直径为 0.3～0.5 mm,喷嘴挡板间隙为 0.03～

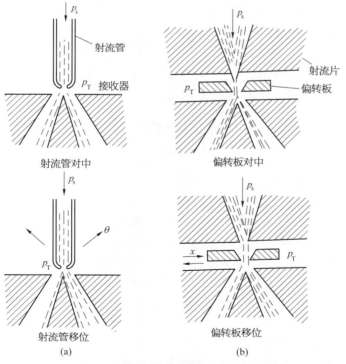

图 5.12 射流伺服阀一级射流放大器(先导级)

(a) 射流管式先导级;(b) 偏转射流式先导级

0.05 mm,易堵塞;当两个喷嘴中的一个堵塞时,主阀两个端面的控制压力不相同而易失控。射流管阀的射流管直径为 $0.22\sim0.25$ mm,两个接收器直径为 0.3 mm,两射流管边缘间距为 0.01 mm,射流管和接收器之间的间距为 0.35 mm。射流管阀由于零位泄漏量大,目前它的使用范围没有喷嘴挡板阀广泛。

偏转射流式先导级如图 5.12b 所示,也根据动量原理工作。射流片喷嘴、偏转板与射流盘之间的间隙大,不易堵塞,抗污染能力强,运动零件惯量小。根据目前已掌握的基础理论,性能不易精确计算,特性很难预测,在低温及高温时性能不稳定。偏转板阀常用作两级伺服阀的前置放大级,适用于对抗污染能力有特殊要求的场合。

5.2.1.1 单级偏转板射流阀

偏转板射流阀也称偏转板式射流管放大元件,它的基本结构如图 5.13 所示。射流管固定不动,偏转板位于喷口与接收器两个小孔之间,前一级放大元件操纵偏转板平移量,即输入位移量 x,使射流管出流流体在偏转板作用下发生射流偏转,接收器两个接收小孔间有不同的流量及压力输出,从而控制作动器的流量或压力,这种结构的元件称偏转板式射流放大元件,即偏转板射流阀。

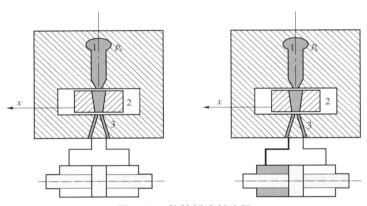

图 5.13 偏转板式射流阀

1—射流管;2—偏转板;3—接收小孔

5.2.1.2 力反馈式偏转板伺服阀

力反馈式偏转板伺服阀原理如图 5.14 所示。它由力矩马达、偏转板、射流盘和滑阀等组成。第一级为偏转板射流放大器,第二级为滑阀液压放大器,第二级与力矩马达的衔铁组件之间有用于反馈的锥形弹簧杆。滑阀位移通过反馈杆产生机械力反馈到力矩马达衔铁组件。

偏转板射流放大器的核心部分是射流盘和偏转板两个功能元件。射流盘是一个开有人体形孔的圆片,人体形孔中包括一个射流喷嘴、两个接收通道和一个回油腔。两个接收通道的入口由分油界面隔离,分油界面正对着喷嘴出口的中心。喷嘴由油源供油,两个接收通道则分别通至滑阀的两端,偏转板是一个开有 V 形通道的薄片,它安装在衔铁组件上,插入射流盘的回油腔中,位于喷嘴和接收通道之间,可做垂直于喷嘴轴线方向的运动,其位置受力矩马达控制。

无信号时,偏转板保持在中位上,其上面的 V 形通道正对着喷嘴出口,喷嘴喷出的射流均等地进入两个接收通道,射流动能在接收口内转化为压力势能,使滑阀两端的压力相等,滑阀处于中位,电液伺服阀无流量输出。当输入控制电流至偏转板射流伺服阀马达线圈时,在衔铁上生成

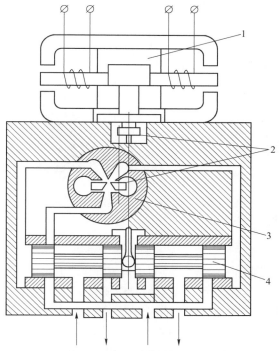

图 5.14 力反馈式偏转板伺服阀原理图

1—力矩马达；2—偏转板；3—射流盘；4—滑阀

的控制磁通与永磁磁通相互作用,在衔铁上产生力矩,使偏转板组件发生一个正比于该力矩的偏移水平位移。此时,偏转板在信号电流作用下偏离中间位置,其 V 形通道便使射流偏转,使射入一个接收通道的油液比射入另一个的多,从而使滑阀两端的压力不相等,接收器一侧压力升高,另一侧压力降低,在连接接收器两侧的阀芯两端形成压差,滑阀两端产生的压差控制阀芯运动,滑阀在偏离中立位置的某一平衡位置而输出流量。阀芯位移又带动反馈杆产生变形,以力矩的形式反馈到力矩马达的衔铁上,与衔铁产生的电磁力矩相平衡。

偏转板射流放大器的工作原理和射流管放大器一样,也是将射流的动能转换成压力势能,并根据输入信号的大小和极性来分配这些能量,因而偏转板射流伺服阀和射流管伺服阀的特点相同。

5.2.2 主要特点与应用

5.2.2.1 偏转板伺服阀特点

(1)偏转板伺服阀结构特点。在结构上,偏转板伺服阀前置级由射流放大器盘件和流体导向装置两个零件组成,射流放大器盘件固定在从上下端封闭增压室的罩和基座之间,如图 5.15 所示;流体导向装置置于喷嘴和接收器之间,由标准的 MOOG 力矩马达驱动,它通过一根刚性杆连接到力矩马达衔铁的中点,衔铁运动带动此流体导向装置左右移动,射流放大器盘件和流体导向装置断面图如图 5.16 所示。

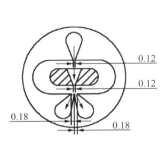

图 5.15　偏转板射流放大器
盘件(单位：mm)

图 5.16　偏转板射流放大器盘件和
流体导向装置断面图

与射流管放大器相比,偏转板射流放大器的主要优点是不需要绕性供油管,结构简单、工作可靠,并且消除了结构上可能出现的振动,克服了射流管放大器结构复杂、运动件惯量大、引压管刚度差,易振动等问题;偏转板作为力矩马达的负载,质量小,使伺服阀有可能获得较好的动态特性;射流通过 V 形通道时,作用在偏转板上的液流力小,因而可以用较小的力矩马达来控制较大的输出流量;喷嘴的出口和接收通道的入口都是矩形的,与射流管的圆形孔口相比,其流量增益较大,伺服阀的响应速度较快,射流盘的人体形孔采用电火花加工法一次制成,因而保证了尺寸的一致性,并且可以采用抗蚀耐磨的材料来制造。

(2) 偏转板伺服阀抗污染性。偏转板伺服阀与喷嘴挡板阀一样,具有寿命长、可靠性高等特点,同时,偏转板伺服阀抗污染能力优于喷嘴挡板阀,表 5.1 列出了喷嘴挡板伺服阀与偏转板伺服阀抗污染能力对比情况。由于偏转板伺服阀的前置级最小尺寸比喷嘴挡板阀大一个数量级,当油液中出现污染颗粒时,偏转板伺服阀在最小尺寸处也不会产生堵塞;由于偏转板伺服阀为单喷嘴喷射,当喷嘴堵塞时,两接收孔接收压力相等,阀芯自动回归中位,具有即使失效也能对中的能力,不会出现满舵现象。由于抗污染能力强,20 世纪 60 年代起,射流伺服阀广泛应用于航空航天及民用工业等领域。

表 5.1　喷嘴挡板伺服阀与射流伺服阀抗污染能力对比

先导级最小尺寸		位置	大小(mm)	油液清洁度要求	堵塞情况
喷嘴挡板伺服阀		喷嘴与挡板之间的间隙	0.03~0.05	NAS6	污染颗粒易堵塞
射流伺服阀	射流管伺服阀	喷嘴处	0.2~0.4	NAS8	可通过 0.2 mm 的颗粒
	偏转板伺服阀	喷嘴处	0.12	NAS8	可通过 0.12 mm 的颗粒

双喷嘴挡板阀如果一侧出现堵塞,阀芯会突然开至最大,导致意外事故发生。双喷嘴挡板阀具有结构简单、体积小、运动件惯量小、灵敏度高、温度变化特性较稳定等优点。由于双喷嘴挡板

液压放大器的最小通道尺寸较小(0.03~0.05 mm)，容易被工作油液中的污染物堵塞，所以双喷嘴挡板式电液伺服阀的抗污染能力差。

（3）偏转伺服阀的加工工艺。偏转板射流放大器圆盘内包括了大部分关键性尺寸，它采用电火花技术进行加工。喷嘴和接收器在单个平盘上用电火花技术加工成型，这种加工的优点是这些元件的主要关系由电极形状来控制，因而从零件到零件的尺寸控制和重复性均良好，配置喷嘴和接收器相互位置时可能造成的人工误差也就被消除了。

而且，偏转板液压放大器的二维流量特性曲线消除了流体导向装置在深度方向的苛刻的定位要求。重要的装配尺寸只有两个，即流体导向装置的中心在喷嘴和接收器之间的横向尺寸和纵向尺寸，这些可以由适当的装配夹具来控制。

偏转板伺服阀的结构及电火花加工的独特特点，允许完全根据最佳的耐油液磨蚀来选择材料。如：可以采用像碳化钨、T-15工具钢、司太立合金和其他有极好耐磨力的材料。磨蚀主要出现在喷嘴入口和两接收器之间的分流器，试验表明分流器倒圆实际上改善了流量控制的直线性。

5.2.2.2 偏转板伺服阀应用

偏转板伺服阀是机械、电子和液压技术相结合的高度精密部件，综合多方面的特点，具有控制精度高、响应速度快、信号处理灵活、输出功率大和结构紧凑等优点，是大型运输飞机液压系统的核心部件。偏转板伺服阀已广泛应用于大型运输机、民用客机的各类舵机和操纵系统。由于偏转板伺服阀技术涉及军事装备，所以国外实行技术封锁，导致有关偏转板伺服阀的研究资料较少。

5.3 偏转板伺服阀压力特性

偏转板伺服阀压力特性是指输入电信号与两个控制口的输出压力之间的关系。压力特性与结构参数如接收器接收面积、泄漏面积以及接收器接收孔孔边间距、供油压力等因素有关。利用射流接收器左右两个接收孔不对称时的特性，还可对偏转板伺服阀的"零偏"现象进行纠正。

5.3.1 接收器有效接收面积

偏转板伺服阀前置级主要由一个固定喷嘴和接收器组成，一个流体导向装置工作在自由喷射流中，用于偏转喷射流体使其流向其中的一个接收器，如图 5.17 所示。

假设偏转板射流出口为圆形，接收器两个接收孔为圆形，且两个接收孔相切。根据偏转板射流阀接收孔与偏转板底面圆的投影直径大小不同，可以将其分为三种不同的组合形式，即接收孔直径小于偏转板底面圆直径、接收孔直径等于偏转板底面圆直径以及接收孔直径大于偏转板底面

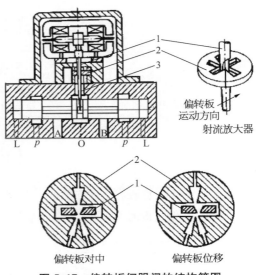

图 5.17　偏转板伺服阀的结构简图

1—偏转板；2—射流盘；3—反馈杆

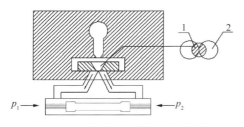

图 5.18　偏转板伺服阀偏转板射流阀与滑阀原理示意图

1—接收面积；2—接收孔

圆直径。根据两个接收孔边之间的间距不同，偏转板射流阀主要可分为两个接收孔相切与两个接收孔相离的两种状态。这里主要介绍接收孔直径大于偏转板两个接收孔端面圆直径且两个接收孔相切的偏转板射流伺服阀。

如图 5.18 所示，偏转板伺服阀的偏转板发生水平位移时，接收器左右接收孔的接收面积发生变化，偏转板 V 形槽底面与接收孔的重叠阴影部分即为油液的有效接收面积，空白部分则为液压油泄漏面积。

如图 5.19 所示，设接收器两个接收孔油液接收面积的阴影部分弧长所对应的圆心角分别为 α_1、α_2、α_3、α_4，偏转板射流伺服阀的左右接收面积分别为 S_L、S_R。根据几何形状关系，有

$$S_L = \frac{1}{2}R_1^2(\alpha_1 - \sin\alpha_1) + \frac{1}{2}R_2^2(\alpha_2 - \sin\alpha_2)$$

$$(5.1)$$

同理

$$S_R = \frac{1}{2}R_3^2(\alpha_3 - \sin\alpha_3) + \frac{1}{2}R_2^2(\alpha_4 - \sin\alpha_4)$$

$$(5.2)$$

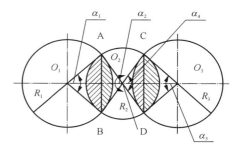

图 5.19　接收器两个接收孔不相切时的局部放大图

式中　R_1——左接收孔的半径；

　　　R_2——V 形槽底面射流出口圆半径；

　　　R_3——右接收孔的半径。

$$\alpha_1 = 2\arccos\left[\frac{R_1^2 + (R_1 + l + x)^2 - R_2^2}{2R_1(R_1 + l + x)}\right]$$

$$(5.3)$$

$$\alpha_2 = 2\arccos\left[\frac{R_2^2 + (R_1 + l + x)^2 - R_1^2}{2R_2(R_1 + l + x)}\right]$$

$$(5.4)$$

$$\alpha_3 = 2\arccos\left[\frac{R_3^2 + (R_3 + l - x)^2 - R_2^2}{2R_3(R_3 + l - x)}\right]$$

$$(5.5)$$

$$\alpha_4 = 2\arccos\left[\frac{R_2^2 + (R_3 + l - x)^2 - R_3^2}{2R_2(R_3 + l - x)}\right]$$

$$(5.6)$$

式中　l——左右接收孔之间间隙的一半，当 $l = 0$ 时，两个接收孔相切；

　　　x——偏转板的位移（中立位置为零，以向右移动方向为正）。

5.3.2　压力特性模型

由于目前可供参考的基础理论较少，设计偏转板伺服阀时，还主要依靠经验和试验。实验结果表明，射流管喷嘴的最佳锥角 β 为 $13°24'$，此时的喷嘴流量系数 $C_d = 0.89 \sim 0.91$。偏转板射流伺

高端液压元件理论与实践

服阀的核心部分为偏转板射流放大器,放大器包括偏转板、喷嘴、接收孔,如图 5.20 所示。

偏转板射流伺服阀的压力特性是指切断负载且负载流量为零时,两个接收孔的恢复压力之差。如图 5.20 所示,由喷嘴喷射出的流体先进入偏转板的 V 形槽,最后进入左右接收孔。在此流动过程中,流体先后经过三个界面,a 界面指位于喷嘴喷射口的界面,b 界面指位于 V 形槽底面处的界面,c 界面指接收孔内液体动能全部转化为压力能,即流速为 0 的界面。

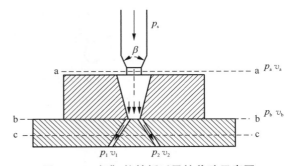

图 5.20 喷嘴、偏转板以及接收孔示意图

当流体从喷嘴中流出进入 a 界面时,由于 a、b 界面间通流面积不断收缩,流速不断增大,压力不断减小,到达 b 界面时流体流速达到最大值而压力达到最小值;由于假设左右接收孔的末端是封死的,从 b 界面到 c 界面流体的流速不断减小,压力不断增大,到达 c 界面时流体流速达到最小值(流速为 0)而压力达到最大值,通常将此时的压力称为接收孔的恢复压力。

射流出口至 a 界面的流体,根据实际流体的伯努利方程可得

$$h_s + \frac{p_s}{\rho g} + \alpha_1 \frac{v_s^2}{2g} = h_a + \frac{p_a}{\rho g} + \alpha_2 \frac{v_a^2}{2g} + \zeta_1 \frac{v_a^2}{2g} \tag{5.7}$$

式中　h_s、h_a——供油处、喷嘴射流出口处相对于水平面的高度;

　　　α_1、α_2——动能修正系数,过流断面上流速分布均匀时取 1.0;

　　　ρ——液压油的密度;

　　　g——重力加速度;

　　　ζ_1——两个界面之间流动时的能量损失系数;

　　　p_s——供油压力;

　　　p_a——喷嘴射流出口处的压力;

　　　v_s——供油流速;

　　　v_a——喷嘴射流出口流体的流速。

这里,忽略重力势能,即 $h_a = h_b \approx 0$,由于 $v_s \ll v_a$,所以 $v_s \approx 0$。

$$v_a = \frac{1}{\sqrt{1+\zeta_1}} \sqrt{\frac{2(p_s - p_a)}{\rho}} = C_v \sqrt{\frac{2(p_s - p_a)}{\rho}} \tag{5.8}$$

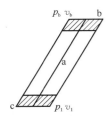

图 5.21 流体从 b 界面到 c 界面的流束

式中　C_v——喷嘴的流速系数,$C_v = \frac{1}{\sqrt{1+\zeta_1}}$,一般情况下,$C_v = 0.97 \sim 0.98$。

选取图 5.20 中左接收孔从 b 界面到 c 界面的一段流体作为控制体,并研究如图 5.21 所示的控制体中的一束流体 a。

该流束的伯努利方程为

$$h_b + \frac{p_b}{\rho g} + \frac{v_b^2}{2g} = h_1 + \frac{p_1}{\rho g} + \frac{v_1^2}{2g} + h_\zeta + h_l \tag{5.9}$$

式中　　　　h_ζ——单位质量液体的局部压力损失；

　　　　　　h_l——沿程压力损失，这里忽略不计；

　　　　　　h_b、h_1——在接收器射流入口处、接收孔内流体速度为零处的高度；

p_b、p_1、v_b、v_1——b 界面与 c 界面对应的压力与流速。

这里，忽略重力势能，即 $h_a = h_b \approx 0$，$v_1 \approx 0$，得

$$p_1 = p_b + \rho g \left(\frac{v_b^2}{2g} - h_\zeta \right) \tag{5.10}$$

局部损失为

$$h_\zeta = \zeta \frac{v_b^2}{2g} \tag{5.11}$$

$$\zeta = \left(1 - \frac{S}{A} \right)^2 \tag{5.12}$$

通流截面突然扩大处是否倒圆对压力损失的影响大，可采用入口系数 C_i 来修正，如图 5.22 所示。倒圆还可改善流动的旋涡和卡门涡街现象，这时

$$\zeta = C_i \left(1 - \frac{S}{A} \right)^2 \tag{5.13}$$

式中　　ζ——局部阻力系数；

　　　　S——接收孔的接收面积；

　　　　A——接收孔的截面积。

考虑研究的接收孔实际情况，$C_i = 0.55$，左、右接收孔的恢复压力分别为 p_1、p_2。

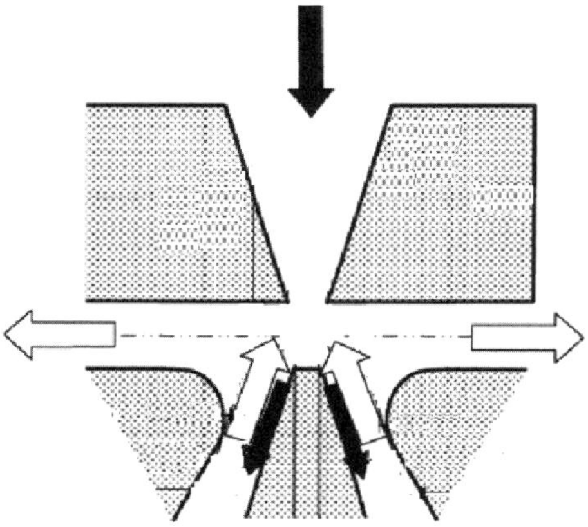

图 5.22　接收孔周边形状优化图

$$p_1 = p_b + \frac{\rho v_b^2}{2} \left[1 - C_i \left(1 - \frac{s_1}{A} \right)^2 \right] \tag{5.14}$$

$$p_2 = p_b + \frac{\rho v_b^2}{2} \left[1 - C_i \left(1 - \frac{s_r}{A} \right)^2 \right] \tag{5.15}$$

式中　　s_1、s_r——左、右接收孔的接收面积；

　　　　p_1、p_2——左、右接收孔的恢复压力。

$$p_L = p_1 - p_2 \tag{5.16}$$

5.3.3　压力特性及其影响因素

5.3.3.1　接收器两接收孔相切时的偏转板伺服阀压力特性

以某偏转板伺服阀为例，根据上述数学模型，当两个接收孔直径相同且相切，$R_1 = R_3 = 0.09$ mm 时，偏转板位移与偏转板射流阀压力特性的关系如图 5.23 所示。由图可见，偏转板水平位移的变化，导致左右接收面积以及泄漏面积的变化，进而影响偏转板射流阀的压力特性。

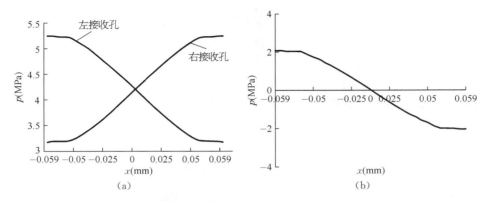

图 5.23 偏转板位移与压力特性的关系图 ($R_1 = R_3 = 0.09$ mm, $R_2 = 0.06$ mm)

（a）左右接收孔恢复压力与位移关系；（b）负载压力与位移关系

由图 5.23 可以看出，理想情况下，左右接收孔的恢复压力是严格对称的，偏转板由左向右移动，左接收孔的恢复压力减少，右接收孔的恢复压力增大；偏转板处于最左端时，左接收孔的恢复压力趋于最大值而右接收孔的恢复压力趋于最小值；偏转板由左向右移动，负载压力由大变小再反向增大，$x = 0$ 处负载压力为 0。

5.3.3.2 接收器两接收孔边间距对压力特性的影响

偏转板射流伺服阀左右两个接收孔的边间距是决定阀特性的一个重要因素，它不仅影响伺服阀的加工难度，更影响伺服阀的性能。如图 5.24 所示为接收器接收孔不同孔边间距条件下伺服阀的压力特性曲线。

如图 5.24a 所示，当左右接收孔尺寸相等（$R_1 = R_3 = 0.09$ mm）且大于偏转板底面圆半径（$R_2 = 0.06$ mm），且 $x = 0$ mm 即两孔相切时，左右两个接收孔的恢复压力均相等（交点 A、B、C）；同一孔边间距下的左右恢复压力是严格对称的；接收孔边间距减小时，恢复压力曲线整体上

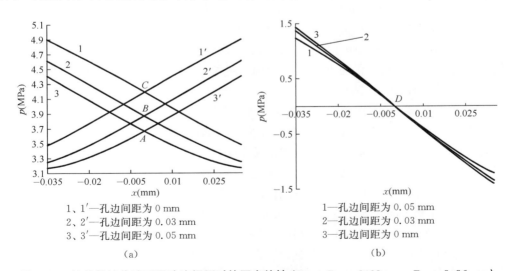

1、1'—孔边间距为 0 mm
2、2'—孔边间距为 0.03 mm
3、3'—孔边间距为 0.05 mm

（a）

1—孔边间距为 0.05 mm
2—孔边间距为 0.03 mm
3—孔边间距为 0 mm

（b）

图 5.24 接收器接收孔不同孔边间距时的压力特性 ($R_1 = R_3 = 0.09$ mm, $R_2 = 0.06$ mm)

（a）恢复压力与位移关系；（b）负载压力与位移关系

移,即同一位移处恢复压力增大。如图5.24b所示,接收器接收孔孔边间距不同时负载压力与位移曲线的斜率不同,且孔边间距减小,曲线斜率增大;偏转板偏移相同的位移,负载压力变化量增大,可见适当地减小孔边间距可以提高伺服阀的灵敏度。

5.3.3.3　不同供油压力下的偏转板伺服阀压力特性

偏转板射流伺服阀的压力特性除了受自身结构的影响外,外界供油压力也是一个重要的影响因素。如图5.25所示为在接收器接收孔左右接收孔尺寸相等($R_1 = R_3 = 0.09\,\mathrm{mm}$)且大于偏转板底面圆半径($R_2 = 0.06\,\mathrm{mm}$)的情况下,不同供油压力下伺服阀的压力特性曲线。

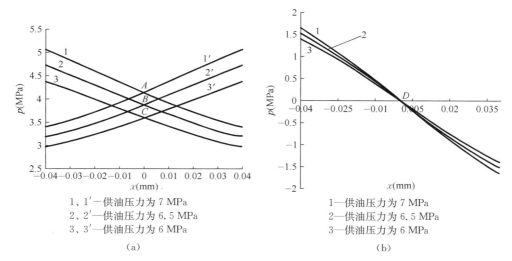

图 5.25　不同供油压力时的压力特性 ($R_1 = R_3 = 0.09\,\mathrm{mm}$, $R_2 = 0.06\,\mathrm{mm}$)
(a) 接收孔恢复压力与位移关系;(b) 负载压力与位移关系

如图5.25a所示,偏转板射流伺服阀处于零位即位移为0时,左右孔的恢复压力相等(A、B、C)。偏转板射流伺服阀结构一定时,供油压力越高,左右孔恢复压力相应越高;如图5.25b所示,伺服阀的供油压力越高,负载压力曲线斜率越大,即单位位移对应的负载压力变化量越大,这一特点反映到伺服阀上就是伺服阀响应更灵敏。在实际使用中,增大供油压力对提高偏转板射流伺服阀的性能是有益的;但是供油压力增大,对伺服阀本身的材料、结构等提出了更高的要求,所以应在伺服阀承压范围内适当增大供油压力。

5.3.3.4　接收器左右接收孔直径不对称时的压力特性

理想情况下,接收器左右接收孔是完全对称的,此时偏转板射流伺服阀的左右接收面积以及左右孔的恢复压力都是对称的。但是由于加工尺寸较小,实际加工过程中,不可能做到两个孔尺寸的完全对称,一个孔略大一个孔略小的情况就会对伺服阀的压力特性造成影响。图5.26所示为接收器两个接收孔半径不相等时,偏转板射流伺服阀的压力特性。

由于实际加工精度的影响,左右接收孔尺寸存在不对称的情况。如图5.26a所示,在偏转板底面射流口圆半径 $R_2 = 0.06\,\mathrm{mm}$,接收器左接收孔半径 $R_1 = 0.09\,\mathrm{mm}$,右接收孔半径 $R_3 = 0.08\,\mathrm{mm}$、$0.1\,\mathrm{mm}$ 两种情况下,接收器左右接收孔的恢复压力不再是对称分布;接收孔半径减小,恢复压力增大;$R_3 < R_1$ 时,左右恢复压力相等的点(A 点)偏向位移 $x = 0$ 点左侧,$R_3 > R_1$时,左右恢复压力相等的点(C 点)偏向位移 $x = 0$ 点右侧。如图5.26b所示,当$R_3 < R_1$,负载压

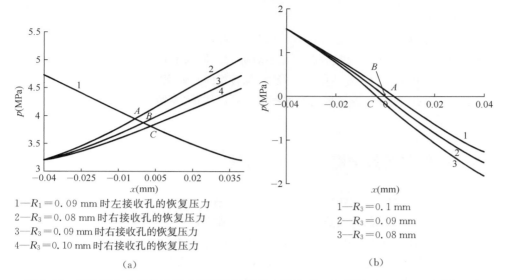

1——$R_1 = 0.09$ mm 时左接收孔的恢复压力
2——$R_3 = 0.08$ mm 时右接收孔的恢复压力
3——$R_3 = 0.09$ mm 时右接收孔的恢复压力
4——$R_3 = 0.10$ mm 时右接收孔的恢复压力

（a）

1——$R_3 = 0.1$ mm
2——$R_3 = 0.09$ mm
3——$R_3 = 0.08$ mm

（b）

图 5.26　接收器左右接收孔尺寸不对称时的压力特性 ($R_1 = 0.09$ mm，$R_2 = 0.06$ mm)

（a）恢复压力与位移关系；（b）负载压力与位移关系

力为 0 的点（C 点）在 $x = 0$ 点左侧；当 $R_3 > R_1$，负载压力为 0 的点（A 点）在 $x = 0$ 点右侧，即 $R_3 \neq R_1$ 时伺服阀发生"零偏"现象。当由于加工问题出现 $R_3 < R_1$ 时，向左预调一定的位移量可以纠正零偏；同理，$R_3 > R_1$ 时，向右预调一定的位移量可以纠正零偏。

5.3.4　工程应用案例

　　偏转板伺服阀压力特性实验是在切断负载情况下，测得电液伺服阀或两个负载油口的压差与电流信号之间的关系。电流与偏转板位移线性相关，负载压力与电流信号之间的关系反映了负载压力与偏转板位移的关系。图 5.27 所示为文献给出的负载压力与电流信号关系的实验结果。由图 5.23 以及图 5.27 可知，负载压力特性模型理论结果与实验结果的趋势相吻合。

　　根据偏转板伺服阀接收器的接收面积、泄漏面积、左右控制腔恢复压力以及负载压力的数学模型，可精确计算接收器接收孔的孔边间距、供油压力等因素对压力特性的影响规律。当加工造成射流接收器的左右两个接收孔不对称时，偏转板伺服阀会出现"零偏"现象，根据该现象可在产品出厂前进行"零偏"纠正。

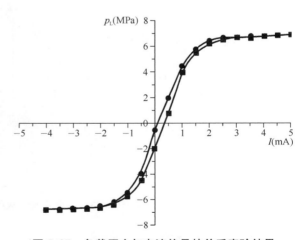

图 5.27　负载压力与电流信号的关系实验结果

　　接收孔的孔边间距、供油压力直接影响偏转板伺服阀的压力特性；在加工精度能够达到的情况下适当减小接收孔的孔边间距以及在伺服阀合理承压范围内适当提高供油压力,都有利于提高伺服阀的压力增益和灵敏度。

实际加工过程中,左右接收孔尺寸不对称时,左右接收孔的恢复压力出现不严格对称的现象。即偏转板位移 $x = 0\,\text{mm}$ 时接收孔尺寸不对称的伺服阀的负载压力不为 0,伺服阀出现"零偏"现象;当右接收孔半径大于左接收孔半径时,偏转板向右偏离零位可以纠正"零偏";当右接收孔半径小于左接收孔半径时,偏转板向左偏离零位可以纠正"零偏",该结论可作为偏转板伺服阀设计的理论依据。

5.4 偏转板伺服阀数学模型与频率特性

如图 5.28 所示为力反馈偏转板射流伺服阀原理图。它由力矩马达、偏转板、偏转板射流放大器、反馈杆和二级主阀滑阀等组成。第一级为偏转板射流放大器,第二级为滑阀放大器,滑阀位移通过锥形反馈弹簧杆而产生机械力反馈到力矩马达衔铁组件。以下介绍各部件的数学模型,建立偏转板伺服阀传递函数,并分析其频率特性及其影响因素,得到各部件的优化设计措施。

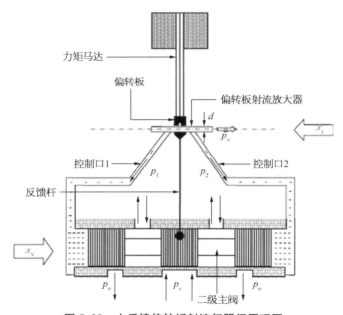

图 5.28 力反馈偏转板射流伺服阀原理图

5.4.1 力矩马达与反馈杆组件

1)力矩马达输出力矩

$$T_\text{d} = K_\text{t} \cdot \Delta i + K_\text{m} \cdot \theta \tag{5.17}$$

式中 K_t ——力矩马达的力矩常数;

K_m ——力矩马达的磁弹簧系数;

Δi——差动电流(A),即力矩马达的输入量;

θ——衔铁的角位移。

2) 反馈杆组件反馈力矩　如图 5.29 所示,当偏转板向右偏移时,右接收孔的恢复压力大于左接收孔的恢复压力,滑阀阀芯向左移动,反馈杆连接阀芯中间和偏转板,反馈杆由于阀芯的移动而变形,产生阻碍偏转板移动的反馈力矩为

$$T_r = K_f[(r+b)\theta + x_v](r+b) \quad (5.18)$$

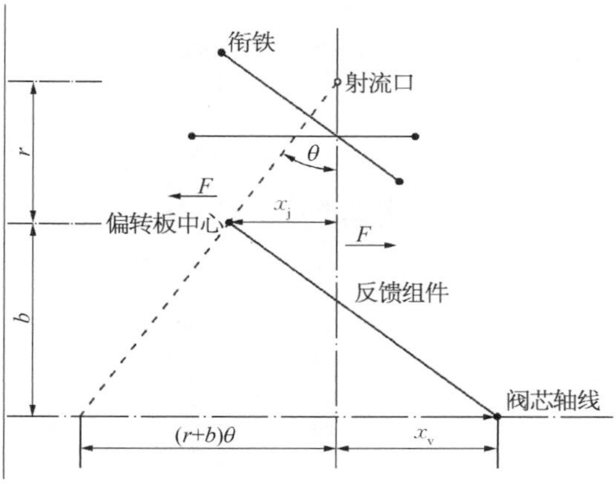

式中　K_f——反馈杆刚度;

b——偏转板 V 形槽中心到反馈杆端部的垂直距离;

r——射流口到偏转板 V 形槽中心的垂直距离;

x_v——滑阀阀芯的位移。

图 5.29　反馈杆组件位移关系图

偏转板 V 形槽中心的偏角 θ 和偏移量 x_j 之间的关系可近似表示为

$$x_j \approx r\theta \quad (5.19)$$

3) 衔铁负载力矩　衔铁由弹簧管支撑,悬于上下导磁体工作气隙之间。它受电磁力矩作用而产生偏转,由于其与偏转板反馈组件刚性连接,还有反馈杆力矩。

$$T_d = J_a \frac{\mathrm{d}^2\theta}{\mathrm{d}t^2} + B_a \frac{\mathrm{d}\theta}{\mathrm{d}t} + K_a\theta + T_r \quad (5.20)$$

式中　J_a——衔铁以及任何加于其上的负载转动惯量;

B_a——衔铁的机械支撑和负载的黏性阻尼系数;

K_a——衔铁转轴(或弹簧管)的机械扭转弹簧刚度;

T_r——作用在衔铁上的反馈负载力矩。

力矩马达与反馈杆组件的力矩平衡方程式为

$$K_t \cdot \Delta i + K_m \cdot \theta = J_a \frac{\mathrm{d}^2\theta}{\mathrm{d}t^2} + B_a \frac{\mathrm{d}\theta}{\mathrm{d}t} + K_a\theta + (r+b)K_f[(r+b)\theta + x_v] \quad (5.21)$$

进行拉普拉斯变换,可得

$$\theta(s) = \frac{K_t \Delta i(s) - K_f(r+b)x_v(s)}{J_a s^2 + B_a s + K_a + K_f(r+b)^2 - K_m} \quad (5.22)$$

5.4.2　偏转板射流前置级模型

偏转板伺服阀的滑阀可以看作前置偏转板射流放大器的负载。当偏转板位移为 x_v 时,偏转板伺服阀前置射流阀两个输出负载口的流量为 Q_L、Q_R,前置级与滑阀两个端面之间的两个控制腔的压力(即恢复压力)分别为 p_1、p_2。

滑阀左端控制腔的流量为

$$Q_L = A_v \frac{\mathrm{d}x_v}{\mathrm{d}t} + \frac{V_L}{\beta} \frac{\mathrm{d}p_1}{\mathrm{d}t} \tag{5.23}$$

进行拉普拉斯变换,可得

$$p_1(s) = \frac{Q_L(s)}{(V_L/\beta)s} - \frac{sA_v}{(V_L/\beta)s} x_v(s) \tag{5.24}$$

滑阀右端控制腔的流量为

$$Q_R = A_v \frac{\mathrm{d}x_v}{\mathrm{d}t} - \frac{V_L}{\beta} \frac{\mathrm{d}p_2}{\mathrm{d}t} \tag{5.25}$$

进行拉普拉斯变换,可得

$$p_2(s) = \frac{sA_v}{(V_R/\beta)s} x_v(s) - \frac{Q_R(s)}{(V_R/\beta)s} \tag{5.26}$$

式中　β——液压油的弹性模数;

　　A_v——滑阀端面面积;

　　V_L——偏转板射流阀单个控制腔的容积。

5.4.3　圆柱滑阀功率级模型

滑阀阀芯两侧左右腔的恢复压力推动圆柱阀芯运动,力平衡方程为

$$\Delta p A_s = m_s \frac{\mathrm{d}^2 x_v}{\mathrm{d}t^2} + b_s \frac{\mathrm{d}x_v}{\mathrm{d}t} + K_f[x_v + (r+b)\theta] + F_f \tag{5.27}$$

$$F_f = 2C_d w \rho \cos\theta_f(p_s - p_L) \approx 0.43 w p(p_s - p_L)x_v = K_s x_v \tag{5.28}$$

式中　F_f——轴向液动力;

　　Δp——圆柱滑阀阀芯两端压力差(Pa);

　　p_s——供油压力(Pa);

　　p_L——负载压力(Pa);

　　m_s——阀芯质量(kg);

　　b_s——圆柱滑阀黏性阻尼系数(N·s/m);

　　K_f——反馈杆刚度(N/m);

　　A_s——主阀芯阀两侧端面面积(m²);

　　C_d——流量系数,0.61;

　　w——圆柱滑阀面积梯度(m);

　　ρ——液压油密度(kg/m³)。

上式可简化为

$$\Delta p A_s - K_f(r+b)\theta - F_f = m_s \frac{\mathrm{d}^2 x_v}{\mathrm{d}t^2} + b_s \frac{\mathrm{d}x_v}{\mathrm{d}t} + K_f x_v \tag{5.29}$$

进行拉普拉斯变换,可得

$$x_v(s) = \frac{A_s}{m_s s^2 + b_s s + K_f}\Delta p - \frac{K_f(r+b)}{m_s s^2 + b_s s + K_f}\theta(s) - \frac{1}{m_s s^2 + b_s s + K_f}F_f(s) \quad (5.30)$$

5.4.4 偏转板伺服阀频率响应特性

根据偏转板伺服阀力矩马达与反馈组件模型、射流前置级压力特性、圆柱滑阀模型,可建立偏转板伺服阀传递函数,分析频率响应特性的影响因素。

5.4.4.1 偏转板伺服阀传递函数

通过上述数学模型,可得到力反馈偏转板伺服阀框图如图5.30所示。输入控制电流和前置射流放大级压力,可得到偏转板位移量和圆柱滑阀位移量。

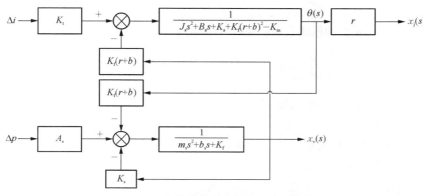

图5.30 力反馈偏转板射流伺服阀框图

偏转板伺服阀前置级实际采用电火花切割工艺在射流盘上加工,形成的射流窗口为矩形,如图5.31所示。偏转板 V 形槽底面与接收孔的端面投影如图5.32所示,由上节分析得到的前置级输出压力表达式,左右接收孔的接收面积 S_L、S_R,以及射流前置级的输出压力 Δp 分别为

$$S_L = \left(\frac{c}{2} + x_v\right)a \quad (5.31)$$

$$S_R = \left(\frac{c}{2} - x_v\right)a \quad (5.32)$$

$$\Delta p = \frac{\rho V_b^2 C_i}{2A^2}[4Aa - 2ca^2]x_j \quad (5.33)$$

式中　V_b——接收器入口端面处的流体流速,如 10 m/s;

　　C_i——入口系数,0.55;

　　A——接收孔的面积;

　　c——喷嘴的宽度,如 6×10^{-5} m;

　　a——接收孔的长度,如 12×10^{-5} m;

　　x_j——偏转板的位移。

令 $\dfrac{\rho V_b^2 C_i}{2A^2}[4Aa - 2ca^2] = \eta$,则 $\Delta p = \eta x_j$。

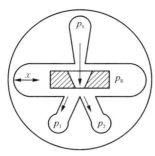

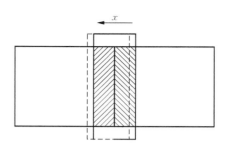

图 5.31　偏转板伺服阀射流盘

图 5.32　偏转板 V 形槽底面与
接收孔的端面投影图

由式(5.30),计算示例的偏转板伺服阀传递函数为

$$x_v(s) = \frac{A_s}{m_s s^2 + b_s s + K_f} \Delta p - \frac{K_f(r+b)}{m_s s^2 + b_s s + K_f} \theta(s) - \frac{1}{m_s s^2 + b_s s + K_f} F_f(s)$$

式中　A_s——圆柱滑阀阀芯端面面积,1.662×10^{-5} m^2;

　　　m_s——圆柱滑阀阀芯质量,2.547×10^{-3} kg;

　　　b_s——圆柱滑阀黏性阻尼系数,$0.003\,4$ N·s/m;

　　　K_f——反馈杆的刚度,$3\,500$ N/m;

　　　r——射流口到偏转板 V 形槽中心的垂直距离,8.05×10^{-3} m;

　　　b——偏转板 V 形槽中心到反馈杆端部的垂直距离,1.4×10^{-2} m;

　　　$\theta(s)$——衔铁的角位移;

　　　$F_f(s)$——滑阀的稳态液动力;

　　　$x_v(s)$——滑阀的位移。

令 $\alpha = m_s s^2 + b_s s + K_f$,则

$$x_v(s) = \frac{A_s \eta}{\alpha} x_j - \frac{K_f(r+b)}{\alpha} \theta(s) - \frac{1}{\alpha} F_f(s) \tag{5.34}$$

$$x_j \approx \theta r \tag{5.35}$$

$$F_f(s) = K_s x_v(s) \tag{5.36}$$

式中　K_s——稳态液动力系数,如 $13\,545$ N/m。

$$x_v(s) = \frac{A_s \eta r - K_f(r+b)}{\alpha} \theta(s) - \frac{K_s x_v(s)}{\alpha} \tag{5.37}$$

令 $\beta = J_a s^2 + B_a s + K_a + K_f(r+b)^2 - K_m$,则

$$\frac{\left[\Delta i(s) K_t - x_v(s) K_f(r+b)\right]}{\beta} = \theta(s) \tag{5.38}$$

令 $\lambda = \dfrac{A_s \eta r - K_f(r+b)}{\alpha}$、$\sigma = A_s \eta r - K_f(r+b)$,则

$$\frac{x_{\mathrm{v}}(s)}{\Delta i(s)} = \frac{K_{\mathrm{t}}\sigma}{\beta(\alpha + K_{\mathrm{s}}) + K_{\mathrm{f}}(r+b)\sigma} \tag{5.39}$$

将 α、β 函数式代入式(5.39),得偏转板伺服阀的传递函数为

$$\frac{x_{\mathrm{v}}(s)}{\Delta i(s)} = \frac{K_{\mathrm{t}}\sigma}{b_1 s^4 + b_2 s^3 + b_3 s^2 + b_4 s + b_5} \tag{5.40}$$

其中　　　　$b_1 = J_{\mathrm{a}} m_{\mathrm{s}}$、$b_2 = J_{\mathrm{a}} b_{\mathrm{s}} + B_{\mathrm{a}} m_{\mathrm{s}}$、$b_3 = J_{\mathrm{a}}(K_{\mathrm{f}} + K_{\mathrm{s}}) + B_{\mathrm{a}} b_{\mathrm{s}} + \varepsilon m_{\mathrm{s}}$

$$b_4 = B_{\mathrm{a}}(K_{\mathrm{f}} + K_{\mathrm{s}}) + \varepsilon b_{\mathrm{s}}、b_5 = \varepsilon(K_{\mathrm{f}} + K_{\mathrm{s}}) + K_{\mathrm{f}}(r+b)\sigma$$

$$\varepsilon = K_{\mathrm{a}} + K_{\mathrm{f}}(r+b)^2 - K_{\mathrm{m}}$$

式中　K_{t}——力矩马达的力矩常数,$2.784\ \mathrm{V/(rad/s)}$;

　　　K_{m}——力矩马达的弹簧系数,$5.948\ 6\ \mathrm{N \cdot m/rad}$;

　　　J_{a}——反馈杆组件的转动惯量,$2.17 \times 10^{-7}\ \mathrm{kg}$;

　　　B_{a}——反馈杆组件的阻尼系数,0.005;

　　　K_{a}——弹簧管的刚度,$10.18\ \mathrm{N \cdot m/rad}$。

由上述输入电流至滑阀位移的传递函数可知,偏转板伺服阀为四阶振荡环节。偏转板伺服阀的频率响应特性主要由其结构尺寸、反馈杆参数、力矩马达参数以及弹簧管的刚度决定。下面分析偏转板伺服阀的基本特性和规律。

5.4.4.2　频率特性的影响因素

基于偏转板伺服阀系统四阶传递函数,可分析主要参数对偏转板伺服阀频率响应特性的影响。

1) 偏转板伺服阀接收孔面积　偏转板伺服阀接收孔面积影响偏转板伺服阀的负载压力特性。负载压力特性是影响偏转板伺服阀频率响应特性的重要因素。接收孔宽度一定、接收孔长度 a 不同时,偏转板伺服阀的接收孔面积不同,从而得到偏转板伺服阀接收孔面积与频率响应特性的关系,如图 5.33 所示。由图可见,接收孔面积大小对偏转板伺服阀的带宽以及相频特性几

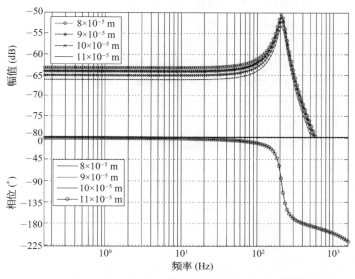

图 5.33　偏转板伺服阀接收孔面积对系统频率响应特性的影响

乎没有影响,接收孔长度为 8×10^{-5} m、9×10^{-5} m、10×10^{-5} m、11×10^{-5} m时,截止频率均为 325 Hz。接收孔面积大小不影响偏转板伺服阀响应的快速性;但改变接收孔面积大小影响系统的谐振峰值,随着接收孔面积的增大,谐振峰值减小,系统的相对稳定性提高。

2) 喷嘴宽度　如图 5.34 所示为喷嘴宽度分别为 6×10^{-5} m、7×10^{-5} m、8×10^{-5} m、9×10^{-5} m时偏转板伺服阀频率响应特性。偏转板伺服阀改变喷嘴宽度对带宽基本没有影响,喷嘴宽度为 6×10^{-5} m、7×10^{-5} m、8×10^{-5} m、9×10^{-5} m时,偏转板伺服阀幅频宽为 325 Hz,而相频宽为 209 Hz;喷嘴宽度增加时,谐振峰值减小,稳定性提高。在加工条件允许的情况下,减小喷嘴的宽度有助于提高稳定性。

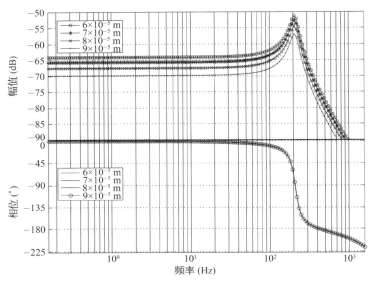

图 5.34　偏转板伺服阀喷嘴宽度对系统频率响应特性的影响

3) 偏转板伺服阀反馈杆刚度　恰当地设计反馈杆刚度能实现射流管伺服阀的良好动态特性,通过反馈杆刚度设计可对伺服阀频率响应特性进行优化。图 5.35 所示为反馈杆刚度对偏转板伺服频率响应特性的影响。当反馈杆刚度分别为 3 200 N/m、3 500 N/m、3 800 N/m、4 100 N/m时,对应的幅频宽度分别为 316 Hz、324 Hz、330 Hz、342 Hz,对应的相频宽度分别为 204 Hz、209 Hz、215 Hz、221 Hz;提高反馈杆刚度能增大偏转板伺服阀的带宽,提高响应快速性。偏转板伺服阀中反馈杆相当于悬臂梁结构,刚度与其几何条件以及材料有关,实际设计中可以通过优化反馈杆的几何条件提高其刚度。

4) 偏转板伺服阀弹簧管刚度　偏转板伺服阀弹簧管随衔铁组件摆动而承受微量弯曲,弹簧管为薄壁结构,一般仅有 $60\ \mu$m 左右。弹簧管是电液伺服阀的重要部件之一,它的刚度参数对电液伺服阀的动、静态性能影响很大,但是由于其形状的特殊性和复杂性,很难准确计算其刚度。在弹簧管的实际生产过程中,是通过控制加工尺寸即弹簧管薄壁处的厚度来达到所需的刚度值要求,弹簧管刚度的获取是通过测量方式得到的。图 5.36 所示为弹簧管刚度对偏转板伺服频率响应特性的影响。弹簧管刚度为 5.18 N/m、10.18 N/m、15.18 N/m、20.18 N/m时对应的幅频宽度分别为 290 Hz、325 Hz、350 Hz、371 Hz,相频宽度分别为 189 Hz、209 Hz、226 Hz、239 Hz;增大弹簧管刚度,其幅频、相频宽度增大,响应快速性提高。

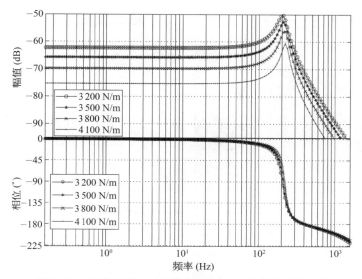

图 5.35　反馈杆刚度对偏转板伺服频率响应特性的影响

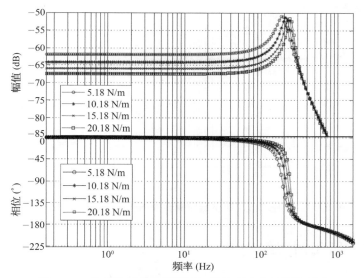

图 5.36　弹簧管刚度对偏转板伺服频率响应特性的影响

　　虽然增大弹簧管刚度能提高系统响应快速性,但在一定程度上削弱了弹簧管的柔度。在实践过程中,发生过弹簧管刚度过大,引起高频振动导致弹簧管破裂的现象,如图 5.37 所示。

　　5) 偏转板伺服滑阀阀芯质量　如图 5.38 所示为阀芯质量对偏转板伺服频率响应特性的影响。阀芯质量分别为 1 g、2.547 g、4 g、5.5 g 时对应的幅频宽度分别为 510 Hz、325 Hz、258 Hz、219 Hz,相频宽度分别为 331 Hz、209 Hz、167 Hz、143 Hz;随着滑阀阀芯质量增大,幅频、相频宽度减小,响应快速性降低;谐振峰值降低,系统的相对稳定性有所改善。可通过滑阀阀芯材料选用以及阀结构优化实现滑阀阀芯轻量化。

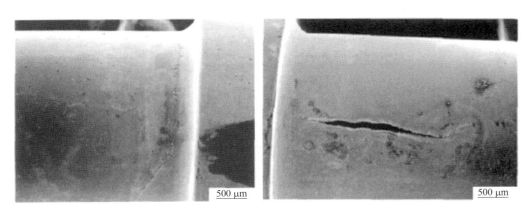

图 5.37　弹簧管破裂现象

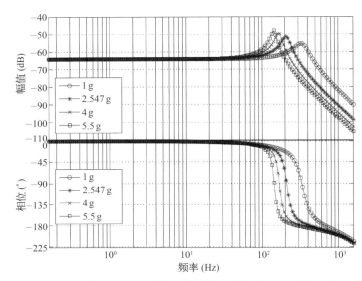

图 5.38　圆柱滑阀阀芯质量对偏转板伺服频率响应特性的影响

5.5　偏转板伺服阀前置级流场

通过建立偏转板射流伺服阀前置级流场模型,利用 CFD 工具可分析供油压力、回油压力以及接收器管路夹角对伺服阀流场特性的影响,探讨伺服阀中的气穴现象以及改善伺服阀气穴现象的方法与措施。

5.5.1　偏转板伺服阀前置级流场模型

5.5.1.1　偏转板伺服阀前置级三维模型

液压油通过柔性供油管进入射流偏转板阀后,通过收缩喷嘴将油液射入偏转板 V 形槽内,流出 V 形槽的油液进入接收器的两接收孔内,多余的油液从喷嘴与接收器之间的缝隙流回偏转板伺服阀的回油口。油液分别流过柔性供油管、射流管、喷嘴、偏转板 V 形槽、接收孔以及后部连接阀芯的流道,其中最复杂的流动区域为喷嘴至接收孔之间的流场。因此,选取收缩喷嘴前段适当距离作为进油口,利用 SolidWorks 将偏转板伺服阀前置级三维模型简化为如图 5.39 所示。

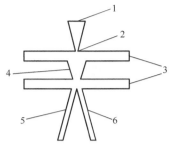

图 5.39 偏转板伺服阀前置级流体三维模型

1—进油口；2—喷嘴；3—出油口；4—偏转板 V 形槽；5—左接收孔流道；6—右接收孔流道

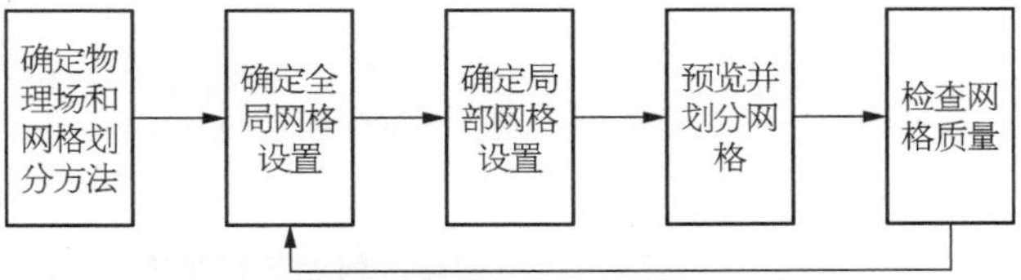

图 5.40 偏转板前置级流道的 Workbench 网格划分流程

5.5.1.2　网格划分与参数设置

网格生成是数值计算的一项准备工作,在工程数值模拟中,所生成的网格和所采用的算法对数值计算结果的精度及计算过程效率有很大影响。将上面建立的三维模型导入 Workbench 中进行网格划分,在 Workbench 中进行网格划分的流程如图 5.40 所示。

喷嘴流道模型以及接收孔流道模型形状比较规则,采用结构化四面体网格,可以减少网格数量、提高计算速度;喷嘴与接收孔之间的流场流动复杂,采用非结构化混合体网格进行局部细化,偏转板伺服阀前置级流体网格模型如图 5.41 所示。

偏转板伺服阀流体流速较高,大多为高雷诺数湍流运动,采用 RNG $k-\varepsilon$ 湍流模型,利用标准壁面函数模型对壁面边界层进行处理。将进油口设为压力入口边界条件,出油口设置为压力出口边界条件,油液密度 850 kg/m³,油液动力黏度 0.021 25 Pa·s。最大迭代次数为 500 次,各项残差收敛精度设为 10^{-7}。

图 5.41 偏转板伺服阀前置级流体网格模型

5.5.2　流场分布规律

5.5.2.1　压力分布与速度分布

完成参数设置,利用计算流体力学工具 Fluent 求解器进行计算,读取计算结果中的数据,研究偏转板伺服阀主要结构参数对静态特性的影响,图 5.42 所示为偏转板射流前置级一组工作平面压力分布与速度分布图。通过流场分析得到的如图 5.42 所示偏转板不同位移时的压力与速度分布云图,从图中可得到不同位移时对应的压力值与速度值,由此可绘制压力特性图。

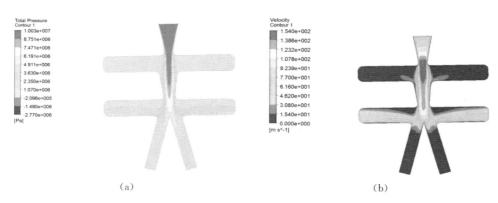

(a)   (b)

图 5.42　偏转板射流前置级工作平面压力分布与速度分布

（a）压力云图；（b）速度云图

5.5.2.2　供油压力

偏转板射流伺服阀供油压力为 10 MPa、15 MPa、20 MPa,回油压力为 0 MPa 时,喷嘴位移分别为 0 mm、±0.01 mm、±0.02 mm、±0.03 mm(以向左偏移为正)时的压力特性,如图 5.43 所示。

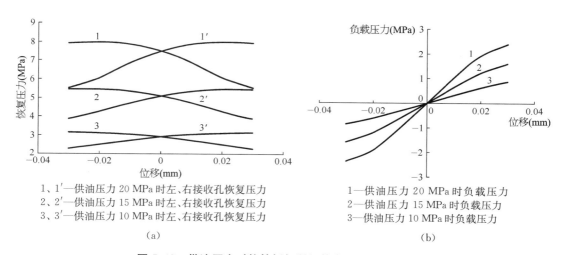

1、1′—供油压力 20 MPa 时左、右接收孔恢复压力　　　　1—供油压力 20 MPa 时负载压力
2、2′—供油压力 15 MPa 时左、右接收孔恢复压力　　　　2—供油压力 15 MPa 时负载压力
3、3′—供油压力 10 MPa 时左、右接收孔恢复压力　　　　3—供油压力 10 MPa 时负载压力

(a)   (b)

图 5.43　供油压力对偏转板伺服阀静态压力特性的影响

（a）恢复压力与位移关系；（b）负载压力与位移关系

由图 5.43a 可以看出,在回油压力恒定时,供油压力增大,左右接收孔的恢复压力增大;由图 5.43b 可以看出,在回油压力恒定时,供油压力增大,负载压力曲线斜率增大。供油压力增大,整体的输出压力能提高,在左右接收孔分配比例一定的情况下,偏移一定的位移,两孔的压差增大,即负载压力随偏转板的位移变化增大,所以适度增大供油压力有助于提高偏转板伺服阀的灵敏度。

5.5.2.3　回油压力

当供油压力定为 15 MPa,回油压力分别为 0 MPa、0.5 MPa、1 MPa、1.5 MPa 时,喷嘴位移分别为 0 mm、±0.01 mm、±0.02 mm、±0.03 mm(以向左偏移为正)时的压力特性,如图 5.44 所示。

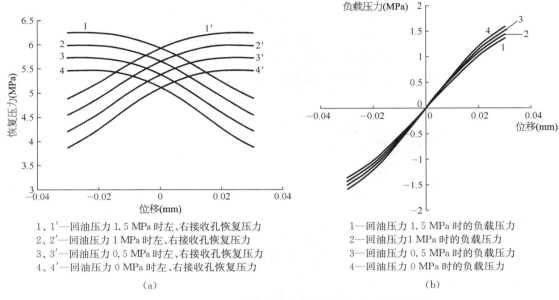

1、1′—回油压力 1.5 MPa 时左、右接收孔恢复压力
2、2′—回油压力 1 MPa 时左、右接收孔恢复压力
3、3′—回油压力 0.5 MPa 时左、右接收孔恢复压力
4、4′—回油压力 0 MPa 时左、右接收孔恢复压力

(a)

1—回油压力 1.5 MPa 时的负载压力
2—回油压力 1 MPa 时的负载压力
3—回油压力 0.5 MPa 时的负载压力
4—回油压力 0 MPa 时的负载压力

(b)

图 5.44　回油压力对偏转板伺服阀静态压力特性的影响

(a) 恢复压力与位移关系;(b) 负载压力与位移关系

图 5.44a 所示,在供油压力保持恒定的情况下,回油压力增大,左右接收孔恢复压力增大;如图 5.44b 所示,在供油压力保持恒定的情况下,回油压力增大,负载压力曲线斜率减小,即负载压力随偏转板位移变化减小,所以过高的回油压力会降低偏转板伺服阀的灵敏度。

5.5.2.4　接收器接收孔夹角

偏转板伺服阀接收器接收孔端面区域为矩形,接收孔夹角不同,接收孔入口处的矩形面积不同,如图 5.45a 所示。当接收器接收孔夹角增大时,矩形的宽度不变,长度增加,接收孔的入口面

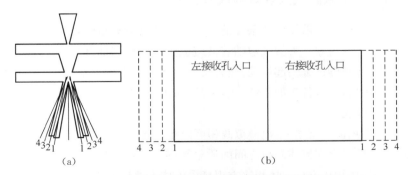

图 5.45　偏转板伺服阀接收器接收孔夹角与端面图

(a) 不同接收孔夹角;(b) 不同夹角下接收孔的入口面积

1—夹角 20°;2—夹角 30°;3—夹角 40°;4—夹角 50°

积增大;接收孔夹角为 20°、30°、40°、50°时,接收孔的入口面积分别对应图 5.45b 中矩形 1、2、3、4 的面积。

如图 5.46 所示为接收器接收孔夹角对偏转板伺服阀压力特性的影响。接收孔夹角增大,负载压力曲线斜率减小,即负载压力随位移变化率减小。夹角增大,左右接收孔入口面积增大,进入接收口的流速降低,即流体的动能减小,最终完全转化为流体的压力能相应减小,由于左右接收孔的分配比例是一定的,导致左右接收孔的压差(负载压力)减小。在工艺条件允许的条件下,适当减小接收孔夹角有利于提高偏转板伺服阀的灵敏度。

高端液压元件理论与实践

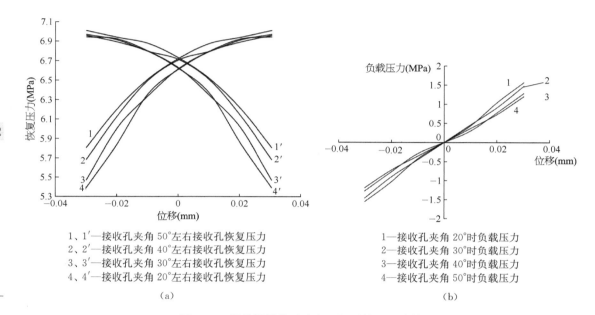

1、1′—接收孔夹角 50°左右接收孔恢复压力
2、2′—接收孔夹角 40°左右接收孔恢复压力
3、3′—接收孔夹角 30°左右接收孔恢复压力
4、4′—接收孔夹角 20°左右接收孔恢复压力

(a)

1—接收孔夹角 20°时负载压力
2—接收孔夹角 30°时负载压力
3—接收孔夹角 40°时负载压力
4—接收孔夹角 50°时负载压力

(b)

图 5.46　接收器接收孔夹角不同时的压力特性

(a)负载压力与位移关系;(b)负载压力与位移关系

5.5.3　偏转板伺服阀气穴现象与改善措施

偏转板伺服阀工作时,当液压油在某处的压力低于空气分离压时,液体中的气体将会析出,产生大量气泡,出现气穴现象。大量气泡随着液流流到压力较高的部位时,气泡因高压而破灭,产生局部液压冲击,导致噪声并引起振动;当附着在金属表面上的气泡破灭时,气体产生局部高温和高压会使金属剥落,使零件表面粗糙,或出现海绵状小洞穴,这种现象称为气蚀现象。

5.5.3.1　气穴模型

气穴模型属于多项流模型之一,可模拟两相可以互相渗透的流体状态,当局部压力低于空气分离压时形成气泡,此时存在流体两相之间的质量转移与能量转移。气穴模型主要解决混合物的动量方程和气相的体积比方程。体积比方程是由流体连续性方程推导出来的,气相 A 的体积比方程为

$$\frac{\partial}{\partial t}\alpha_A + \frac{\partial}{\partial x_i}(\alpha_A u_i) = \frac{1}{\rho_A}\dot{m}_{AB}$$

(5.41)

式中　α_A——气相体积百分比；

　　　ρ_A——气相密度，1.225 kg/m³；

　　　$\dot{m}_{AB}$——气相与液相之间的质量转换率；

　　　u_i——平均流速。

总的气体质量 m_A 为

$$m_A = \rho_A \frac{4}{3} \pi R^3 n \tag{5.42}$$

式中　n——单位体积的气泡数；

　　　R——气泡半径。

气相与液相之间的质量转换率为

$$\dot{m}_{AB} = \frac{\mathrm{d}m_{AB}}{\mathrm{d}t} = \frac{3\rho_A \alpha_A}{R} \frac{\mathrm{d}R}{\mathrm{d}t} \tag{5.43}$$

忽略气穴产生的热量，假设气穴流为等温过程。气泡内的压力保持不变，气泡半径的变化近似为简化的雷诺方程

$$\frac{\mathrm{d}R}{\mathrm{d}t} = \sqrt{\frac{2(p_v - p)}{3\rho_B}} \tag{5.44}$$

式中　p_v——空气分离压；

　　　ρ_B——液相密度；

　　　p——对应处压力。

气相与液相之间的质量转换率可写成

$$\dot{m}_{AB} = \frac{\mathrm{d}m_{AB}}{\mathrm{d}t} = \frac{3\rho_A \alpha_A}{R} \sqrt{\frac{2(p_v - p)}{3\rho_B}} \tag{5.45}$$

$$R = \left(\frac{\alpha_A}{\frac{4}{3}\pi n} \right)^{\frac{1}{3}} \tag{5.46}$$

可见，影响偏转板伺服阀气穴的主要因素为压力以及气相体积百分比。

5.5.3.2　偏转板伺服阀气穴现象

偏转板伺服阀气穴现象与零件形状、节流口面积、回油压力、射流阀及滑阀尺寸等有关。液流由射流喷嘴喷出进入偏转板，经过左右接收孔过程中，产生气穴的条件往往采用气穴系数 K 来衡量，即气穴发生的可能性。气穴系数 K 被定义为下游压力 p_2 与上下游压力差 $\Delta p = p_1 - p_2$ 之间的比值，即

$$K = \frac{p_2}{\Delta p} \tag{5.47}$$

气穴系数 K 值越小，越容易发生气穴现象。偏转板伺服阀前置级结构尺寸较小，液压油流速较高，在结构突变处易形成旋涡，产生负压现象，p_2 急剧减小，K 值减小，发生气穴现象，如图5.47 所示的三个区域。

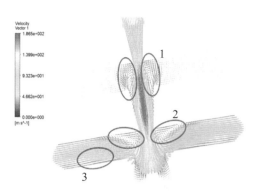

图 5.47　偏转板伺服阀射流
前置级空气体积分数图

图 5.48　偏转板伺服阀射流前
置级速度矢量图

空气体积分数为流体中空气所占的体积比,该参数的大小反映了气穴现象的严重程度。如图 5.47 所示,在喷嘴与偏转板之间、偏转板与接收孔之间的间隙处易形成气穴。图中 1、2 位置处易产生旋涡(如图 5.48 中 1、2 所示),导致能量损失,压力 p_2 降低,K 值减小,形成气穴。图中 3 位置处,接收孔末端封死,流入接收孔内的油液弹回下端出油口,导致一部分流体流速急剧增大,但由于黏性作用,接近壁面的流体流速较低(如图 5.48 中 3 所示),高速流体层与低速流体层之间产生较大剪切作用力,导致能量损失,高速层与低速层之间产生较大的压力差 Δp,同样 K 值减小,形成气穴现象。

5.5.3.3　供油压力对气穴的影响

图 5.49 所示为不同供油压力时偏转板伺服阀前置级气穴现象。可知,减小偏转板伺服阀供油压力,有利于改善偏转板与接收孔之间气穴现象,但降低供油压力会影响偏转板伺服阀的灵敏度,故需要根据实际需要选择合适的供油压力。

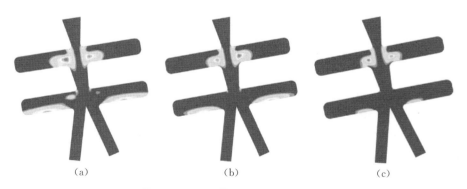

(a)　　　　　　　　　　(b)　　　　　　　　　　(c)

图 5.49　不同供油压力下气穴现象

(a) 供油压力 20 MPa;(b) 供油压力 15 MPa;(c) 供油压力 10 MPa

5.5.3.4　偏转板 V 形槽出入口圆角对气穴的影响

偏转板通过 V 形槽向接收器两个接收孔供给液体。图 5.50 所示为偏转板 V 形槽上下端面圆角对气穴的影响图。V 形槽上下端面均无圆角时,三处明显可能产生气穴;上端有圆角(0.05 mm)、下端无圆角时,产生气穴的可能性没有明显变化;上下端均有圆角(上端圆角 0.05 mm、

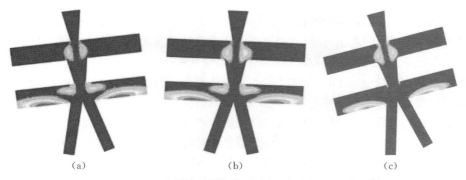

图 5.50　前置级射流阀偏转板 V 形槽出入口圆角对气穴的影响

（a）偏转板 V 形槽上下端均无圆角；（b）偏转板 V 形槽上端有圆角下端无圆角；（c）偏转板 V 形槽上下端均有圆角

下端圆角 0.03 mm)时，偏转板出口处气穴基本消失，接收器入口端面处的气穴明显减少。可见，增大偏转板 V 形槽下端圆角不仅能改善伺服阀中的气穴现象，而且能方便偏转板表面加工。

5.5.4　工程应用案例

某偏转板伺服阀偏转板 V 形槽夹角为 $20°$，上下端距离为 0.4 mm，上下端面处无圆角。现场使用结果表明：产品应用初期，存在明显的流动噪声；经过一段时间磨合、使用后，噪声明显改善。分解后发现上下端已经由于流体的高速冲蚀作用，造成端面处的磨损，原来的锐边已经变成圆角。为此，偏转板 V 形槽设计时，端面处应设计成圆角形式。实际线切割加工时，应优先保证偏转板伺服阀前置级 V 形槽下端加工成圆角。偏转板 V 形槽加工通常采用两种方案：一种是用精密成型电极，在电火花机床上加工；另一种是采用精密慢走丝线切割直接切出 V 形槽。

利用高速摄像机可以捕捉偏转板伺服阀油液流动的气穴现象，并确定气穴产生的部位。已有实验发现：偏转板伺服阀中存在气穴现象，且流体速度越快，气穴现象越剧烈；气穴多发生在偏转板入口处（图 5.51 中 3 处）、接收孔的入口处（图 5.51 中 2 处）以及回油口处（图 5.51 中 1、4 处）。

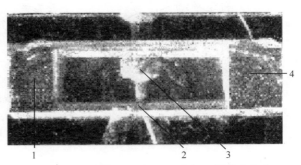

图 5.51　偏转板伺服阀实验中气穴的发生部位

5.6　偏转板伺服阀旋涡现象

流场分析发现偏转板伺服阀中出现较明显的旋涡现象。以下分析旋涡产生的机理以及影响旋涡强弱的因素，发现偏转板伺服阀工作过程中出现的卡门涡街现象是导致伺服阀啸叫的重要原因之一。

5.6.1　流体绕曲面流动的旋涡现象

流体中的旋涡指流体微团的旋转角速度不为零时的流场。自然界中如龙卷风，桥墩后面规则的双排涡列等是经常能观察到的旋涡运动的例子,但大多数情况下流动中的旋涡肉眼难于观察。流体与固体壁面之间的相对运动、两层不同速度流体的交汇也会产生大量的旋涡流动。这些肉眼可见和不可见的旋涡运动有其自身特有的运动规律。

当流体流过非流线型物体时,在物体表面形成边界层,形成较大的压力梯度,因剪切应力的作用使边界层脱离物体壁面并在尾部形成旋涡。圆柱体是工业生产中接触较多的物体形式,因其对称性也会使问题简单化,早期对于流体绕流物体的研究,都是从流体绕流一个圆柱体来研究其振动、压力等特性的。当一个流体质点流近圆柱体的前缘时,流体质点的压力就从自由流动的压力升高到滞止点的压力,靠近前缘的流体在高压作用下形成的边界层在圆柱体的两侧逐渐发展。不过,在高雷诺数的情况下,由压力产生的力不足以把边界层推到包围住非流线型圆柱体的背面。在圆柱体最宽界面的附近,附面层从圆柱体表面的两侧脱开,并形成两个在流动中间尾部拖曳的剪切层,这两个自由的剪切层形成了尾流的边界。因为自由剪切层的最内层比与自由流相接处的最外层移动慢得多,于是这些自由剪切层就倾向于对称不连续的打旋的旋涡。在尾流中就形成一个规则的旋涡流型。对单相流体的绕流研究表明,光滑圆柱表面边界层分离现象和尾迹流动特性与雷诺数有很大的关系。对于不可压缩流体,随着雷诺数的增加圆柱体绕流的变化如图 5.52 所示,卡门涡街在雷诺数 $40 < Re \leqslant 150$ 时,能稳定地存在。

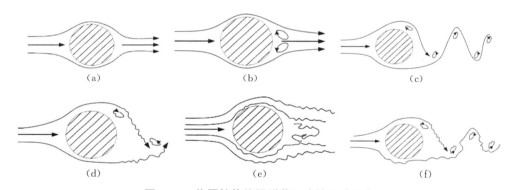

图 5.52　绕圆柱体旋涡脱落形式的流动现象

(a) $Re < 5$ 无分离流动;(b) $5 \sim 15 \leqslant Re < 40$ 尾部有一对稳定旋涡;(c) $40 < Re \leqslant 150$ 层流涡街;
(d) $150 < Re \leqslant 300$ 向湍流过渡;(e) $3 \times 10^5 \leqslant Re < 3.5 \times 10^6$ 边界层变为湍流;(f) $3.5 \times 10^6 \leqslant Re$ 向湍流过渡

5.6.2　偏转板伺服阀的旋涡现象

由于偏转板伺服阀前置级的结构尺寸较小且一般采用线切割加工工艺,其结构的流线型效果欠佳,仿真结果发现旋涡现象在偏转板伺服中难以避免,如图 5.53 所示。

偏转板伺服阀中旋涡造成能量耗散,一方面旋涡引起声学振动导致伺服阀产生高频啸叫,甚至会产生交替变换方向的横向推力对结构造成破坏;另一方面旋涡会导致负压现象,尤其在接收孔入口处,流体冲击瞬间接收孔入口处易形成不稳定的旋涡。

5.6.2.1　流体黏性对偏转板伺服阀旋涡的影响

流体黏性对旋涡的影响主要表现在三个方面:黏性产生旋涡,黏

图 5.53　偏转板伺服阀中的旋涡现象

性流动的有旋性;黏性使涡量扩散,使涡核尺寸逐渐变大,即黏性流动的涡量扩散性;黏性使旋涡的能量耗散使涡量逐渐变小,即黏性流动的涡能耗散性。如图 5.54 所示为某型偏转板伺服阀在工作介质为航空煤油时的涡量图。

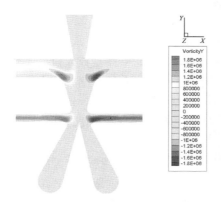

图 5.54　偏转板伺服阀在工作介质为航空煤油时的涡量图

图 5.55　绕夹角的流动

(a) 理想绕角流;(b) 起始旋涡

偏转板伺服阀偏转板入口处以及接收孔入口处涡量较大,与流体由一侧绕过夹角流向另一侧时所形成的间断面有关,如图 5.55 所示。如图 5.55a 所示,在理想流动情况下,夹角处速度很高,理论上是无穷大,这在实际上是不可能的。流体有形成间断面以避免产生无穷大速度的趋势。如图 5.55b 所示,流体不是大转弯绕过夹角,而是在夹角的背风面形成一个流速很低的区域,如果在某一瞬间,由于黏性作用,流体在夹角后面出现一个微小的起始旋涡,它使流体从背后下方往上方以较低的速度流向夹角间形成间断面,间断面与起始旋涡卷在一起,它不断得到能量补充,旋涡也越来越大。随后起始旋涡脱落,而间断面则总是在夹角处不断增大,最终破裂成一个个旋涡,所以偏转板伺服阀的结构影响其内部旋涡现象。

5.6.2.2　偏转板结构对偏转板伺服阀旋涡的影响

偏转板伺服阀偏转板入口夹角以及接收孔入口夹角对旋涡影响较大。如图 5.56 所示为偏转板入口处夹角为锐角时的仿真结果,结果表明在偏转板入口处夹角以及接收孔入口处夹角处

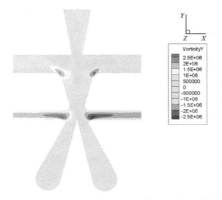

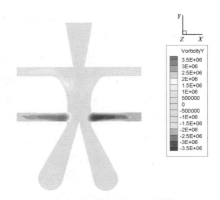

图 5.56　偏转板入口夹角锐角即未做平滑处理时的涡量图

图 5.57　偏转板入口夹角平滑处理后的涡量图

旋涡强度较大且左右旋转方向相反,强烈的旋涡会引起声学振动。如果这种声学振动的频率与反馈杆的弹簧管自振频率一致,产生共振,就会引起弹簧管的高频振动,产生很大的噪声,所以需要通过优化结构来降低噪声改善偏转板伺服的性能。如图5.57所示,对偏转板入口夹角进行平滑处理,减小了偏转板入口夹角处的涡量大小。主要原因是偏转板伺服阀喷嘴喷射的流体经过偏转板后一部分会回流入上端的回油口,由流体绕夹角流动理论可知,如果偏转板入口处夹角流线型欠佳,流体由一侧绕过夹角流向另一侧时就会形一个个旋涡。但是只对偏转板做平滑处理,会导致接收孔入口处夹角处涡量增大,显然还需要进一步优化结构以完善偏转板伺服的性能。

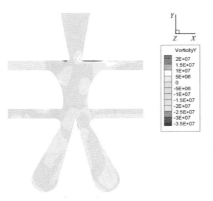

图 5.58 增大接收孔入口处圆角后的涡量图

适当增大接收孔入口处圆角有利于改善结构的流线型,如图5.58所示,改进后偏转板伺服阀前置级旋涡现象得到改善,降低了伺服阀发生啸叫的可能性,提高了伺服阀的整体性能。

5.6.3 偏转板伺服阀的卡门涡街现象

1904年德国流体力学家普朗特(Ludwig Prandtl),通过对流动现象的实验观察,发现流体黏性的影响仅局限在物体壁面附近的薄层以及物体绕流物体后部的尾迹区域中,在流场其他区域内速度基本均匀,速度梯度很小。通过类似的实验观察,逐步建立了边界层理论。物体壁面附近存在大的速度梯度的薄层称为边界层。在黏性流体均匀等速定常地绕过圆柱体时,压强将沿流程变化,在逆压梯度区域可能产生边界层分离的现象,并在边界层分离后形成的尾流中产生旋涡。冯·卡门(Theodore von Karman)认为此现象是由于未旋转的旋涡叠加而产生的。他总结出对称排列的旋涡是不稳定的,而交错排列的旋涡只有在旋涡间距的横向距离与纵向距离之比为0.28时才能达到稳定。当 $Re > 200$ 时,尾流中的涡街变得不稳定,并且旋涡中的流体变得混乱无序。在雷诺数为几千的情况下,尾流的周期性仅在靠近圆柱体处出现,在超过几倍圆柱体直径的下游处尾流可以完全被视为湍流,也称为卡门涡街(Karman vortex street)。卡门涡街现象如图5.59所示。

图 5.59 卡门涡街现象

偏转板射流伺服阀采用射流盘偏转板与接收器构成射流放大级,射流盘射流过程中偏转板通过控制或阻碍射流流体的运动而产生一级放大,在偏转板V形槽出口与接收器入口之间将极有可能出现卡门涡街现象。探索射流伺服阀产生卡门涡街特定条件的数学表达式以及偏转阀热固液耦合与卡门涡街的关系,解决卡门涡街流体激振和力矩马达啸叫的关系,取得偏转板射流伺服阀和射流管伺服阀振动和啸叫的产生机理,从理论上取得先导射流级结构和主阀流道的补偿以及制振方法,是射流伺服阀消除振动与啸叫并实现精确可靠的射流控制的关键。

卡门涡街是黏性不可压缩流体流经钝物体时产生的一种典型流体现象。流体绕流高大烟囱、高层建筑、电线、油管道和换热器的管束时都会产生卡门涡街。卡门涡街引起的流体振动,造成声响。除了电线的"同鸣声"外,在管式换热器中使管束振动,发出强烈的振动噪声,锅炉发出低频噪声即属此列。更为严重的是对绕流物周期性的压强合力可能引起共振。

此外,还存在一种后向台阶流动。所谓后向台阶流动,指流体经过一定高度的台阶之后在下游处的边界层流动情况,包括流动的分离和再附的情况。后向台阶流动也是一种典型的边界层分离现象,形成的旋涡会导致能量耗散,产生压力突降区域,如图 5.60 所示。

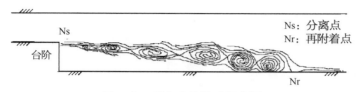

图 5.60　后向台阶流动示意图

偏转板伺服阀稳定工作状态下,相当于封死接收孔端,流经前置级的流体经历冲击回流的过程,回流经过偏转板入口处以及接收孔入口处时,受到这两处近似于圆柱体的障碍物,如图 5.61 所示,在满足条件时容易形成卡门涡街现象。

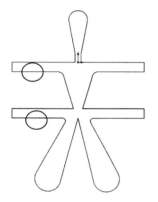

图 5.61　偏转板伺服阀
前置级结构

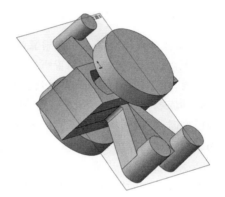

图 5.62　偏转板伺服阀前置级
流场分析模型

偏转板伺服阀中流体介质是液压油。经计算,某型偏转板伺服阀中的雷诺数为几千,尾流的周期性仅在靠近圆柱体处出现,而偏转板伺服的下游处尾流可以完全被视为湍流。为了更准确地研究偏转板伺服阀中的卡门涡街现象,在模型中加入进油管路、回油管路以及出油管路,如图5.62 所示。

5.6.3.1　空载情况下偏转板伺服前置级卡门涡街现象

当偏转板伺服阀前置级接收孔末端不接负载时,流体由进油口流入,一部分流体进入接收孔内,由回油口排出;另一部分流体则由回油口直接回油箱。研究偏转板伺服阀前置级处于空载的情况,主要是为了分析正常工况初始阶段流体冲击接收孔的瞬间。如图 5.63 所示,当偏转板位移为 0 mm、0.01 mm、0.02 mm 时,空载情况下,流体冲击的流速较大,流体雷诺数远超过 200,下游处尾流处于完全的湍流状态,但偏转板伺服阀前置级中没有出现明显卡门涡街现象。此时在偏转板入口处以及接收孔入口处存在较明显的旋涡现象,这种明显的旋涡现象与后向台阶流动较为相似。

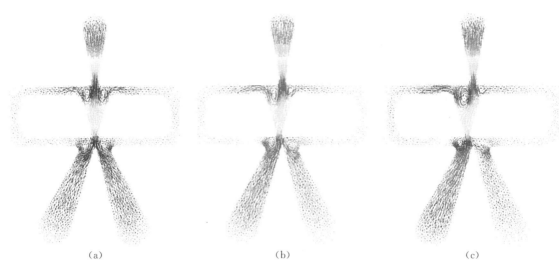

（a）　　　　　　　　　　　　（b）　　　　　　　　　　　　（c）

图 5.63　空载情况下不同偏转板位移时偏转板伺服阀前置级的速度矢量图

（a）偏转板位移为 0 mm；（b）偏转板位移为 0.01 mm；（c）偏转板位移为 0.02 mm

5.6.3.2　负载情况下偏转板伺服前置级卡门涡街现象

负载情况下，流体经过偏转板前置级后进入滑阀两侧端面容腔，推动滑阀并到达平衡位置。滑阀停止运动时，在偏转板伺服阀前置级接收孔末端设置节流口模拟负载，设置仿真条件，得到偏转板伺服阀的流场特性，图 5.64 所示分别为偏转板伺服阀前置级的速度云图和速度矢量图。图示的结构模型时，在偏转板出口处和射流片接收口处存在明显的卡门涡街现象，偏转板内的摩擦切应力和旋涡运动消耗了大量能量。由压力云图还可得知卡门涡街使得接收孔内压力出现突降，在接收孔末端压力振荡升高。卡门涡街产生一定的流体激振力，弹性扰动的弹簧管弹性模量低、刚度小，偏转板在此激振力的作用下产生了受迫振动，从而带动整个衔铁组件做高频振荡，容易产生啸叫。

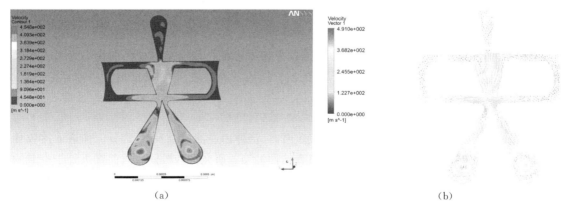

（a）　　　　　　　　　　　　　　　　　　　　　（b）

图 5.64　负载情况下偏转板伺服阀前置级的速度云图和速度矢量图

（a）偏转板伺服阀前置级速度云图；（b）偏转板伺服阀前置级速度矢量图

参考文献

［1］ 蔺耀保,张鹏,岑斌. 偏转板射流伺服阀前置级流场分析[J]. 中国工程机械学报,2015,13(1)：1-7.

［2］ 蔺耀保,张鹏,张阳. 偏转板伺服阀压力特性研究[J]. 流体传动与控制,2014(4)：10-15.

［3］ 蔺耀保. 偏转板射流伺服阀和射流管伺服阀的基础理论研究[R]. 国家自然科学基金资助项目进展报告(51475332),2015. 12. 20.

［4］ 蔺耀保,付嘉华,金瑶兰. 射流管伺服阀前置级冲蚀磨损数值模拟[J]. 浙江大学学报,2015,49(12)：2252-2260.

［5］ 蔺耀保,王玉. 射流管伺服阀前置级压力特性[J]. 航空动力学报,2015,30(12)：3058-3064.

［6］ 蔺耀保,范春红山,张曦. Dynamic stiffness spring analysis foe feedback spring pole in a jet pipe electrohydraulic servovalve [J]. 中国科学技术大学学报,2012,42(9)：699-705.

［7］ 蔺耀保. 射流管伺服阀欧美专利分析[J]. 液压气动与密封,2012,32(2)：68-73.

［8］ 蔺耀保. 射流管伺服阀在飞机液压系统中的应用[J]. 液压气动与密封,2012(7)：8-12.

［9］ 蔺耀保. 射流伺服阀流场分析[R]. 航空科学基金项目结题报告(20120738001),2014. 9. 30.

［10］ 蔺耀保. 极端环境下飞行器电液伺服阀特性研究[R]. 国家自然科学基金资助项目结题报告(50775161),2011. 1. 20.

［11］ 蔺耀保. 飞行器舵机系统关键基础理论研究[R]. 上海市浦江人才计划(A类)总结报告(06PJ14092),2008. 9. 30.

［12］ 蔺耀保,李长明,江金林. 三维离心环境下的电液伺服阀特性分析[J]. 机械工程学报,2015,51(2)：169-177.

［13］ Yin Y B, Fu J H, Yuan J Y, et al. Erosion wear characteristics of hydraulic jet pipe servovalve [C]//Proceedings of 2015 Autumn Conference on Drive and Control, The Korean Society for Fluid Power & Construction Equipment, 2015. 10. 23：45-50.

［14］ Yin Y B, Li C M. Characteristics of hydraulic servo-valve undercentrifugal environment [C]//Proceedings of the Eighth International Conference on Fluid Power Transmission and Control (ICFP 2013), April 9-11,2013, Hangzhou, 2013：39-44.

［15］ Yin Y B, Li C M, Peng B X. Analysis of pressure characteristics of hydraulic jet pipe servo valve [C]//Proceedings of the 12th International Symposium on Fluid Control, Measurement and Visualization(FLUCOME2013),November 18-23,2013, Nara, Japan：1-10.

［16］ 蔺耀保. 极端环境下的电液伺服控制理论及应用技术[M]. 上海：上海科学技术出版社,2012.

［17］ 张鹏. 偏转板伺服阀的基础特性研究[D]. 上海：同济大学硕士学位论文,2015.

［18］ Trinkler A. Regulating device including a distributor having double-acting knife-edges：US3223103 [P]. 1965-12-14.

［19］ Deadwyler R. Two-stage servovalve development using a first-stage fluidic amplifier [R]. Harry Diamond Laboratories, US Army Materiel Development and Readiness Command, ADA092011, 1980.

［20］ Bilodeau G, Papadopoulos E. Experiments on a high performance hydraulic manipulator joint：modelling for control [J]. Springer Berlin Heidelberg, 2002,232(19)：532-543.

［21］ Wilson S L. Fluidic deflector set servovalve：US5303727[P]. 1994-4-19.

［22］ Achmad M, Clarita S. Methods and apparatus for splitting and directing a pressurized fluid jet within a servalve：US7290565B2[P]. 2007-11-6.

［23］ Sangiah D, Guerrier P, Powers G. Servovalve actuation：US2014/0042346A1[P]. 2014-2-13.

［24］ Zhu Y C, Li Y S. Development of a deflector-jet electrohydraulic servovalve using a giant magnetostrictive material [J]. Smart Materials and Structures, 2014(23)：1-19.

［25］ 中国运载火箭技术研究院第十八研究所. SFL-22伺服阀[EB/OL]. http：//www. calt-18. com/product_cont. asp? id=532.

[26] 中国航空工业集团公司第 609 研究所. FF－260、FF－261 两种射流偏转板射流伺服阀[EB/OL]. http://www.criaa.cn/about.asp? pclassid＝7&sclassid＝12.

[27] 中国航空工业集团公司第 618 研究所. 2718A 偏转板射流伺服阀[EB/OL]. http://www.facri.com/html/product/103.html.

[28] 朱忠惠,陈孟荤. 推力矢量控制伺服系统[M]. 北京：中国宇航出版社,1995.

[29] 吴人俊. 电液伺服机构制造技术[M]. 北京：中国宇航出版社,1992.

[30] 任光融,张振华,周永强. 电液伺服阀制造工艺[M]. 北京：中国宇航出版社,1988.

[31] 刘金香. 偏转板射流伺服阀[J]. 科技与情报,1976(6)：47－54.

[32] 杨强强,王文汉. 偏转板射流伺服阀射流放大器加工工艺探索[C]//第二届民用飞机制造技术及装备高层论坛. 沈阳,2010：1－8.

高端液压元件理论与实践

第6章
直接驱动式电液伺服阀

20 世纪 70 年代以来,随着高性能磁性材料的发展,电磁驱动技术有较大进步。人们开始研制高性能的直接驱动式电液伺服阀(direct drive valve, DDV)。直接驱动式电液伺服阀采用电-机械转换装置来直接驱动主阀阀芯,克服了传统喷嘴挡板式和射流式伺服阀抗污染能力差、有内泄漏的缺点,同时具有结构简单、成本低、可靠性高、自检测容易等优点,已开始应用于航空航天领域。特别是美国 Parker 和 MOOG 公司设计研制的直接驱动式电液伺服阀用于美军用歼击机F22 等飞行器的伺服控制系统。本章主要分析直接驱动式电液伺服阀的由来、结构演变过程,着重介绍两种具有代表性的直接驱动式电液伺服阀:旋转直接驱动式电液伺服阀和大流量电气四余度液压双余度两级直接驱动式电液伺服阀。

6.1 概述

电液伺服阀将电信号转化为液压信号,用于控制液压伺服系统的流量或压力,它由力矩马达和液压放大器构成,其中液压放大器功率放大部分通常采用滑阀形式。按照功率滑阀驱动形式的差别,可分为单级伺服阀、两级电液伺服阀和多级电液伺服阀。单级伺服阀的力矩马达产生的电磁力直接驱动功率阀芯运动,因此也称为直接驱动式单级伺服阀。两级电液伺服阀则通过一级阀产生的液压力驱动功率主阀阀芯,其控制功率更大、动态响应更快。两级电液伺服阀的一级阀也称为前置放大级,典型的前置液压放大级按其工作原理不同,可分为滑阀式、喷嘴挡板式和射流式;其中滑阀式前置液压放大级的驱动原理和基本结构与直接驱动式单级电液伺服阀相似,因此也被称为直接驱动式两级电液伺服阀。多级电液伺服阀则采用两级阀作为前置级,驱动功率更大的滑阀;同样,采用直接驱动式两级电液伺服阀的多级阀称为多级电液伺服阀。

6.1.1 直接驱动式电液伺服阀的由来

电液伺服阀通过功率滑阀来控制系统的流量和压力,在伺服阀设计之初,功率滑阀就是靠力矩马达直接驱动的。如图 6.1 所示为早期的单级电液伺服阀控液压缸动力机构。当时由于力矩马达驱动能力有限,且滑阀驱动阻力大、易卡滞,导致直接驱动式电液伺服阀的响应频率、死区等特性无法满足要求。直到 20 世纪 50 年代,MOOG 公司设计了喷嘴挡板式两级电液伺服阀,其中的功率阀芯可克服液动力,具有动态响应快、控制精度高的优点,很快就成为当时的主流产品。

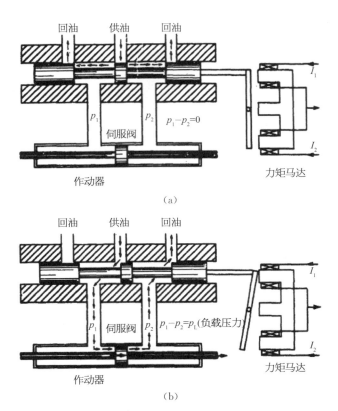

（a）

（b）

图 6.1　单级电液伺服阀控液压缸动力机构
（美国 **Wright** 航空开发中心，**1955**）

与此同时，直接驱动式电液伺服阀的发展相对停滞。

但喷嘴挡板式电液伺服阀中存在微细流道，对工作介质要求极为严苛；针对某些油液污染较为严重的场合，逐渐采用了流道尺寸更大的射流式电液伺服阀（1957 年 R. Atchley 开发了 Askania 射流管原理的两级射流管电液伺服阀）。两级电液伺服阀的前置液压放大级内泄漏大、结构复杂、成本高，长期以来限制了电液伺服控制的应用领域。

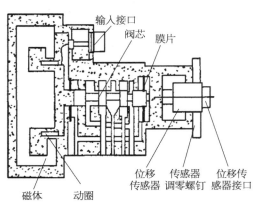

图 6.2　MK 型单级直接驱动伺服阀
（三菱及 KYB 株式会社，1991）

20 世纪 70 年代以来，随着材料和电磁驱动技术快速发展，力矩马达性能进一步提升，在原有结构和比例控制技术的基础上，人们又开始重新研制高性能的直接驱动式单级阀。其中，典型产品有日本三菱及 KYB 株式会社合作开发的 MK 型阀（图 6.2）、MOOG 公司的 D633、D634 系列直接驱动式单级阀（图 6.3）、Parker 公司的 DFplus 伺服阀（图 6.4）、德国 Bosch Rexroth 公司的 4WRSE 型直接驱动式电液伺服阀（图 6.5）、ATOS 公司的 DLHZO 系列直接驱动比例伺服阀（图 6.6）、Eaton-Vickers 公司的 KBS 型直接驱动比例伺服阀（图 6.7）、南京机电液压工程研究中心研制的

FF-133、604 型直线直接驱动式电液伺服阀(图 6.8)。这些直接驱动式电液伺服阀除具有静耗流量低、结构简单和抗污染能力强等优点外,控制精度和响应频率已逐渐达到甚至超过传统电液伺服阀。直接驱动式电液伺服阀已经逐步应用于航空航天、船舶和冶金工业的伺服控制系统。

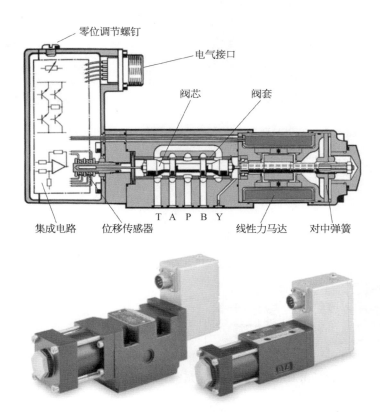

图 6.3　D633、D634 系列直接驱动式单级阀(MOOG 公司,1996)

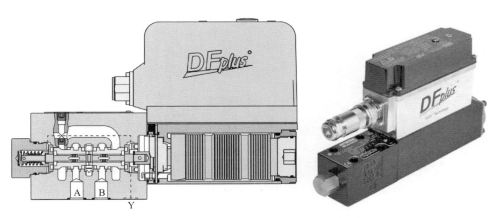

图 6.4　DFplus 伺服阀(Parker 公司,2003)

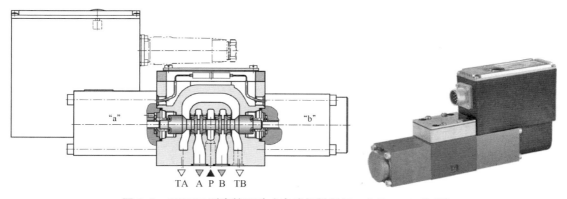

图 6.5　4WRSE 型直接驱动式电液伺服阀（Bosch Rexroth 公司）

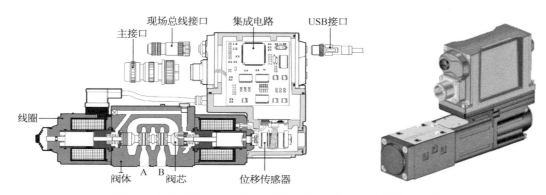

图 6.6　DLHZO‑TEB 直接驱动比例伺服阀（ATOS 公司，2015）

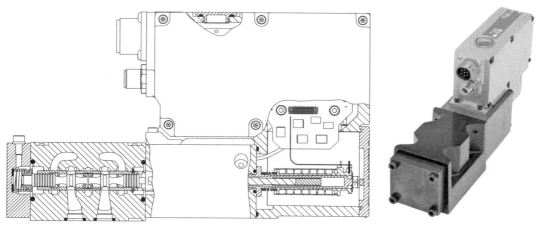

图 6.7　KBS 型直接驱动比例伺服阀（Eaton-Vickers 公司，2015）

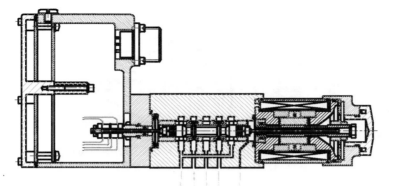

图 6.8　FF‑133、604 型直线直接驱动式电液伺服阀
（南京机电液压工程研究中心）

6.1.2　直接驱动式电液伺服阀结构演变

　　早在 20 世纪 50 年代前后，就出现了大量的直驱阀结构创新，这些结构被收录在美国 Wright 航空开发中心（WADC）的国防科技报告中。其中具有代表性的结构有：①图 6.9 所示双向电磁驱动单级直接驱动伺服阀，采用两个相对的电磁铁驱动功率阀芯，可保证滑阀具有正反两个方向的运动，采用弹簧实现滑阀对中；②图 6.10 所示力矩马达直接驱动两个双边阀的推杆式单级直接驱动伺服阀，巧妙地将一个四边阀分解为两个双边阀，并采用推杆式的紧凑结构，这在航天飞机、导弹武器系统的有限空间内可以实现装置的小型化、性能的线性化、结构的轻量化；③图 6.11 所示嵌套式两级直接驱动式电液伺服阀，将先导阀芯嵌套在主阀阀芯中，两阀芯通过相对运动实现功率阀芯的位置反馈，具有结构紧凑的特点；④图 6.12 所示功率阀芯位置机械反馈的直接驱动式电液伺服阀，通过弹簧将功率阀芯的位置转化为力信号，以机械反馈的形式反馈到力矩马达上；⑤图 6.13 所示功率阀芯位置电反馈的直接驱动式电液伺服阀，通过位移传感器，将滑阀位移反馈到控制器中，控制力矩马达的输入电流；⑥图 6.14 所示双边先导阀芯的两级直接驱动式电液伺服阀，与普通四边滑阀不同，其先导级采用双边节流的形式，功率阀芯两端的压力腔与回油口之间通过固定节流孔相连；双边节流滑阀和固定节流孔共同作用，控制功率阀芯的驱动力；⑦图 6.15 所示功率阀芯位置反馈至先导阀套的两级直接驱动式电液伺服阀，杠杆装置反馈功率阀芯位置，通过机械结构进行阀芯位置的伺服控制。70 年代，新材料和电磁驱动技术促使人们开始重新研究高性能的直接驱动式单级阀。

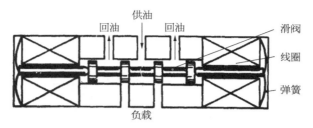

图 6.9　双向电磁驱动单级直接驱动式伺服阀
（Bendix Aviation 公司，B-Ⅰ阀）

高端液压元件理论与实践

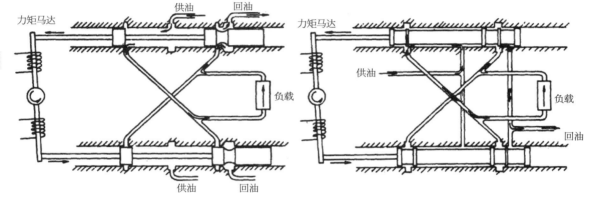

图 6.10　力矩马达直接驱动两个双边阀的推杆式单级直接驱动伺服阀（GE 公司，GE-Ⅰ阀）

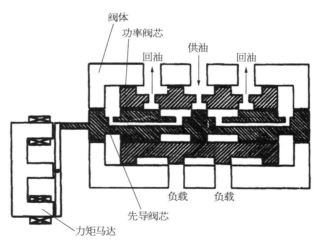

图 6.11　嵌套式两级直接驱动式电液伺服阀
（Cadillac Gage 公司，CG-Ⅱ阀）

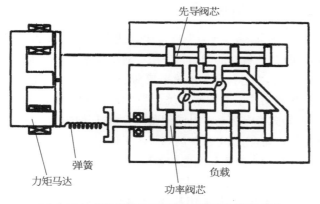

图 6.12 功率阀芯位置机械反馈的直接驱动式
电液伺服阀(Drayer-Hanson 公司)

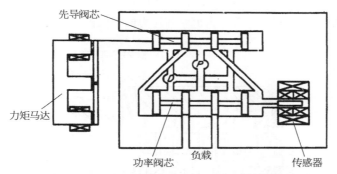

图 6.13 功率阀芯位置电反馈的直接驱动式电液伺服阀(DS-2 阀)

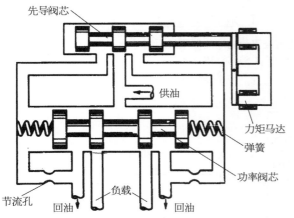

图 6.14 双边先导阀芯的两级直接驱动式
电液伺服阀(北美航空公司)

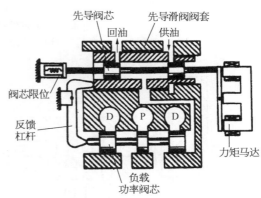

图 6.15 功率阀芯位置反馈至先导阀套的
两级直接驱动式电液伺服阀(Sanders 公司)

6.1.3 直接驱动式电液伺服阀国外专利

20 世纪 80 年代前后出现了一大批关于直接驱动式电液伺服阀的专利,涉及电液伺服阀反馈形式、驱动原理、控制策略、新材料的创新与应用。从反馈形式上看,陆续出现了力反馈式直接驱动式电液伺服阀(图 6.16),阀芯位置和速度电反馈的直接驱动式电液伺服阀(图 6.17)以及作动器输出量电反馈的直接驱动式电液伺服系统(图 6.18)。随着新材料的出现以及力矩电机功率密度的提高,出现了旋转式直接驱动型电液伺服阀,这种伺服阀通过偏心机构将电机的旋转运动转化为功率阀芯的直线运动,由于电机转动和阀芯平动方向垂直,这种旋转直接驱动式电液伺服阀在结构布置上相对于直线直接驱动阀更加紧凑且对滑阀运动方向的外界振动不敏感,偏心机构可采用小球结构(图 6.19)或圆柱形结构(图 6.20)。图 6.21 所示为带偏心旋转机构的直接驱动式电液伺服阀。此外,还出现了采用压电材料直接驱动功率阀芯的单级电液伺服阀(图 6.22),这种阀具有更快的响应速度。针对传统滑阀稳态液动力较大而直驱阀驱动能力有限的问题,提出了转阀式直接驱动伺服阀(图 6.23),该阀中滑阀阀芯在阀套内相对转动,使阀芯和阀套上沿周向分布的节流窗口相互贯通或封闭,从而控制伺服阀的输出流量和压力;转动过程中,稳态液动的阻力矩较小,可以实现更大流量和压力的伺服控制。

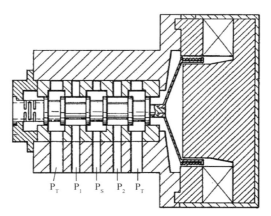

图 6.16　力反馈式直接驱动式电液伺服阀
(日本 Hitachi 公司专利,US4428559,1984)

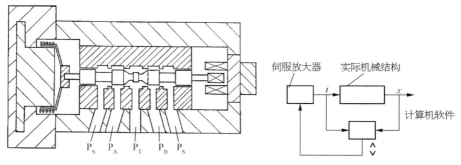

图 6.17　阀芯位置和速度电反馈的直接驱动式电液伺服阀
(日本 Ishikawajima-Harima Jukogyo 公司专利,US4648580,1987)

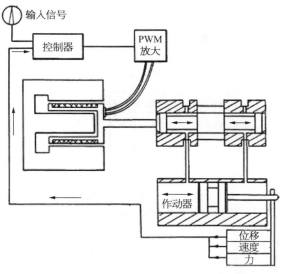

图 6.18 作动器输出量电反馈的直接驱动式电液伺服系统
（美国 International Servo Systems 公司专利，US5012722，1991）

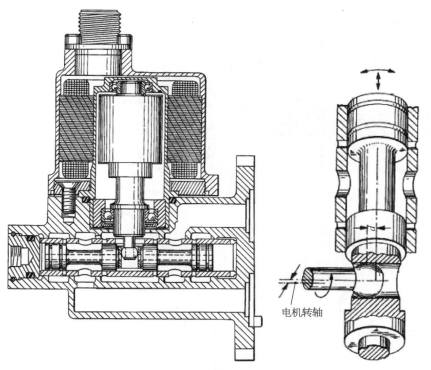

图 6.19 小球驱动机构的旋转直接驱动伺服阀
（美国 Pneumo 公司专利，US4672992，1987）

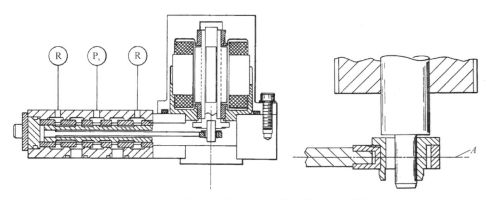

图 6.20 圆柱形驱动机构的旋转直接驱动伺服阀
(美国 Hr Textron 公司专利,US5263680,1993)

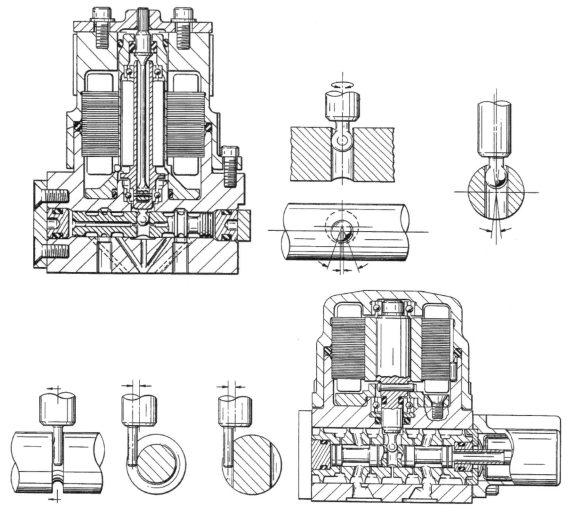

图 6.21 带偏心旋转机构的直接驱动式电液伺服阀
(美国 E-Systems 公司专利,US4793377,1988)

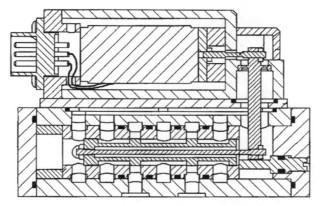

图 6.22 压电材料直接驱动的单级电液伺服阀
（美国 CSA Engineering 公司专利，US6526864B2，2003）

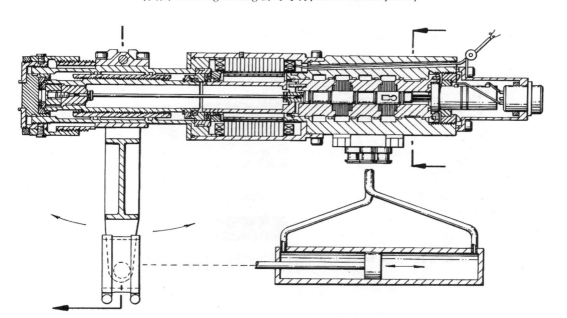

图 6.23 转阀式直接驱动伺服阀
（美国 Allied-Signal 公司专利，US4794845，1989）

6.1.4 直接驱动式电液伺服阀在航空飞行器上的应用

直接驱动式电液伺服阀具有结构简单、可靠性高、抗污染能力强、余度配置方便的优点，逐步应用于各种航空飞行器特别是军用飞机的作动器液压动力控制。如图 6.24 所示为美国 F22 歼击机控制平尾动作的伺服作动器，其中采用的是 Parker 公司研发的两级直接驱动式电液伺服阀；同样采用 Parker 公司 DDV 伺服阀的还有美国 Boeing F/A - 18 E/F 飞机的舵面控制伺服作动器（图 6.25）和俄罗斯 T - 50 歼击机舵面作动器（图 6.26）。此外，MOOG 公司在军用飞行器上也占据一定的市场，图 6.27 所示为瑞典空军研发的 JSA - 39 型歼击机主控舵面作动器，采用

MOOG 公司的单级 DDV 伺服阀;图 6.28 所示的台湾 IDF 歼击机主控舵面作动器也采用 MOOG 公司产品。另外,图 6.29 所示的美国 M346 教练机平尾作动器采用 SMITH 公司的单级 DDV 产品。

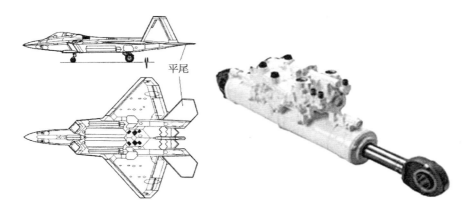

图 6.24　美国 F22 歼击机平尾作动器(采用 Parker 两级 DDV)

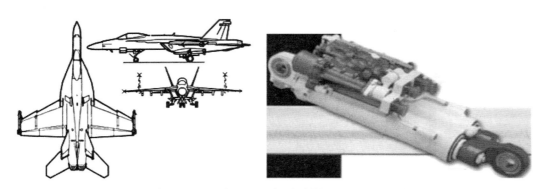

图 6.25　美国 Boeing F/A‐18 E/F 作动器(采用 Parker 单级 DDV)

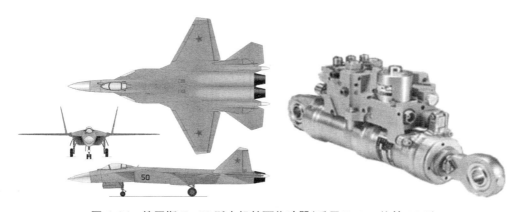

图 6.26　俄罗斯 T‐50 歼击机舵面作动器(采用 Parker 旋转 DDV)

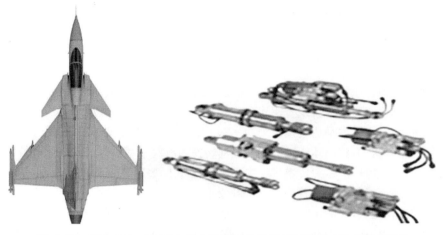

图 6. 27　瑞典 JSA – 39 歼击机主控舵面作动器(采用 MOOG 单级 DDV)

图 6. 28　台湾 IDF 歼击机主控舵面作动器(采用 MOOG 单级 DDV)

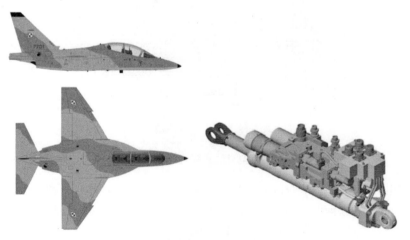

图 6. 29　美国 M346 教练机平尾作动器(采用 SMITH 单级 DDV)

6.2　直接驱动式电液伺服阀的原理与特点

6.2.1　分类及工作原理

直接驱动式电液伺服阀由力矩马达、驱动接口和滑阀三部分构成。按照力矩马达驱动形式，直接驱动式电液伺服阀可分为直线直驱式和旋转直驱式两种类型。典型的直线直驱式电液伺服阀如图 6.30 所示，由直线力马达直接拖动功率阀芯运动；而旋转直驱式电液伺服阀则采用力矩马达驱动，通过偏心机构，将马达转轴的旋转运动转换为滑阀平动。直线直驱式电液伺服阀结构简单，阀芯与力马达推杆连接，力传递过程中不会出现冲击碰撞，性能稳定。但电-机械转换装置相比喷嘴挡板和射流式等电液装置的功率密度较小，力马达的尺寸较大，因此相比传统电液伺服阀，直线直驱阀体积更大，不利于集成化设计。而旋转直驱式电液伺服阀采用高功率密度的力矩马达作为驱动元件，马达转动和阀芯平动方向垂直，这种伺服阀在结构布置上相对于直线直驱阀更加紧凑且对滑阀运动方向的外界振动不敏感。常用的直线电-机械转换装置有电磁力马达、音圈电机、压电陶瓷、磁致伸缩材料和记忆合金等新型材料，均能在控制电流的作用下输出力，直接驱动主阀阀芯运动；旋转直驱式电液伺服阀则往往采用有限转角力矩电机作为驱动动力源。

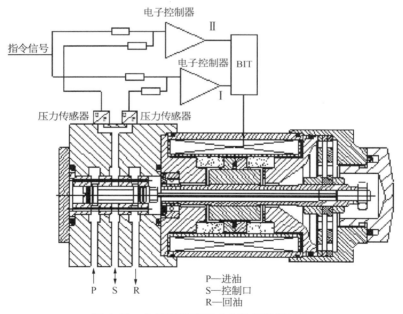

图 6.30　典型直线直驱式电液伺服阀结构

从直驱式电液伺服阀的伺服控制方式来看，有机械反馈式和电反馈式两种。受伺服阀结构和马达驱动力的限制，目前的直驱阀往往采用电反馈的形式，通过传感器将阀芯位移、控制流量或压力反馈至控制器，电子控制器采用预定的控制策略计算并输出马达驱动信号。电反馈式伺服阀具有滞环小、线性度高的特点。

在高压大流量场合，往往将单级直驱式电液伺服阀作为先导级，控制功率阀芯两端的液压力，形成两级直驱式电液伺服阀。如图 6.31 所示为 MOOG 公司的 D680 系列伺服阀，采用 D633 型单

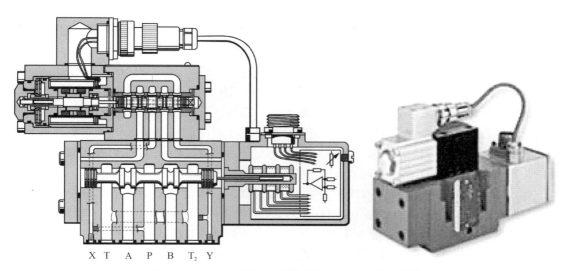

图 6.31　MOOG D680 型两级直接驱动式电液伺服阀

级直驱阀作为先导级,控制直径更大的主阀阀芯,其额定流量最高可达 350 L/min(21 MPa)。

6.2.2　特点及关键技术

6.2.2.1　特点

直接驱动式电液伺服阀的主要优点为:

(1) 抗污染能力强。取消了传统伺服阀的喷嘴挡板或射流式液压放大级,改由马达直接驱动功率滑阀运动;可避免细小通道堵塞的风险,减少了故障。

(2) 适应能力强。力矩电机动态和零偏性能对油液压力和温度变化不敏感;低压或极端温度下,仍可保证快速响应和稳定零位。

(3) 由电-机械转换装置直接驱动功率级阀芯,避免了传统伺服阀喷嘴挡板处或射流接收器处的油液泄漏,减少了伺服阀的内泄漏量及能量损失,提高了效率。

(4) 在停电、电缆损坏或者紧急停车情况下,伺服阀芯在复位弹簧力作用下均能自行回中,无须外力推动,做到"事故归零",并具有"失效→归零""故障→安全"的能力。

(5) 结构简单,取消了弹簧管、反馈杆等强度薄弱及难加工零件,提高了可靠性,降低了加工成本。

(6) 采用电反馈的直驱阀具有较小的滞环和良好的线性度;同时传感器可以提供阀的状态信息,便于监控;且方便多余度设计。

直接驱动式电液伺服阀的缺点是:

(1) 电-机械转换装置功率密度小,导致直驱阀体积大、重量重。

(2) 采用电-机械转换器直接驱动功率级阀芯,需要克服主阀阀芯的液动力,这就要求转换器件提供大功率输出,相应的系统的能耗增大,发热量增加;需要额外的能源和空间对线圈进行冷却。

6.2.2.2　关键技术

直驱式电液伺服阀涉及的关键技术有:

（1）电-机械转换装置驱动能力的提升。尽管随着新型材料的应用和技术的发展，直动式电液伺服阀的驱动能力得到了很大的提升，但相比实际工况需要仍有差距。进一步提高电-机械转换装置的驱动能力、工作效率以及稳定性是直接驱动伺服阀的研究热点。

（2）减小发热或冷却技术。常用的冷却方法是水冷、风冷等。风冷方法已经应用到 Hitachi 的 FMV 大功率伺服阀上，FMV 阀的最大电流为 10 A，工作时的功耗很大，动圈的发热量严重，在该伺服阀工作时，通过通入气流来冷却动圈，保证动圈能够正常工作；由于输入功率很大，其最大流量可以达到 150 L/min；而同等情况下不加入冷却措施时，MOOG 单级直动式伺服阀最大流量为 80 L/min。因此冷却措施制约着直动式伺服阀的驱动能力。减小工作过程的发热或者在有限的体积内进行有效的冷却是直动式电液伺服阀的发展方向之一。

（3）位移反馈技术。提供 RVDT 回路检测并反馈阀芯位移，以实现闭环控制，是提高电液伺服阀控制精度，实现电液伺服阀优良控制特性的一个重要条件。反馈的方法主要有位移反馈、力反馈以及电反馈等，随着系统性能要求的提高，电信号响应速度快的优势得到重视，已成为电液伺服阀采用的重要反馈形式，因此位移传感器的研究开发同样是流体传动控制领域的研究热点。提高位移反馈的精度和速度，找到适合工况的控制方法是制动电液伺服阀的研究方向之一。

（4）液动力补偿。当前补偿液动力的方法有：阀套运动法、径向开孔法、特性阀腔法、非全周开口法以及流道改造法等。但由于液动力的分析较为复杂，以上的补偿或者消除液动力的方法，都不能实现全流量下的完全补偿，且容易使液动力出现非线性。此外，制造、加工的成本很高，应用及推广受到很大限制。因此有效地减小稳态液动力的同时，保证阀口适宜的流量增益、尽量不提高加工成本（结构简单）也一直作为直动式电液伺服阀的研究方向之一。

6.3 旋转直接驱动式电液伺服阀

旋转直接驱动式电液伺服阀具有直驱式电液伺服阀静耗流量低、抗污染能力强、结构简单和制造成本低等优点。此外，旋转直接驱动式电液伺服阀中马达转动和滑阀平动的方向垂直，这种伺服阀在结构布置上相对于直线直驱阀更加紧凑、对滑阀运动方向的外界振动不敏感且进行了有效隔离。在飞机电子防滑刹车、飞行器舵面控制等领域有广泛应用。本节以南京机电液压工程研究中心某旋转直接驱动伺服阀（RDDV）为例，介绍旋转直接驱动式电液伺服阀工作原理、特点及性能。

6.3.1 工作原理

旋转直接驱动式电液伺服阀由放大器、有限转角力矩马达、偏心驱动机构、功率滑阀副和传感器组成，如图 6.32 所示。当电子控制器输入指令为 0 时，转角力矩马达无力矩输出，此时滑阀被复位弹簧推至最右端，进油口关闭，工作腔与回油口接通，伺服阀输出压力为零。当输入非零正指令信号 i_0 时，放大器经过计算，输出 PWM 信号驱动转角力矩马达旋转。马达转轴末端偏心驱动机构原理如图 6.32 所示，力矩马达将马达的旋转运动转化为功率阀芯的直线运动，从而改变进回油口节流面积比，使伺服阀输出压力。该阀采用电反馈形式进行伺服控制，转角位移传感器将力矩马达旋转角度反馈至控制器，形成马达位置内闭环控制；压力传感器将工作腔压力反馈，形成压力外闭环控制。

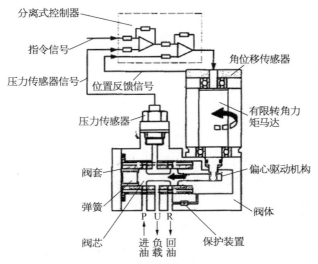

图 6.32　旋转直接驱动式电液伺服阀结构简图

6.3.2　数学模型

1) 旋转力矩马达基本方程　力矩马达接收电流信号或电压信号,输出驱动力矩,其力矩输出特性为

$$T_{em} = k_t i_0 - k_m \alpha^2 \tag{6.1}$$

式中　　T_{em}——马达输出的驱动力矩;

i_0——马达输入电流;

α——马达转轴转动角度;

k_t——电流力矩系数;

k_m——转角力矩系数。

力矩马达转子的动力学方程为

$$T_{em} = J_r \frac{d^2\alpha}{dt^2} + B_r \frac{d\alpha}{dt} + T_f \tag{6.2}$$

式中　　T_f——负载力矩;

J_r——马达转子的转动惯量;

B_r——马达转子的阻尼系数。

2) 驱动接口的基本方程　驱动接口是指力矩马达与滑阀阀芯的连接接口。该驱动接口采用偏心机构,将马达转子的旋转运动转化为滑阀的直线运动,其工作原理如图 6.33 所示。图 6.33a为马达转子转动之前的状态,图中 O 为马达转子的转动中心,圆 O_2 为与马达转子固结的偏心小球,其直径为 d_2,偏心距为 e;圆 O_1 为滑阀阀芯上的小孔,其直径为 d_1,略大于偏心小球直径。由于滑阀阀芯受到弹簧力的作用,紧压在偏心小球的一侧,故形成如图 6.33a 所示的状态。马达通电之后,转子带动偏心小球(圆 O_2)绕转动中心 O 转动,由于弹簧力的作用,滑阀小孔始终紧贴偏心小球一侧;并且由于阀套限制,阀芯只能水平运动,即圆心 O_1 只能沿直线 O_1O_2 运动。

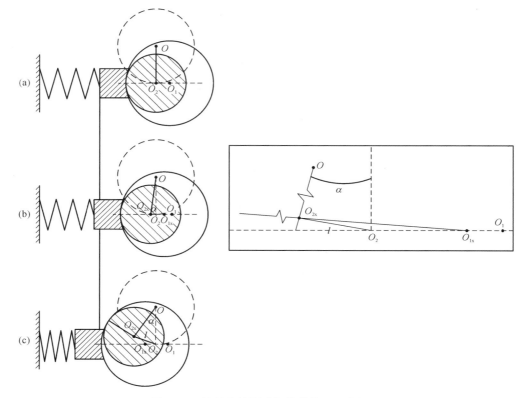

图 6.33　旋转直接驱动机构的接口工作原理

设马达从零开始转动,当马达转角 α 较小时($<\alpha_1$),滑阀位移较小,此时有 $|\overrightarrow{O_1O_{1x}}|<$ $|\overrightarrow{O_1O_2}|$。若马达转动 α,偏心机构的状态如图 6.33b 所示,此时滑阀向左运动的位移为

$$|\overrightarrow{O_1O_{1x}}|=|\overrightarrow{O_1O_2}|-|\overrightarrow{O_{1x}O_2}| \tag{6.3}$$

其中

$$|\overrightarrow{O_1O_2}|=\frac{1}{2}(d_1-d_2) \tag{6.4}$$

由余弦定理可求得

$$|\overrightarrow{O_{1x}O_2}|=-e\sin\alpha+\sqrt{\frac{(d_1-d_2)^2}{4}-e^2(1-\cos\alpha)^2} \tag{6.5}$$

因此,当 $\alpha<\alpha_1$ 时,滑阀位移为

$$x_v=|\overrightarrow{O_1O_{1x}}|=\frac{1}{2}(d_1-d_2)+e\sin\alpha-\sqrt{\frac{(d_1-d_2)^2}{4}-e^2(1-\cos\alpha)^2} \tag{6.6}$$

当马达转角 $\alpha>\alpha_1$,有 $|\overrightarrow{O_1O_{1x}}|>|\overrightarrow{O_1O_2}|$,此时滑阀向左运动的位移为

$$|\overrightarrow{O_1O_{1x}}|=|\overrightarrow{O_1O_2}|+|\overrightarrow{O_{1x}O_2}| \tag{6.7}$$

同理,可求得

$$\mid \overrightarrow{O_{1x}O_2} \mid = e\sin\alpha - \sqrt{\frac{(d_1-d_2)^2}{4} - e^2(1-\cos\alpha)^2} \tag{6.8}$$

因此,当 $\alpha > \alpha_1$ 时,滑阀位移为

$$x_v = \mid \overrightarrow{O_1O_{1x}} \mid = \frac{1}{2}(d_1-d_2) + e\sin\alpha - \sqrt{\frac{(d_1-d_2)^2}{4} - e^2(1-\cos\alpha)^2} \tag{6.9}$$

当马达转角大于一定角度(α_2)时,考虑到滑阀阀芯只能水平运动,马达转子将不能继续转动,此时滑阀位于最大位移处。此时满足几何关系 $\overrightarrow{O_{1x}O_{2x}} \perp \overrightarrow{O_1O_2} = 0$,即图 6.33c 中线段 $O_{1x}O_{2x}$ 与线段 O_1O_2 垂直,求得 α_2 为

$$\alpha_2 = \arccos\left(1 - \frac{d_1-d_2}{2e}\right) \tag{6.10}$$

综上所述,$0 \leqslant \alpha \leqslant \alpha_2$ 时,滑阀位移与马达转角满足如下关系式

$$x_v = f(\alpha) = \frac{1}{2}(d_1-d_2) + e\sin\alpha - \sqrt{\frac{(d_1-d_2)^2}{4} - e^2(1-\cos\alpha)^2} \tag{6.11}$$

由上式可得滑阀位移与马达转角的函数关系,如图 6.34 所示。可见,在较大的转角范围内,滑阀位移与马达转角之间都有很好的线性关系。

3) 功率滑阀的基本方程 滑阀阀芯负载力与力矩马达转子的力矩平衡方程式为

$$T_f = F_f r = F_f\left(e - \frac{d_1}{2}\sin\alpha\right) \tag{6.12}$$

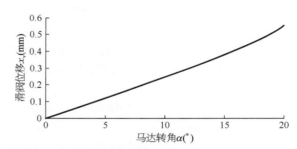

图 6.34 滑阀位移与马达转角之间的关系曲线

其中,滑阀运动产生的负载力为

$$F_L = m_v\frac{d^2x_v}{dt^2} + (B_v+B_{vs})\frac{dx_v}{dt} + k_v(x_v+x_{v0}) + F_s \tag{6.13}$$

$$F_s = 2C_dC_v\pi D_v x_v\cos\varphi(p_s-p_L) - 2C_dC_v\pi D_v(U-x_v)\cos\varphi p_L \tag{6.14}$$

式中　　m_v——阀芯质量;

　　　　D_v——阀芯端面直径;

　　　　B_v——滑阀阀芯运动黏性系数;

　　　　B_{vs}——由于瞬态液动力造成的阻尼系数;

　　　　F_s——稳态液动力;

　　　　k_v——滑阀弹簧刚度;

　　　　U——滑阀预开口量;

　　　　x_{v0}——弹簧预压缩量;

　　　　p_s——供油压力;

　　　　p_L——负载压力。

负载腔油液连续性方程为

$$C_d \pi D_v x_v \sqrt{\frac{2(p_s - p_c)}{\rho}} - C_d \pi D_v (U - x_v) \sqrt{\frac{2 p_L}{\rho}} = \frac{V}{E} \frac{\mathrm{d} p_c}{\mathrm{d} t} \tag{6.15}$$

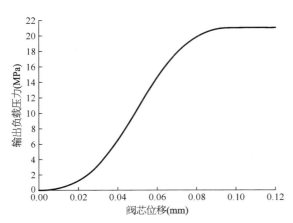

图 6.35　直接驱动式电液伺服阀输出负载压力和阀芯位移的关系 ($U = 0.1\,\mathrm{mm}$)

式中　ρ——油液密度;

　　V——负载腔容积;

　　E——油液体积弹性模量。

若忽略负载腔油液的压缩性,可得功率滑阀的输出负载压力为

$$p_L = \frac{x_v^2 p_s}{U^2 + 2 x_v^2 - 2 U x_v} \tag{6.16}$$

根据式(6.16)可得输出负载压力和阀芯位移的关系,如图 6.35 所示。

可见,功率滑阀的输出负载压力和阀芯位移不是线性关系。根据式(6.1)、式(6.2)和式(6.11)～式(6.15),可得旋转直接驱动式电液伺服阀的机械液压部分数学模型。该模型以马达接收的电流信号为输入,以负载压力为输出。而控制电路采集上述模型中的马达转角信号和负载压力信号进行反馈,发出控制信号,构成完整闭环控制系统。放大器的主要环节有:

(1) 信号处理:将输入的控制电流 i_i 信号转化为电压信号 u_i,并进行降噪滤波处理,该环节为比例环节,比例系数为 k_b。

(2) PID 控制:根据输入信号和反馈压力信号的误差进行比例、积分和微分运算,输出马达的控制信号 u_m。

(3) PWM 放大:将马达控制信号 u_m 放大为能够驱动马达运动的电压信号 u_0,该环节为比例环节,比例系数为 k_{pwm}。

因此,放大器的数学模型为

$$
\begin{aligned}
u_i &= k_b i_i \\
u_m &= (u_i - p_c k_{f2})\left(K_P + K_I \frac{1}{s} + K_D s\right) \\
u_0 &= (u_m - \alpha k_{f1}) k_{pwm}
\end{aligned}
\tag{6.17}
$$

式中　k_{f1}——马达转角电压反馈系数;

　　k_{f2}——负载压力电压反馈系数。

根据旋转直接驱动式电液伺服阀的非线性数学模型,可以通过数字计算和仿真方法来分析旋转直接驱动式电液伺服阀的基本特性。

6.3.3　稳定性

电液伺服阀特别是压力伺服阀的研制过程中,结构和控制参数选择不合理容易造成伺服阀失稳。为此,可通过分析伺服阀线性化模型得到初步设计依据。

力矩马达输出力矩式(6.1)中的转角力矩项可忽略,简化为

$$T_{em} = k_t i_0 \tag{6.18}$$

压力伺服阀的控制压力方程式(6.16)在滑阀工作点 x_{vx} 附近线性化,可得

$$p_c = k_p x_v$$
$$k_p = \frac{\mathrm{d}p_c}{\mathrm{d}x_v}\bigg|_{x_v = x_{vx}} = \frac{2Ux_{vx}(U - x_{vx})}{(2x_{vx}^2 - 2Ux_{vx} + U^2)^2} p_s \tag{6.19}$$

式中　k_p——滑阀在工作点 x_{vx} 的压力增益。

假设作用在滑阀上的稳态液动力为弹性力,可得

$$F_s = k_s x_v$$
$$k_s = 2C_d \pi D_v \cos\varphi (p_s - Uk_p) \tag{6.20}$$

式中　k_s——滑阀在工作点 x_{vx} 的稳态液动力刚度。

根据式(6.2)、式(6.11)~式(6.15)和式(6.18)~式(6.20),可得到如图 6.36 所示的旋转直接驱动式电液伺服阀在工作点附近的框图。

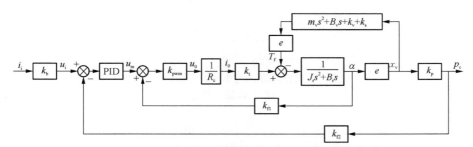

图 6.36　旋转直接驱动式电液伺服阀在工作点附近的线性化框图

根据图 6.36 所示框图,可得到传递函数为

$$G(s) = \frac{p_c(s)}{I_i(s)} = \frac{b_0 s^2 + b_1 s + b_2}{a_0 s^3 + a_1 s^2 + a_2 s + a_3} \tag{6.21}$$

其中　$b_0 = k_t k_{pwm} e k_p k_b K_D$;　$b_1 = k_t k_{pwm} e k_p k_b K_P$;　$b_2 = k_t k_{pwm} e k_p k_b K_I$;　$a_0 = J_r + m_v e^2$;　$a_1 = B_r + B_v e^2 + \dfrac{k_t k_{pwm}}{R_c} e k_p k_{f2} K_D$;　$a_2 = (k_v + k_s)e^2 + \dfrac{k_t k_{pwm}}{R_c} k_{f1} + \dfrac{k_t k_{pwm}}{R_c} e k_p k_{f2} K_P$;　$a_3 = \dfrac{k_t k_{pwm}}{R_c} e k_p k_{f2} K_I$

根据 Routh 稳定性判据,伺服阀保持稳定的充要条件为 $a_1 a_2 > a_0 a_3$;代入可得工作点 x_{vx} 附近时,旋转直接驱动式电液伺服阀稳定性判据为

$$K_{spool} + K_{motor} + K_{pressure} K_P > \frac{M}{B} K_{pressure} K_I \tag{6.22}$$

式中　K_{spool}——滑阀刚度,$K_{spool} = (k_v + k_s)e^2$;

　　　K_{motor}——马达刚度,$K_{motor} = \dfrac{k_t k_{pwm}}{R_c} k_{f1}$;

$K_{pressure}$——压力刚度，$K_{pressure} = \dfrac{k_t k_{pwm} e k_p}{R_c} k_{f2}$；

M——整阀惯性，$M = J_r + m_v e^2$；

B——整阀阻尼，$B = B_r + B_v e^2 + \dfrac{k_t k_{pwm}}{R_c} e k_p k_{f2} K_D$。

如图 6.37 所示，稳态液动力 F_s 和滑阀稳态液动力刚度 k_s 随工作点 x_{vx} 变动而改变。图中，当滑阀阀芯位于中间位置（$x_v = U/2$）附近时，稳态液动力的刚度 k_s 为负值，在滑阀开启过程中为正反馈作用，不利于伺服阀稳定；若此时相关结构参数和控制参数不满足式（6.22）所示条件，伺服阀将处于失稳状态。

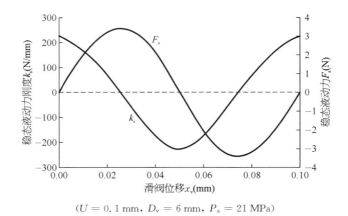

$(U = 0.1\ \text{mm},\ D_v = 6\ \text{mm},\ P_s = 21\ \text{MPa})$

**图 6.37　滑阀稳态液动力 F_s 和稳态液动力刚度 k_s
随工作点 x_{vx} 变动而改变**

根据式（6.22），提高旋转直接驱动式电液伺服阀稳定性的方法，包括：①增加滑阀刚度 K_{spool}，选用刚度更大的滑阀弹簧；②增加力矩马达刚度 K_{motor}，由于力矩马达本身机械刚度较小，可以通过提高马达转角电压反馈系数 k_{f1} 实现较大的马达刚度；③增加压力刚度 $K_{pressure}$，提高负载压力电压反馈系数 k_{f2}；④合理设置 PID 控制参数。其中增加滑阀弹簧刚度 k_v 的方法有利于提高伺服阀机械部分稳定性，保证伺服阀断电情况下仍然可以保持稳定。

6.3.4　基本特性

以某旋转直接驱动式电液压力伺服阀（RDDPV）为例，进行数值模拟和理论特性分析，其基本参数见表 6.1。

表 6.1　某旋转直接驱动式电液伺服阀基本参数

物　理　量	参数值	物　理　量	参数值
额定压力	21 MPa	转角力矩电机转角范围	$\pm 30°$
转角力矩电机额定电压	28 V	阀芯直径	6 mm
转角力矩电机最大工作电流	2 A	阀芯行程	0.2 mm
转角力矩电机额定输出力矩	60 mN·m		

假设负载容腔初始为零,给定标准三角波,得到如图 6.38 所示旋转直接驱动式电液伺服阀静态压力特性。由于采用负载压力闭环控制,伺服阀的静态压力特性具有良好的线性度和较小的滞环。

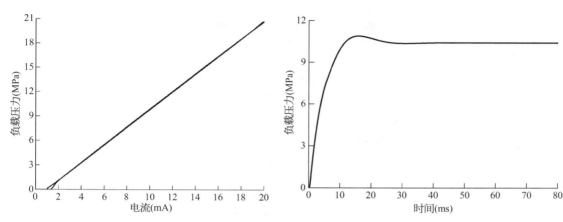

图 6.38　旋转直接驱动式电液伺服阀静态压力特性理论曲线

图 6.39　旋转直接驱动式电液伺服阀阶跃响应特性理论曲线

假设负载容腔为 300 ml,给定 10 mA 的阶跃信号,得到如图 6.39 所示旋转直接驱动式电液伺服阀阶跃响应特性理论曲线。理论得到的上升时间小于 20 ms,调整时间小于 40 ms,超调小于 5%。

给定频率 1~200 Hz 的正弦信号,得到如图 6.40 所示旋转直接驱动式电液伺服阀频率特性。其理论幅频宽(−3 dB)为 55 Hz,相频宽(−90°)为 130 Hz。

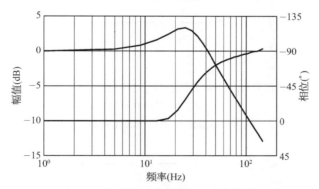

图 6.40　旋转直接驱动式电液伺服阀频率特性

6.3.5　振动冲击环境下旋转直接驱动式电液伺服阀的特性

假设所研究的振动信号与功率阀芯运动方向相同,均为 X 方向,电液伺服阀阀体在 X 方向上做平动。平动牵连运动的合成运动规律为

$$x_v = x_r + x, \quad \frac{\mathrm{d}x_v}{\mathrm{d}t} = \frac{\mathrm{d}x_r}{\mathrm{d}t} + \frac{\mathrm{d}x}{\mathrm{d}t}, \quad \frac{\mathrm{d}^2 x_v}{\mathrm{d}t^2} = \frac{\mathrm{d}^2 x_r}{\mathrm{d}t^2} + \frac{\mathrm{d}^2 x}{\mathrm{d}t^2}$$

式中　x_v、$\dfrac{\mathrm{d}x_v}{\mathrm{d}t}$、$\dfrac{\mathrm{d}^2 x_v}{\mathrm{d}t^2}$——功率阀芯的绝对位移、绝对速度、绝对加速度；

$\qquad x_r$、$\dfrac{\mathrm{d}x_r}{\mathrm{d}t}$、$\dfrac{\mathrm{d}^2 x_r}{\mathrm{d}t^2}$——功率阀芯相对于阀体的位移、速度、加速度；

$\qquad x$、$\dfrac{\mathrm{d}x}{\mathrm{d}t}$、$\dfrac{\mathrm{d}^2 x}{\mathrm{d}t^2}$——阀体相当于绝对坐标系的位移、速度、加速度。

变换可得

$$x_r = x_v - x,\ \frac{\mathrm{d}x_r}{\mathrm{d}t} = \frac{\mathrm{d}x_v}{\mathrm{d}t} - \frac{\mathrm{d}x}{\mathrm{d}t},\ \frac{\mathrm{d}^2 x_r}{\mathrm{d}t^2} = \frac{\mathrm{d}^2 x_v}{\mathrm{d}t^2} - \frac{\mathrm{d}^2 x}{\mathrm{d}t^2}$$

为得到振动冲击环境下电液伺服阀的数学模型，需要将理想工况下所涉及的一些数学表达式做相应的调整。通过滑阀受力分析，可得到滑阀的运动方程为

$$F_x = m_v\left(\frac{\mathrm{d}^2 x_r}{\mathrm{d}t^2} + \frac{\mathrm{d}^2 x}{\mathrm{d}t^2}\right) + B_v \frac{\mathrm{d}x_r}{\mathrm{d}t} + k_v(x_r + x_{r0}) + F_s \tag{6.23}$$

假设电机转子的转动和滑阀的转动受振动冲击的影响较小。式(6.23)与其他理想工况下方程式组成了振动冲击环境下旋转直接驱动伺服阀的数学模型。如图 6.41 和图 6.42 所示为阀体阶跃加速度下不同工作点的响应曲线；阀芯位移和负载压力在波动之后迅速趋于稳定（约 25 ms）；且旋转直驱阀对振动信号的响应在不同工作点基本相同。由于对负载压力进行了电反馈控制和 PID 调节，阶跃加速度信号施加后，在积分环节作用下，负载压力能够恢复到之前值。

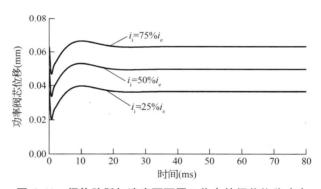

图 6.41　阀体阶跃加速度下不同工作点的阀芯位移响应

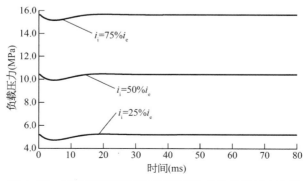

图 6.42　阀体阶跃加速度下不同工作点的负载压力响应

图 6.43 和图 6.44 所示为阀体单位脉冲加速度下不同工作点的响应曲线。

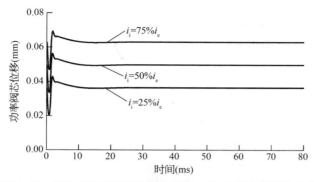

图 6.43　阀体单位脉冲加速度下不同工作点的阀芯位移响应

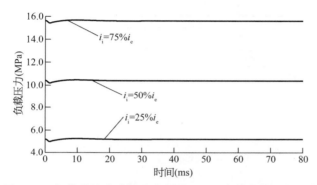

图 6.44　阀体单位脉冲加速度下不同工作点的负载压力响应

图 6.45 所示为负载压力对振动信号响应的伯德图（$i_i = 50\%i_e$），可以看出，该旋转直驱阀对小于 400 Hz 的振动信号较为敏感，当振动信号频率为 40 Hz 时，幅频增益最大，会出现共振。

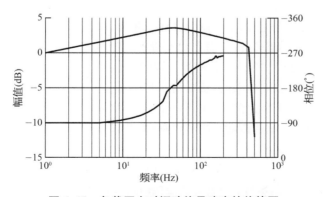

图 6.45　负载压力对振动信号响应的伯德图

6.4　大流量电气四余度液压双余度两级直接驱动式电液伺服阀

由于电-机械的功率密度低、驱动能力有限，当功率阀芯尺寸较大时，单级直驱阀的动态响应变慢,阀芯更容易卡滞。因此,在高压大流量场合,往往将单级直驱阀作为先导级,控制功率阀芯两端的液压力,实现两级电液驱动。在飞机、火箭和导弹等航天航空飞行器中,液压伺服系统的可靠性至关重要。关键液压伺服系统往往采用机械和电气的多余度配置。本节主要介绍一种应用于飞行器某伺服控制系统的大流量电气四余度液压双余度两级直接驱动伺服阀。

6.4.1 工作原理

两级直接驱动式电液伺服阀采用"液压双余度、电气四余度"的余度设计方案,双冗余先导级 DDV 共同控制功率阀芯,两液压回路间的切换是通过相应支路电磁控制阀(solenoid operated valve,SOV)的通断实现的,其中 DDV 是电气四余度阀。该伺服阀简化后的液压原理如图 6.46 所示,由双余度先导 DDV 阀、SOV 阀、液控换向阀、线性位移差分传感器(liner variable differential transformer,LVDT)功率阀芯和控制构成。

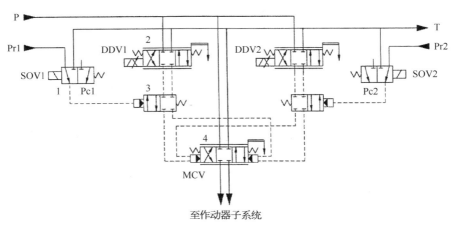

图 6.46　大流量电气四余度液压双余度两级直接驱动伺服阀简化液压原理图

先导 DDV 阀马达具有双向的工作状态,控制线圈中通入正方向的电流时,马达会输出正向的驱动力,驱动先导阀芯正向运动;当控制线圈通入相反方向电流时,马达驱动先导阀芯反向运动。先导阀芯在马达的驱动下打开,从而在功率滑阀阀芯两端产生压差,推动功率滑阀运动;在功率阀芯一侧设有四余度 LVDT 位移传感器,将功率阀芯位移反馈至先导级输入端,与输入信号比较,当功率阀芯打开至预定位置时,反馈信号与输入信号相当,此时马达的实际输入电流为零,先导阀芯关闭,此后功率阀芯保持预定开口量不变,从而输出要求的流量。通过控制先导阀芯输入信号的大小可以线性地控制功率阀芯位移(即开口量),从而实现对伺服阀输出流量的伺服控制。

1) 液压双余度　两支先导级 DDV 之间的切换是通过 SOV 控制下的液控换向阀完成的。当 SOV1 工作、SOV2 关闭时,SOV1 控制的液控换向阀打开,此时功率阀芯受 DDV1 控制而组成两级电液伺服阀。当 SOV2 和 SOV1 均关闭时,功率阀芯处于弹簧对中状态,即故障安全模式,作动器停止运动。为了保证两支路 DDV 之间切换的平滑性,采用热备份形式,即两支 DDV 均处在工作状态,接收相同的控制信号,理论上两者输出位移相同,但备份阀的输出压力不作用在功率阀芯上。

2）电气四余度　驱动先导阀芯的电气四余度线性力马达结构如图 6.47 所示,采用磁通综合方式,通过四个线圈组成的线性力马达共同完成阀芯驱动,每个马达的控制电流由不同的控制器产生,可以保证当两路线圈出现故障后,线性力马达控制阀芯的性能基本不变。

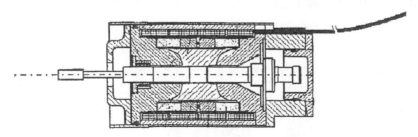

图 6.47　电气四余度线性力马达结构图

SOV 正常工作与否直接关系到两支路先导级的可靠性,如果 SOV 出现故障,就算相应支路的先导级 DDV 具有冗余能力,也会因为其不能接入控制回路中而致使系统出现故障。因此 SOV 阀也是具有电气四余度配置的电磁阀,即具有四个相互独立的线圈控制线性力马达。另外,LVDT 和控制器均采用四余度配置。

6.4.2　数学模型

忽略磁性材料磁阻后,单线圈驱动的直线力马达原理如图 6.48 所示。

图中 R_1 为气隙 1 处的磁阻,R_2 为气隙 2 处的磁阻,其计算式为

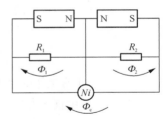

图 6.48　直线力马达原理图

$$\left.\begin{array}{l} R_1 = \dfrac{g - x_c}{\mu_0 A_g} = R_g\left(1 - \dfrac{x_c}{g}\right) \\[2mm] R_2 = \dfrac{g + x_c}{\mu_0 A_g} = R_g\left(1 + \dfrac{x_c}{g}\right) \end{array}\right\} \tag{6.24}$$

式中　g——衔铁位于中位时气隙长度(m);

$\quad\quad A_g$——衔铁工作面积(m^2);

$\quad\quad \mu_0$——真空中的磁导率(H/m);

$\quad\quad R_g$——衔铁位于中位时的工作气隙磁阻(H)。

工作气隙 1 和 2 处的磁通为

$$\left.\begin{array}{l} \varPhi_1 = \dfrac{M_0 + Ni/2}{R_1} = \dfrac{\varPhi_g + \varPhi_c}{1 - \dfrac{x_c}{g}} \\[4mm] \varPhi_2 = \dfrac{M_0 - Ni/2}{R_2} = \dfrac{\varPhi_g - \varPhi_c}{1 + \dfrac{x_c}{g}} \\[4mm] \varPhi_c = \dfrac{Ni}{2R_g} \\[3mm] \varPhi_g = \dfrac{M_0}{R_g} \end{array}\right\} \tag{6.25}$$

式中　Φ_c——控制磁通,线圈通电后产生的磁通(Wb);

　　　Φ_g——固定磁通,衔铁位于中位、控制磁通为零时,马达气隙中的磁通(Wb);

　　　M_0——单个永久磁铁磁势(A)。

马达输出力 F_j 为工作气隙 1 处电磁作用力和工作气隙 2 处电磁作用力之差,有

$$F_j = \frac{\Phi_1^2 - \Phi_2^2}{2\mu_0 A_g} \tag{6.26}$$

将式(6.24)和式(6.25)代入式(6.26),可得单线圈作用时马达的输出驱动力 F_j 为

$$F_j = K_t i + K_m x_c \tag{6.27}$$

$$\left. \begin{aligned} K_t &= \frac{\dfrac{N\Phi_g}{g}\left(1 + \dfrac{x_c^2}{g^2}\right)}{1 - \dfrac{x_c^2}{g^2}} \\[4mm] K_m &= \frac{\dfrac{2\Phi_g^2}{\mu_0 A_g g}\left(1 + \dfrac{x_c^2}{g^2}\right)}{\left(1 - \dfrac{x_c^2}{g^2}\right)^2} \end{aligned} \right\} \tag{6.28}$$

式中　K_t——马达电流力系数(N/A);

　　　K_m——马达磁弹簧刚度(N/m)。

忽略线圈分布位置的影响,当多线圈同时工作时(分别输入相同的工作电流),衔铁的输出驱动力 F 为

$$F = nF_j \tag{6.29}$$

式中　n——正常工作的线圈数。

先导阀芯由直线力马达直接驱动,其力平衡方程为

$$F = m_c \frac{\mathrm{d}^2 x_c}{\mathrm{d}t^2} + B_c \frac{\mathrm{d}x_c}{\mathrm{d}t} + K_a x_c + 0.43 W_c (p_s - p_{Lc}) x_c \tag{6.30}$$

式中　m_c——先导阀芯质量(kg);

　　　x_c——先导阀芯位移(m);

　　　B_c——先导阀芯阻尼系数(N·s/m);

　　　K_a——马达支撑弹簧刚度(N/m);

　　　W_c——先导阀口面积梯度(m²);

　　　p_s——供油压力(Pa);

　　　p_{Lc}——先导滑阀负载压力(Pa)。

先导滑阀阀口的节流方程为

$$Q_{Lc} = C_d W_c x_c \sqrt{\frac{2(p_s - p_{Lc})}{\rho}} \tag{6.31}$$

式中　Q_{Lc}——先导滑阀输出流量(m³/s);

　　　C_d——先导阀口节流系数;

ρ——油液密度(kg/m^3)。

先导阀的输出流量流入功率级滑阀两端,功率滑阀两端容腔的流量连续性方程为

$$Q_{Lc} - A_v \frac{dx_v}{dt} = \frac{V}{4E} \frac{dp_{Lc}}{dt} \tag{6.32}$$

式中　A_v——功率阀芯端面面积(m^2);

　　　V——功率滑阀两端容腔总体积(m^3);

　　　E——油液体积弹性模量(Pa)。

功率滑阀阀芯的运动方程为

$$p_{Lc}A_v = m_v \frac{d^2x_v}{dt^2} + B_v \frac{dx_v}{dt} + 0.43W_v(p_s - p_{Lv})x_v \tag{6.33}$$

式中　m_v——功率级阀芯质量(kg);

　　　x_v——功率级阀芯位移(m);

　　　B_v——功率级阀芯阻尼系数($N \cdot s/m$);

　　　W_v——功率级阀口面积梯度(m^2);

　　　p_{Lv}——功率级滑阀负载压力(Pa)。

功率级滑阀阀口节流方程为

$$Q_{Lv} = C_d W_v x_v \sqrt{\frac{2(p_s - p_{Lv})}{\rho}} \tag{6.34}$$

式中　Q_{Lv}——功率级滑阀输出流量(m^3/s)。

根据上述大流量电气四余度液压双余度两级直接驱动伺服阀非线性数学模型,可以通过数学计算和仿真来分析伺服阀特性。

6.4.3　基本特性

根据非线性仿真模型,可以得到该两级 DDV 的基本性能。本节主要探讨无故障情况下伺服阀的基本性能。两级 DDV 伺服阀空载流量特性仿真曲线如图 6.49 所示。

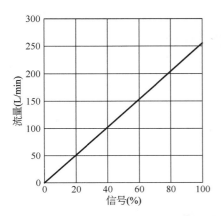

图 6.49　两级 DDV 伺服阀空载流量特性仿真曲线(供油压力 21 MPa)

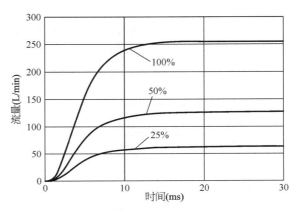

图 6.50　两级 DDV 伺服阀空载阶跃响应仿真曲线(供油压力 21 MPa)

最大输入信号时，伺服阀在 21 MPa 供油压力下的最大空载输出流量为 255 L/min。两级 DDV 伺服阀空载阶跃响应仿真曲线如图 6.50 所示。

可见，该两级 DDV 伺服阀的上升时间（0～100%）不大于 14 ms。两级 DDV 伺服阀空载频率特性仿真曲线如图 6.51 所示，从图中可以看出，该伺服阀的幅频宽（−3 dB）为 46 Hz，相频宽（90°）为 62 Hz。

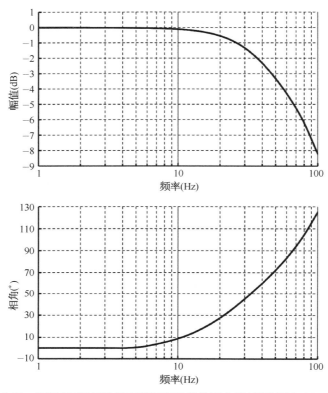

图 6.51　两级 DDV 伺服阀空载频率特性仿真曲线（供油压力 21 MPa）

根据数值模拟结果可得，100% 输入信号时，先导级的理论泄漏量为 0.035 L/min。综上，可得到两级 DDV 伺服阀理论技术参数，见表 6.2。

表 6.2　两级 DDV 伺服阀的理论技术参数

物 理 量	理 论 参 数
额定流量（21 MPa）	255 L/min
阶跃相应时间（0～100%）	≤14 ms
滞环	0
线性度	0
先导级最大泄漏	0.035 L/min
主阀阀芯最大位移	2.5 mm
频率特性	幅频（−3 dB）：46 Hz 相频（90°）：62 Hz

6.4.4　传递函数

先导阀口的节流方程在某时刻 t 的线性化为

$$Q_{Lc} = K_{qc}x_c - K_{cc}p_{Lc} \tag{6.35}$$

$$K_{qc} = \frac{\mathrm{d}Q_{Lc}}{\mathrm{d}x_c}\bigg|_{x=x_{cx},\ p_{Lc}=p_{Lcx}} = C_d W_c \sqrt{\frac{2(p_s - p_{Lcx})}{\rho}} \tag{6.36}$$

$$K_{cc} = \left|\frac{\mathrm{d}Q_{Lc}}{\mathrm{d}p_{Lc}}\right|_{x=x_{cx},\ p_{Lc}=p_{Lcx}} = C_d W_c x_{cx} \sqrt{\frac{1}{(p_s - p_{Lcx})\rho}} \tag{6.37}$$

式中　K_{qc}——先导阀口流量系数；

　　　K_{cc}——先导阀口压力流量系数；

　　　x_{cx}——t 时刻先导滑阀开口量；

　　　p_{Lcx}——t 时刻先导滑阀负载压力。

同理,可得功率阀口的节流方程在某时刻 t 的线性化为

$$Q_{Lv} = K_{qv}x_v - K_{cv}p_{Lv} \tag{6.38}$$

$$K_{qv} = \frac{\mathrm{d}Q_{Lv}}{\mathrm{d}x_v}\bigg|_{x=x_{vx},\ p_{Lv}=p_{Lvx}} = C_d W_v \sqrt{\frac{2(p_s - p_{Lvx})}{\rho}} \tag{6.39}$$

$$K_{cv} = \left|\frac{\mathrm{d}Q_{Lv}}{\mathrm{d}p_{Lv}}\right|_{x=x_{vx},\ p_{Lv}=p_{Lvx}} = C_d W_v x_{vx} \sqrt{\frac{1}{(p_s - p_{Lvx})\rho}} \tag{6.40}$$

式中　K_{qv}——功率阀口流量系数；

　　　K_{cv}——功率阀口压力流量系数；

　　　x_{vx}——t 时刻功率滑阀开口量；

　　　p_{Lvx}——t 时刻功率滑阀负载压力。

由式(6.24)~式(6.30)、式(6.32)、式(6.33)和式(6.35)~式(6.40)可得到两级 DDV 伺服阀的线性模型,根据该模型可推导出 t 时刻两级 DDV 伺服阀控制框图,如图 6.52 所示。

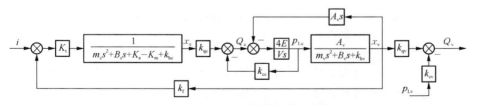

图 6.52　两级 DDV 伺服阀控制框图

根据图 6.52 可得两级 DDV 伺服阀的传递函数为

$$\frac{x_v(s)}{i(s)} = G(s) = \frac{K}{a_0 s^5 + a_1 s^4 + a_2 s^3 + a_3 s^2 + a_4 s + a_5} \tag{6.41}$$

其中　$K = 4EA_v K_t k_{qc}^2$

　　　$a_0 = m_v m_c$

$$a_1 = m_c(B_v V + 4Em_v k_{cc}) + m_v B_c$$
$$a_2 = m_c(k_{hv} + 4EA_v^2 + 4EB_v k_{cc}) + B_c(B_v V + 4Em_v k_{cc}) + m_v(K_a - K_m + k_{hc})$$
$$a_3 = 4Ek_{cc}k_{hv}m_c + B_c(k_{hv} + 4EA_v^2 + 4EB_v k_{cc}) + (B_v V + 4Em_v k_{cc})(K_a - K_m + k_{hc})$$
$$a_4 = 4Ek_{cc}k_{hv}B_c + (K_a - K_m + k_{hc})(k_{hv} + 4EA_v^2 + 4EB_v k_{cc})$$
$$a_5 = 4Ek_{cc}k_{hv}(K_a - K_m + k_{hc}) + 4EA_v k_f K_t k_{qc}^2$$

式(6.41)为伺服阀非线性化后准确的传递函数,其形式较为复杂,可根据具体情况忽略相对小量,以便于分析主要参数对伺服阀性能的影响。

6.4.5　结构参数对性能的影响

主阀阀芯位移通过闭环电反馈,伺服阀静态性能较好,特别是伺服阀空载流量特性曲线的线性度和滞环均为 0。本节主要介绍两级 DDV 伺服阀结构参数对动态特性的影响。在保证伺服阀稳定的前提下,尽可能地提高其响应速度。

1) 阀芯质量对伺服阀性能的影响　先导阀芯质量 m_c 对两级 DDV 伺服阀阶跃响应性能的影响如图 6.53 所示。

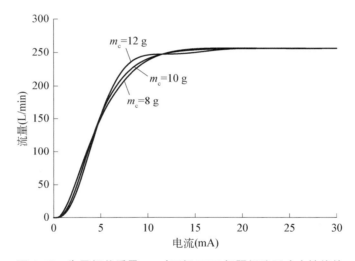

图 6.53　先导阀芯质量 m_c 对两级 DDV 伺服阀阶跃响应性能的影响

可见,随着先导阀芯(含力矩马达衔铁)质量的增加,伺服阀控制流量的超调增加,调整时间变长。应当通过改变材料以及合理设计阀芯和衔铁结构,减小先导阀芯质量。

主阀阀芯质量 m_v 对两级 DDV 伺服阀阶跃响应性能的影响如图 6.54 所示。可见,主阀阀芯质量的改变对伺服阀阶跃响应性能几乎没有影响,这是由于主阀阀芯受到液动力驱动,其惯性力相对较小,可以忽略。

2) 马达支撑弹簧刚度对特性的影响　马达支撑弹簧刚度 K_a 对两级 DDV 伺服阀阶跃响应性能的影响如图 6.55 所示。可见,马达支撑弹簧刚度的改变可以提高 DDV 伺服阀的自然频率,提高伺服阀的相应速度,减少调整时间。因此,在保证马达驱动能力的前提下,应当尽量增加马达支撑弹簧刚度。

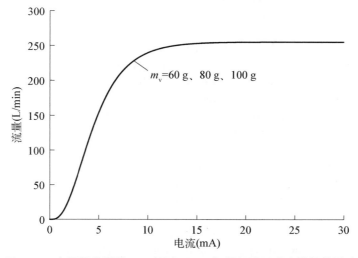

图 6.54 主阀阀芯质量 m_v 对两级 DDV 伺服阀阶跃响应性能的影响

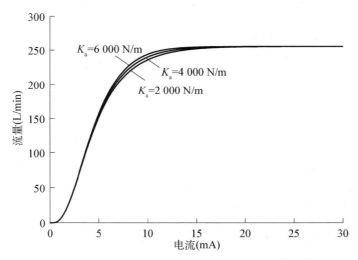

图 6.55 马达支撑弹簧刚度 K_a 对两级 DDV 伺服阀阶跃响应性能的影响

参考文献

［1］阎耀保. 极端环境下的电液伺服控制理论及应用技术［M］. 上海：上海科学技术出版社，2012.

［2］阎耀保. 旋转直接驱动电液压力伺服阀数学模型及特性仿真分析报告［R］. 同济大学，TJME - 15 - 200，2015.

［3］阎耀保. 极端环境下旋转直接驱动电液压力伺服阀工作机理和基本服役性能分析报告［R］. 同济大学，TJME - 15 - 400，2015.

［4］朱康武，傅俊勇，曾凡铨，等. 运载火箭电液推力矢量控制系统总体设计策略研究［J］. 宇航学报，2014，35(6)：685 - 692.

［5］刘雪,陈宇峰. 三余度电液伺服阀静态特性测试系统研制［J］. 上海航天,2014,31(4)：64－68.

［6］钱占松. 旋转直接驱动电液压力伺服阀的设计研究［J］. 液压与气动,2015(11)：90－94.

［7］姚建庚. 直接驱动式电液伺服阀［J］. 液压与气动,1999(4)：36－38.

［8］Boyar R E, Johnson B A, Schmid L. Hydraulic servo control valve (Part 1 a summary of the present state of the art of electro-hydraulic servo valves) ［R］. Wright Air Development Center, 1955.

［9］Johnson B, Schmid L. Hydraulic servo control valve (Part 2 an investigation of a number of representative electro-hydraulic servo valves) ［R］. Wright Air Development Center, 1956.

［10］Johnson B. Hydraulic servo control valve (Part 3 state of the art summary of electrohydraulic servo valves and applications) ［R］. Wright Air Development Center, 1956.

［11］Johnson B A, Axelrod L R, Weiss P A. Hydraulic servo control valve (Part 4 research on servo valves) ［R］. Wright Air Development Center, 1957.

［12］Axelrod L R, Johnson D R, Kinney W L. Hydraulic servo control valve (Part 5 analog simulation, pressure control, and high-temperature test facility design) ［R］. Wright Air Development Center, 1958.

［13］Kinney W L, Schumann E R, Weiss P A. Hydraulic servo control valve (Part 6 research on electrohydraulic servo valves dealing with oil contamination, life and reliability, nuclear radiation and valve testing) ［R］. Wright Air Development Center, 1958.

［14］Kinney W L, Weiss P A, Schumann E P. Hydraulic servo control valve (Part 7 design for improved reliability, tolerable oil contamination level standards, and nuclear reactor irradiation test results) ［R］. Wright Air Development Center, 1959.

［15］Kinney W L, Dick G H. Hydraulic servo control valve (Part 8 valve performance evaluation investigation of oil contamination effects, and nuclear radiation effects testing) ［R］. Wright Air Development Center, 1962.

［16］Kuwano H, Matsushita T, Kakuma H, et al. Direct-drive type electro-hydraulic servo valve：U. S. Patent 4,648,580［P］. 1987－3－10.

［17］Audren J T, Merlet E, Meleard J, et al. Valve control device：U. S. Patent 7,026,746［P］. 2006－4－11.

［18］Vick R L. Direct drive rotary servo valve：U. S. Patent 4,794,845［P］. 1989－1－3.

［19］Haynes L E, Lucas L L. Direct drive servo valve：U. S. Patent 4,793,377［P］. 1988－12－27.

［20］Johnson D D, Tew S K. Direct drive servo valve with rotary force motor：U. S. Patent 4,742,322［P］. 1988－5－3.

［21］Vanderlaan R D, Meulendyk J W. Direct drive valve-ball drive mechanism：U. S. Patent 4,672,992［P］. 1987－6－16.

［22］Maskrey R H, Thayer W J. A brief history of electrohydraulic servomechanisms ［J］. Trans. ASME, J. Dynamic Systems, Measurement and Control, 1978：100,110－116.

［23］Electro hydraulic valves a technical look ［R］. MOOG.

［24］Proportional directional control valve-operation manual series DFplus ［R］. Parker.

［25］Proportional directional valves type DLHZO and DLKZOR ［R］. ATOS.

高端液压元件理论与实践

飞行器常常采用共用液压能源,液压用户的负载要求不同,不同负载通过设置不同的压力等级完成必需的功能。飞行器电液能源系统用压力控制阀,包括溢流阀(relief valve)和减压阀(pressure reducing valve)。通过溢流阀控制系统工作压力,通过减压阀来实现不同的压力等级。本章介绍飞行器溢流阀(包括一种带平衡活塞固定节流器单级溢流阀)结构特点、数学模型、静态和动态特性。第 9 章将介绍飞行器减压阀(一种带有固定节流器和压力感受腔的液压减压阀)原理、静态特性和动态特性。

本章结合某导弹控制舱电液能源系统用溢流阀、安全阀研制过程,介绍一种带平衡活塞固定节流器单级溢流阀及其结构特点,包括飞行器用集成式溢流阀的工作原理,带平衡活塞固定节流器的新型溢流阀的减振、消声、稳压三合一综合功能,新型溢流阀的动态特性及其影响因素。通过计算机仿真得到保证最佳动态工况条件下确定几何参数的方法,并提供部分产品试验结果。

飞行器液压元件制造、装配和调试完成后直接安装于液压舵机,当飞行器接到指令突然起飞工作的瞬时,初级能源带动液压泵启动过程中溢流阀处于调定压力状态,即液压泵属于带载启动过程。这类飞行器对于机载溢流阀及其工作压力的动态响应特性有较高要求。为此,分析具有平衡活塞的集成式溢流阀的静态和动态特性,建立其数学模型,理论特性和实验的对比分析结果表明该集成式液压阀具有三大特殊功能,即减振、消声、稳压。

7.1 概述

导弹舵面液压控制系统、飞行器液压伺服机构都是采用溢流阀控制的典型液压回路。常规的溢流阀大多为球形阀或锥形阀的结构形式,目前液压控制系统普遍存在工作点压力变动、控制压力不稳定现象;溢流阀工作过程也存在或者打不开,或者关不死的无法正常工作情况;液压管路及其连接件易产生高频振动、啸叫,造成系统漏油故障,是导致整机失败的重要原因之一。导弹等飞行器液压控制系统要求其各液压元件做到小型化、轻量化,具有高可靠性。如图 7.1～图 7.3 所示为某飞行器单级溢流阀的三种典型结构形式。该类典型结构溢流阀的零件数量少、结构简单、体积小,它与管路、泵、负载一起构成一个调节回路系统,在弹上液压系统中可以方便地进行一体化集成式结构设计。图 7.1 所示球形阀常用于压力控制精度要求不是特别高的低压系统中作安全阀。图 7.2 所示锥形阀是用途较为广泛的安全阀或溢流阀,该阀能很好地切断液流,非工作状态泄漏量小,且具有自洁功能,抗污染能力强。但锥形阀在工作状态常常产生剧烈的振动、啸叫,除节流作用产生的阀芯组件磨损、振动外,阀及其连接组合、管路系统也容易引起高频振荡,造成系统压力控制精度不高,阀及其连接件松动,是造成飞行器液压系统漏油故障的重要原因之一。图7.3所示为飞行器用带平衡活塞固定节流器的单级溢流阀,该阀设计巧妙、结构紧凑,可以设计成易于更换的微型元件,实现系统设计的集成化、模块化;该阀具有减振、消声、稳压三合一综合功能,动态特性好;可以实现精确的压力控制,适用于飞行器小流量液压控制系统。该带平衡活塞固定节流器的单级溢流阀在导弹液压控制系统中的应用研究还不多见,缺乏基本分析方法和理论。为此,本章主要对该新型阀的特点和性能进行分析。

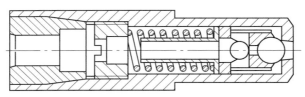

图 7.1　某飞行器用安全阀(球形阀)

高端液压元件理论与实践

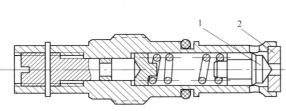

图 7.2　某飞行器用溢流阀(锥形阀)

1—阀芯;2—阀座

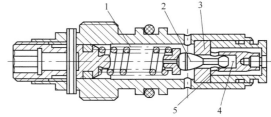

图 7.3　某飞行器用带平衡活塞固定
节流器单级溢流阀

1—弹簧;2—阀芯;3—阀座;
4—压力感受腔;5—固定节流器

7.2　带平衡活塞固定节流器单级溢流阀结构与原理

1) 结构特点　如图7.3所示,带平衡活塞固定节流器单级溢流阀由阀芯、阀座、弹簧等组成,阀芯采用了葫芦形特殊的新型结构形式,阀芯与阀座构成了压力控制腔、压力感受腔和固定节流器。

(1) 阀芯下端小球头与阀座孔构成动态阻尼孔,形成固定节流器;阀座具有一个几何容腔,进行动态压力感受与反馈。

(2) 阀芯采用平衡活塞防震尾端结构形式,同时在工作状态起导向作用;带球头锥形阀芯上表面为球面,阀芯与弹簧座采用球面接触定位,阀芯与弹簧轴向力传递自找中心。

(3) 曲面异型阀芯结构,改善了液流出流的角度和动量,进行液动力补偿。

2) 工作原理　图7.4所示为带平衡活塞固定节流器单级溢流阀工作原理图。带平衡活塞固定节流器单级溢流阀用于系统建压和稳定压力控制,保持系统正常工作压力。

(1) 当液压泵开始运转时,阀芯处于常闭状态,关闭压力油与回油路的通道,阻止液压泵压

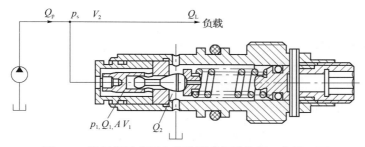

图 7.4　带平衡活塞固定节流器单级溢流阀工作原理图

力油的流动,通过进油腔的假想充液而建立系统压力。

（2）当系统油路充满油液后,油压逐渐升高,油液经固定节流器进入压力控制腔和压力感受腔,由压力感受腔活塞面积 A 上感受到的压力与预先调定的弹簧力比较,组成一个简单的负载反馈回路,进而推动阀门并压缩弹簧。当油液流量过大时,油压力升高,阀芯开启,接通高压油路与回油路的通道,使压力油排入油箱而限制系统油压的升高,实现稳定压力控制,保证系统正常工作压力。弹簧刚度越大,一定开口量所对应的压力变化量就越大;弹簧刚度越小,相应开口量所对应的压力变化量就越小,压力越平稳,对应的压力-流量特性应越好。

（3）固定节流器的作用是形成一个油液的容腔,构成动态液压弹簧,限制压力感受腔内压力油的流动,使阀芯关闭或打开速度减缓,增加动态阻尼,保证阀工作稳定性和动态特性。

（4）带平衡活塞固定节流器单级溢流阀用作安全阀时,限制某一油路或系统的最高油压。阀芯原来因弹簧作用保持关闭,来自某一油路或系统的压力油作用在阀芯上。压力过高时,阀芯被开启,容许压力油排入油箱,是一种常闭式的压力控制阀,或称泄压阀。

3）性能特点　带平衡活塞固定节流器单级溢流阀设置了固定节流器和平衡活塞,增加了压力控制腔和压力感受腔,具有减振、消声、稳压三合一综合功能。

（1）减振。来自液压泵或负载的流量波动引起控制压力的突然增加或减小,经过固定节流器节流后,由压力感受腔感受,产生压力减缓,再与预先调定的弹簧力比较。控制压力间接控制阀的开口量,因而具有自身减振缓冲的功能。而图 7.1 和图 7.2 所示的直接作用式溢流阀是由阀芯直接感受控制压力,由控制压力直接与调定的弹簧力比较,因而不具有减振功能。

（2）消声。液流流动是按微型阀芯与阀体构成的几何空间曲面表面进行的,流体在通入阀以后,在表面形成一个连续的薄层。曲面型结构和平衡活塞可以部分消除节流作用产生的流动噪声。

（3）稳压。固定节流器和压力感受腔构成动态液压弹簧,大大削弱了流量波动引起的压力变化量,动态控制压力稳定。

7.3　工作点、基本方程与基本特性

7.3.1　工作点

溢流阀的稳态特性是指溢流阀进口压力无突变的稳定工况下,阀所控制的压力、流量特性及调节范围等。

1）开启压力　溢流阀在稳定溢流时,由阀芯上力平衡方程可得开启压力为

$$p_{s0} = kx_0/A \tag{7.1}$$

式中　k——弹簧刚度（N/m）；

　　　x_0——弹簧调定的预压缩量（m）；

　　　A——阀座面积（m²）。

2）稳态工作压力　溢流阀的稳态工作压力为

$$p_s A = k(x_0 + x) + F_\beta$$

由上式可得

$$p_s = p_{s0}\left(1 + \frac{x}{x_0}\right) + \frac{F_\beta}{\frac{\pi}{4}d^2} \tag{7.2}$$

$$F_\beta = \rho QV\cos\varphi$$

式中　x——阀芯轴向位移（m）；

　　　p_s——阀稳态工作压力（Pa）；

　　　F_β——稳态液动力；

　　　φ——油流射流角度；

　　　d——阀座孔径（m）；

　　　ρ——油液密度（kg/m³）。

3）稳态流量　溢流阀的稳态流量为

$$Q = C_d \pi x \sin\alpha(d - x\sin\alpha\cos\alpha)\sqrt{2p_s/\rho} \tag{7.3}$$

式中　C_d——流量系数；

　　　α——阀芯半锥角。

式（7.1）～式（7.3）表明：

（1）溢流阀的工作压力增加时，阀位移增大，溢流阀的工作流量也相应上升。弹簧刚度越小，压力越平稳；阀座面积越大，弹簧预压缩量越大，相同流量增量时，压力变化量越小，对应的压力-流量特性就越好。

（2）恰当地设计弹簧刚度与阀座直径，可以得到一个与负载流量基本无关的恒定负载压力。

7.3.2　基本方程

溢流阀的动态特性是指溢流阀对扰动量（如额定流量阶跃信号）或输入量（如额定压力阶跃信号）的阶跃响应。所谓动态特性好，则溢流阀是稳定的，进口压力的超调量小，过渡时间短，即快速性好。

新型溢流阀的动态阻尼孔尺寸、压力感受腔容腔大小是由阀芯、阀座这对精密偶件的几何配合尺寸形成的，该几何尺寸一般难以准确计量。为了合理地决定这两个配合尺寸的结构参数，建立该新型阀的运动学微分方程，并化为状态方程，然后采用四阶龙格-库塔-基尔（Runge-Kutta-Gill）方法进行非线性方程的数值积分求数值解。扰动量是额定值流量阶跃信号，改变固定节流器、压力感受腔尺寸时，得到不同的阶跃响应曲线，从而可以确定动态特性较为满意的一组结构参数，为阀的参数设计提供理论依据。

1）阀芯的运动学方程

$$p_1 A - k x_0 = m\ddot{x} + B\dot{x} + kx + F_{\beta 1} + F_{\beta 2} \tag{7.4}$$

式中　p_1——压力感受腔压力（Pa）；

　　　m——阀芯弹性组件等效质量（kg）；

　　　B——黏性阻尼系数；

　　　$F_{\beta 1}$——稳态液动力（N）；

　　　$F_{\beta 2}$——瞬态液动力（N）。

其中，稳态液动力和瞬态液动力分别为

$$F_{\beta 1} = C_d C_v \pi d \sin(2\alpha) \cdot p_s \cdot x \tag{7.5}$$

$$F_{\beta 2} = \rho L \frac{dQ}{dt} = \rho L C_d \pi d \sin\alpha \sqrt{\frac{2}{\rho} p_s} \cdot x \tag{7.6}$$

式中　C_v——速度系数，$C_v = 0.98$；

　　　L——阻尼长度（m）。

2）主节流口处流量方程

$$Q_2 = C_d \pi \sin\alpha \sqrt{\frac{2}{\rho} p_s} \cdot x \tag{7.7}$$

3）固定节流器流量方程　曲面型阀芯的球形活塞与阀座圆柱面之间形成抛物线形缝隙，两者构成的等效节流面积固定不变，因此称为固定节流器。假定这种缝隙流动形式为层流过程，则流经球头与圆柱形孔间隙的流量可用下式计算

$$Q_1 = b h_0^3 (12\mu L_{eq})^{-1} (p_s - p_1) \tag{7.8}$$

式中　b——球截面周长（m），$b = 2\pi R$；

　　　h_0——球面与圆柱形孔之间的最小间隙（m）；

　　　L_{eq}——当量缝隙长度（m），$L_{eq} = 3\sqrt{2}\pi\sqrt{Rh_0}/8$；

　　　μ——油液黏度（Pa·s）。

4）主阀口处的压力控制腔流量连续性方程

$$Q_p - Q_L - \left(\frac{V_2}{\beta}\right)\left(\frac{dp_s}{dt}\right) - Q_1 - Q_2 = 0 \tag{7.9}$$

式中　Q_p——泵流量（m³/s）；

　　　Q_L——负载流量（m³/s）；

　　　V_2——泵、负载、阀之间形成的压力控制腔总容积（m³）。

5）压力感受腔流量连续性方程

$$Q_1 = \left(\frac{V_1}{\beta}\right)\left(\frac{dp_1}{dt}\right) + A\dot{x} \tag{7.10}$$

式中　V_1——压力感受腔容积（m³）。

式（7.4）～式（7.10）描述的运动学微分方程是非线性式，难以转化为传递函数形式用传统方

法求解。为此,这里将其转化为一阶状态方程形式,采用数值计算方法求数值解。状态方程可转化为

$$\frac{\mathrm{d}t}{\mathrm{d}t} = 1 \tag{7.11}$$

$$\frac{\mathrm{d}x}{\mathrm{d}t} = y \tag{7.12}$$

$$\frac{\mathrm{d}y}{\mathrm{d}t} = \left[p_1 A - kx_0 - By - kx - C_d C_v \pi d \sin(2\alpha) p_s x - \rho C_d \pi d \sin\alpha \sqrt{\frac{2}{\rho} p_s} \right] y m^{-1} \tag{7.13}$$

$$\frac{\mathrm{d}p_s}{\mathrm{d}t} = \beta \left[Q_p - Q_L C_d \pi d \sin\alpha \sqrt{\frac{2}{\rho} p_s} x - bh_0^3 (12\mu L_{eq})^{-1} (p_s - p_1) \right] V_2^{-1} \tag{7.14}$$

$$\frac{\mathrm{d}p_1}{\mathrm{d}t} = \beta \left[bh_0^3 (12\mu L_{eq})^{-1} (p_s - p_1) - Ay \right] V_1^{-1} \tag{7.15}$$

7.3.3 基本特性

1) 数学仿真　式(7.11)~式(7.15)所描述的一阶微分方程可运用 Runge-Kutta-Gill 方法求解。输入溢流阀的结构参数与流体基本参数,初值条件为调定弹簧预压力 kx_0,变参数为固定节流器功能尺寸 h_0、压力感受腔容积 V_1,阶跃信号为溢流阀的额定流量 $Q_p - Q_L$。在上述条件下可以求得动态时变参数的变化过程,即溢流阀进口压力 p_s、阀位移 x_v、压力感受腔压力 p_1 等随时间的变化过程,也包括启动过程。这里对某型号微型溢流阀进行了数学仿真,当 $h_0 = 5\ \mu m$、$V_1 = 19.2\ mm^3$ 时,具有满意的动态特性。图 7.5~图 7.8 分别为溢流阀阀芯的位移、速度、压力感受腔压力、压力控制腔压力的动态仿真时间曲线。

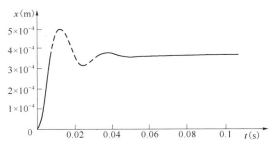

图 7.5　某飞行器溢流阀的阀芯位移
动态响应时间曲线

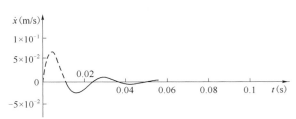

图 7.6　某飞行器溢流阀的阀芯速度的
动态响应时间曲线

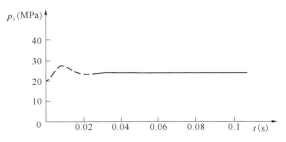

图 7.7　某飞行器溢流阀的压力感受腔
压力动态响应时间曲线

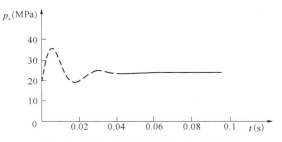

图 7.8　某飞行器溢流阀的压力控制腔
压力动态响应时间曲线

2）型号产品试验结果

（1）如图7.2所示的锥形阀和图7.3所示的带平衡活塞固定节流器新型单级溢流阀型号产品进行了各种对比试验。试验结果表明：在工作状态时，锥形阀本身及其连接件产生了剧烈振动，流动节流噪声刺耳，啸叫远超过90 dB；带平衡活塞固定节流器单级溢流阀则几乎没有振动和节流噪声。

（2）图7.9和图7.10所示为稳态特性试验曲线。锥形阀在一定流量条件下控制压力波动范围大，启动特性差；带平衡活塞固定节流器单级溢流阀控制压力稳定，启动特性好。试验结果与分析结论能很好地吻合。

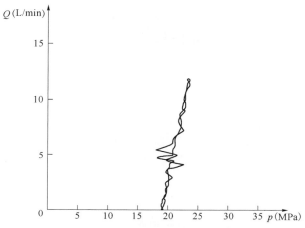

图7.9　锥形阀的稳态特性试验结果

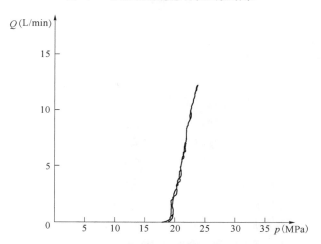

图7.10　新型带平衡活塞固定节流器单级
溢流阀的稳态特性试验结果

3）特性分析

（1）图7.3所示的带平衡活塞固定节流器单级溢流阀结构紧凑，设计新颖、巧妙，在有限的空间里设置了异型阀芯，在阀的配合上形成了固定节流器、压力感受腔、压力控制腔等改善动态特性的关键要素，可以实现压力的精确控制。该阀具有减振、消声、稳压三合一综合功能，可以实现精确的压力控制恰当地设计弹簧和阀通径,可以得到一个与负载流量基本无关的恒定负载压力。

（2）在小流量液压控制系统中,可以通过数学仿真确定合适的固定节流器尺寸和压力感受腔容积大小,得到相关尺寸的确定方法和满意的启动动态特性,确定保证最佳动态工况条件下的几何参数。

（3）带平衡活塞固定节流器单级溢流阀体积小、重量轻,可以方便地进行集成式一体化设计,也可设计成微型螺旋拧入式插装阀或叠加阀,可靠性高,可维修性好,能够方便地实现飞行器一体化封闭式系统设计。本章的分析结论可作为带平衡活塞固定节流器新型单级溢流阀推广应用于飞行器型号以及工业系统的基础。

7.4 数学模型、动态特性及其影响因素

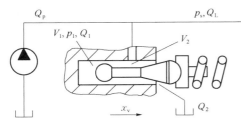

图 7.11 带平衡活塞的集成式液压溢流阀的结构示意图

p_s—泵出口压力,即溢流阀调定的供油压力;p_1—溢流阀压力感受腔压力;Q_1—控制流量;Q_2—溢流流量;Q_p—泵流量;Q_L—负载流量;V_1—溢流阀压力感受腔容积;V_2—溢流阀压力控制腔容积;x_v—溢流阀阀芯的位移量

如图 7.11 所示为带平衡活塞的集成式液压溢流阀的结构示意图。它由特殊形状的阀芯、阀体、弹簧、弹簧座等部件组成。特殊形状的阀芯与阀体在构造上形成了一个压力控制腔 V_2、一个压力感受腔 V_1 和固定节流孔。

带平衡活塞的阀芯和阀体构成固定节流孔和压力感受腔,控制压力主要由压力感受腔来补偿。平衡活塞与阀体构成的压力感受腔是为了方便压力反馈和动态压力传感器测试设计的。阀体、阀芯及其阀杆间的空间构成了压力控制腔,阀芯的特殊形状能够改变流出液流方向和液动力并抵消部分液体流动力。阀芯与弹簧之间通过凹球面的弹簧座连接方式传递作用力。通过弹簧腔可以改变液动力的作用方向。弹簧力的方向也能通过球面弹簧座的微动调节与轴向液压力相平衡。

溢流阀主要用于设定液压系统的稳定工作压力或没有压力冲击时的正常压力。当液压泵启动,溢流阀的阀芯还未开启,并且高压管路与油箱之间处于关闭时,溢流阀可以阻止从泵流出的油液泄漏回油箱,此时利用油液的压缩性来设定油液的初始压力。随着泵的转动输出一定体积的液压油时,油管内渐渐充满油液,由于容腔体积一定和液压油的压缩性,封闭油液的压力也逐渐升高,直至液压力与弹簧力相平衡。当工作压力超过弹簧预先设定的预压力时,阀芯开启,油液通过阀芯节流面和弹簧腔释放,从压力腔流入油箱。因此,溢流阀能够起到控制压力以及缓和液压系统压力的作用,同时还可以作为安全阀使用。

由于设有压力感受腔和固定节流器,压力感受腔内的油液构成所谓的液压弹簧,当外负载变化导致流量波动,由于弹簧力和压力感受腔内液压力的存在,压力冲击可能被加强或逐渐减弱。因此油液压力可以保持稳定并且实现精确控制。该特殊结构的液压阀决定了平衡活塞处于感受腔的圆柱中心位置,这样,当阀芯受到液压冲击时,也可能自动回复到阀座中心位置。另外,具有圆柱平衡活塞的小型液压阀的特殊结构设计具有消除噪声和吸收振动的功能。

7.4.1 数学模型

考虑到溢流阀的特殊构造,建立阀芯和各容腔的动态模型,还可以将动态模型转化为状态方程,进行动态特性的模拟计算和分析。

7.4.1.1 溢流阀阀芯开启前的动态特性

在阀芯开启前,阀的溢流量为零,因此有

$$x_v = 0, \quad Q_2 = 0 \tag{7.16}$$

阀芯的动力学方程为

$$kx_0 - p_1 A = F_b \tag{7.17}$$

$$A = \pi d^2 / 4$$

式中　k——弹簧刚度;

　　x_0——弹簧预压缩量;

　　F_b——阀座对阀芯的机械作用力;

　　A——阀芯的有效作用面积;

　　d——阀芯的有效作用直径。

这里,当液压油流入压力感受腔和压力控制腔时,阀芯与阀体之间的作用力 F_b 随着压力感受腔压力 p_1 的变化而变化。当 F_b 为零时阀即开启。因此,溢流阀的开启压力为

$$p_{10} = kx_0 / A \tag{7.18}$$

且阀芯开启前,有

$$p_1 \leqslant p_{10}$$

即

$$p_1 A \leqslant kx_0 \tag{7.19}$$

考虑到压力控制腔和压力感受腔中油液的压缩性,可以得到两个容腔中液体的连续性方程为

$$Q_p - Q_L - \frac{V_2}{\beta} \cdot \frac{dp_s}{dt} - Q_1 = 0 \tag{7.20}$$

$$Q_1 = \frac{V_1}{\beta} \cdot \frac{dp_1}{dt} \tag{7.21}$$

式中　β——液压油的体积弹性模量;

　　t——时间。

阀芯的平衡活塞与阀体之间形成球面形节流孔,流量可以用下列方程得出

$$Q_1 = \frac{\pi d h_0^3}{12 \mu L_{eq}} (p_s - p_1) \tag{7.22}$$

式中　h_0——固定节流孔与活塞之间的间隙;

　　μ——液压油的动力黏度;

　　L_{eq}——平衡活塞与阀体间的等效阻尼孔长度,且有

$$L_{eq} = \frac{3\pi}{8}\sqrt{dh_0} \tag{7.23}$$

式(7.18)～式(7.23)可以写成如下形式

$$p_1 \leqslant kx_0/A \tag{7.24}$$

$$\frac{\mathrm{d}p_s}{\mathrm{d}t} = \frac{\beta}{V_2}\left[Q_p - Q_L - \frac{\pi dh_0^3}{12\mu L_{eq}}(p_s - p_1)\right] \tag{7.25}$$

$$\frac{\mathrm{d}p_1}{\mathrm{d}t} = \frac{\beta}{V_1}\cdot\frac{\pi dh_0^3}{12\mu L_{eq}}(p_s - p_1) \tag{7.26}$$

阀芯开启前,溢流阀的动态特性可以由式(7.24)～式(7.26)得到。假设供油压力的变化和感受腔压力的变化基本保持一致,即 $\mathrm{d}p_1 = \mathrm{d}p_s$,然后由式(7.20)和式(7.21)可以近似得到阀芯开启前溢流阀建立压力的滞后时间(即延迟时间),近似表达式为

$$\tau = \frac{V_1 + V_2}{\beta}\cdot\frac{kx_0/A}{Q_p - Q_L} \tag{7.27}$$

式中 τ ——阀芯开启前溢流阀建立压力的滞后时间。

7.4.1.2 溢流阀阀芯开启后的动态特性

阀芯开启后,阀芯的运动学方程为

$$p_1 \geqslant p_{10} \tag{7.28}$$

$$p_1 A - kx_0 = m\ddot{x}_v + B\dot{x}_v + kx_v + F_{\beta1} + F_{\beta2} \tag{7.29}$$

$$F_{\beta1} = C_d C_v \pi d\sin(2\alpha)\cdot p_s\cdot x_v \tag{7.30}$$

$$F_{\beta2} = \rho L C_d \pi d\sin\alpha\cdot\sqrt{2/\rho}\cdot\sqrt{p_s}\cdot\dot{x}_v \tag{7.31}$$

式中 m——阀芯质量;

   B——阻尼系数;

   $F_{\beta1}$——稳态液动力;

   $F_{\beta2}$——瞬态液动力;

   C_d——溢流阀阀口流量系数;

   C_v——阀口流体的速度系数;

   α——阀芯半锥角;

   ρ——液压油的密度;

   L——瞬态液动力的阻尼长度。

溢流阀的回油流量为

$$Q_2 = C_d \pi d\sin\alpha\sqrt{\frac{2}{\rho}}\cdot x_v\cdot\sqrt{p_s} \tag{7.32}$$

阀芯与阀体间的流量及其压缩性流量可以通过式(7.22)和式(7.23)计算。考虑到压力感受腔和压力控制腔的油液压缩性,两个容腔的油液连续性方程分别为

$$Q_p - Q_L - \frac{V_2}{\beta} \cdot \frac{dp_s}{dt} - Q_1 - Q_2 = 0 \tag{7.33}$$

$$Q_1 = \frac{V_1}{\beta} \cdot \frac{dp_1}{dt} + A\dot{x}_v \tag{7.34}$$

通过上述方程式可以看出：带平衡活塞固定节流器溢流阀的液压系统数学模型为典型的非线性模型。输入信号为弹簧设定的初始压力(kx_0/A)或溢流阀供给流量($Q_p - Q_L$)，输出信号为溢流阀输出压力(p_s)和溢流量(Q_2)。

7.4.2　稳态工作点

当溢流阀处于稳定状态，即阀具有一定开度，阀芯稳定不动($\dot{x}_v = 0$)时，阀在工作压力($p_s = p_1$)下的稳态特性可采用阀芯运动的稳态方程描述为

$$\dot{x}_v = 0, \ddot{x}_v = 0 \tag{7.35}$$

$$p_1 = p_{s0}, dp_s/dt = dp_1/dt = 0 \tag{7.36}$$

$$p_{s0}A - kx_0 = kx_{v0} + F_{\beta1} \tag{7.37}$$

$$F_{\beta1} = C_d C_v \pi d \sin(2\alpha) \cdot p_{s0} \cdot x_{v0} \tag{7.38}$$

式中　x_{v0}——溢流阀设定压力时的阀芯位移量；

$\quad\quad p_{s0}$——溢流阀的稳态工作压力。

溢流阀处于稳定状态时的阀芯稳态位移可以由式(7.37)和式(7.38)得出

$$x_{v0} = \frac{p_{s0}A - kx_0}{k + C_d C_v \pi d \sin(2\alpha) \cdot p_{s0}} \tag{7.39}$$

溢流阀的回油流量近似为

$$Q_{20} = C_d \pi d \sin\alpha \sqrt{\frac{2}{\rho}} \cdot x_{v0} \cdot \sqrt{p_{s0}} \tag{7.40}$$

7.4.3　动态特性影响因素

由式(7.24)～式(7.34)的数学模型可以进行带平衡活塞固定节流器溢流阀动态响应数学模拟计算。初始条件可设定为弹簧预压力，即溢流阀开启压力，设定溢流阀的各结构参数。输出信号为溢流阀的控制压力、敏感压力和阀芯位移。可以进行溢流阀动态阶跃输入信号的响应特性分析，包括溢流阀固定节流孔的诸结构参数、压力感受腔容积和压力控制腔容积对动态特性影响的分析。

以某飞行器溢流阀为例，阀通径为 3 mm，稳态工作压力为 24 MPa，稳态流量为 8 L/min。假设输入阀的阶跃信号为稳态流量值 8 L/min，即液压泵启动时溢流阀需要的流量全部满足要求，此时分析溢流阀控制压力的动态响应特性，包括溢流阀的各种结构参数、压力感受腔容积、压力控制腔容积等参数的影响，取得溢流阀动态特性的数值计算优化结果。这种方法得到的动态特性数值计算结果与溢流阀结构之间的函数关系在工程上有一定的指导作用。

7.4.3.1 压力感受腔的影响

如图 7.12 所示为在阶跃流量信号 8 L/min 作用下压力感受腔容积对溢流阀动态特性影响的数值计算结果。由图 7.12a、c、d 可知,溢流阀开启前,即溢流阀达到阀芯开启压力 $p_{10} = 20$ MPa 之前,具有一定的延迟时间 $\tau = 0.004$ s。即液压泵供给的油液供给到液压泵和溢流阀之间的容腔,由于油液的压缩性进行假想的动态充液,使得压力上升。当溢流阀入口压力达到开启压力 $p_{10} = 20$ MPa 之后,阀芯才开始移动,产生一定的位移量,即产生溢流量。溢流阀达到稳定工作压力 24 MPa($\pm 3\% \sim \pm 5\%$)的稳态响应时间为 0.03 s。此时,该阀的优化尺寸和参数为平衡活塞间隙值 $h_0 = 5\ \mu m$,压力感受腔容积 $V_1 = 19.2\ \mathrm{mm}^3$,工作流量 $Q_2 = 8$ L/min。图 7.12c、d 还可看出溢流阀的阀芯从一个位置到另一个位置,最后回到稳定工作状态的时间在 0.03 s 以内。

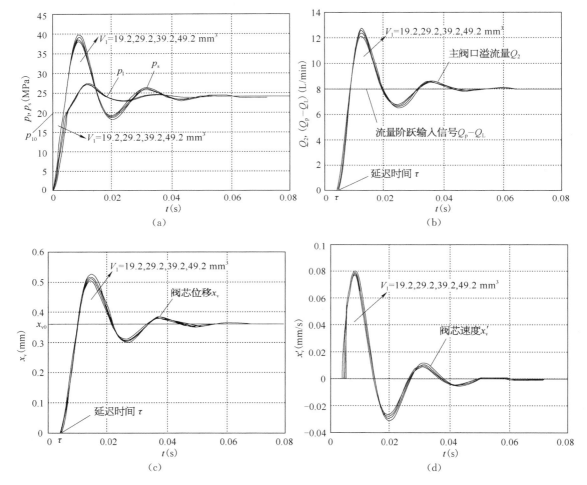

图 7.12 压力感受腔容积对溢流阀动态特性的影响(8 L/min 的阶跃流量响应曲线)

(a)压力感受腔和压力控制腔压力特性;(b)流量响应特性;
(c)溢流阀阀芯位移响应特性;(d)溢流阀阀芯速度响应特性

7.4.3.2 固定节流孔的影响

图 7.13 所示为固定节流孔大小对溢流阀动态特性的影响(8 L/min 的阶跃流量响应曲线)。

由图示结果可见,固定节流孔间隙尺寸越小,制造装配的精度要求越高,溢流阀动态压力响应时间越短。同时还需要考虑噪声和动态压力响应时间两者之间的平衡。

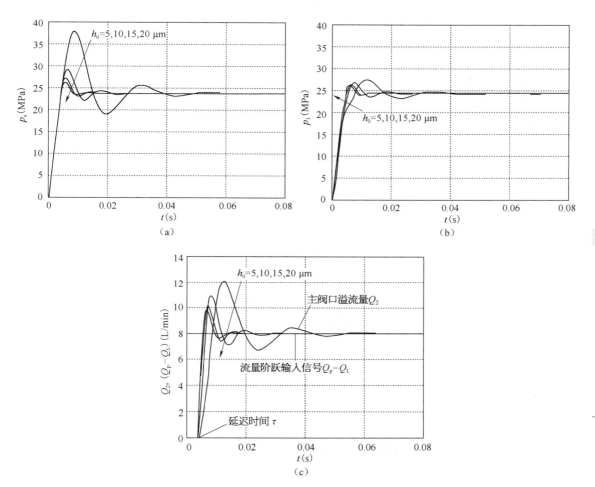

图 7.13　固定节流孔对溢流阀动态特性的影响(8 L/min 的阶跃流量响应曲线)

(a) 固定节流孔对工作压力的影响;(b) 固定节流孔对压力感受腔压力的影响;(c) 固定节流孔对控制流量的影响

7.4.3.3　压力控制腔的影响

图 7.14 所示为压力控制腔容积对溢流阀动态特性的影响(8 L/min 的阶跃流量响应曲线)。由图示结果可见,压力控制腔的尺寸越小,溢流阀的稳态工作时间越短,压力延迟时间越少。压力控制腔的容积由液压泵出口至溢流阀之间的容腔组成,系统设计时尽量使该容腔的体积做到越小越好。

7.4.3.4　阀芯锥度的影响

如图 7.15 所示为阀芯半锥角对溢流阀动态特性的影响(8 L/min 的阶跃流量响应曲线)。由图示结果可见,液压阀阀芯的锥度对溢流阀的动态性能有一定的影响,当阀芯锥度越大,液压阀的动态响应越慢,但延迟时间几乎相同。相同通径和相同溢流量及工作压力时,阀芯锥度越大,阀芯位移越大。

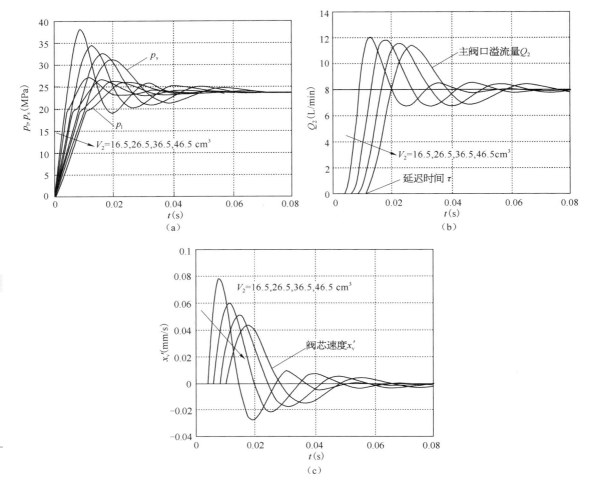

图 7.14　压力控制腔容积对溢流阀动态特性的影响(8 L/min 的阶跃流量响应曲线)
(a) 压力控制腔容积对压力特性的影响；(b) 压力控制腔容积对流量特性的影响；
(c) 压力控制腔容积对阀位移动态响应的影响

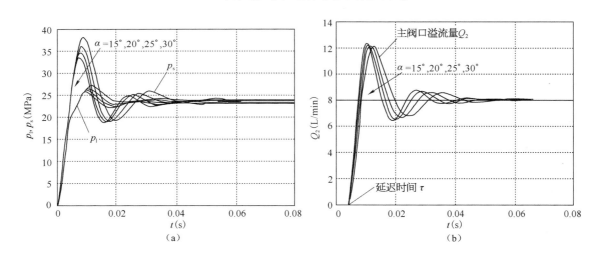

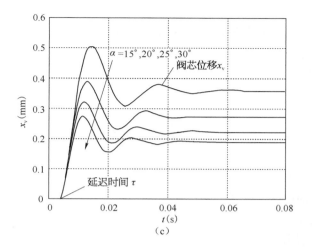

图 7.15　阀芯半锥角对溢流阀动态特性的影响(8 L/min 的阶跃流量响应曲线)

(a)阀芯半锥角对压力特性的影响；(b)阀芯半锥角对流量特性的影响；(c)阀芯半锥角对阀位移的影响

7.4.3.5　活塞直径的影响

如图 7.16 所示为阀通径对溢流阀动态特性的影响(8 L/min 的阶跃流量响应曲线)。由图示结果可见,液压阀通径对溢流阀的动态性能有一定的影响,相同流量阶跃信号的液压冲击时,阀芯采用较大直径,液压阀的稳定时间和延迟时间变化不大,但供给压力减小了。

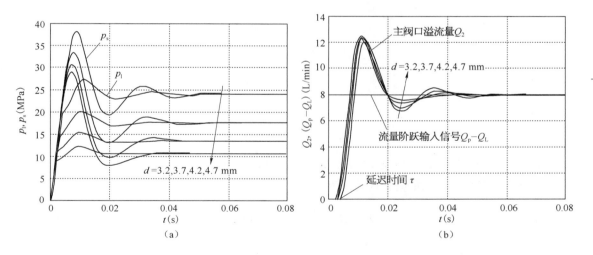

图 7.16　阀通径对溢流阀动态特性的影响(8 L/min 的阶跃流量响应曲线)

(a)阀通径对压力特性的影响；(b)阀通径对流量特性的影响

7.5　振动环境下的单级溢流阀

根据带平衡活塞固定节流器单级溢流阀的数学模型,阀受振动或冲击作用时,假设阀体的振动为 $y(t)$,设振动 y 的正方向与阀芯位移 x_v 的正方向相同。

7.5.1 振动环境下阀芯开启前阀的数学模型

阀芯开启之前,阀体与阀芯一起运动,阀芯与阀体有相同的位移、速度和加速度,有方程式

$$x_v = y, \ \dot{x}_v = \dot{y}, \ \ddot{x}_v = \ddot{y} \tag{7.41}$$

式中　x_v——阀芯位移(m);

　　　$\dot{x}_v$——阀芯速度(m/s);

　　　$\ddot{x}_v$——阀芯加速度(m/s^2);

　　　y——阀体振动位移;

　　　$\dot{y}$——阀体振动速度;

　　　$\ddot{y}$——阀体振动加速度。

根据牛顿第二定律,阀芯的运动方程为

$$m\ddot{x}_v = p_1 A + F_b - kx_0 \tag{7.42}$$

式中　m——阀芯质量(kg);

　　　p_1——压力感受腔压力(Pa);

　　　A——阀芯有效面积(m^2);

　　　F_b——阀座与阀芯间的力(N);

　　　x_0——弹簧初始压缩量(m)。

阀的开启条件为

$$F_b > 0$$

即

$$m\ddot{x}_v - p_1 A + kx_0 > 0 \tag{7.43}$$

阀的开启压力为

$$p_{10} = kx_0 + m\ddot{x}_v \tag{7.44}$$

由式(7.44)可见,当振动加速度为负值时,阀的开启压力较小。

阀芯开启之前,式中 $p_1 \leqslant p_{10}$,流量方程为

$$Q_p - Q_L - \frac{V_2}{\beta} \cdot \frac{\mathrm{d}p_s}{\mathrm{d}t} - Q_1 = 0 \tag{7.45}$$

$$Q_1 = \frac{V_1}{\beta} \cdot \frac{\mathrm{d}p_1}{\mathrm{d}t} \tag{7.46}$$

$$Q_1 = \frac{\pi d h_0^3}{12 \mu L_{eq}} (p_s - p_1) \tag{7.47}$$

式中　p_s——供油压力(Pa);

　　　Q_1——控制流量(m^3/s);

　　　Q_p——泵流量(m^3/s);

　　　Q_L——负载流量(m^3/s);

V_1——压力感受腔容积（m^3）；

V_2——压力控制腔容积（m^3）；

h_0——固定节流器间隙（m）；

L_{eq}——等效阻尼孔长度（m）；

μ——油液黏性系数（Pa·s）。

由式（7.45）和式（7.46）可以得到阀芯开启的延迟时间为

$$\tau = \frac{V_1 + V_2}{\beta} \cdot \frac{(kx_0 + m\ddot{x}_v)/A}{Q_p - Q_L} \tag{7.48}$$

式中　τ——阀芯开启前的延迟时间（s）。

7.5.2　振动环境下阀芯开启后溢流阀的数学模型

阀体受振动作用,产生位移 y,由于液压油具有压缩性,阀的主节流口的开口量减小为（$x - y$）,同样弹簧的压缩量减小为（$x_v - y$）,阀芯的运动学方程为

$$p_1 \geqslant p_{10}$$
$$p_1 A - kx_0 = m\ddot{x}_v + B(\dot{x}_v - \dot{y}) + k(x_v - y) + F_{\beta 1} + F_{\beta 2} \tag{7.49}$$

稳态液动力和瞬态液动力分别为

$$F_{\beta 1} = C_d C_v \pi d \sin(2\alpha) \cdot p_s \cdot (x_v - y) \tag{7.50}$$

$$F_{\beta 2} = \rho L C_d \pi d \sin\alpha \cdot \sqrt{2/\rho} \cdot \sqrt{p_s} \cdot (\dot{x}_v - \dot{y}) \tag{7.51}$$

式中　B——黏性阻尼系数（N·s/m）；

C_d——流量系数；

C_v——速度系数；

$F_{\beta 1}$——稳态液动力（N）；

$F_{\beta 2}$——瞬态液动力（N）；

p_{10}——阀芯开启压力（Pa）；

ρ——油液密度（kg/m^3）；

α——阀芯半锥角（°）。

主阀口处的流量为

$$Q_2 = C_d \pi d \sin\alpha \sqrt{\frac{2}{\rho}} \cdot (x_v - y) \cdot \sqrt{p_s} \tag{7.52}$$

$$Q_p - Q_L - \frac{V_2}{\beta} \cdot \frac{dp_s}{dt} - Q_1 - Q_2 = 0 \tag{7.53}$$

$$Q_1 = \frac{V_1}{\beta} \cdot \frac{dp_1}{dt} + A \cdot (\dot{x}_v - \dot{y}) \tag{7.54}$$

式中　Q_2——主阀口溢流量（m^3/s）；

β——液压油体积弹性模量（Pa）。

令 $z = x_v - y$，$\dot{z} = \dot{x}_v - \dot{y}$，$\ddot{z} = \ddot{x}_v - \ddot{y}$，式(7.49)～式(7.54)变为

$$p_1 A - k x_0 = m(\ddot{z} + \ddot{y}) + B\dot{z} + kz + F_{\beta 1} + F_{\beta 2} \tag{7.55}$$

$$F_{\beta 1} = C_d C_v \pi d \sin(2\alpha) \cdot p_s \cdot z \tag{7.56}$$

$$F_{\beta 2} = \rho L C_d \pi d \sin\alpha \cdot \sqrt{2/\rho} \cdot \sqrt{p_s} \cdot \dot{z} \tag{7.57}$$

$$Q_2 = C_d \pi d \sin\alpha \sqrt{\frac{2}{\rho}} \cdot z \cdot \sqrt{p_s} \tag{7.58}$$

$$Q_1 = \frac{V_1}{\beta} \cdot \frac{\mathrm{d}p_1}{\mathrm{d}t} + A\dot{z} \tag{7.59}$$

式中　z——阀体和阀芯的相对位移量，即阀芯开口量(m)；

　　　$\dot{z}$——阀芯开口量变化速率(m/s)。

7.5.3　振动环境下动态特性

根据式(7.45)～式(7.59)建立系统在振动环境下的 Simulink 模型，搭建振动环境下带平衡活塞固定节流器单级溢流阀的 Simulink 仿真框图并进行动态响应仿真。输入阀的结构参数与流体参数，压力感受腔容积 $V_1 = 1.92 \times 10^{-8}$ m³，压力控制腔容积 $V_2 = 1.65 \times 10^{-5}$ m³，阀芯半锥角 $\alpha = 15°$，固定节流器间隙 $h_0 = 5$ μm，阀座直径 $d = 0.0032$ m，流体体积弹性模量 $\beta = 6.896 \times 10^8$ Pa，阀芯弹性组件等效质量 $m = 0.0012$ kg。初值条件为调定的弹簧预压力 $k x_0$，阶跃信号为溢流阀的额定流量 $Q_p - Q_L = 8$ L/min，阀体的振动功率谱密度为 0.04 g^2/Hz，频率为 20 Hz，在上述条件下可以求得动态时，阀的供油压力、压力感受腔压力、主阀口处溢流量、阀芯开口量、阀芯位移、阀芯速度、阀芯加速度、液动力随时间变化的曲线。

7.5.3.1　阀体做简谐振动

图 7.17 所示为正弦振动环境下带平衡活塞固定节流器单级溢流阀的流量阶跃响应。可以得知，阀体的振动对阀的压力和流量特性影响很小，阀芯的开启时间约为 0.004 s，开启压力约为 20 MPa，在 0.03 s 内流量和压力达到稳定，系统的工作压力为 24 MPa。在压力和流量达到稳定后，阀芯与阀体做同频率的简谐振动。

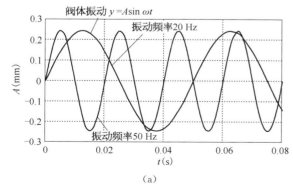

(a)

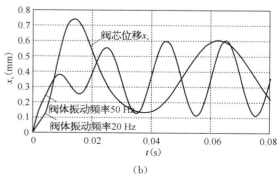

(b)

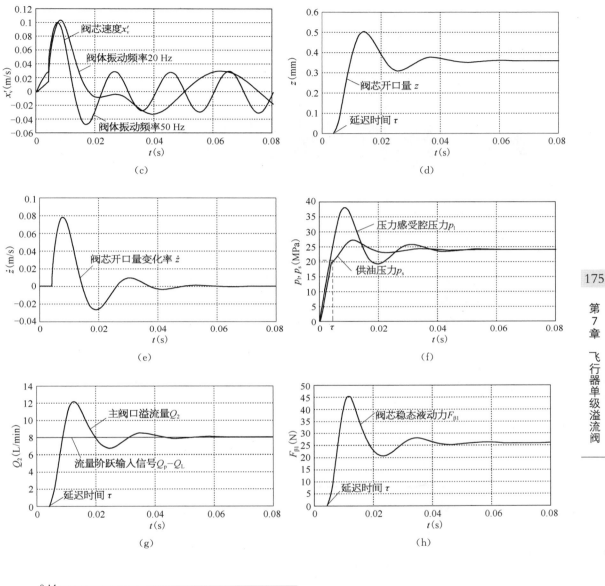

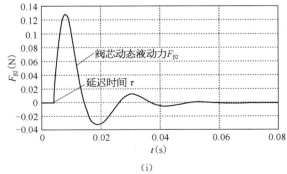

图 7.17　正弦振动环境下带平衡活塞固定节流器单级溢流阀流量阶跃响应

（a）阀体振动图；（b）振动环境下阀芯位移-时间图；（c）振动环境下阀芯速度-时间图；（d）振动环境下阀芯开口量-时间图；（e）振动环境下阀芯开口量变化速率-时间图；（f）振动环境下压力感受腔压力 p_1、供油压力 p_s-时间图；（g）振动环境下主阀口溢流量 Q_2-时间图；（h）振动环境下稳态液动力-时间图；（i）振动环境下瞬态液动力-时间图

7.5.3.2　阀体做随机振动

图 7.18 所示为随机振动环境下带平衡活塞固定节流器单级溢流阀流量阶跃响应。阀体做随机振动,振动的功率谱密度为 $0.04\ \mathrm{g^2/Hz}$,频率范围 $20\sim2\,000\ \mathrm{Hz}$。

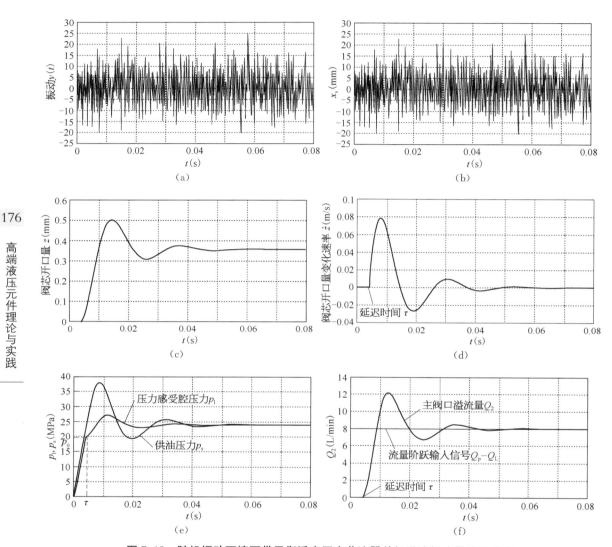

图 7.18　随机振动环境下带平衡活塞固定节流器单级溢流阀流量阶跃响应

(a) 阀体振动图;(b) 阀芯位移-时间图;(c) 阀芯开口量-时间图;(d) 阀芯开口量变化速率-时间图;
(e) 压力感受腔压力 p_1、供油压力 p_s-时间图;(f) 主阀口溢流量 Q_2-时间图

7.5.4　耐振动环境的制振措施

本章所提出的一种新型集成式小型液压阀,具有压力感受腔、压力控制腔和固定节流器,使其具有稳定压力、消除噪声和吸收振动三大独特功能。给出了如何取得阀芯与阀体构造最佳尺寸方案的数学模型。该新型集成式液压阀非常适合在具有极限环境要求的条件下,进行小流量液压系统的稳定压力控制。带平衡活塞固定节流器单级溢流阀和一般球形阀、锥形阀比较,动态

性能好,可以实现精确的压力控制。通过以上分析可知,带平衡活塞固定节流器单级溢流阀具有很好的抗振、减振功能。为进一步减小阀的振动与噪声,可采取以下措施:

(1) 采用适合的固定节流器间隙,固定节流器尺寸较大时,溢流阀响应时间缩短,但是固定节流器的尺寸不宜过大,如果固定节流器尺寸过大,阀在工作时将产生振动和啸叫。

(2) 压力感受腔、压力控制腔容积较小时,都可以缩短带平衡活塞固定节流器单级溢流阀的稳定时间和延迟时间。

(3) 提高油液的体积弹性模量,有利于提高阀的稳定性,因此应尽量减小油中的含气量。

(4) 增大弹簧刚度或等效刚度,虽然对增加稳定性有所帮助,但是会影响静态特性的定压精度;再者阀的固有频率一般都很高,很难再用增加弹簧刚度或减轻质量的方法来提高其固有频率。

为了测量液压阀工作时的噪声,将液压阀工作试验台架置于单独隔声房间,在距离液压试验台 1 m 处采用噪声仪检测工作噪声。试验结果表明:①普通锥形阀的工作噪声为 90 dB,新型集成式液压阀的工作噪声减小到 62 dB。②锥形阀容易引起机体振动,但新型集成式液压阀几乎没有振动。③普通锥形阀的工作压力不容易控制,且在某个特定流量时容易产生压力颤振爬行现象;新型集成式液压阀实现了精确压力控制。

7.6　单级溢流阀液压系统的工程应用案例

本节结合某型导弹控制舱电液能源系统溢流阀对电源频率影响技术的研究情况,分析溢流阀不同工作点时导弹弹上电源频率变化范围,建立溢流阀变负载工况条件下以电源工作频率为主要因素的电液能源系统数学模型。并通过计算机数值计算,确定合适的溢流阀工作点偏差,该分析结果已经通过工程考核。本节所提出的分析方法还适用于飞行高度、环境温度、燃气压力、导弹攻角等变化因素对导弹电液能源系统频率影响的分析过程。

某型导弹舵面控制系统采用燃气涡轮泵电液能源系统为导弹提供电源和舵面控制用液压能源。电液能源系统以缓燃火药为工质提供热燃气作为初级能源,作用于燃气涡轮机;推动交流发电机给全弹提供弹上电源;同时推动和发电机同轴连接的液压泵输出液压能,作为次级能源,用于控制导弹空气舱和天线系统按给定指令信号工作。燃气涡轮泵电液能源系统输出电源的工作频率是导弹电液能源系统的关键因素,直接影响电源的工作特性。根据某型导弹独立回路批飞行试验遥测结果,电源频率平稳 430～461 Hz,变化范围 31 Hz;最高频率 430.6～500.5 Hz,变化范围 70 Hz。电机输出频率大范围变化,对飞行器电源工作极为不利。电机输出频率的影响因素是多方面的,包括飞行高度、燃气压力、环境温度、导弹攻角、液压负载等因素。其中,液压负载即溢流阀工作点是关键因素之一。本电液能源系统采用具有双球头锥形阀芯结构溢流阀,该新型溢流阀具有减振、消声、稳压三合一综合功能。本节从系统出发,把液压负载与电源负载结合起来,从溢流阀工作点角度分析其偏差对弹上电源系统工作频率变化影响关系,建立系统数学模型,通过计算机数值计算,得出工作点偏差单一因素作用时电源频率变化范围,并确定工程上合适的工作点偏差,用于指导产品制造过程,减小弹上电源频率变化范围。

7.6.1　导弹电液能源系统频率特性理论分析

1) 负载形式　导弹飞行器电液能源系统的液压负载主要有三种形式:溢流阀负载、伺服机构舱面负载、导引头天线负载。电源负载的功率相对比例较小,这里不考虑变负载的动态工况,仅以简化形式做稳态计算。

溢流阀负载为

$$Q_1 = k_1 p_s + C \qquad (7.60)$$

式中　k_1——溢流阀阀系数[L/(min · MPa)];

　　　C——溢流阀流量系数(L/min)。

空气舱零位负载为

$$Q_2 = k_2 p_s \qquad (7.61)$$

式中　k_2——伺服机构零位流量-压力系数[L/(min · MPa)]。

导引头天线系统稳态负载为

$$Q_3 = Q_{30} \qquad (7.62)$$

液压泵负载为

$$Q_p = n q_0 \eta_v \qquad (7.63)$$

式中　n——泵转速(r/min);

　　　q_0——泵理论排量(cm³/r);

　　　η_v——容积效率。

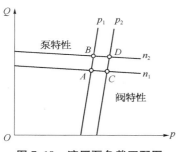

图 7.19　液压泵负载匹配图

液压泵输出流量主要供给上述三种液压用户的需求。如图 7.19 所示,当液压泵转速一定时,输出流量基本不变,此时式(7.60)~式(7.62)确定的综合负载流量相匹配,曲线 n_1 与曲线 p_1 自动平衡在交点 $A(p_A, Q_A)$ 处工作。当液压泵转速升高时,流量增加,工作点平衡,液压系统建立在交点 $B(p_B, Q_B)$ 处工作;当负载曲线由 p_1 变为 p_2 时,工作点在交点 $C(p_C, Q_C)$ 处;当泵转速由 n_1 变为 n_2,负载曲线由 p_1 变为 p_2 时,则工作点平衡在交点 $D(p_D, Q_D)$ 处。

液压系统流量连续性方程为

$$Q_p = \sum Q = Q_1 + Q_2 + Q_3 \qquad (7.64)$$

可得

$$p_s = \frac{n q_0 \eta_v}{k_1 + k_2} - \frac{Q_{30} + C}{k_1 + k_2}$$

考虑到管路损失,液压泵的实际输出功率为

$$N_p = p_p Q_p = (p_s + \Delta p) Q_p = \frac{(n q \eta_v)^2}{k_1 + k_2} + \left(\Delta p - \frac{Q_{30} + C}{k_1 + k_2} \right) n q \eta_v \qquad (7.65)$$

电源输出功率近似有

$$N_2 = k f^2 \qquad (7.66)$$

式中 k——电源系数；

Δp——管路沿程损失（MPa）。

电源频率与电机转速之间的关系为

$$f = 30n/6.25 \tag{7.67}$$

2）能量平衡式 燃气涡轮机直接带动电机输出电源，同时带动同轴连接的液压泵输出液压能。当系统设计合理匹配时，如图 7.20 所示，燃气涡轮机可以推动负载，即输出功率与负载需求相一致，实现自动平衡，此时工作状态为额定状态。

电液能源希望燃气涡轮机输出功率为

$$
\begin{aligned}
N_{e2} &= N_{p1} + N_{d1} = \frac{N_{p2}}{\eta_m} + \frac{N_{d2}}{\eta_d} \\
&= \frac{(nq\eta_v)^2}{(k_1 + k_2)\eta_m} + \left(\Delta p - \frac{Q_{30} + C}{k_1 + k_2}\right)\frac{nq\eta_v}{\eta_m} + \frac{kf^2}{\eta_d}
\end{aligned} \tag{7.68}
$$

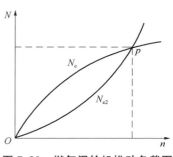

图 7.20 燃气涡轮机推动负载图

式中 η_m——泵机械效率；

η_d——电机效率。

燃气涡轮机功率平衡式为

$$N_e = N_{e2} \tag{7.69}$$

3）溢流阀工作点变化的影响 在结构设计完成以后，溢流阀的压力-流量特性曲线的斜率 k_1 基本确定，当溢流阀所调定的工作点发生变化时，仅影响式（7.60）中的 C 值。在不同工作点或工作点偏差时，具有不同的 C 值，而斜率 k_1 值基本不变。由式（7.67）～式（7.69）可知，不同工作点或工作点偏差时，系统具有不同的电源输出频率 f 值。

7.6.2 数值计算及其程序

1）数值计算程序 根据式（7.60）～式（7.69）的数学模型和基本参数，可编制燃气涡轮机的计算程序，即在不同转速 n 时计算出其输出功率 N_e，同时计算出在此转速下负载希望燃气涡轮机的输出功率 N_{e2}，按照功率平衡，经双边逼近数值计算后做误差判别；在不同工作点时设置计算循环，输出计算结果：溢流阀工作点 P，Q 输出电源频率 f。计算程序框图如图 7.21 所示。

2）参数设置 根据结构参数和试验结果，以某飞行器为例，选择程序中的各参数值如下：环境温度 $t = 20\,℃$，燃气压力 $p_0 = 4.8$ MPa，$k_1 = 3.401$，$k_2 = 0.063$，$Q_{30} = 2$，$\Delta p = 1$，$\eta_m = 0.8$，$\eta_v = 0.95$，$q = 1$，$\eta_d = 0.75$，$k_d = 1.95 \times 10^{-8}$。

溢流阀工作点处的流量 $Q_L = 8$ L/min，计算工作压力变化范围 $p_{RE} = 20 \sim 24$ MPa，则溢流阀工作循环参数为

$$C = Q_1 - k_1 p_{RE} = 8 - 3.401 p_{RE}$$

3）结果分析 计算结果如图 7.22 所示，当溢流阀工作点变动量 $\Delta p = \pm 0.5$ MPa 时，电源频率变化范围 $\Delta f = \mp 23$ Hz；当溢流阀压力变动量压缩到 $\Delta p = \pm 0.2$ MPa 时，电源频率变化 $\Delta f = \mp 9$ Hz。可见控制溢流阀工作点的偏差变化范围，将大大缩小其对电源输出频率的影响范围。

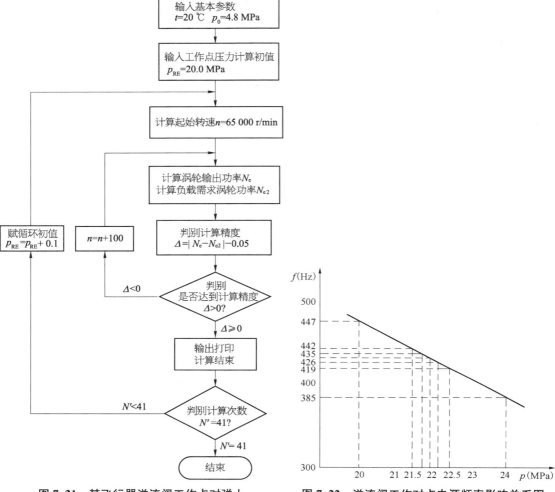

图 7.21 某飞行器溢流阀工作点对弹上电源频率影响关系计算程序框图

图 7.22 溢流阀工作对点电源频率影响关系图

7.6.3 工艺措施

1) 调试工艺技术 为了将溢流阀产品工作点的压力偏差从原来的±0.5 MPa 控制到±0.2 MPa 范围内,在产品的制造调试过程中可以按照图7.23 所示的产品控制公差带要求,采取以下攻关措施:

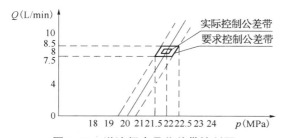

图 7.23 溢流阀产品公差带控制图

(1) 磨合过程。产品在通油、高压状态下进行工作过程磨合,增加溢流阀内各工作副的适应性与配合质量,使阀内部曲面静态、动态结合处相互贴合。磨合时间 5~10 min。

(2) 预调过程。工作点粗调在±0.5 MPa

范围内,在工作点处工作 3～5 min。

(3) 细调过程。微动调节阀工作点,并进行三个工作循环状态测试,使工作点在±0.2 MPa 范围内。

2) 燃气电液能源系统吹热气试验与点火试验

(1) 某飞行器燃气涡轮泵电液能源系统某批产品使用的溢流阀工作点偏差均在±0.2 MPa 范围内,装配于某控制舱电液能源系统,在进行振动、温度冲击过程后,进行吹热气模拟检查,结果见表 7.1。扣除工作热气压力变化因素外,阀工作点影响频率变化范围均在计算分析范围之内。

表 7.1 某飞行器燃气涡轮泵电液能源系统吹热气试验与点火试验结果

| 舱号 | 热气压力(MPa) | 溢流阀工作点 | | 系统压力(MPa) | 电源频率(Hz) |
		p(MPa)	Q(L/min)		
YZD-01	5.16～5.29	22.0	7.99	21.38～21.5	294～303
YZD-02	4.8～5.07	22.23	8.10	21.26～21.3	302～326.6
YZD-03	5.6～6.4	22.77	7.95	21.7～21.76	317.3～335.3
YZD-04	4.9～5.1	21.93	7.99	21.5～21.6	300～315
YZD-05	5.6～6.75	21.93	8.10	21.6～21.78	309～389

(2) 某飞行器电液能源系统攻关的高、低温点火试验:试验工作压力均采用工作点小偏差的溢流阀,与系统一起经过各种环境条件与点火试验,在全过程范围内均能正常工作,在试验后复测,其工作点参数几乎没有变动。

7.6.4 案例分析

(1) 溢流阀工作点是影响导弹电液能源系统电源工作频率的关键因素。可以通过建立数学模型,采用功率双边逼近数值计算方法,计算变负载条件下电源工作频率,确定合适的工作点偏差与负载变动范围。

(2) 通过产品的制造过程控制,可以减小溢流阀工作点偏差,可以采取工作磨合、粗调、细调过程后,三循环工作点测试方法,将溢流阀工作点从 22 MPa±0.5 MPa、8 L/min±0.5 L/min 控制在 22 MPa±0.2 MPa、8 L/min±0.2 L/min 范围内,即将溢流阀负载单一要素对电源频率影响范围从±23 Hz 减小到±9 Hz。

(3) 分析结论和研究结果已应用于某飞行器某批产品及文件之中,并已在工程上经过产品制造过程与系统试验考核。

(4) 所提出的研究方法还适用于导弹飞行高度、环境温度、燃气压力、导弹攻角等多种因素对弹上电源频率影响的分析。

参考文献

[1] 阎耀保. 带平衡活塞固定节流器单级溢流阀机理与特性分析[J]. 上海航天,1995,12(3):14-17.

［2］阎耀保,陈振华.导弹液压控制系统单级溢流阀特性分析[J].自动驾驶仪与红外技术,1994(75)：7-14.

［3］阎耀保.溢流阀工作点对导弹电液能源系统频率特性影响的研究[J].自动驾驶仪与红外技术,1996(82)：38-43.

［4］Yin Y B. Analysis and modeling of a compact hydraulic poppet valve with a circular balance piston [C]//Proceedings of SICE Annual Conference 2005 in Okayama, IEEE, SICE-05PR0001, Okayama University, Japan, August, 2005, The Japan Society of Instrument and Control Engineers：189-194.

［5］阎耀保,张晓琪,刘洪宇.双级溢流阀先导阀供油流道布局分析[J].液压气动与密封,2014,34(2)：27-30.

［6］阎耀保,张晓琪.振动环境下飞行器溢流阀特性分析方法研究[C]//第七届全国流体传动与控制学术会议论文集,长春,2012：69-74.

［7］阎耀保,陈振华.液压舵机系统功率匹配设计[J].自动驾驶仪与红外技术,1995(80)：37-41.

［8］阎耀保,赵艳培.带液阻液容反馈的溢流阀[P].国防专利 ZL200910121621.4.

［9］刘洪宇,张晓琪,阎耀保.振动环境下双级溢流阀的建模与分析[J].北京理工大学学报,2015,35(1)：13-18.

［10］荒木獻次,閻耀保,陳劍波.Development of a new type of relief valve in hydraulic servosystem(油圧サーボシステム用の新しいリリーフ弁)[C]//Proceedings of Dynamic and Design Conference'96,日本機械学会,D&D'96,機械力学・計測制御講演論文集,Vol. A, No. 96-5Ⅰ,1996 年 8 月,福岡：231-234.

［11］阎耀保.极端环境下的电液伺服控制理论与应用技术[M].上海：上海科学技术出版社,2012.

［12］Thoma J U. Modern oilhydraulic engineering [M]. UK：Trade and Technical Press, 1972.

［13］陆元章.液压系统的建模与分析[M].上海：上海交通大学出版社,1989.

［14］严金坤.液压动力控制[M].上海：上海交通大学出版社,1986.

［15］Merrit H E. Hydraulic control systems [M]. New York：John Wiley & Sons Inc. , 1967.

［16］Ma C Y. The analysis and design of hydraulic pressure reducing valves [J]. Trans. ASME, paper 66-wa/md-4, 1966.

［17］Hayashi S. Stability and nonlinear behavior of poppet valve circuits [C]//Proceedings of Fifth Triennial International Symposium on Fluid Control, Measurement and Visualization, FLUCOME97, pp. 13-20, Sept. 1-4,1997, Hayama, Japan.

高端液压元件理论与实践

第 8 章
极端小尺寸的集成式双级溢流阀

溢流阀发明至今,已有八十余年的历史。极端环境和极端尺寸下,往往需要体积小、重量轻、可靠性高的集成式溢流阀(compact relief valve)。本章介绍一种先导式双级溢流阀,先导阀采用目前能加工的最小尺寸,主阀和先导阀采用整体集成式结构,着重介绍一般集成式溢流阀数学模型,主阀与先导阀几何尺寸的匹配关系,然后介绍一种极端小尺寸的集成式溢流阀原理、数学模型、振动环境下的分析方法和流道布局。结合工程案例,介绍实践中碰到的理论和实际问题的解决途径。

8.1 概述

溢流阀是液压系统中调节压力的关键元件,用于控制系统的工作压力。1936 年,美国人 H. F. Vickers 发明了采用差动式压力控制原理的双级溢流阀,与单级溢流阀相比,双级溢流阀控制流量大,压力流量特性好,已广泛应用于高压大流量的液压回路。国内外学者深入研究了双级溢流阀阀芯结构、液阻和优化设计。美国人 H. E. Merrit 采用阻尼节流器和液容来改善单级溢流阀的性能;英国人 Watton J. 系统地研究双级溢流阀参数对阀特性的影响;日本人 Hayashi 提出了双级溢流阀及其液压回路稳定性的分析方法;本书作者研究了单级溢流阀与双级溢流阀在振动环境下的数学建模方法与特性。

随着高速重载液压伺服系统的发展需要,液压元件的小型化、轻量化、集成化已成为一个重要的基础课题;特别是飞机、火箭等飞行器对液压伺服系统的质量和体积提出了非常苛刻的要求。双级溢流阀作为压力控制回路的重要元件,要求能够在有限的空间内实现大流量时的压力精确控制,常与其他液压元件一起采取集成式设计方式。然而,随着空间尺寸的减小,特别是当双级溢流阀主阀或先导阀的一方达到极限小尺寸时,主阀与先导阀的特性是否匹配,不匹配时在工作过程中经常出现持续振荡和啸叫,导致伺服系统无法完成必需的服役性能,甚至产生故障或失效。目前,空间尺寸存在限制情况下双级溢流阀主阀与先导阀的匹配关系尚不明确,国内外关于双级溢流阀结构尺寸与稳定性的分析较为少见。

小型化液压元件广泛应用于体积空间有限的场合,在工业、汽车、飞行模拟器、特别是飞机、飞行器等行业中可以满足较大功率质量比的要求。通常使用的液压元件具有较大的结构尺寸。由于滑阀式液压阀结构简单,在阀芯较小阀位移输入时有较高的压力输出值,即敏感性强,所以它广泛应用于溢流阀、减压阀、伺服阀及其液压系统。1967 年美国人 H. E. Merrit 对滑阀式液压阀进行了一些基础研究,如可用于飞行器双级溢流阀回路和直接作用式溢流阀回路特性,带有固定节流器滑阀的动态特性、稳定性和非线性等特征。现代工业和国防工业需要小型化、轻量化和高可靠性的液压阀。液压伺服系统必须应该能够承受得起各种环境条件的考核,例如振动、冲击、加速和温度等特殊环境。这也意味着压力控制阀应该具有简单的结构、较少的部件,但是能够提供所需的工作特性。普通液压阀常采用的结构为球形阀或锥形阀,这类阀工作打开时,经常产生比较大的噪声或振动,并且不能精确地控制工作压力。随着阀尺寸的减小,这种现象将会变得更加明显,压力控制将会更加困难。

先导式溢流阀结构如图 8.1 所示,由先导阀和主阀两部分组成。系统压力进入主阀及先导阀。当先导阀未打开时,阻尼孔中液体没有流动,作用在主阀左右两侧的液压力平衡,主阀被弹簧压在右端位置,阀口关闭。当系统压力大于先导阀开启压力时,液流通过阻尼孔、先导阀流回油箱。由于阻尼孔的阻尼作用,使主阀右端的压力大于左端的压力,主阀在压差的作用下左移,打开阀口,实现溢流作用。调节先导阀的调压弹簧,可以调节溢流阀的溢流压力。

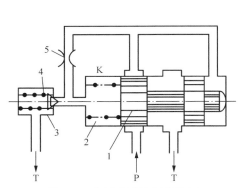

图 8.1　先导式溢流阀结构图

1—主阀;2—主阀弹簧;3—先导阀;
4—调压弹簧;5—阻尼孔

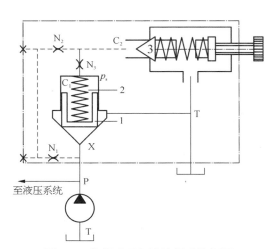

图 8.2　先导式双级溢流阀功能框图

1—主阀阀芯;2—主阀弹簧;3—先导阀阀芯

图 8.2 所示的先导式双级溢流阀,由主阀和先导阀组成。供油流体通过流道和节流孔 N_1 和 N_2 后,进入先导阀。当先导阀打开后,回油箱 T。由于先导阀开启后的流动产生节流作用,在流道和节流孔 N_1 和 N_2 之间形成压差,在该压差以及弹簧的作用下,控制主阀口的开启并回油箱 T,从而控制主阀的压力大小。该阀还设有节流孔 N_3,用于调节和控制先导阀的稳定性。

图 8.3 所示为集成式先导式溢流阀(Bosch Rexroth AG)。该阀由主阀阀芯、先导阀阀芯、控制主阀阀芯运动的节流孔、控制先导阀稳定的节流孔、先导阀调节螺杆、先导阀弹簧、阀体、先导阀回油通道以及供油口 P、回油口 T 组成。主阀为滑阀形式,先导阀为球阀形式。图 8.4 所示为插装叠加式先导式溢流阀(Bosch Rexroth AG),采用分次插装叠加形式组成。P 为供油口,T_A 和 T_B 为回油口。图 8.5 所示为整体集成式双级溢流阀原理图。在主阀和先导阀之间增加了各种容腔和阻尼,感受主阀和先导阀的压力变化,形成对主阀和先导阀的有效自我感知与控制。

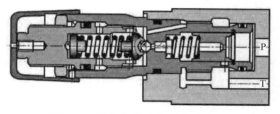

图 8.3　插装集成式先导式溢流阀
（Bosch Rexroth AG）

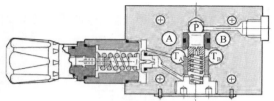

图 8.4　插装叠加式先导式溢流阀
（Bosch Rexroth AG）

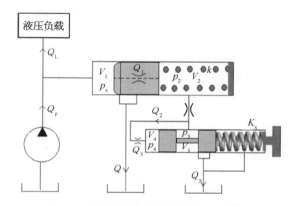

图 8.5　整体集成式双级溢流阀原理图

V_1—主阀前腔；V_2—弹簧腔；V_3—先导阀压力控制腔；V_4—先导阀压力感受腔；
p_s—供油压力；p_2—主阀弹簧腔压力；p_3—先导阀压力控制腔压力；
p_4—先导阀压力感受腔压力；Q_x—先导阀溢流量；Q—主阀溢流量

8.2　双级溢流阀先导阀与主阀的匹配关系

　　针对普通集成式双级溢流阀在空间尺寸限制时不能稳定溢流的问题,本节主要介绍双级溢流阀框图和先导阀稳定性判据。集成式双级溢流阀主阀尺寸与先导阀存在匹配关系:过大的先导阀阀芯或过小的主阀尺寸将导致先导阀失稳,造成双级溢流阀无法正常工作。可采取先导阀前腔串加阻尼孔的方法,形成集成式新型双级溢流阀,实现极端小尺寸下先导阀与主阀的稳定控制。该串联阻尼孔避免了先导输入流量对先导阀阀芯运动的直接影响,通过阻尼作用降低了先导阀回路的开环增益。同时介绍实践案例的理论与试验结果,所推荐的新型溢流阀案例在极限小尺寸下可以稳定溢流,并能提供更好的压力流量特性。

　　结合实践案例,某飞行器液压伺服系统由于空间尺寸的限制,伺服机构采用集成式双级溢流阀,其额定压力 25 MPa、额定流量 90 L/min,先导阀采用目前能加工的最小尺寸,即通径 3 mm、质量 1 g 的锥形阀。但液压系统试验中发现,该案例集成式双级溢流阀容易引起振动,并伴随刺耳的噪声,压力波动范围大,启动特性差。为此,首先分析双级溢流阀主阀尺寸与先导阀之间的匹配关系以及极端小尺寸下先导阀与主阀的稳定性判据。

8.2.1 双级溢流阀数学模型

图 8.6 所示为双级溢流阀原理图。工作过程中,液压泵油液流入主阀前腔(A 腔)V_1,通过主阀阀芯上的阻尼小孔进入主阀弹簧腔(B 腔)V_2,然后经由主阀与先导阀间流道流入先导阀入口容腔(C 腔)V_3。由于油液压缩性导致先导锥形阀入口容腔压力 p_3 增大,当足以克服先导阀弹簧预压力时,先导阀开启并产生溢流量 Q_c。此时,主阀前腔与弹簧腔之间的阻尼小孔节流作用而产生压差 $p_s - p_2$,当该压差足以克服主阀弹簧预压力时,主阀开启并产生主溢流量 Q_v。图中容腔 B 和容腔 C 之间没有液阻,因此两腔中油液压力总是相同的(即 $p_2 = p_3$),共同构成了一个整体容腔即先导阀前腔,其容积 $V = V_2 + V_3$;采用集成式先导阀时,结构上 $V_2 \gg V_3$。

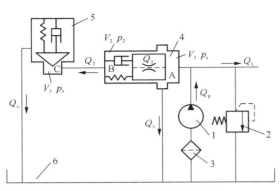

图 8.6　普通双级溢流阀原理图

1—液压泵;2—高压安全阀;3—过滤器;
4—主阀;5—先导阀;6—油箱

双级溢流阀的工作过程可分为先导阀开启前、先导阀开启后到主阀开启前、正常工作(主阀开启后)三个重要阶段。

8.2.1.1　先导阀开启前的数学模型

先导阀开启之前,先导阀和主阀处于关闭状态,液压泵供给的油液通过阀内各容腔的假想充液,与容腔内的压缩性流量相等。此时,先导阀阀芯的力平衡方程为

$$p_3 A_c + F_c - k_c x_{c0} = 0 \tag{8.1}$$

式中　A_c——先导阀口面积;

　　　k_c——先导阀弹簧刚度;

　　　x_{c0}——先导阀弹簧预压缩量;

　　　F_c——先导阀阀芯与阀座的作用力。

此时主阀没有开启,主阀前腔和先导阀腔的流量连续性方程为

$$Q_p - Q_L = \frac{V_1 + V_2 + V_3}{E} \frac{\mathrm{d}p_s}{\mathrm{d}t} \tag{8.2}$$

其中　　　　　　　　　　　　　$p_s = p_2 = p_3$

式中　E——油液体积弹性模量。

8.2.1.2　先导阀开启、主阀关闭时的数学模型

随着油液流入先导阀入口容腔,先导阀阀芯与阀座之间的作用力 F_c 随先导阀入口容腔压力 p_3 的增加而减小。当先导阀入口容腔压力 p_3 等于先导阀开启压力 p_{c0}($p_{c0} = k_c x_{c0}/A_c$)时,$F_c = 0$,此后先导阀将开启溢流;阀芯开启后,先导阀阀芯的力平衡方程为

$$p_3 A_c = m_c \frac{\mathrm{d}^2 x_c}{\mathrm{d}t^2} + (B_c + B_{cn}) \frac{\mathrm{d}x_c}{\mathrm{d}t} + k_c(x_c + x_{c0}) + k_{cn} x_{c0} \tag{8.3}$$

$$B_{cn} = \rho l C_d \pi D_c \sin \alpha_c \sqrt{\frac{2p_3}{\rho}} \tag{8.4}$$

$$k_{cn} = C_d C_v \pi D_c p_3 \sin 2\alpha_c \tag{8.5}$$

式中　x_c——先导阀阀芯开度；

B_c——阻尼系数；

B_{cn}——先导阀瞬态液动力阻尼；

ρ——油液密度；

D_c——先导阀口直径；

α_c——先导阀阀芯半角；

C_d——流量系数；

C_v——速度系数；

k_{cn}——先导阀稳态液动力刚度；

m_c——先导阀阀芯的质量。

先导阀口处流量方程为

$$Q_c = C_3 \pi D_c \sin \alpha_c x_c \sqrt{\frac{2p_3}{\rho}} \tag{8.6}$$

先导阀入口容腔和主阀弹簧腔之间没有压力损失，是一个整体容腔（先导阀前腔），其中的流量连续性方程为

$$Q_1 - Q_c - A_c \frac{dx_c}{dt} = \frac{V_2 + V_3}{E} \frac{dp_2}{dt} \tag{8.7}$$

假设主阀阀芯阻尼孔为薄壁小孔，其流量方程为

$$Q_1 = C_2 \frac{\pi}{4} D_1^2 \sqrt{\frac{2(p_s - p_2)}{\rho}} \tag{8.8}$$

式中　C_2——主阀阀芯节流孔流量系数；

D_1——主阀阀芯节流孔直径。

当先导阀溢流，且主阀阀芯节流孔两侧油液压差不足以克服主阀弹簧预压力，主阀尚未开启，主阀阀芯的力平衡方程为

$$(p_s - p_2)A_v + F_v - k_v x_{v0} = 0 \tag{8.9}$$

式中　A_v——主阀阀口面积；

F_v——主阀阀芯与阀座的作用力；

k_v——主阀弹簧刚度；

x_{v0}——主阀弹簧预压缩量。

主阀前腔流量连续性方程为

$$Q_p - Q_L - Q_1 = \frac{V_1}{E} \frac{dp_s}{dt} \tag{8.10}$$

8.2.1.3　先导阀开启且主阀开启后的数学模型

先导阀溢流量 Q_c 增加,主阀阀芯节流孔流量 Q_1 也增加,此时主阀前后的压差 $p_s - p_2$ 增加,主阀阀芯和阀座之间的机械压紧力 F_v 逐渐减小。当 $F_v = 0$,即主阀前后压差 $p_s - p_2$ 等于主阀开启压差 $p_{v0}(p_{v0} = k_v x_{v0}/A_v)$ 时,主阀开启,双级溢流阀正常工作。主阀开启后,主阀阀芯的力平衡方程为

$$(p_s - p_2)A_v = m_v \frac{\mathrm{d}^2 x_v}{\mathrm{d}t^2} + (B_v + B_{vn})\frac{\mathrm{d}x_v}{\mathrm{d}t} + k_v(x_v + x_{v0}) + k_{vn}x_{v0} \qquad (8.11)$$

$$B_{vn} = \rho l C_d \pi D_v \sin \alpha_v \sqrt{\frac{2p_s}{\rho}} \qquad (8.12)$$

$$k_{vn} = C_d C_v \pi D_v p_s \sin 2\alpha_v \qquad (8.13)$$

式中　x_v——主阀阀芯开度;

　　　B_v——主阀阻尼系数;

　　　B_{vn}——主阀瞬态液动力阻尼;

　　　k_{vn}——主阀稳态液动力刚度;

　　　m_v——主阀阀芯的质量。

主阀前腔流量连续性方程为

$$Q_P - Q_L - Q_v - Q_1 - A_v \frac{\mathrm{d}x_v}{\mathrm{d}t} = \frac{V_1}{E}\frac{\mathrm{d}p_s}{\mathrm{d}t} \qquad (8.14)$$

主阀口节流方程为

$$Q_v = C_1 \pi D_v \sin \alpha_v x_v \sqrt{\frac{2p_s}{\rho}} \qquad (8.15)$$

式中　C_1——主阀口流量系数;

　　　α_v——主阀阀芯半角;

　　　D_v——主阀阀口直径。

先导阀前腔的流量连续性方程为

$$Q_1 - Q_c - A_c \frac{\mathrm{d}x_c}{\mathrm{d}t} + A_v \frac{\mathrm{d}x_v}{\mathrm{d}t} = \frac{V_2 + V_3}{E}\frac{\mathrm{d}p_2}{\mathrm{d}t} \qquad (8.16)$$

8.2.2　主阀尺寸和先导阀尺寸对先导阀稳定性的影响

当主阀和先导阀均开启正常工作时,由式(8.3)~式(8.6)、式(8.8)和式(8.11)~式(8.16)可得到双级溢流阀传递函数框图,如图8.7所示。图8.7a中主阀输入为双级溢流阀入口流量 $Q_p - Q_L$,主阀输出为双级溢流阀控制压力 p_s;图8.7b中先导阀输入为先导阀入口流量,先导阀输出为先导控制压力 p_2。

由式(8.6),先导阀口流量的线性化方程为

$$\frac{\mathrm{d}Q_c}{\mathrm{d}t} = k_q \frac{\mathrm{d}x_c}{\mathrm{d}t} + k_c \frac{\mathrm{d}p_3}{\mathrm{d}t} \qquad (8.17)$$

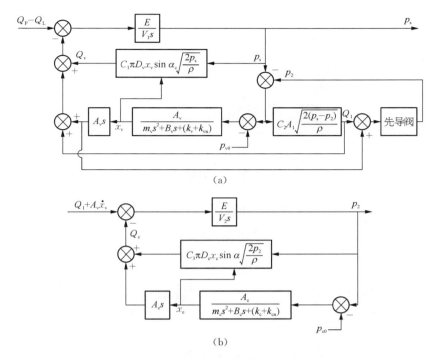

图 8.7　普通双级溢流阀框图

(a) 主阀框图；(b) 先导阀框图

$$k_q = \frac{\partial Q_c}{\partial x_c}\bigg|_{x_c = x_{cx},\ p_3 = p_{cx}} = C_3 \pi D_c \sin \alpha_c \sqrt{\frac{2 p_{cx}}{\rho}}$$

$$k_c = \frac{\partial Q_c}{\partial p_3}\bigg|_{x_c = x_{cx},\ p_3 = p_{cx}} = C_3 \pi D_c \sin \alpha_c x_{cx} \sqrt{\frac{1}{2 \rho p_{cx}}}$$

式中　k_q——先导阀口流量增益；

　　　k_c——先导阀口流量压力增益；

　　　x_{cx}——先导阀阀芯开度；

　　　p_{cx}——先导阀前腔压力。

　　另外，式(8.16)中 $A_c \mathrm{d}x_c / \mathrm{d}t$ 表示先导阀阀芯运动对应的流量，该项相对其他流量项较小，可忽略不计；由于 $V_2 \gg V_3$，令 $V = V_2 + V_3 \approx V_2$。

　　根据式(8.17)可得在某开启位置线性化后先导阀框图，如图 8.8 所示。

　　以先导阀输入流量 $Q_1 + A_v \dot{x}_v$ 为输入，先导阀控制压力 p_2（或 p_3）为输出，可得到先导阀闭环传递函数为

$$G(s) = \frac{b_0 s^2 + b_1 s + b_2}{a_0 s^3 + a_1 s^2 + a_2 s + a_3} \tag{8.18}$$

其中　　　　　　　$a_0 = m_c V_2,\quad a_1 = B_c V_2,\quad a_2 = (k_c + k_{cn})V_2$

$$a_3 = A_c E C_3 \pi D_c \sin \alpha_c \sqrt{\frac{2}{\rho}} \left(1.5 \sqrt{p_{cx}} - \frac{p_{c0}}{2 \sqrt{p_{cx}}} \right)$$

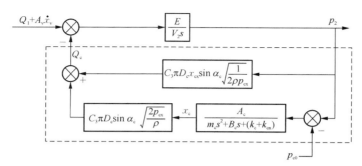

图 8.8　在开启工作点位置线性化后先导阀框图

$$b_0 = m_c E, \ b_1 = B_c E, \ b_2 = (k_c + k_{cn}) E$$

根据 Routh 稳定判据，上述系统稳定的充要条件为 $a_1 a_2 > a_0 a_3$。将相应参数代入可得

$$k_c + k_{cn} > k_{min} = \frac{m_c A_c E C_3 \pi D_c \sin \alpha_c \sqrt{\dfrac{2}{\rho}} \left(1.5 \sqrt{p_{cx}} - \dfrac{p_{c0}}{2\sqrt{p_{cx}}} \right)}{B_c V_2} \tag{8.19}$$

先导阀的静态压力超调率为

$$\delta_p = \frac{p_{cT} - p_{c0}}{p_{cT}} \tag{8.20}$$

$$p_{cT} = p_{c0} + \frac{4(k_c + k_{cn}) x_{cT}}{\pi D_c^2} \tag{8.21}$$

式中　p_{cT}——先导阀额定压力；

　　　x_{cT}——先导阀额定压力对应先导阀开度。

先导阀额定流量 Q_{cT} 为

$$Q_{cT} = C_3 \pi D_c \sin \alpha_c x_{cT} \sqrt{\frac{2 p_{cT}}{\rho}} \tag{8.22}$$

根据式(8.20)~式(8.22)，可得锥形阀开启压力 p_{c0} 计算式

$$p_{c0} = (1 - \delta_p) \left[\frac{4(k_c + k_{cn}) Q_{cT}}{C_3 \pi^2 D_c^3 \sin \alpha_c \delta_p} \sqrt{\frac{\rho}{2}} \right]^{2/3} \tag{8.23}$$

将式(8.19)的稳定性判据代入，可得先导阀在某一工作点(p_{cx}, x_{cx})附近的稳定性判据为

$$p_{c0} > p_{c0min}(n) = C(n) \frac{Q_{cT} m_c}{V_2} \tag{8.24}$$

其中

$$C(n) = \left(1.5\sqrt{n} - \frac{1 - \delta_p}{2\sqrt{n}} \right) \frac{(1 - \delta_p) E}{\delta_p B_c}$$

式中　$C(n)$——匹配系数，表明各结构参数间的匹配关系；

　　　n——先导阀工作点，$n = p_{cx} / p_{cT}$。

为了保证先导阀工作过程中始终稳定，式(8.24)应在任何工作点成立。匹配系数 $C(n)$ 表达

高
端
液
压
元
件
理
论
与
实
践

式中，先导阀工作点 n 的最大值 n_{max} 表示先导阀控制压力 p_c 的动态超调率 σ_M，则匹配系数 C 的最大值为

$$C_{max} = C(n_{max}) = \left(1.5\sqrt{\sigma_M} - \frac{1-\delta_p}{2\sqrt{\sigma_M}}\right)\frac{(1-\delta_p)E}{\delta_p B_c} \tag{8.25}$$

由此，可以得到先导阀在任意工作点保持稳定的条件为

$$p_{c0} - p_{c0min} = p_{c0} - C_{max}\frac{Q_{cT}m_c}{V_2} > 0 \tag{8.26}$$

式（8.26）表明，当先导阀额定流量和开启压力确定时，先导阀的稳定性由主阀弹簧腔容积 V_2 和先导阀阀芯质量 m_c 决定；过大的先导阀阀芯质量或过小的主阀弹簧腔容积将导致先导阀失稳，造成先导阀控制压力 p_2 的大范围持续波动。图 8.7a 中，先导阀控制压力 p_2 通过主阀阀芯力平衡方程控制主阀阀芯位移 x_v，进而影响主阀溢流量 Q_v 和主阀入口压力 p_s；因此，先导阀控制压力 p_2 的失稳，将造成主阀阀芯持续振荡和主阀控制压力的不稳定。可见，主阀尺寸和先导阀存在匹配关系，即对于某一特定开启压力和额定流量的先导阀，主阀弹簧腔容积 V_2 和先导阀阀芯质量 m_c 之间必须满足式（8.26）所示的匹配关系，才能保证先导阀和主阀的稳定工作。

8.2.3　双级溢流阀主阀与先导阀匹配关系

先导阀阀芯质量 m_c 取决于阀芯尺寸，在先导阀阀芯轴向尺寸固定、径向尺寸比例不变的情况下，将先导阀阀芯质量定义为先导阀口 D_c 的函数，有 $m_c \propto D_c^2$，则式（8.26）的判定条件可等效为

$$p_{c0} - p_{c0min} = p_{c0} - C_{max}C_s\frac{Q_{cT}D_c}{V_2} > 0 \tag{8.27}$$

式中　C_s——先导阀口直径和阀芯质量的比例系数，与阀芯尺寸、形状和材料相关。

式（8.27）表明，当先导阀额定流量和开启压力确定时，先导阀的稳定性由主阀弹簧腔容积 V_2 和先导阀阀芯尺寸 D_c 决定；根据式（8.27）可得到如图 8.9 所示双级溢流阀主阀与先导阀尺寸匹配关系，图中表明了不同主阀弹簧腔容积和先导阀阀芯尺寸组合时双级溢流阀的稳定性：过大的先导阀口直径或过小的主阀弹簧腔容积（图中阴影部分）将导致先导阀失稳，造成先导阀控制压力 p_2 的大范围持续波动，出现主阀阀芯持续振动，进而影响主阀溢流量 Q_v 和主阀入口压力 p_s 的稳定性。

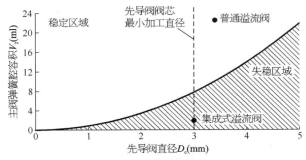

图 8.9　普通双级溢流阀主阀与先导阀尺寸匹配关系（某案例）

主阀和先导阀存在尺寸的几何匹配关系，即对于某一特定开启压力和额定流量的先导阀，主阀弹簧腔容积和先导阀尺寸必须满足式(8.27)，如图8.9稳定区域所示的匹配关系，才能保证先导阀和主阀的稳定工作。

8.2.4 空间尺寸限制时双级溢流阀存在的问题

根据式(8.27)，某案例普通双级溢流阀具有较大的主阀弹簧腔容积，在图8.9所示的稳定区域内。当空间结构尺寸有限时，考虑结构紧凑性，双级溢流阀的主阀和先导阀往往做成集成式结构，甚至采用极端小尺寸结构。例如，某飞行器集成式双级溢流阀先导级设计要求见表8.1；根据现有加工条件，其先导阀的最小可加工尺寸为阀口直径 $D_c = 3$ mm；根据式(8.27)，主阀弹簧腔容积 V_2 应大于 7.85 ml，才能保证先导阀稳定工作。但由于空间尺寸限制，某飞行器设计时能提供的集成式双级溢流阀主阀弹簧腔实际容积 V_2 仅约为 1.94 ml，按照式(8.27)计算，在图8.9所示的不稳定区域内，先导阀不稳定，双级溢流阀无法正常工作。已在某火箭伺服机构压力控制实验中多次证实该现象。

表 8.1 某案例集成式双级溢流阀先导级参数

物 理 量	参数值	物 理 量	参数值
开启压力 p_{c0}(MPa)	16.5	动态压力超调率 σ_M	<1.5
静态压力超调率 δ_p	$<10\%$	额定溢流量 Q_{cT}(L/min)	4.1

8.3 主阀与先导阀之间串加阻尼的极端小尺寸集成式双级溢流阀

8.3.1 先导阀前腔串加阻尼孔的双级溢流阀

式(8.16)表明，普通双级溢流阀主阀弹簧腔容积 V_2 过小易造成先导阀控制压力 p_3 对先导阀前腔净流量(流入流量与流出流量之差)的变化更为敏感；造成先导阀框图(图8.8)中开环增益过大，导致先导控制压力 p_3 的响应较快且超调较大。为了稳定先导阀动态特性，减小先导阀开环增益，这里提出一种先导阀前腔串加阻尼孔的双级溢流阀，如图8.10所示，与图8.6所示普通双级溢流阀相比，在原先导阀入口容腔和主阀弹簧腔之间串加了一个阻尼小孔。

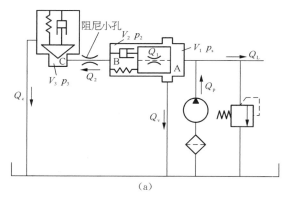

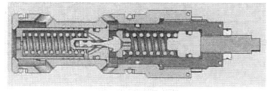

(a)　　　　　　　　　　　　　　　(b)

高端液压元件理论与实践

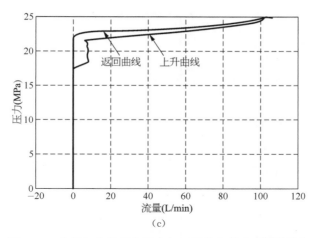

(c)

图 8.10　主阀与先导阀之间串加阻尼的集成式双级溢流阀

（a）原理图；（b）整体集成式双级溢流阀（中国）；（c）某整体集成式双级溢流阀的压力-流量试验曲线

如图 8.10 所示为主阀与先导阀之间串加阻尼的集成式双级溢流阀的原理与结构图。图
8.10a 所示为主阀与先导阀之间串加阻尼的双级溢流阀原理图，各结构部位的流量、压力符号如
图所示，图 8.10b 所示为中国制造的集成式双级溢流阀结构图，图 8.10c 所示为某整体集成式双
级溢流阀的压力流量试验曲线结果。溢流阀在系统中将溢流油液卸载到油箱起到稳压作用，尤
其是在伺服机构中溢流阀主要用于在引流工况下的稳压作用。试验结果的上升曲线和返回曲线
不重合，主要是由于瞬态液动力和摩擦等引起先导阀阀口的开启压力和关闭压力不同，造成主阀
的开启过程和关闭过程不重合。表 8.2 为某工程案例双级溢流阀的参数指标，表 8.3 为某工程
案例双级溢流阀的主要结构参数。

表 8.2　某工程案例双级溢流阀的参数指标

系统压力/溢流阀入口压力 p_0	前置级阀芯状态	前置级阀口流量 Q_1	主阀阀芯状态	主阀口流量
$p_0 \leqslant 21\,\text{MPa}$	未开启	$Q_1 = 0$	未开启	$Q = 0$
21 MPa $< p_0 \leqslant$ 23 MPa	略微开启	$Q_1 < A\,\text{L/min}$	未开启	$Q = 0$
		$A\,\text{L/min} \leqslant Q_1 < 6\,\text{L/min}$	略微开启	$Q < 90\,\text{L/min}$
23 MPa $< p_0 \leqslant$ 24.5 MPa	全开启	$Q_1 = 6\,\text{L/min}$	全开启	$Q = 90\,\text{L/min}$

注：A—主阀开启所需的最小前置级阀口流量。

表 8.3　某工程案例双级溢流阀的主要结构参数

编号	参 数 项	参 数 值	说　　明
1	阀座直径	13 mm	主阀口
	锥形阀角度	30°	
2	质量	0.018 kg	

编号	参 数 项	参 数 值	说 明
3	内壁直径	14 mm	先导阀前端
	弹簧刚度	20 N/mm	
	预紧力	20 N	
4	阀座直径	7 mm	先导阀口
	锥形阀角度	15°	
	管路直径	3 mm	
5	质量	0.001 kg	
6	弹簧刚度	7 040 N/mm	先导阀弹簧
	预紧力	146 N	
7	节流口直径	4.9 mm	
8	容腔体积	0.1 L	
9	节流口直径	1.8 mm	
10	液压源	默认 24.5 MPa	可变值
11	容腔体积	0.1 L	

对于前腔串加阻尼小孔的先导阀，主阀弹簧腔 B 流量连续性方程为

$$Q_1 - Q_2 + A_v \frac{\mathrm{d}x_v}{\mathrm{d}t} = \frac{V_2}{E} \frac{\mathrm{d}p_2}{\mathrm{d}t} \tag{8.28}$$

先导阀入口容腔 C 流量连续性方程为

$$Q_2 - Q_c - A_c \frac{\mathrm{d}x_c}{\mathrm{d}t} = \frac{V_3}{E} \frac{\mathrm{d}p_3}{\mathrm{d}t} \tag{8.29}$$

先导阀前腔串联阻尼孔为细长孔，其节流方程为

$$Q_2 = \frac{\pi d^4}{128 \mu l}(p_2 - p_3) \tag{8.30}$$

式中　d——阻尼小孔直径；

　　　l——细长孔孔深。

根据式(8.28)～式(8.30)以及式(8.3)～式(8.6)可得前腔串加阻尼孔先导阀框图，如图 8.11 所示。

化简可得如图 8.12 所示的简化后前腔串加阻尼孔先导阀框图。

对比图 8.12 和图 8.8 可知，由于前腔加入串联阻尼孔，避免了先导输入流量 Q_1 直接影响先导阀控制压力 p_3；在先导阀框图前向环节串联了一个增益小于 1 的比例环节；降低了先导阀回路的开环增益；有利于先导控制压力 p_3 的稳定。

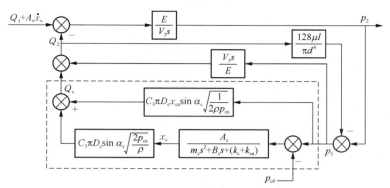

图 8.11 前腔串加阻尼孔先导阀框图

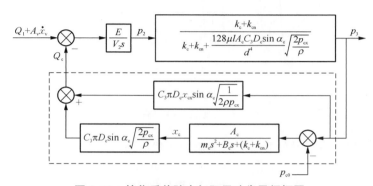

图 8.12 简化后前腔串加阻尼孔先导阀框图

8.3.2 普通双级溢流阀与新型双级溢流阀动态特性

某案例集成式双级溢流阀相关参数见表 8.4。

表 8.4 某案例集成式双级溢流阀相关参数

物 理 量	参 数 值	物 理 量	参 数 值
m_v (g)	18	m_c (g)	1
k_v (kN/m)	20	k_c (kN/m)	40
D_v (mm)	14	D_c (mm)	3
x_{v0} (mm)	3.8	x_{c0} (mm)	3.6
α_v (rad)	$\pi/6$	α_c (rad)	$\pi/12$
V_1 (ml)	500	C_1	0.8
V_2 (ml)	1.905	C_2	0.61
V_3 (ml)	0.038 8	C_3	0.8
ρ (kg/m³)	883	D_1 (mm)	1.8

使用 Matlab,通过四阶 Runge-Kutta 算法对式(8.1)~式(8.16)求解可得改进前普通双级溢流阀仿真结果;对式(8.1)~式(8.15)、式(8.28)~式(8.30)求解可得改进后新型集成式双级溢流阀仿真结果,新型集成式双级溢流阀在其先导阀前腔串加一个直径 $d=1.4\,\text{mm}$、孔深 $l=8\,\text{mm}$ 的细长孔。

图 8.13 所示为串加阻尼孔前后先导阀阀芯位移动态特性。图中,串联阻尼孔前,由于主阀与先导阀不匹配,因而先导阀回路开环增益较大,造成先导阀阀芯持续振荡;而前腔串加阻尼孔后,由于阻尼作用降低了先导阀回路开环增益,先导阀阀芯运动趋于稳定。

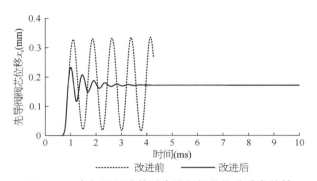

图 8.13　串加阻尼孔前后先导阀阀芯位移动态特性

图 8.14 所示为串加阻尼孔前后双级溢流阀入口压力动态特性,双级溢流阀入口流量为 $90\,\text{L/min}$。由于先导阀无法稳定工作,先导控制压力 p_2 的波动导致主阀入口压力的持续波动,因此改进前的双级溢流阀无法正常溢流;而新型集成式双级溢流阀的控制压力趋于稳定。

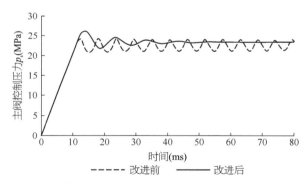

图 8.14　串加阻尼孔前后双级溢流阀入口压力动态特性

综上所述,集成式双级溢流阀先导级的前腔采用带串联阻尼小孔,理论上通过阻尼作用降低了先导阀回路的开环增益,可以改善先导级动态特性,增强先导阀稳定性,从而很好地解决了集成式溢流阀中先导阀稳定性差的问题。

8.3.3　案例与设计方法

工程案例试验对象为普通集成式双级溢流阀和同样名义通径、先导阀前腔串加阻尼孔后的新型集成式双级溢流阀。其中,普通集成式双级溢流阀的先导阀口直径 $D_c=3\,\text{mm}$,先导阀前腔容积为 $1.944\,\text{ml}$;新型双级溢流阀在先导阀前腔串联加工了一个直径 $d=1.4\,\text{mm}$、孔深 $l=8\,\text{mm}$

高端液压元件理论与实践

的细长孔,该细长孔将先导阀前腔分为容积为 1.905 ml(主阀弹簧腔)和 0.038 8 ml(先导阀入口腔)的两个容腔。两被测溢流阀的开启压力均为 21 MPa,额定溢流量为 90 L/min。工程案例试验在上海航天控制技术研究所箭载伺服机构样机试验台上进行,工作介质为 8284 航天煤油;在试验台的液压泵出口和油箱之间安装被试溢流阀,通过计算机测试系统测量上述两溢流阀的压力流量特性,并将试验台置于单独的封闭房间,在距离液压试验台 1 m 处采用手持式噪声仪检测溢流阀工作时的试验台工作噪声。

试验结果表明:采用普通集成式双级溢流阀时,试验台工作噪声为 90 dB;而采取新型集成式双级溢流阀时,试验台工作噪声降至 62 dB。新型集成式双级溢流阀的工作噪声降低,说明双级溢流阀的阀芯振荡得到了抑制,主阀入口压力较为稳定。图 8.15 所示为普通集成式双级溢流阀压力-流量特性,图 8.16 所示为同样名义通径的新型集成式双级溢流阀压力-流量特性,主阀

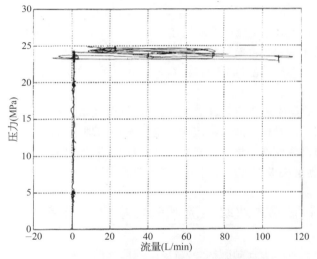

图 8.15　某普通集成式双级溢流阀压力-流量特性试验结果

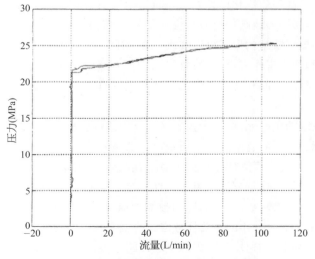

图 8.16　主阀与先导阀之间串加阻尼的新型
集成式双级溢流阀压力-流量特性试验结果

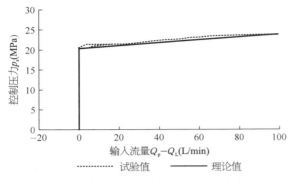

图 8.17 主阀与先导阀之间串加阻尼的集成式新型
双级溢流阀流量-压力特性理论结果与试验结果对比

与先导阀之间串加阻尼。如图 8.15 所示，普通集成式双级溢流阀开启后出现大范围的压力流量波动，不能正常工作；图 8.16 中改进后的新型集成式双级溢流阀有更稳定的压力流量特性。图 8.17 所示为主阀与先导阀之间串加阻尼的集成式新型双级溢流阀流量-压力特性理论与试验曲线的对比图。根据上述数学模型得到的压力-流量特性理论曲线与双级溢流阀实验曲线基本一致，工程案例验证了该数学模型的正确性。

整体集成式双级溢流阀设计时，应创造条件做到：

（1）实现普通集成式双级溢流阀主阀尺寸与先导阀尺寸之间的几何匹配关系：过大的先导阀阀芯尺寸或过小的主阀尺寸都有可能造成先导阀失稳。空间尺寸限制时，由于主阀和先导阀之间容腔体积有限，往往导致先导阀不稳定，双级溢流阀无法正常工作。可通过本节得到的稳定性判据进行判定和设计。

（2）极端小尺寸的集成式新型双级溢流阀设计，尽可能采用在先导阀前腔中串加一个阻尼孔的方法来实现小尺寸新结构的双级溢流阀。工程案例的理论与试验结果表明，先导阀前腔串加阻尼孔的新型双级溢流阀在不增加溢流阀尺寸的前提下，通过阻尼作用降低了先导阀回路的开环增益，可以有效地解决极端小尺寸时集成式溢流阀先导级稳定控制问题。

8.4　振动环境下集成式双级溢流阀的数学模型与特性

溢流阀作为液压系统压力控制的核心元件，必须能在液压能源启动过程、整机振动环境下保持必要的服役性能。本节介绍双级溢流阀在振动环境下的数学模型及特性的分析方法、各结构尺寸对动态特性的影响和参数优化设计方法，通过模拟发射过程中的阶跃流量信号以及振动环境下该阀的服役特性，得到溢流阀保持服役性能的最佳结构尺寸参数及其确定方法。溢流阀先导阀制成平衡活塞防振尾端结构形式可以实现减振、消声、稳压的功能；双级溢流阀分为先导阀开启前、主阀开启前和稳定工作三个阶段；整机振动对双级溢流阀压力控制性能的影响大；结构参数决定了溢流阀的延迟时间和动态特性。振动环境下的溢流阀服役性能是双级溢流阀设计与应用的关键。

溢流阀是液压系统的核心元件，用于控制液压能源或伺服机构的工作压力，其直接决定液压系统的压力控制性能。在空间有限且功率质量比要求高的场合，往往要求溢流阀做到小型化、轻量化且具有高可靠性，因此大多采用结构简单、压力敏感性好的集成式溢流阀。飞行器的发射和飞行过程以及重大装备的工作过程都不可避免地要产生各种振动、冲击、加速度。液压能源及伺服机构的可靠性和安全性要求极高，提高压力控制用溢流阀关键元件的可靠性，真正做到"稳妥可靠，万无一失"，是未来 5～10 年的重要任务之一。就飞行器而言，溢流阀必须承受得起发射和发动机工作时的振动、冲击、加速度等极限环境条件的考核，且在飞行负载变化及全弹箭振动、随机振动、分离冲击、俯仰、偏航和滚动等服役条件下，必须能正常工作。液压阀如何在极限环境下工作一直是导弹舵面控制与火箭姿态控制中很棘手的问题;一般重大装备同样涉及复杂的振动环境。这意味着溢流阀要做到结构简单并由必需的少量部件组成,但能够提供必要的服役性能。单级溢流阀有球阀和锥形阀两种结构,单级阀开启时,容易产生噪声或振动,压力控制精确不高。随着液压阀尺寸的减小,这种现象越来越明显且压力变得难于控制。为此,美国人 Merrit 采用阻尼节流器和液容来改善单级溢流阀和减压阀的性能;日本人 Hayashi 提出了先导式双级溢流阀及其液压回路的稳定性与非线性特性分析方法。我国学者研究了先导式溢流阀结构参数对性能的影响,以及溢流阀本身产生振动的机理。但是,振动环境下液压阀的研究和应用因为涉及国防,公开报道尚不多见。如何建立振动环境下工作的液压系统和液压元件数学模型,取得整机振动环境下液压系统和液压元件的服役性能至关重要。

如图 8.18 所示为带平衡活塞和容腔的双级溢流阀原理图。图中,Q_p 为液压泵流量,Q_L 为负载流量,p_s 为负载压力,V_1、V_2、V_3、V_4 分别为主阀前腔体积、主阀弹簧腔体积、先导阀压力控制腔体积、先导阀压力感受腔体积,Q_1 为主阀前腔至弹簧腔的流量,Q_2 为先导阀供油流量,Q_3 为先导阀平衡活塞控制流量,Q 和 Q_x 分别为主阀和先导阀的溢流量,p_2、p_3、p_4 分别为主阀弹簧腔

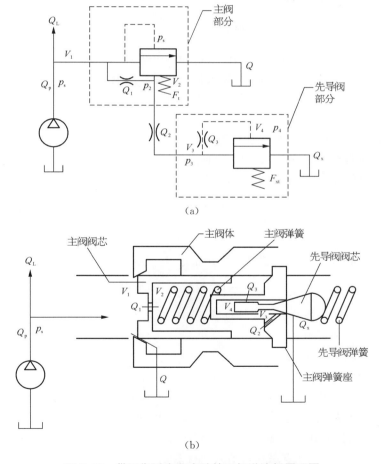

图 8.18 带平衡活塞和容腔的双级溢流阀原理图

(a) 液压原理图;(b) 结构简图

压力、先导阀压力感受腔压力、先导阀压力控制腔压力。由先导阀的平衡活塞控制流量 Q_3 处的平衡活塞直接感受入口压力的变化,先导阀压力感受腔 V_4 内感受的压力值与先导阀弹簧力 F_{xt} 相比较,从而控制先导阀的开口量大小。先导阀压力控制腔压力 p_3 的大小直接决定了先导阀溢流量的大小。该双级溢流阀的先导阀结构上具有压力感受腔、压力控制腔、固定节流器。普通先导式溢流阀没有上述压力感受腔、压力控制腔、固定节流器。

双级溢流阀由先导阀和主阀组成,先导阀首先开启,形成压差 $(p_s - p_2)$,该压差控制主阀的开启和系统工作压力。双级溢流阀工作时,油液流入主阀前腔 1 后,通过主阀阀芯上的阻尼小孔进入弹簧腔 V_2,然后经由主阀与先导阀间的细长孔流入先导阀压力控制腔 V_3,最后经先导阀阀芯平衡活塞间隙进入压力感受腔 V_4。当先导阀负载压力 p_4 逐渐增大到足以克服先导阀弹簧预压力时,先导阀开启并产生溢流量 Q_x,致使主阀前腔与弹簧腔之间的阻尼小孔节流作用而产生压差,当这一压差达到足以克服主阀弹簧预压力时,主阀开启并产生溢流量 Q。先导阀阀芯具有平衡活塞防振尾端,这种平衡活塞结构将先导阀的阀腔分隔成压力控制腔 V_3 和压力感受腔 V_4 两个独立容腔,因活塞间隙的阻尼作用而减弱了压力感受腔 V_4 的压力 p_4 随供油压力波动的趋势,从而达到减振、消声、稳压的效果。

8.4.1 振动环境下溢流阀的数学模型

双级溢流阀在振动或冲击环境下工作,假设阀体在振动时的位移量为 $y(t)$,且设振动 y 的正方向与主阀阀芯位移 x 的正方向相同,按照液压泵和溢流阀组成的典型系统的工作过程,可分为先导阀开启前、主阀开启前以及正常工作三个重要阶段,分别建立以下数学模型。

8.4.1.1 先导阀开启溢流之前的数学模型

设 x 为主阀阀芯的绝对位移,x_x 为先导阀阀芯位移,y 为振动环境下阀体的位移。先导阀开启溢流之前,先导阀和主阀均处于关闭状态,阀体与阀芯一起运动,主阀阀芯和先导阀阀芯都与阀体具有相同的位移、速度和加速度,即

$$x = y, \ \dot{x} = \dot{y}, \ \ddot{x} = \ddot{y} \tag{8.31}$$

$$x_x = y, \ \dot{x}_x = \dot{y}, \ \ddot{x}_x = \ddot{y} \tag{8.32}$$

根据牛顿第二定律,先导阀阀芯的运动方程为

$$p_4 A_x + F_{xb} - k_{xs} x_{x0} = m_x \ddot{x}_x \tag{8.33}$$

式中　m_x——先导阀阀芯弹性组件等效质量;

　　　k_{xs}——先导阀弹簧刚度;

　　　x_{x0}——先导阀弹簧预压缩量;

　　　F_{xb}——先导阀阀芯与阀座之间的压紧力。

当油液流入先导阀压力感受腔时,阀座对阀芯压紧力 F_{xb} 随感受腔压力 p_4 的变化而变化,即 p_4 增加,F_{xb} 减小。当 $F_{xb} = 0$,先导阀开启,即当先导阀的感受腔压力 $p_4 = (k_{xs} x_{x0} + m_x \ddot{x}_x)/A_x$ 时,先导阀阀芯和阀座之间作用力为零。此时,先导阀开启。

8.4.1.2 先导阀开启、主阀关闭时的数学模型

先导阀开启后,先导阀阀芯的绝对位移不再等于阀体振动的位移量 y。此时,先导阀阀口有一定的开口量,且 $x_x - y > 0$。先导阀阀芯的力平衡方程为

$$p_4 A_x - k_{xs} x_0 + F_{sx} = m_x \ddot{x}_x + B(\dot{x}_x - \dot{y}) + k_{xs}(x_x - y) + F_{x\beta1} + F_{x\beta2} \tag{8.34}$$

式中 B——黏性阻尼系数；

$F_{x\beta1}$——先导阀稳态液动力；

$F_{x\beta2}$——先导阀瞬态液动力；

F_{sx}——主阀与先导阀之间的通油孔液压油流动产生的轴向液动力。

这里考虑到主阀至先导阀之间的通油孔为倾斜角 $\theta_2 = 30°$ 的细长孔，节流时流动方向发生变化且产生该轴向液动力。主阀关闭时，主阀阀芯仍与阀体一起振动，运动方程式如式（8.31）所示。根据牛顿第二定律，主阀阀芯的运动方程为

$$(p_s - p_2)A + F_b - k_s x_0 = m\ddot{x} \tag{8.35}$$

式中 m——主阀阀芯运动组件的等效质量；

k_s——主阀弹簧刚度；

F_b——主阀阀芯和阀座之间的压紧力。

随着先导阀开口量的逐渐增大，先导阀溢流量 Q_x 逐渐增加，Q_1 和 Q_2 也逐渐增加，主阀前后的压差 $p_s - p_2$ 增加，主阀阀芯和阀座之间的压紧力 F_b 逐渐减小。当主阀前后压差满足关系式 $p_s - p_2 = (k_s x_0 + m\ddot{x})/A$ 时，主阀阀芯和阀座之间的作用力为零，此时主阀开启。

8.4.1.3 主阀开启之后的数学模型

主阀和先导阀均处于开启状态时，主阀节流口的开口量为 $x - y$，先导阀节流口的开口量为 $x_x - y$。根据两自由度机械振动系统原理，并考虑各容腔的油液压缩性，可建立振动环境下双级溢流阀的数学模型为

1）主阀阀芯和先导阀阀芯的运动学方程

$$(p_s - p_2)A - k_s x_0 = m\ddot{x} + B(\dot{x} - \dot{y}) + k_s(x - y) + F_{\beta1} + F_{\beta2} \tag{8.36}$$

$$F_{sx} + p_4 A_x - k_{xs} x_{x0} = m_x \ddot{x}_x + B(\dot{x}_x - \dot{y}) + k_{xs}(x_x - y) + F_{x\beta1} + F_{x\beta2} \tag{8.37}$$

式中，主阀和先导阀的稳态液动力和瞬态液动力，以及主阀和先导阀之间通油孔的液动力分别为

$$F_{\beta1} = C_d C_v \pi d \sin 2\alpha \cdot p_s (x - y) \tag{8.38}$$

$$F_{\beta2} = \rho l C_d \pi d \sin \alpha \cdot (\dot{x} - \dot{y}) \sqrt{\frac{2p_s}{\rho}} \tag{8.39}$$

$$F_{x\beta1} = C_d C_v \pi d_x \sin(2\alpha_x) \cdot p_3 (x_x - y) \tag{8.40}$$

$$F_{x\beta2} = \rho l_x C_d \pi d_x \sin \alpha_x \cdot (\dot{x}_x - \dot{y}) \sqrt{\frac{2p_3}{\rho}} \tag{8.41}$$

$$F_{sx} = \frac{4\rho Q_2^2 \sin \theta_2}{n\pi d_{02}^2} \tag{8.42}$$

式中 C_d——流量系数；

C_v——速度系数；

α、α_x——主阀阀芯和先导阀阀芯的半锥角（°）；

n——主阀与先导阀之间通油孔个数，$n = 4$；

θ_2、d_{02} —— 主阀与先导阀之间通油孔的倾斜角和内径。

2）主阀节流口流量近似方程

$$Q = C_d \pi d(x - y) \sin \alpha \sqrt{\frac{2p_s}{\rho}} \tag{8.43}$$

3）先导阀节流口流量方程

$$Q_x = C_d \pi d_x (x_x - y) \sin \alpha_x \sqrt{\frac{2p_3}{\rho}} \tag{8.44}$$

4）主阀阀芯运动控制节流孔流量方程

$$Q_1 = C_d \frac{\pi d_0^2}{4} \sqrt{\frac{2(p_s - p_2)}{\rho}} \tag{8.45}$$

5）主阀口前腔流量连续性方程

$$Q_p - Q_L - Q - Q_1 = \frac{V_1}{\beta} \frac{\mathrm{d}p_s}{\mathrm{d}t} + A(\dot{x} - \dot{y}) \tag{8.46}$$

6）主阀与先导阀之间细长通油孔流量方程

$$Q_2 = \frac{\pi d_1^2}{128 \mu l_1} (p_2 - p_3) \times 4 \tag{8.47}$$

7）主阀弹簧腔流量连续性方程

$$Q_1 - Q_2 = \frac{V_2}{\beta} \frac{\mathrm{d}p_2}{\mathrm{d}t} - A(\dot{x} - \dot{y}) \tag{8.48}$$

8）先导阀平衡活塞与阀座固定节流器流量方程

$$Q_3 = \frac{\pi d h_0^3}{12 \mu l_h} (p_3 - p_4) \tag{8.49}$$

9）先导阀压力感受腔流量连续性方程

$$Q_3 = \frac{V_4}{\beta} \frac{\mathrm{d}p_4}{\mathrm{d}t} + A(\dot{x}_x - \dot{y}) \tag{8.50}$$

10）先导阀前腔流量连续性方程

$$Q_2 - Q_3 - Q_x = \frac{V_3}{\beta} \frac{\mathrm{d}p_3}{\mathrm{d}t} \tag{8.51}$$

由式（8.31）～式（8.51）的双级溢流阀基本方程，以及基本结构参数与流体参数，可进行振动环境下的动态特性分析。

8.4.2　案例与特性

8.4.2.1　案例描述

以某飞行器双级溢流阀为例，双级溢流阀处于振动环境下工作，假设阀体随整机做简谐振动，振动信号 y 为正弦信号，按照上述数学模型可进行基本特性、动态特性和结构优化设计。双级溢流阀的先导阀阀芯采用平衡活塞结构,主阀和先导阀采用多级同心的一体化结构布局设计。液压油体积弹性模量 $\beta = 689.6\,\text{MPa}$,先导阀的通径为 $3\,\text{mm}$。主阀前控制腔体积 $V_1 = 5 \times 10^{-4}\,\text{m}^3$,主阀弹簧腔体积 $V_2 = 1.91 \times 10^{-6}\,\text{m}^3$,先导阀压力感受腔体积 $V_4 = 3.14 \times 10^{-8}\,\text{m}^3$,先导阀压力控制腔体积 $V_3 = 3.88 \times 10^{-8}\,\text{m}^3$,主阀阀芯半锥角 $\alpha = 30°$,先导阀阀芯半锥角 $\alpha = 15°$,先导阀和活塞间隙 $h_0 = 27.5\,\mu\text{m}$,主阀阀芯弹性组件等效质量 $m = 0.0188\,\text{kg}$,先导阀弹性组件等效质量 $m_x = 0.001\,\text{kg}$。初值条件为调定的主阀弹簧预压力 $k_s x_0 = 96\,\text{N}$ 以及先导阀弹簧预压力 $k_{xs} x_{x0} = 118\,\text{N}$,阶跃信号为溢流阀的额定流量 $Q_p - Q_L = 90\,\text{L/min}$。

8.4.2.2　非振动环境下的双级溢流阀特性

假设阀体振动信号 y 为零,即溢流阀在非振动环境下,图 8.19 所示的液压能源系统在液压泵启动时,溢流阀相当于输入额定流量的阶跃信号,按照上述数学模型,可分析结构参数对开启特性、稳定性的影响,从而得到最佳尺寸和工作点的压力流量参数。

以先导阀平衡活塞处的固定节流器尺寸为例,如图 8.19 所示为先导阀平衡活塞固定节流器间隙对双级溢流阀动态特性的影响图。由图可知,平衡活塞处固定节流器的间隙 h_0 分别为 $7.5\,\mu\text{m}$、$10\,\mu\text{m}$、$20\,\mu\text{m}$、$35\,\mu\text{m}$,逐渐增大时,溢流阀主阀开启时间即延迟时间逐渐缩短,溢流阀的稳定时间也随之缩短,阀位移的超调量变化不大。随平衡活塞处固定节流器间隙的增加,主阀控制压力的超调量逐渐减小,稳定时间缩短。平衡活塞处固定节流器的间隙过小时,压力超调量大,溢流阀自身容易产生压力冲击和振动。可见,可以根据仿真得到合适的固定节流器间隙尺寸,以便保证阀在振动环境下工作时,平衡活塞起到减振、消声、稳压的作用。

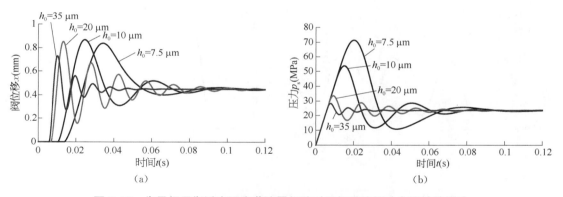

图 8.19　先导阀平衡活塞固定节流器间隙对双级溢流阀动态特性的影响

(a) 主阀阀芯位移;(b) 主阀控制压力

根据上述方法同样可得到其他结构参数的最佳尺寸,如各容腔体积、主阀通径、先导阀通径、锥度等重要参数。采用优化结构参数后,双级溢流阀在额定阶跃流量信号作用下的动态特性如图 8.20 所示。由图可知,先导阀开启前,即溢流阀达到先导阀阀芯开启压力 $17\,\text{MPa}$ 之前,具有一定的延迟时间 $\tau_1 = 0.0082\,\text{s}$,即图示的点 $C(p_s = 17\,\text{MPa}, t = 0.0082\,\text{s})$。此时,液压泵输出的油液供给到液压泵和溢流阀之间的容腔,由于油液的压缩性进行假象的动态充液,压力上升,当溢流阀入口压力达到开启压力 $17\,\text{MPa}$ 之后,先导阀阀芯才开始移动,发生一定的位移量,产生溢流量,此时主阀阀芯前后腔产生压差。当溢流阀入口压力达到 $23\,\text{MPa}$ 时(主阀开启的延迟时间 $\tau_2 = 0.0111\,\text{s}$),主阀阀芯开启,产生主溢流量,即图示的点 $A(p_s = 23\,\text{MPa}, t = 0.0111\,\text{s})$。

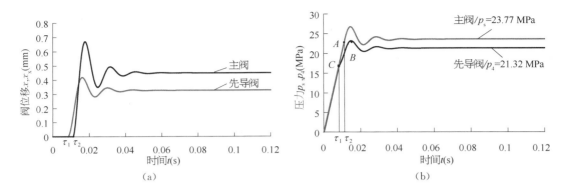

图 8.20　双级溢流阀主阀与先导阀的动态响应特性图

(a) 主阀和先导阀开口量($\tau_1 = 0.008\,2\,\text{s}$, $\tau_2 = 0.011\,1\,\text{s}$)；(b) 主阀与先导阀的控制压力

最终，溢流阀压力稳定在约 24 MPa 所需的稳态响应时间为 0.04 s。

8.4.2.3　振动环境下的双级溢流阀特性

　　如图 8.21 所示为正弦振动环境下溢流阀位移、压力和流量响应特性图。阀体正弦振动信号频率为 50 Hz 时，在额定流量阶跃信号作用下主阀阀芯的位移曲线如图 8.21a 所示。主阀阀芯位移和阀体位移的差值构成主阀开口量，如图 8.21b 所示。可见：阀体振动时，双级溢流阀仍然能够精确地控制主阀开口量。图 8.21c 所示为在额定流量阶跃信号作用下双级溢流阀的动态压

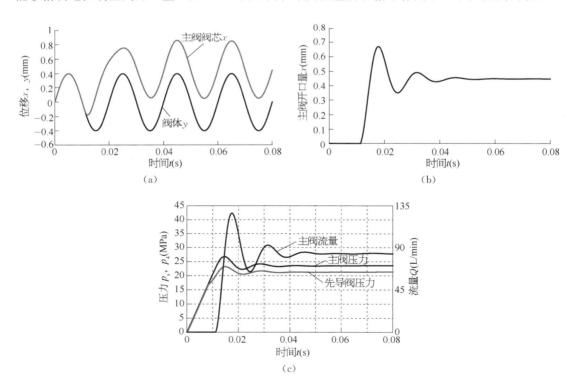

图 8.21　正弦振动环境下溢流阀位移、压力和流量响应特性图

(a) 阀体位移和主阀阀芯位移；(b) 主阀开口量；(c) 先导阀和主阀压力、主阀溢流量

力和动态流量相应特性图。从图中可以看出,当阀体的振动频率在 50 Hz 左右或小于 50 Hz 时,振动对该阀的压力和流量特性影响都很小,几乎可忽略不计,主阀阀芯的开启时间仍为 0.011 1 s,在 0.04 s 内流量和压力达到稳定,系统的工作压力保持在 24 MPa,并且在压力和流量达到稳定后,阀芯与阀体做同频率的同步简谐振动。恰当地设计结构参数后,如图 8.21c、图 8.21b 所示,可以做到低频振动环境下的压力特性和非振动环境下的压力特性基本一样。

图 8.22 所示为阀体振动频率 150 Hz 和 250 Hz 时在额定流量阶跃信号作用下的主阀流量和压力响应图。如图 8.22a 所示,当阀体振动的频率远大于 50 Hz,如在振动频率分别为 150 Hz 和 250 Hz 时,由于阀体振动的影响,控制流量叠加一个小的颤振信号,且振动频率越高,该叠加颤振越剧烈。但由如图 8.22b 所示的压力响应图可知,该双级溢流阀仍能稳定地将控制压力保持在 24 MPa。该双级溢流阀能确保系统正常的工作压力,但若长期工作在这种环境下,使用寿命会缩短。

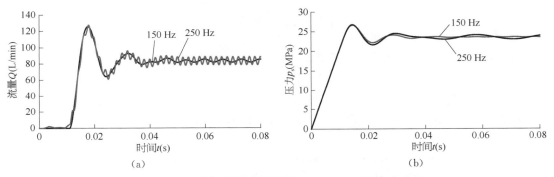

图 8.22　阀体振动频率 150 Hz 和 250 Hz 时的主阀流量压力响应

(a) 主阀流量；(b) 主阀压力

同样,可以对振动环境下工作的溢流阀进行结构参数优化设计。以先导阀平衡活塞间隙为例,如图 8.23 所示,阀体振动信号的频率为 250 Hz,在额定流量阶跃信号作用下系统控制压力波动范围与平衡活塞间隙尺寸有关,且间隙越大,压力波动的幅值越大,压力越不稳定。为此,活塞间隙不宜过大。进行溢流阀结构尺寸的参数设计时,需要模拟各种实际振动环境下溢流阀诸特性,通过优化设计,综合考虑各种环境条件、典型结构和几何尺寸与工作性能之间的映射关系,合理地进行溢流阀的结构和尺寸设计。

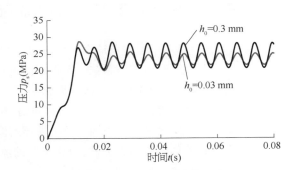

图 8.23　振动环境下平衡活塞间隙对主阀控制压力的影响

8.4.2.4　案例试验

(1) 某型号飞行器电液伺服机构先后采用锥形溢流阀、球形溢流阀和平衡活塞结构溢流阀进行压力控制。溢流阀元件实验和液压系统试验中明显地发现:锥形阀容易引起机体本身以及连接件振动,噪声刺耳,压力波动范围大,启动特性差,且在某个特定流量时容易产生压力颤振爬行现象。带平衡活塞固定节流器新型双级溢流阀工作时几乎没有振动和噪声,控制压力稳定,启动特性好。地面试验以及飞行试验结果与分析结论一致。

（2）为了测量溢流阀工作时的噪声,将移动式溢流阀试验台置于单独的封闭房间,在距离液压试验台 1 m 处采用手持式噪声仪检测溢流阀工作时试验台工作噪声,在试验台的液压泵出口和油箱之间安装被试溢流阀。试验结果表明:采用普通锥形阀时,试验台工作噪声为 90 dB。采取同样名义通径且经过优化设计后的新型双级溢流阀时,试验台工作噪声降至 62 dB。

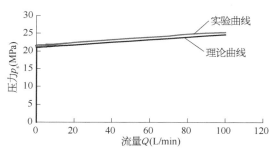

图 8.24　双级溢流阀的流量-压力特性曲线

（3）双级溢流阀压力流量特性试验在某型号产品专用液压阀试验台上完成,采用计算机进行溢流阀入口压力和流量传感器信号的记录和处理。图 8.24 所示为双级溢流阀流量-压力特性理论曲线与实验曲线的对比图。根据上述数学模型得到的压力-流量特性理论曲线与双级溢流阀实验曲线基本一致,验证了数学模型的正确性。

（4）带平衡活塞结构的双级溢流阀适用流量范围大,动态性能好,可以实现精确的压力控制。通过所建立的数学模型进行仿真,可以恰当地设计固定节流器、压力感受腔、压力控制腔等关键结构和参数,得到溢流阀合适的压力稳定时间和开启时间,实现双级溢流阀减振、消声、稳压的功能。

（5）本节所提出的振动环境下双级溢流阀数学模型,已经用于某溢流阀在振动环境下的诸特性及耐振范围分析过程,与试验结果一致。双级溢流阀能够承受整机振动环境条件和液压能源启动时的流量冲击过程。

8.5　集成式双级溢流阀先导阀供油流道布局

液压系统过程中不可避免地会产生振动、冲击、加速度,对用于压力控制的溢流阀稳定性要求很高。为提高稳定性,液压系统采用带平衡活塞结构的双级溢流阀进行稳定压力控制,双级溢流阀的平衡活塞式先导阀阀芯与阀体形成固定节流器,将先导阀腔分成压力感受腔和控制腔两腔,通过节流反馈来控制输出压力,具有减振、消声、稳压三合一综合功能。先导阀必须通过斜长孔从阀芯侧面供油,这种侧向通油流道极易导致偏心、阻塞或卡死现象,加大了结构设计的难度。以下介绍 CFD 流体计算仿真方法,分析不同的流道布局对阀性能的影响,优化先导阀供油流道的孔数、孔径和位置等参数。

8.5.1　双级溢流阀主阀与先导阀内部流道

如图 8.25 所示为双级溢流阀内部流道图。图中,Q_p 为液压泵流量,Q_L 为负载流量,p_s 为供油压力,V_1 为主阀前腔体积,V_2 为主阀弹簧腔体积,V_3 为先导阀压力控制腔体积,V_4 为先导阀压力感受腔体积,Q_1 为主阀前腔至弹簧腔的流量,Q_2 为自主阀流入先导阀流量,Q_3 为平衡活塞间隙节流量,Q、Q_x 为主阀和先导阀的溢流量,p_2 为主阀弹簧腔压力,p_3 为先导阀压力感受腔压力,p_4 为先导阀压力控制腔压力。

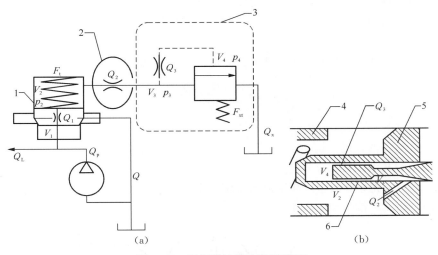

图 8.25　双级溢流阀内部流道图

(a) 原理图；(b) 主阀与先导阀内部流道

1—主阀；2—主阀与先导阀连通部分；3—先导阀；4—主阀阀芯；5—主阀弹簧座(即先导阀阀体)；6—先导阀阀芯

该双级溢流阀通过细长孔节流供油给先导阀，并通过平衡活塞结构将先导阀腔分为压力控制腔 V_3 和压力感受腔 V_4 两个独立容腔(图 8.25b)，通过先导阀供油孔液阻以及活塞间隙液阻来减弱压力感受腔 V_4 的压力 p_4 随供油压力波动的趋势，从而达到减振、消声、稳压的效果。为此，先导阀供油流道无法轴向供油，而必须通过在主阀弹簧座(即先导阀供油流道)上打细长斜孔从侧向供油。这种侧向流道极易导致产生不平衡液动力，造成偏心甚至阀芯卡死，而且为起到一定的液阻作用，对细长斜孔的通流面积也有限制，因而，其孔数目、分布及尺寸将直接影响溢流阀的工作性能。

如图 8.25b 所示，当双级溢流阀采用单一孔结构为先导阀供油时，油液流过该细长斜孔时将产生轴向和横截面方向的液动力，且直接作用在先导阀阀芯上，其横向液动力为

$$F_{sy} = \rho Q_2 v_h = \frac{4\rho Q_2^2 \cos \theta_2}{\pi d_{02}^2} \tag{8.52}$$

式中　v_h——先导阀供油孔中油液流速的水平分量；

　　　Q_2——主阀流入先导阀的流量；

　　　θ_2——先导阀供油孔的倾斜角；

　　　d_{02}——先导阀供油孔的内径；

　　　ρ——油液密度，840 kg/m³。

轴向液动力为

$$F_{sx} = \rho Q_2 v_z = \frac{4\rho Q_2^2 \sin \theta_2}{\pi d_{02}^2} \tag{8.53}$$

式中　v_z——连通孔中油液流速的垂直分量。

双级溢流阀先导阀供油采用单孔流道，孔的倾斜角为 30°，内径 1.2 mm。当溢流阀开启溢流时(溢流压力 24 MPa)，自主阀流入先导阀的流量约为 6.3 L/min，由此可以计算单孔流道油液对

先导阀阀芯的轴向作用力约为 4.1 N,可能导致先导阀的开启特性不稳定。而横向作用力约为 7.1 N,可能导致阀芯卡死。若通过多个均匀分布的孔供油,则可消除横向液动力并减小轴向液动力。

供油孔具有一定的液阻作用,当油液流经流道时,产生的压降为

$$\Delta p = \frac{128 \mu l_1 Q_2}{n \pi d_{02}^4}$$

(8.54)

式中　μ——油液运动黏度;
　　　l_1——连通孔的长度;
　　　n——连通孔的个数。

图 8.26 所示为先导阀阀座供油流道示意图。主阀向先导阀供油的孔数量和孔径影响阀的工作性能,通过仿真可得到最佳连通结构。

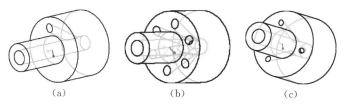

图 8.26　先导阀阀座供油流道示意图

(a) 单孔流道;(b) 六孔流道;(c) 三孔流道

8.5.2　先导阀供油流道的流场

如图 8.27 所示为先导阀阀座供油流道为单孔流道、六孔流道、三孔流道的 CFD 网格划分模型。供油流道的入口流速为

$$v = \frac{Q_2}{A_d}$$

(8.55)

式中　A_d——通流面积。

计算初始条件:工作介质为 8284 航天煤油,其密度为 840 kg/m³,动力黏度在室温 15 ℃时为 0.002 2 Pa·s,−40 ℃时为 0.021 Pa·s。额定流量 90 L/min 下,当双级溢流阀工作达稳态时,其先导阀阀芯的开口量约为 0.33 mm,主阀流入先导阀的流量 Q_2 为 6.3 L/min。入口流速:

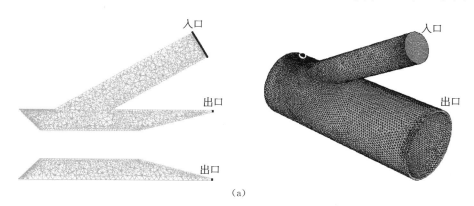

(a)

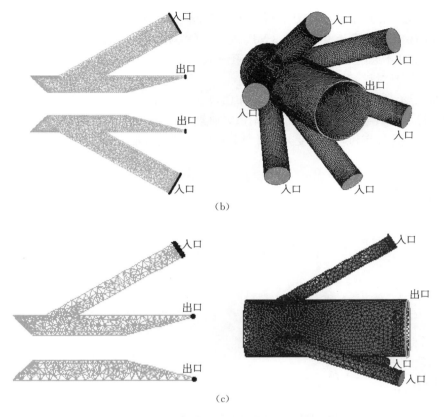

图 8.27　先导阀阀座供油流道 CFD 网格模型

(a) 单孔流道(流道只有 1 孔)；(b) 六孔流道(流道对称布局 6 孔)；(c) 三孔流道(流道面积不变,3 孔)

a 结构为 $v \approx 92.9\,\text{m/s}$，b 结构为 $v \approx 15.5\,\text{m/s}$，c 结构为 $v \approx 91\,\text{m/s}$。即图 8.28、图 8.29 所示为单孔流道和六孔流道的流场分布图。从图 8.28 可以看出,当先导阀供油孔只有一个时,入口静压 21 MPa,到达油孔末端后,油液压力变为 19 MPa 左右,即孔的阻尼作用导致约 2 MPa 的压力

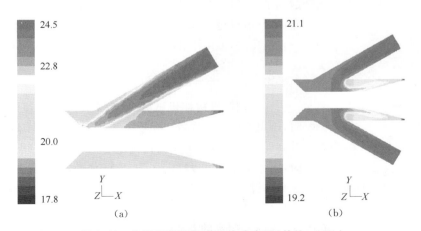

图 8.28　先导阀供油流道压力分布图(单位：MPa)

(a) 单孔流道；(b) 六孔流道

损失。当流道为六孔均布时，入口压力维持在 21 MPa 左右，压降很小，可忽略，六孔流道更利于维持阀性能的稳定。单孔流道压力差 3 MPa 左右，可能对阀芯产生偏心力，导致卡死。当连通孔为六个时，通油孔不起阻尼作用，油液流过该孔进入先导阀压力控制腔后压力基本不变；同时，阀芯两端受压相同且对称，无偏心力。

图 8.29 所示是两种结构流道的速度分布图，从图中可以明显看出，六孔结构要比单孔的速度分布均匀得多，不容易导致波动或其他不稳定现象。单孔内油液流速明显比六孔要大很多，可能因孔内油液流速过高和局部速度突变而产生偏心、不稳定或油液过热现象，不利于阀整体的特性稳定。

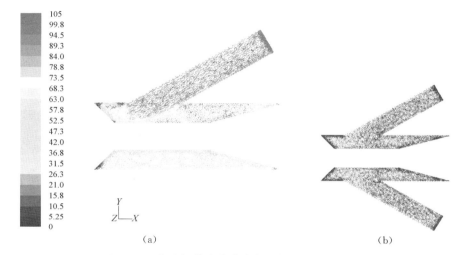

图 8.29　先导阀供油流道速度分布图(单位：m/s)

(a) 单孔结构；(b) 六孔结构

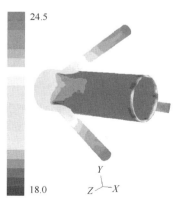

**图 8.30　先导阀供油三孔流道
压力分布图(单位：MPa)**

图 8.30 所示为先导阀供油三孔流道压力分布图。供油压力为 21 MPa，先导阀压力控制腔压力为 18 MPa 左右，即该通油孔起到了阻尼作用，产生了约 3 MPa 的压降。三孔流道结构对称布局，既可以避免偏心和阀芯卡紧现象，又可使油液流经时产生一定的压差，但由于孔直径过小，加工难度大、极易阻塞。

8.5.3　工程应用案例

在某伺服机构样机试验中，当采用单孔流道的双级溢流阀时，压力工作点无法稳定在规定的 24 MPa，而是随着通油压力的升高而持续上升。采用六孔流道结构双级溢流阀进行样机试验时，压力工作点可以稳定在 24.5 MPa 处，但是噪声剧烈，噪声仪读数超过 60 dB。三孔流道结构孔径过小，在实际应用中极易阻塞且难于加工。

如图 8.31 所示为结合仿真和试验结果得到的先导阀流道优化结构，即三孔流道且孔径 $d_0 = 0.9$ mm，与单孔结构的阻尼效果即压降基本相同，但阀芯无偏心力、多孔均布，性能稳定，动压影响小。如图 8.32 所示，供油孔压降为 2 MPa，可保证阀的稳定性；同时，动态压差不到 0.5 MPa；此外，先导阀腔压力分布均匀，无偏心现象。

图 8.31　最佳供油流道模型图

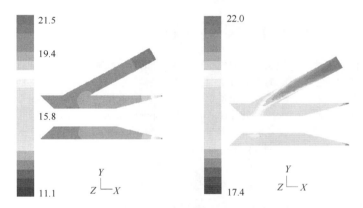

图 8.32　改进后的三孔流道静压和动态压力分布图(单位：MPa)

可见，采用 CFD 可模拟双级溢流阀局部结构的不平衡力及其对阀特性的影响，对阀结构进行优化设计。具有液阻液容的双级溢流阀，其先导阀供油流道在满足液阻要求的同时，还必须避免产生不平衡液动力。一般应采用对称孔结构，孔数、分布和孔径可以通过计算和结构布局来决定。

参考文献

［1］阎耀保，原佳阳，傅俊勇.先导阀前腔串加阻尼孔的新型双级溢流阀特性分析[J].吉林大学学报，2017，47(1)：129-136.

［2］阎耀保，张晓琪，刘洪宇.双级溢流阀先导阀供油流道布局分析[J].液压气动与密封，2014，34(2)：27-30.

［3］阎耀保，张晓琪.振动环境下飞行器溢流阀特性分析方法研究[C]//第七届全国流体传动与控制学术会议论文集，长春，2012：69-74.

［4］阎耀保.带平衡活塞固定节流器单级溢流阀机理与特性分析[J].上海航天，1995，12(3)：14-17.

［5］阎耀保.飞行器舵机系统关键基础理论研究[R].上海市浦江人才计划(A 类)总结报告(06PJ14092)，2008.9.30.

［6］ 阎耀保,陈振华. 液压舵机系统功率匹配设计[J]. 自动驾驶仪与红外技术,1995(80)：37－41.

［7］ 阎耀保. 极端环境下的电液伺服控制理论及应用技术[M]. 上海：上海科学技术出版社,2012.

［8］ 阎耀保,赵艳培. 带液阻液容反馈的溢流阀[P]. 国防专利 ZL200910121621.4.

［9］ Yin Y B. Analysis and modeling of a compact hydraulic poppet valve with a circular balance piston [C]//Proceedings of the SICE Annual Conference, SICE 2005 Annual Conference in Okayama, 189－194, Society of Instrument and Control Engineers (SICE), Tokyo, Japan, 2005.

［10］ Yin Y B, Liu H, Li J, et al. Analysis of a hydraulic pressure reducing valve with a fixed orifice and a pressure sensing chamber[C]//Proceedings of the fifth International Symposium on Fluid Power Transmission and Control (ISFP'2007), June 6－8,2007, Beidaihe, China, International Academic Publishers Ltd.：209－214.

［11］ 刘洪宇,张晓琪,阎耀保. 振动环境下双级溢流阀的建模与分析[J]. 北京理工大学学报,2015,35(1)：13－18.

［12］ 荒木獻次,閻耀保,陳剣波. Development of a new type of relief valve in hydraulic servosystem(油圧サーボシステム用の新しいリリーフ弁)[C]//Proceedings of Dynamic and Design Conference'96,日本機械学会,D&D '96,機械力学・計測制御講演論文集,Vol. A, No. 96－5Ⅰ,1996 年 8 月,福岡：231－234.

［13］ 肖其新,李晶,阎耀保. 具有液阻和液容的双级溢流阀特性分析[J]. 液压气动与密封,2009,12(2)：45－47.

［14］ 张晓琪. 液压伺服机构压力控制特性研究[D]. 上海：同济大学硕士学位论文,2014.

［15］ 张亮,刘洪宇,江文达. 溢流阀的仿真分析[J]. 飞行控制与光电探测,2013(2)：15－17.

［16］ Merrit H E. Hydraulic control systems [M]. New York：John Willy & Sons Inc.,1967.

［17］ Hayashi S. Stability and nonlinear behavior of poppet valve circuits [C]//Proceedings of Fifth Triennial International Symposium on Fluid Control, Measurement and Visualization, FLUCOME'97, pp. 13－20, Sept. 1－4,1997, Hayama, Japan.

高端液压元件理论与实践

第 9 章

飞行器液压减压阀

　　小型化液压元件广泛应用于体积空间有限的场合，在汽车、飞行模拟器，特别是飞机、飞行器等行业中可以满足较大功率质量比的要求。通常使用的液压元件具有较大的结构尺寸。由于滑阀式液压阀结构简单，在阀芯较小阀位移输入时有较高的压力输出值，即敏感性强，已广泛应用于溢流阀、减压阀、伺服阀及其液压系统。1967 年美国人 H. E. Merrit 对滑阀式液压阀做了一些基础研究，如飞行器双级溢流阀回路和直接作用式溢流阀回路特性，带有固定节流器滑阀的动态特性、稳定性和非线性等特征。

　　现代工业和国防工业需要小型化、轻量化和高可靠性的液压阀。液压伺服系统必须应该能够承受得起各种环境条件的考核，如振动、冲击、加速和温度等特殊环境。这也意味着压力控制阀应该具有简单的结构、较少的部件，但是能够提供所需要的工作特性。普通液压阀常采用的结构为球形阀或锥形阀。当这类阀工作打开时，经常产生比较大的噪声或振动，并且不能精确控制工作压力。随着阀尺寸的减小，这种现象会变得更加明显，压力控制将会更加困难。

　　与普通液压阀相比，带有固定节流器和压力感受腔的小型滑阀式减压阀（pressure reducing valve）具有比较紧凑的结构，其中包括压力感受腔、压力控制腔和固定节流器，并且固定节流器出口压力的变化量可以及时反馈给弹簧压力。新型减压阀具有保持出口压力恒定、消除噪声和吸收振动这三个基本功能。本章分析其工作原理和特性，并且给出数学模型、实验结果和设计方法。

9.1　结构特点和工作原理

　　图 9.1a 所示为普通液压减压阀结构示意图。该阀由滑阀和阀体、弹簧、弹簧腔、控制油路和堵头等组成。P 为进油口，A 为控制油口，T 为回油口，接油箱。工作状态时，在弹簧的作用下，滑阀处于右位，供油口 5 与控制油口 A 连通，控制油口 A 通过控制油路将液压油引入滑阀的右腔，控制压力作用在滑阀的右端面。当滑阀左端面的弹簧力与液压力平衡时，达到稳定状态，控制油口 A 输出与设定弹簧力相适应的控制压力。

　　图 9.1b 所示为具有固定节流器和压力感受腔的小型化液压减压阀结构示意图。该小型滑阀式液压减压阀结构上由一个特殊的圆柱阀芯、阀体、弹簧和弹簧座等组成。阀芯和阀体采用新型特殊结构，在几何结构上形成压力感受腔、压力控制腔和固定节流器。

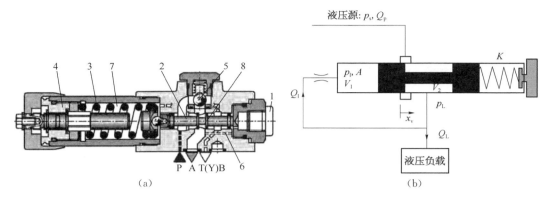

图 9.1 液压减压阀结构示意图

(a) 普通液压减压阀结构;(b) 具有固定节流器和压力感受腔的小型化液压减压阀结构示意

1、4—堵头;2—滑阀;3—弹簧;5—供油口;6—控制油路;7—弹簧腔;8—台肩

阀芯和阀体形成了固定节流器和压力感受腔,出口压力主要由弹簧和压力感受腔的压力进行补偿。阀芯和固定节流器之间的压力感受腔用来平衡弹簧压力和反馈压力的动态变动。阀体与阀芯台阶、阀芯阀杆之间的空间形成了一个压力控制腔,小型阀芯的特殊形状能够改变流体流动出口方向和动量,从而补偿部分液动力。阀芯端部做成凹球面,且通过一个球和弹簧座与弹簧相连接。根据弹簧腔的状态,阀芯承受轴向弹簧力,弹簧与阀芯的不同轴度产生的力由弹簧座自动调节。通过这种连接,弹簧力的方向可以自动调整用来平衡其他力。

液压系统中小型滑阀式减压阀用于控制出口压力,采用溢流阀限制入口压力。减压阀的阀芯移动之前,初始压力通过入口处的压力控制腔容积和液压油的压缩性来设置。当阀芯承受的轴向液压力超过弹簧的预压缩力,即作用在阀芯有效面积上的液压力超过弹簧力时,阀芯将会移动。

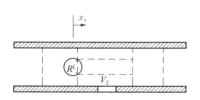

图 9.2 减压阀开启过程的节流口截面图

图 9.2 所示为减压阀开启过程的节流口截面图。该液压减压阀的目的是提供一个恒定的出口压力。阀套上开有圆形配流窗口,圆柱形阀芯和阀套发生轴向相对移动时,通过配流窗口控制油液的节流口面积。液压阀的内部有一个限制器来限制阀芯的最大位移,从而使阀芯的位移控制在零到圆形配流窗口的半径值范围内。如图所示,控制节流口的面积由阀芯和阀套形成的腰形节流孔面积组成,该节流口面积为

$$A(x_v) = n\left[R^2 \arccos\left(\frac{x_v}{R}\right) - x_v\sqrt{R^2 - x_v^2} \right] \tag{9.1}$$

式中　n——节流口的数量,$n = 4$;

　　　R——圆形配流窗口的半径;

　　　x_v——阀芯的轴向位移量。

如图 9.3 所示,该控制节流口面积的最大值和最小值分别出现在 $x_v = 0$ 和 $x_v = R$ 处。即 $x_v = 0$,则有 $A(x_v) = A_{max}$;$x_v = R$,则有 $A(x_v) = 0$。

由于减压阀具有一个压力感受腔,可以通过固定节流口感受压力波动,并且压力波动值和弹

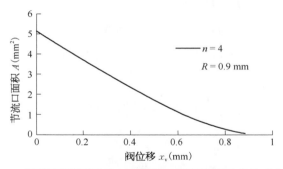

图 9.3　减压阀圆形配流窗口处节流口面积和阀位移关系曲线图

簧力一起逐渐增加或减小,压力感受腔形成了所谓的液压弹簧,使出口压力基本稳定,并且能够精确控制出口压力。

9.2　数学模型

小型滑阀式减压阀采用特殊结构,建立其数学模型并转化成状态方程,可以方便地通过数值计算分析其动态特性。

9.2.1　阀芯移动前的动态特性

当阀开始工作前,阀芯处于最大位移处,此时阀开口面积最大。减压阀入口供给的液压油逐渐增多时,减压阀压力控制腔内油液的压缩性导致减压阀压力逐渐上升。减压阀到达设置压力之前,假定控制压力从零到设置压力,阀具有最大位移,固定节流器面积不变。控制压力由负载决定,并且假定具有最大负载时,阀流量为零,有

$$x_v = 0 \quad 且 \quad A(x_v) = A_{max}, Q_L = 0 \tag{9.2}$$

减压阀阀芯移动之前,阀芯的动力学方程为

$$kx_0 - p_1 A = F_b \tag{9.3}$$

式中　x_0——弹簧压缩量;

　　k——弹簧刚度;

　　p_1——压力感受腔的压力;

　　F_b——阀芯与阀体之间的机械作用力;

　　Q_L——负载流量;

　　A——阀芯有效端面积。

当液体流入压力感受腔和压力控制腔时,压力感受腔的感应压力 p_1 增加,阀芯和阀体之间的机械作用力 F_b 随之减小。当压力感受腔的压力等于弹簧的预压缩时,阀芯和阀体之间的机械作用力 F_b 为零,此时减压阀的出口控制压力达到事先设定的出口控制压力 p_{10}。

当阀芯开始移动时,出口压力达到减压阀的初始设定压力 p_{10},设定出口压力值为

$$p_{10} = kx_0/A \tag{9.4}$$

当阀芯移动之前,减压阀的出口压力满足

$$p_1 \leqslant p_{10} \quad \text{或} \quad p_1 A \leqslant kx_0 \tag{9.5}$$

考虑到减压阀的压力控制腔和压力感受腔内流体的压缩性,两个容腔内的流体连续方程分别为

$$Q_p - Q_L - \frac{V_2}{\beta} \cdot \frac{\mathrm{d}p_L}{\mathrm{d}t} - Q_1 = 0 \tag{9.6}$$

$$Q_1 = \frac{V_1}{\beta} \cdot \frac{\mathrm{d}p_1}{\mathrm{d}t} \tag{9.7}$$

式中　V_1——压力感受腔容积;

　　　V_2——压力控制腔容积;

　　　Q_1——压力控制腔流量;

　　　t——时间;

　　　Q_p——液压系统流量;

　　　p_L——液压负载压力;

　　　β——液压油的体积弹性模量。

通过固定节流孔的流量方程式为

$$Q_1 = \frac{\pi d^4}{128 \mu L_{eq}}(p_L - p_1) \tag{9.8}$$

式中　d——固定节流孔的直径;

　　　L_{eq}——固定节流孔的等效长度;

　　　μ——液压油的黏度。

式(9.4)~式(9.8)可以写成下面的状态方程形式

$$p_1 \leqslant kx_0/A \tag{9.9}$$

$$\frac{\mathrm{d}p_L}{\mathrm{d}t} = \frac{\beta}{V_2} \left[Q_p - Q_L - \frac{\pi d^4}{128 \mu L_{eq}}(p_L - p_1) \right] \tag{9.10}$$

$$\frac{\mathrm{d}p_1}{\mathrm{d}t} = \frac{\beta}{V_1} \cdot \frac{\pi d^4}{128 \mu L_{eq}}(p_L - p_1) \tag{9.11}$$

当减压阀出口压力达到初始设定压力 p_{10} 之前,可以从式(9.9)~式(9.11)得到负载压力和压力感受腔压力随时间的动态变化过程,即动态压力特性。负载压力和压力感受腔压力的变化过程基本相同,即 $\mathrm{d}p_1 = \mathrm{d}p_L$。从式(9.6)和式(9.7)可以得到,减压阀阀芯移动之前,压力感受腔压力从零开始达到初始设定压力 p_{10} 的时间(即压力延迟时间)可近似表达为

$$\tau = \frac{V_1 + V_2}{\beta} \cdot \frac{p_{10}}{Q_p - Q_L} = \frac{V_1 + V_2}{\beta} \cdot \frac{kx_0/A}{Q_p - Q_L} \tag{9.12}$$

可见,减压阀的压力延迟时间与压力感受腔容积、压力控制腔容积以及弹簧刚度和压缩量有关,还与液压油的体积弹性模量、减压阀通径以及减压阀输入流量有关。减压阀的延迟时间受到压力控制腔和压力感受腔容积、初始设定压力的影响;动态压力也受到压力感应腔的固定节流孔

和阀节流口尺寸的影响。

9.2.2 工作压力下的动态方程

考虑减压阀的动态特性,需要考虑上述名义出口压力工作点,流量方程。同时,还需要考虑阀芯的动力学运动方程。

$$p_1 A - k x_0 = m \ddot{x}_v + B \dot{x}_v + k x_v - F_{\beta 1} - F_{\beta 2} \tag{9.13}$$

$$F_{\beta 1} = 2 C_d C_v w \cos \theta \cdot (p_s - p_L)(R - x_v) \tag{9.14}$$

$$F_{\beta 2} = -L C_d w \sqrt{2\rho} \cdot \sqrt{p_s - p_L} \cdot \dot{x}_v \tag{9.15}$$

$$p_1 \geqslant p_{10} \tag{9.16}$$

式中　B——阀芯运动的黏性阻尼系数;

C_v——节流口的流体速度系数,0.98;

C_d——节流口的流体流量系数,0.61;

$F_{\beta 1}$——阀口的静态流动力;

$F_{\beta 2}$——阀口的动态流动力;

L——阀内控制腔的等效阻尼长度;

m——阀芯的质量;

ρ——液压油的密度,890 kg/m³;

θ——阀口流体出流时和阀芯轴线的夹角,69°;

p_s——供油压力,21 MPa。

通过减压阀的流量为

$$Q_p = C_d A(x_v) \sqrt{\frac{2}{\rho}} \sqrt{p_s - p_L} \tag{9.17}$$

通过固定节流器的流量 Q_1 为

$$Q_1 = \frac{\pi d^4}{128 \mu L_{eq}} (p_L - p_1) \tag{9.18}$$

考虑到压力控制腔和压力感受腔内流体的压缩性,两容腔内流体的连续方程分别为

$$Q_p - Q_L - \frac{V_2}{\beta} \cdot \frac{d p_L}{d t} - Q_1 = 0 \tag{9.19}$$

$$Q_1 = \frac{V_1}{\beta} \cdot \frac{d p_1}{d t} + A \dot{x}_v \tag{9.20}$$

上述方程式为具有小型滑阀式液压减压阀液压系统的非线性数学模型。输入信号为减压阀入口压力(p_s)或供油流量(Q_p),输出信号为减压阀出口压力(p_L)和阀芯位移等,可以通过数值仿真进行动态特性的分析和计算。

9.2.3 工作压力下的稳态特性

当减压阀处于静止状态时($\dot{x}_v = 0$),减压阀的稳态工作压力 $p_{L0} = p_1$。阀芯的动力学方

程为

$$\dot{x}_{v} = 0, \quad \ddot{x}_{v} = 0 \tag{9.21}$$

$$p_1 = p_{L0}, \quad \mathrm{d}p_L/\mathrm{d}t = \mathrm{d}p_1/\mathrm{d}t = 0 \tag{9.22}$$

$$p_{L0}A - kx_0 = kx_{v0} - F_{\beta 1} \tag{9.23}$$

$$F_{\beta 1} = 2C_d C_v w\cos\theta \cdot (p_s - p_{L0})(R - x_{v0}) \tag{9.24}$$

由式(9.23)和式(9.24)可得到稳定状态下减压阀出口压力和阀芯位移分别为

$$p_{L0} = \frac{k(x_0 + x_{v0}) - 2C_d C_v w\cos\theta \cdot p_s(R - x_{v0})}{A - 2C_d C_v w\cos\theta \cdot (R - x_{v0})} \tag{9.25}$$

$$x_{v0} = \frac{p_{L0}A - kx_0 + 2C_d C_v w\cos\theta \cdot (p_s - p_{L0})R}{k + 2C_d C_v w\cos\theta \cdot (p_s - p_{L0})} = R - \frac{k(R + x_0) - p_{L0}A}{k + 2C_d C_v w\cos\theta \cdot (p_s - p_{L0})} \tag{9.26}$$

减压阀输出至负载的名义流量为

$$Q_{L0} = C_d A(x_{v0})\sqrt{\frac{2}{\rho}}\sqrt{p_s - p_{L0}} \tag{9.27}$$

9.3 基本特性及其影响因素

滑阀式微型液压减压阀的动态特性可以由式(9.1)和式(9.13)~式(9.20)通过计算机仿真得到。初始条件为弹簧预压力和小型液压减压阀的结构参数。当输入信号为入口压力和流量时,输出信号如出口压力 p_L、压力感受腔压力 p_1 和阀位移将会随固定节流器的结构参数和压力感受腔容积的不同而不同。

以阀入口压力作为输入信号,通过改变其他参数,可以得出出口压力、压力感受腔压力、阀位移和滑阀式阀流量的动态响应数值仿真结果。这种方法在工程上常用来确定阀的基本结构参数、动态响应特性关系。

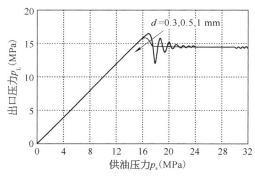

图 9.4 减压阀固定节流器直径对
出口压力特性的影响(流量为常值)

9.3.1 出口压力特性和固定节流器的
影响

图 9.4 所示为减压阀固定节流器直径对出口压力特性的影响(流量为常值)。阀芯工作之前,即压力感受腔压力小于初始设定压力之前,出口压力随入口压力的变化而变化,出口压力的响应时间受固定节流器面积的影响。当入口压力大于减压阀的初始设定压力时,减压阀的出口压力将会变为常值,即得到稳定的出口压力。

9.3.2 固定节流口的影响

图 9.5 所示为固定节流器直径对减压阀动态特性的影响（流量为常值）。理论计算结果显示，对于常值输入流量 2 L/min，固定节流器尺寸对滑阀式小型液压减压阀的动态特性有一定影响。固定节流器尺寸越大，减压阀压力感受腔压力响应的稳定时间越长。由于噪声和阀芯的平衡问题，固定节流器尺寸也不能太大。对于流量阶跃输入信号，该减压阀可以获得较好的动态响应特性，压力延迟时间 $t = 0.35\,\text{s}$。数值计算表明，对于固定节流孔直径 $d = 0.5\,\text{mm}$、$V_1 = 5\,\text{mm}^3$，小型减压阀具有较好的动态响应。

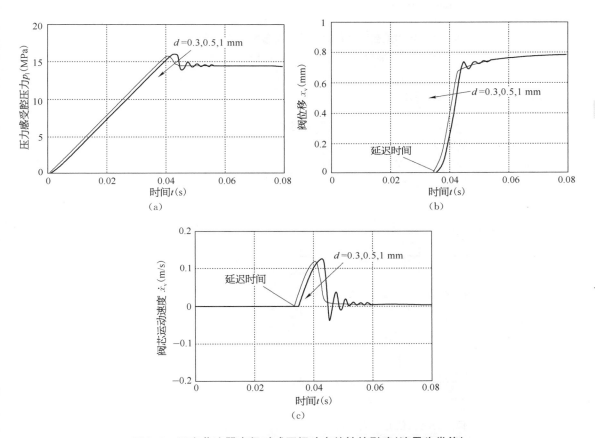

图 9.5 固定节流器直径对减压阀动态特性的影响（流量为常值）

（a）压力感受腔压力的动态响应；（b）阀芯位移的动态响应；（c）阀芯运动速度的动态响应

9.3.3 压力感受腔的影响

图 9.6 所示为压力感受腔容积对减压阀动态特性的影响（流量为常值）。结果表明对于恒定流量输入时压力感受腔容积对出口压力、供油压力动态特性的影响。其中，对于固定节流孔直径 $d = 0.5\,\text{mm}$、$V_1 = 5\,\text{mm}^3$，小型减压阀有较好的动态响应。此外，还得到了压力感受腔容积对阀芯位移的动态特性影响。

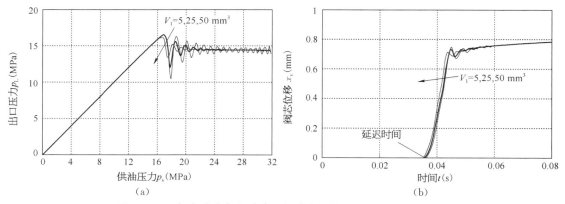

图 9.6 压力感受腔容积对减压阀动态特性的影响(流量为常值)

(a) 出口压力与供油压力的动态特性;(b) 阀芯位移的动态响应

9.3.4　出口压力恒定

图 9.7 所示为入口压力为常值时流量变化对出口压力的影响。图中结果显示,当入口压力为常值时,输入流量的变化对出口压力有一定影响。当入口压力为常值 p_s 时,增加入口流量,小型减压阀的出口压力基本保持在一定范围内,可以近似认为是一个常值,实现恒定出口压力的控制。

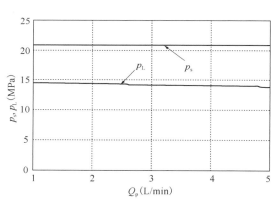

图 9.7　入口压力为常值时流量变化
对出口压力的影响

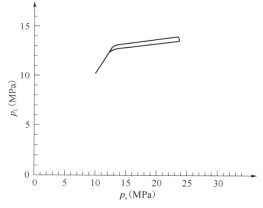

图 9.8　减压阀入口压力与出口压力
关系的实验结果

图 9.8 所示为某飞行器集成式减压阀的入口压力与出口压力关系的实验结果。实验结果表明,所研制的新型集成式减压阀能够保持出口压力基本为常值,并且能够精确控制压力。结果显示在阀芯移动之前阀位移的延迟时间为 0.035 s,这种小型结构阀的压力稳定时间少于 0.04 s,其中固定节流器直径 0.5 mm,压力感受腔容积 $V_1 = 5 \text{ mm}^3$。

参考文献

[1]　Yin Y B. Analysis and modeling of a compact hydraulic poppet valve with a circular balance piston

〔C〕. Proceedings of the SICE Annual Conference，SICE 2005 Annual Conference in Okayama，189 - 194，Society of Instrument and Control Engineers（SICE），Tokyo，Japan，2005.

〔2〕 Yin Y B，Liu H，Li J，et al. Analysis of a hydraulic pressure reducing valve with a fixed orifice and a pressure sensing chamber 〔C〕//Proceedings of the fifth International Symposium on Fluid Power Transmission and Control（ISFP'2007），June 6 - 8,2007，Beidaihe，China，International Academic Publishers Ltd. ：209 - 214.

〔3〕 訚耀保. 极端环境下的电液伺服控制理论与应用技术[M]. 上海：上海科学技术出版社，2012.

〔4〕 Merrit H E. Hydraulic control systems 〔M〕. New York：John Wiley & Sons Inc. ，1967.

〔5〕 Ma C Y. The analysis and design of hydraulic pressure reducing valves 〔J〕. Trans. ASME, paper 66 - wa/md - 4，1966.

〔6〕 Hayashi S. Stability and nonlinear behavior of poppet valve circuits 〔C〕//Proceedings of Fifth Triennial International Symposium on Fluid Control，Measurement and Visualization，FLUCOME'97，13 - 20，Sept. 1 - 4，1997，Hayama，Japan.

〔7〕 严金坤. 液压动力控制[M]. 上海：上海交通大学出版社,1986.

〔8〕 Ishikawa T，Hibiya A. Hydraulics 〔M〕. Tokyo：Asakura Press，1979.

〔9〕 McCloy D，Martin H R. Control of fluid power：analysis and design 〔M〕. 2nd（Revised）Edition. Chichester：Ellis Horwood Limited，1980.

第 10 章

非对称液压阀

液压系统大多采用非对称液压缸作为动力输出元件。由于非对称液压阀(asymmetric hydraulic valve)基础理论和产品极其少见,尤其是非对称液压阀的学术思想尚未普及,因此人们往往采用对称伺服阀控制非对称液压缸。为此,本章分析这种对称伺服阀控制非对称液压缸存在的问题,如压力失控、气穴和液压冲击现象,并提出一种精确和平稳控制的方法,介绍一种新的控制非对称缸的非对称液压伺服阀系统。还提出一个安全负荷边界概念和速度增益特性,以及具有非对称缸的液压伺服系统设计规则,并结合工程案例介绍应用情况。本章提出的非对称液压阀控制非对称液压缸的液压伺服系统对于液压动力机构的平稳控制和性能改善有指导作用。

非对称液压缸由于具有空间长度尺寸小、制造方便、价格较低等优点,已经广泛应用于各类液压伺服系统。据统计,市场上 70% 的液压缸为非对称液压缸。但是,目前市场上可购买的电液伺服阀或液压控制阀大多是对称的,即电液伺服阀或液压控制阀和液压缸相连接的两个控制节流口的面积相同,呈对称结构形式。因此,工程实践中非对称液压缸往往采用对称伺服阀或控制阀进行控制。在这些伺服系统中,当活塞承受牵引力时,往往出现压力失控和气穴现象;当活塞改变其移动方向时,液压缸的两个容腔发生液压冲击现象;在活塞两个不同运动方向时,液压系统动态特征是不对称的。我国关于非对称液压缸控制性能的研究始于 20 世纪 80 年代,刘长年、严金坤、李洪人等分别研究了非对称液压缸的控制特性、非对称液压阀及其负载匹配等基础理论。本章主要分析非对称液压缸系统的流量匹配控制理论和安全负载边界,提出一种克服对称液压阀和非对称液压缸的不相容性的方法。为了建立内部有良好流动匹配关系的液压系统,提出采用非对称液压伺服阀来控制非对称液压缸。当系统匹配后,安全负载区域扩大,能消除液压缸换向时产生的巨大液压冲击,以及获得有效控制性能和速度增益特性,提出具有非对称缸的液压伺服系统设计规则。

10.1 零开口非对称液压阀控非对称缸的动力机构

实践证明,零开口对称液压阀与非对称液压缸的控制性能是不协调的。为了从理论上阐述这一点,如图 10.1 所示为液压阀控非对称液压缸的液压动力机构结构示意图。假设阀口的液流为紊流状态,并忽略液压油的压缩性和摩擦力。

当 $x_v > 0$ 时,液压阀和非对称液压缸相连接的两个节流口的流量方程分别为

$$Q_1 = C_d W_1 x_v \sqrt{2(p_s - p_1)/\rho} \qquad (10.1)$$

$$Q_2 = C_d W_2 x_v \sqrt{2p_2/\rho} \qquad (10.2)$$

$$F = A_1 p_1 - A_2 p_2 \qquad (10.3)$$

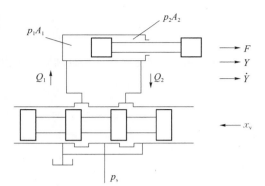

图 10.1　液压阀控非对称液压缸的液压动力机构

式中　A_1、A_2——活塞无杆腔和有杆腔的有效截面积,设液压缸两腔的有效截面积比 $k = A_2/A_1$;

　　　　C_d——液压阀阀口的流量系数,$C_d = 0.61 \sim 0.63$;

　　　　F——液压缸的负载力;

　　　　p_1、p_2——活塞无杆腔和有杆腔的液压缸压力;

　　　　p_s——供油压力;

　　　　Q_1、Q_2——液压阀和非对称液压缸相连接的两个节流口的流量;

　　　　W_1、W_2——液压阀和非对称液压缸相连接的两个节流口的开口宽度,设阀的两个节流口开口宽度比 $i = W_2/W_1$;

　　　　x_v——阀位移;

　　　　ρ——液压油的密度,$\rho = 850 \sim 880 \text{ kg/m}^3$。

考虑到液压缸液压油的供油和排油过程中液压缸速度的连续性,可得液压缸速度方程为

$$\dot{Y} = Q_1/A_1 = Q_2/A_2 \qquad (10.4)$$

假定非对称液压缸的名义负载压力为

$$p_L = F/A_1 = (p_1 A_1 - p_2 A_2)/A_1$$

即

$$p_L = p_1 - k p_2 \qquad (10.5)$$

由式(10.1)~式(10.5)可得,液压缸两腔的压力 p_1、p_2 和速度 $\dot{Y}$ 分别为

$$p_1 = \frac{i^2 p_L + k^3 p_s}{i^2 + k^3} \qquad (10.6)$$

$$p_2 = \frac{k^2 (p_s - p_L)}{i^2 + k^3} \qquad (10.7)$$

$$\dot{Y} = \frac{C_d W_1 x_v \sqrt{\dfrac{2}{\rho} \cdot \dfrac{i^2}{i^2 + k^3}(p_s - p_L)}}{A_1} \qquad (10.8)$$

为了避免液压油产生气穴和压力失控,通常液压缸的工作压力在供油压力范围内,即满足压力界限 $0 < p_1 < p_s$、$0 < p_2 < p_s$ 限制。在工程中常常设定一些安全压力范围,如工作压力范围限制在 $p_s/6 < p_1 < 5p_s/6$,$p_s/6 < p_2 < 5p_s/6$。为了分析方便,这里选择压力边界范围为

$$0 < p_1 < p_s, \ 0 < p_2 < p_s \qquad (10.9)$$

由式(10.6)和式(10.7)可以得到负载压力 p_L 应满足以下安全负载边界

$$\max\left\{\frac{-k^3}{i^2}p_s, \frac{-i^2+k^2-k^3}{k^2}p_s\right\} < p_L < p_s \tag{10.10}$$

当 $x_v < 0$，同样可得液压缸两腔的压力 p_1、p_2 和速度 $\dot{Y}$ 分别为

$$p_1 = \frac{i^2(p_L+kp_s)}{i^2+k^3} \tag{10.11}$$

$$p_2 = \frac{i^2 p_s - k^2 p_L}{i^2+k^3} \tag{10.12}$$

$$\dot{Y} = \frac{C_d W_1 x_v \sqrt{\dfrac{2}{\rho} \cdot \dfrac{i^2}{i^2+k^3}(kp_s+p_L)}}{A_1} \tag{10.13}$$

负载压力 p_L 应满足的安全负载边界为

$$-kp_s < p_L < \min\left\{\frac{i^2-i^2k+k^3}{i^2}p_s, \left(\frac{i}{k}\right)^2 p_s\right\} \tag{10.14}$$

10.1.1 液压缸换向前后的压力突变

由式(10.6)、式(10.7)及式(10.11)、式(10.12)可知,当液压缸活塞在换向前后,即 $\dot{Y}=0$ 附近移动时,液压缸两个容腔内的油液均产生较大的压力波动。由于液压油的可压缩性,压力波动下容腔内的油液可能产生"收缩"或"膨胀",可能减缓该压力波动时间。但是,从对称液压阀和非对称液压缸的匹配结构上看,该压力突变的存在是不可避免的。因此,围绕液压缸活塞在换向前后的平稳操作几乎是不可能的。这严重影响了系统的工作性能。主要问题在于当活塞改变其运动方向时液压缸两个容腔内的油液均产生剧烈的压力波动。两个容腔内油液的压力波动值分别为

$$\Delta p_1 = \frac{k(k^2-i^2)}{i^2+k^3}p_s \tag{10.15}$$

$$\Delta p_2 = \frac{k^2-i^2}{i^2+k^3}p_s \tag{10.16}$$

采用对称液压阀控制非对称液压缸,如 $i=W_2/W_1=1.0$, $k=A_2/A_1=0.5$,且在空载时, $F=0$,由式(10.15)及式(10.16)可得知液压缸换向前后两个容腔内的压力波动值分别为

$$\Delta p_1 = 0.11 p_s - 0.44 p_s = -0.33 p_s$$
$$\Delta p_2 = 0.22 p_s - 0.89 p_s = -0.67 p_s$$

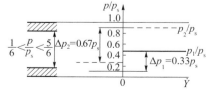

图 10.2 对称液压阀控非对称液压缸空载时在换向前后的压力突变图

$(A_1 = 2A_2, W_1 = W_2, F = 0)$

如图 10.2 所示为对称液压阀控非对称液压缸空载时在换向前后的压力突变图。液压缸活塞正方向移动时,速度为正,此时液压缸两腔的压力值分别为 $0.11 p_s$ 和 $0.22 p_s$;液压缸活塞反方向移动时,速度为负,此时液压缸两腔的压力值分别为 $0.44 p_s$ 和 $0.89 p_s$。可见,活塞换向前后,两腔内的油液发生压力突变,压力突变值分别为供油压力的 33% 和 67%。

为了避免液压缸换向前后的压力突变,并确保精确和平稳控制,可以采用非对称液压阀控制非对称液压缸。由式(10.15)和式(10.16)可知,为了消除压力突变,液压阀的上游和下游节流口面积比必须等于液压缸两腔的有效面积比,即

$$\Delta p_1 = \frac{k(k^2 - i^2)}{i^2 + k^3}p_{\mathrm{s}} = 0, \quad \Delta p_2 = \frac{k^2 - i^2}{i^2 + k^3}p_{\mathrm{s}} = 0$$

可得

$$i = k, \text{即 } W_1/W_2 = A_1/A_2 \tag{10.17}$$

此时,由式(10.17)可知,液压缸两腔压力值的和满足

$$p_1 + p_2 = p_{\mathrm{s}} \tag{10.18}$$

如图 10.3 所示为非对称液压阀控非对称液压缸空载时在换向前后的压力变化图。可见,非对称液压阀控非对称液压缸在节流口面积和活塞杆有效面积匹配时,活塞换向过程中液压缸两腔的压力值分别为 $0.33p_{\mathrm{s}}$ 和 $0.66p_{\mathrm{s}}$,没有压力突变。

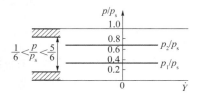

图 10.3　非对称液压阀控非对称液压缸空载时在换向前后的压力变化图

$(A_1 = 2A_2, W_1 = 2W_2, F = 0)$

本书作者进行了非对称液压缸的换向压力特性实验,试验结果如下:

(1) 实验中采用对称液压阀控制非对称液压缸,$A_1 = 166.6\ \mathrm{cm^2}$,$A_2 = 83.3\ \mathrm{cm^2}$,$W_1 = W_2$,$p_{\mathrm{s}} = 3\ \mathrm{MPa}$。当活塞杆的拉力大于 7 000 N,液压油缸两腔的压力失控,且 $p_1 = 0\ \mathrm{MPa}$,$p_2 = 3\ \mathrm{MPa}$。

另一个实验中采用非对称液压阀控制非对称液压缸,$A_1 = 615.8\ \mathrm{cm^2}$,$A_2 = 302\ \mathrm{cm^2}$,$W_1 = 2W_2$,$p_{\mathrm{s}} = 3.5\ \mathrm{MPa}$。试验时的活塞杆牵引力为 50 000 N,液压动力机构工作性能良好,压力稳定,$p_1 = 0.68\ \mathrm{MPa}$,$p_2 = 2.8\ \mathrm{MPa}$。

(2) 图 10.4 所示为采用对称液压阀控非对称液压缸动力机构的压力特性试验结果。当阀位移为正,液压缸正方向移动时,液压缸两腔的控制压力分别为 3.5 MPa、1.75 MPa;当阀位移为负,液压缸负方向移动时,液压缸两腔的控制压力分别为 0.38 MPa、0.77 MPa。可见,当液压阀和液压缸不相匹配时,液压缸活塞换向时存在压力突变,发生较大的压力波动。

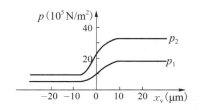

图 10.4　对称液压阀控非对称液压缸换向压力突变试验结果

$(F = 0, A_1 = 615.8\ \mathrm{cm^2}, A_2 = 302\ \mathrm{cm^2}, W_1 = W_2, p_{\mathrm{s}} = 3.5\ \mathrm{MPa})$

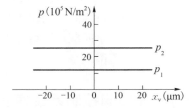

图 10.5　非对称液压阀控非对称液压缸换向压力特性试验结果

$(A_1 = 615.8\ \mathrm{cm^2}, A_2 = 302\ \mathrm{cm^2}, W_1 = 2W_2, p_{\mathrm{s}} = 3.5\ \mathrm{MPa})$

（3）图 10.5 所示为采用非对称液压阀控非对称液压缸动力机构的压力特性试验结果。非对称液压阀的上下游节流口面积比为 2∶1，非对称液压缸两腔有效面积比为 2∶1，液压阀和液压缸完全匹配。试验结果显示，液压缸正反方向移动以及换向时，液压缸两腔的控制压力平稳，没有出现压力突变。可见，当液压阀和液压缸流量相匹配时，液压缸活塞换向时没有压力突变，控制压力平稳。

10.1.2　负载边界

当液压缸活塞需要在不同方向移动时，有必要限制负荷的大小，以确保液压缸两腔的工作压力均在 $0 < p_1 < p_s$，$0 < p_2 < p_s$ 的容许范围内。由式（10.10）与式（10.14）可得，容许的负载压力范围为

$$\max\left\{\frac{-k^3}{i^2}p_s, \frac{-i^2+k^2-k^3}{k^2}p_s, -kp_s\right\} < p_L < \min\left\{\frac{i^2-i^2k+k^3}{i^2}p_s, \left(\frac{i}{k}\right)^2 p_s, p_s\right\}$$

$$(10.19)$$

采用对称液压阀控制非对称液压缸的不匹配动力机构时，如 $i = 1.0$ 和 $k = 0.5$ 时，根据式（10.19），可得负载压力界限为

$$-0.125p_s < p_L < 0.625p_s \tag{10.20}$$

采用非对称液压阀控制非对称液压缸的匹配动力机构时，如 $i = k = 0.5$ 时，根据式（10.19），可得负载压力界限为

$$-0.5p_s < p_L < p_s \tag{10.21}$$

由式（10.20）和式（10.21）可见，采用非对称液压阀控制非对称液压缸的匹配动力机构时，负载压力边界明显扩大。

通过分析液压阀控液压缸的流量匹配模型，以及对称液压阀控非对称液压缸的换向压力突变及其解决办法，实验结果与理论结果一致，并通过比较得出如下结论：

（1）为了消除液压缸换向压力波动并实现精确和平稳控制，非对称液压缸必须采用非对称液压阀进行控制，且液压阀的上下游开口面积比必须做到与相应液压缸两腔的有效面积比相同，即 $W_1/W_2 = A_1/A_2$。

（2）采用液压阀控液压缸的流量匹配控制系统时，液压缸两腔的负载必须符合式（10.19）所示的安全负载界限范围。对称液压阀控非对称液压缸只能承受压力，不能承受拉力。非对称液压阀控非对称液压缸的流量匹配控制系统既能承受压力又能承受拉力，且与对称液压阀控非对称液压缸相比负载压力范围大得多。

10.2　非对称液压阀控制系统速度增益特性

液压阀和液压缸首先要求做到流量匹配。在实现流量匹配的基础上，分析对称液压阀控对称液压缸、非对称液压阀控非对称液压缸的速度增益特性，取得实现负载速度增益特性良好线性度的控制方案，是实现高速高精度液压控制的关键。

液压控制系统中,非对称液压阀控非对称液压缸与对称液压阀控对称液压缸一样,都是流量匹配控制系统,可以实现有效的精确控制和平滑控制。利用速度特性可以形象地描述液压缸活塞负载速度、负载力和阀位移之间的函数关系,反映系统的稳态控制性能。目前在很多文献都用常规方法表示液压阀的性能。如表示液压阀特性的负载流量 $Q_L = f(p_L, x_v)$ 是负载与阀位移的函数,它表示阀的容量与液压缸的流量以及负载压力 p_L 之间的关系。也可以利用速度增益来描述液压阀的特性,两种方法完全包含相同的性能,但就控制而论,速度增益特性直接表示影响系统速度控制误差和动态性能的参数。

本节分析流量匹配控制系统液压动力机构的稳态速度增益特性,提出液压控制系统的设计原则,实现负载速度增益特性良好的线性度,还进行了速度增益特性试验。

10.2.1 零开口阀控液压缸动力机构速度增益特性

如图 10.6 所示为零开口液压阀控液压缸动力机构示意图。假定阀口流动状态为紊流,不考虑油液泄漏及压缩性,x_v 为伺服阀位移,正方向如图所示,系统工作在 $\dot{Y}$-x_v 平面的 I、III 象限。

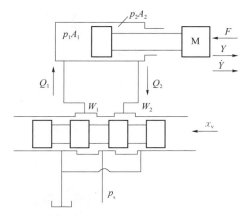

图 10.6 零开口液压阀控液压缸动力机构示意图

液压阀和液压缸满足流量匹配条件

$$W_1/W_2 = A_1/A_2 \qquad (10.22)$$

式中 W_1——伺服阀与无杆腔连接的窗口面积梯度(m);

$\quad\ W_2$——伺服阀与有杆腔连接的窗口面积梯度(m);

$\quad\ A_1$——活塞无杆腔面积($\mathrm{m^2}$);

$\quad\ A_2$——活塞有杆腔面积($\mathrm{m^2}$)。

由于液压缸活塞在正、反两个方向运动时的流量方程不同,故分别加以研究。当 $x_v \geqslant 0$ 时,液压阀的流量方程为

$$Q_1 = C_d W_1 x_v \sqrt{2(p_s - p_1)/\rho} \qquad (10.23)$$

$$Q_2 = C_d W_2 x_v \sqrt{2p_2/\rho} \qquad (10.24)$$

式中 C_d——流量系数;

$\quad\ \rho$——油液密度($\mathrm{kg/m^3}$);

$\quad\ p_s$——供油压力(Pa);

$\quad\ p_1$——无杆腔压力(Pa);

$\quad\ p_2$——有杆腔压力(Pa)。

液压缸的流量连续性方程为

$$\dot{Y} = \frac{Q_1}{A_1} = \frac{Q_2}{A_2} \qquad (10.25)$$

液压缸活塞和负载力的平衡方程为

$$F = A_1 p_1 - A_2 p_2$$

这里,定义负载压力为

$$p_L = \frac{F}{A_1} = p_1 - i p_2 \tag{10.26}$$

其中

$$i = \frac{A_2}{A_1} = \frac{W_2}{W_1}$$

式中 i——不对称液压缸面积比。

将式(10.22)~式(10.26)联立,可得出

$$p_1 = \frac{p_s + F/A_2}{1 + A_1/A_2}, \ p_2 = \frac{p_s - F/A_1}{1 + A_2/A_1} \tag{10.27}$$

$$\dot{Y} = \frac{C_d W_1 x_v}{A_1} \sqrt{\frac{2(p_s - F/A_1)}{\rho(1 + A_2/A_1)}} = K_{v1} x_v \tag{10.28}$$

式中 K_{v1}——活塞正方向运动速度增益[m/(s·m)]。

$$K_{v1} = \frac{C_d W_1}{A_1} \sqrt{\frac{2(p_s - F/A_1)}{\rho(1 + A_2/A_1)}}$$

当 $x_v < 0$ 时,同理,可以得到

$$\dot{Y} = \frac{C_d W_1 x_v}{A_1} \sqrt{\frac{2(p_s + F/A_2)}{\rho(1 + A_1/A_2)}} = K_{v2} x_v$$

式中 K_{v2}——活塞负方向运动速度增益[m/(s·m)]。

$$K_{v2} = \frac{C_d W_1}{A_1} \sqrt{\frac{2(p_s + F/A_2)}{\rho(1 + A_1/A_2)}}$$

速度增益特性可直接显示系统控制误差及系统动态性能等参数。它显示了液压缸活塞的速度、负载和阀位移之间的函数关系。当液压控制阀和液压缸匹配,即 $i = k$ 时,由式(10.8)和式(10.13)进行线性化和逼近后,可得

$$x_v > 0, \ \dot{Y} = K_{v10}(x_v - F/C_{h1}) \tag{10.29}$$

$$x_v < 0, \ \dot{Y} = K_{v20}(x_v - F/C_{h2}) \tag{10.30}$$

其中

$$K_{v10} = C_d W_1/A_1 \sqrt{2 p_s/[\rho(1 + A_2/A_1)]}$$

$$K_{v20} = C_d W_2/A_2 \sqrt{2 p_s/[\rho(1 + A_1/A_2)]}$$

式中 K_{v10}——正方向移动时的空载速度增益系数;

C_{h1}、C_{h2}——力增益系数,$C_{h1} = 2 p_s A_1/x_v$,$C_{h2} = -2 p_s A_2/x_v$;

K_{v20}——反方向移动时的速度增益系数。

采用零开口对称液压阀控对称液压缸,即 $i = \frac{A_2}{A_1} = \frac{W_2}{W_1} = 1.0$,其速度增益特性如图 10.7 所示,具有以下特点:

（1）空载 $F=0$ 时，$K_{v1}=K_{v2}$，活塞正、反方向运动速度增益对称，速度增益特性是一条经过原点的直线。可见，这类系统空载时具有良好的速度增益特性。

（2）负载 F 增加，活塞正方向运动速度增益减小，反方向速度增益增加，$K_{v1}\neq K_{v2}$，在 $x_v=0$ 附近，速度增益特性表现出很大的非线性，这种系统在加载时进行双向速度控制是不理想的。

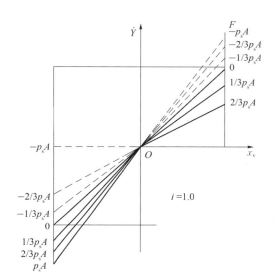

图 10.7　零开口对称液压阀控对称
液压缸的速度增益特性

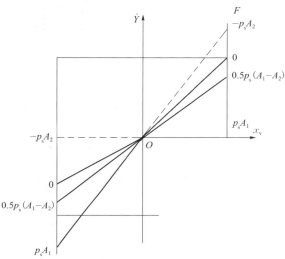

图 10.8　零开口非对称液压阀控非对称
液压缸的速度增益特性

采用零开口非对称液压阀控非对称液压缸，$i=\dfrac{A_2}{A_1}=\dfrac{W_2}{W_1}=0.5$，速度增益特性如图 10.8 所示，具有以下特点：

（1）空载 $F=0$ 时，$K_{v1}\neq K_{v2}$，活塞正、反方向运动速度增益不对称，液压缸活塞正、反方向运动速度增益具有明显的非线性特征，即在 $x_v=0$ 处正方向的速度增益和反方向的速度增益不相等，出现速度变化，即速度跳跃现象。

（2）负载 F 增加，活塞正方向运动速度增益减小，反方向运动速度增益增加。当负载满足式 $F=p_s(A_1-A_2)/2$ 时，$K_{v1}=K_{v2}$，即正、反方向运动速度增益相等，这时速度增益特性是一条经过原点的直线。可见，恰当地设计液压缸面积 A_1、A_2 和选择供油压力 p_s，可以保证承受负载力系统的速度增益特性具有良好的线性度。这时的负载关系式称为负载匹配条件，即

$$F=p_s(A_1-A_2)/2 \tag{10.31}$$

10.2.2　正开口阀控液压缸动力机构速度增益特性

如图 10.9 所示为正开口液压阀控液压缸动力机构示意图。系统工作在 $\dot{Y}$-x_v 平面的 I、III 象限。液压系统具有式（10.22）、式（10.25）和式（10.26）所示的相同方程式。Δ 为伺服阀正开口量。

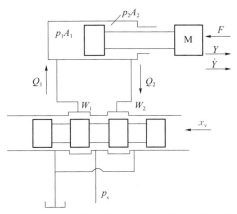

图 10.9 正开口液压阀控液压缸动力机构示意图

当 $|x_v| \leqslant \Delta$ 时，液压阀流量方程为

$$Q_1 = C_d W_1 (\Delta + x_v) \sqrt{\frac{2}{\rho}(p_s - p_1)} - C_d W_1 (\Delta - x_v) \sqrt{\frac{2}{\rho} p_1} \tag{10.32}$$

$$Q_2 = C_d W_2 (\Delta + x_v) \sqrt{\frac{2}{\rho} p_2} - C_d W_2 (\Delta - x_v) \sqrt{\frac{2}{\rho}(p_s - p_2)} \tag{10.33}$$

将式(10.22)、式(10.25)、式(10.26)、式(10.32)和式(10.33)联立，可得出

$$p_1 = \frac{p_s + F/A_2}{1 + A_1/A_2}, \quad p_2 = \frac{p_s - F/A_1}{1 + A_2/A_1} \tag{10.34}$$

$$\dot{Y} = \frac{C_d W_1 \sqrt{\frac{2}{\rho}}}{A_1 \sqrt{A_1 + A_2}} \left[x_v \left(\sqrt{p_s A_1 - F} + \sqrt{p_s A_2 + F} \right) + \Delta \left(\sqrt{p_s A_1 - F} - \sqrt{p_s A_2 + F} \right) \right] = K_v x_v + b$$

$$\tag{10.35}$$

式中　K_v——负载为 F 时活塞运动的速度增益[m/(s·m)]；

　　　b——速度增益曲线斜截距(m/s)。

$$K_v = \frac{C_d W_1 \sqrt{\frac{2}{\rho}}}{A_1 \sqrt{A_1 + A_2}} \left(\sqrt{p_s A_1 - F} + \sqrt{p_s A_2 + F} \right) \tag{10.36}$$

$$b = \frac{C_d W_1 \Delta \sqrt{\frac{2}{\rho}}}{A_1 \sqrt{A_1 + A_2}} \left(\sqrt{p_s A_1 - F} - \sqrt{p_s A_2 + F} \right) \tag{10.37}$$

式(10.35)描述的负载速度由两项组成，第一项由阀位移产生；第二项是由阀的正开口量 Δ 和液压缸活塞面积 A_1、A_2 不对称引起的流量所产生的负载速度项。

当 $|x_v| > \Delta$ 时，在同一时刻阀只有两个节流窗口起作用，阀特性与零开口阀特性相当。

图 10.10 所示为正开口对称液压阀控对称液压缸速度增益特性曲线，图 10.11 所示为正开

口非对称液压阀控非对称液压缸速度增益特性曲线,从中可得出以下结论:

(1) 在正开口区域内($|x_v|<\Delta$),速度增益具有很好的线性特征;在正开口区域外($|x_v|>\Delta$),速度增益特性同零开口阀特性相当。正开口阀作用于开口区间($|x_v|<\Delta$)的速度增益比零开口阀大一倍。

(2) 空载($F=0$)时,正开口对称液压阀控对称液压缸速度增益特性经过原点,零速平衡点在阀的零位,这类型系统适宜于在空载工况下进行速度控制;正开口非对称液压阀控非对称液压缸速度增益特性不经过原点,零速平衡点不在阀的零位,而必须使阀有所偏置,产生偏置力使作用于液压缸活塞上的力得以平衡。

(3) 采用非对称液压阀控非对称液压缸,当负载力 $F=0.5p_s(A_1-A_2)$ 时,速度增益特性(图 10.11)是一条经过原点的直线,零速平衡点在阀的零位,系统功率损耗最小,这种状况与正开口对称阀控对称液压缸空载特性类似。该类型系统适宜于在加载工况下进行速度控制。

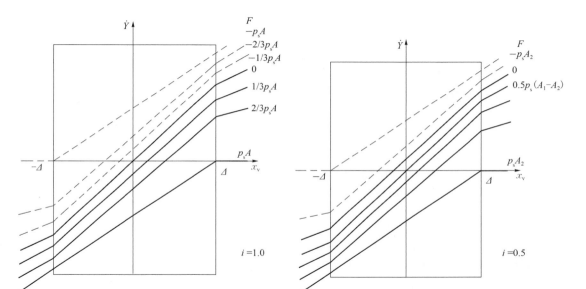

图 10.10 正开口对称液压阀控对称
液压缸的速度增益特性

图 10.11 非对称液压阀控非对称
液压缸的速度增益特性

10.2.3 负载力边界

液压缸为了避免产生液压气蚀和压力失控,负载受到压力边界 $0<p_1<p_s$、$0<p_2<p_s$ 的限制,与式(10.27)联立可得到

$$-p_sA_2 < F < p_sA_1 \tag{10.38}$$

工程上往往还需要考虑某些实际工作压力的安全区域,如 $\frac{1}{6}p_s<p<\frac{5}{6}p_s$。由式(10.38)可知:当 $A_1=A_2=A$ 时,$-p_sA<F<p_sA$,系统可以承受正反两个方向的对称负载;当 $A_1=2A_2$ 时,$-0.5p_sA_1<F<p_sA_1$,系统仍然可以承受正性负载(也称正向负载)和负性负载(也称负向负载),且可承受的正性负载力为负性负载力的 2 倍,这是由液压缸活塞面积不对称所引起的。

因此,非对称液压缸控制系统广泛地应用于正性加载或受力系统中。

由文献[1]、[6]可知,采用对称液压阀$\left(\dfrac{W_1}{W_2}=1.0\right)$控非对称液压缸$\left(\dfrac{A_2}{A_1}=0.5\right)$,液压系统承受负载力的边界为$-0.125p_sA_1<F<0.625p_sA_1$,可见这种系统承受负性负载的范围很小,而且承受正性负载的范围也是很有限的。

10.2.4　案例分析

10.2.4.1　速度特性

图 10.12 所示为零开口非对称液压阀控非对称液压缸的实测空载速度增益曲线。空载时,液压缸活塞换向前后的速度增益不相同,即零开口非对称液压阀控非对称液压缸系统的正反方向速度增益不对称,在阀位移零位附近,速度增益具有跳跃现象。

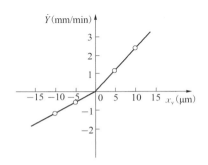

图 10.12　零开口非对称液压阀控非对称液压缸的实测空载速度增益曲线
$(A_1=2A_2,W_1=2W_2,F=0)$

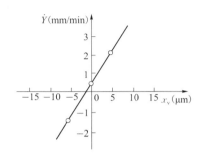

图 10.13　正开口非对称液压阀控非对称液压缸的实测速度增益曲线

图 10.13 所示为正开口非对称液压阀控非对称液压缸的实测速度增益曲线。采用正开口非对称液压阀控非对称液压缸时,负载速度曲线具有很好的线性度。

10.2.4.2　流量匹配控制系统设计方法

在液压控制系统的分析与设计时,应当考虑到或创造条件做到以下几点:

(1)空载进行速度控制时,应采用零开口对称液压阀控对称液压缸或正开口对称液压阀控对称液压缸。

(2)采用非对称液压阀控非对称液压缸的流量匹配控制系统,加载或受载进行速度控制时,应采用零开口非对称液压阀控非对称液压缸或正开口非对称液压阀控非对称液压缸,且负载满足匹配条件$F=p_s(A_1-A_2)/2$的最佳情况下,液压动力机构在零位附近的速度增益具有显著的线性特性。

(3)为了避免液压缸油液产生气蚀和压力失控,系统所承受的负载力必须在式(10.38)所示的边界范围内。

10.3　液压缸和气缸的固有频率

液压缸和气缸也称为作动器,两者的几何结构基本一样。单作用缸是指一个方向的运动由流体力作用,另一个方向的运动由活塞的重力或弹簧力作用的作动器。单作用缸由于结构简单、容易生产制造等特点,价格相对较低,使用时可以节省空间,广泛应用于各种控制系统的执行机构,如目前焊接机的力控制多采用单作用缸。有关单作用缸、双作用缸的力控制、固有频率研究文献还不多见。本节分析单作用缸、双作用缸的固有频率特性,包括几何非对称缸、几何对称缸的固有频率特性,中立位置频率特性,考虑绝热过程的气体压缩性或液压油压缩性时液压缸和气缸的固有频率特性。

10.3.1　液压缸和气缸的分类

液压缸和气缸(actuator)是将流体的压力能转换为机械能的装置,也称为作动器,已经广泛应用于各种控制装置,从运动形式看,包括做直线运动的液压缸或气缸(cylinder)、做回转运动的马达(motor)、做旋转运动的摆动作动器(rotary actuator)等类型。气缸采用压缩空气作为气源,将气体的压力能转换为机械能。如图 10.14 所示为按照运动形式分类的液压缸或气缸(pneumatic actuator)。液压缸或气缸也可按照下列方式分为单作用缸和双作用缸。

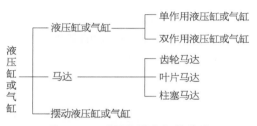

图 10.14　液压缸或气缸的分类

(1) 单作用缸(single acting cylinder):结构上仅仅活塞的一边供给具有一定压力的流体。单作用缸依靠一个方向的流体力来控制该方向的运动,返回过程依靠弹簧力或重力等外部力的作用。

(2) 双作用缸(double acting cylinder):结构上活塞两边均供给一定工作压力的流体,两侧流体力的作用下液压缸或气缸可向正或反方向运动。

通常,如果液压缸或气缸的不对称性可忽略时,活塞初始位置处于缸的中立位置,两边可看作对称结构,则称为对称液压缸或气缸。实际上,直线运动的液压缸或气缸,回转运动的作动器常常是不对称的,或者初始位置在非中立位置工作,具有较强烈的非线性特征。类似的结构或使用场合,采用经近似计算往往存在不足。因此,动态特性分析、控制系统设计有必要进行严格的分析。

液压系统或气动系统的高性能、高速控制性能直接受流体的体积弹性系数的影响。具有压力的流体控制作动器的固有频率取决于作动器参数、可动部分负载质量以及活塞的有效面积、位移量、流体的特性,固有频率对流体的工作性能起支配作用。

10.3.2　活塞初始位置对气缸固有频率的影响

10.3.2.1　单作用气缸

图 10.15 所示为典型的负载质量-弹簧系统图,表示负载质量 m 和弹簧 K 组成的系统。系统的固有频率为

$$\omega = \sqrt{\frac{K}{m}} \tag{10.39}$$

一般气动伺服阀的固有频率较气缸的固有频率高得多,假设气缸气室处于关闭状态时作为平衡状态,气动伺服阀控气缸系统的固有频

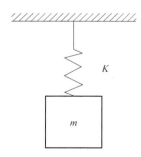

图 10.15　负载质量-弹簧系统

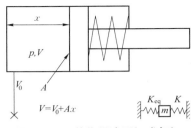

图 10.16　单作用液压缸或气缸

率随气室内一定质量的气体的状态变化而变化。气缸特性根据气缸气室容积、室内空气压力变化、容积变化和可动部分的运动方程式而得到。单作用缸或双作用缸系统可等价为负载质量-等价弹簧系统。图 10.16 所示为单作用气动伺服系统示意图。气体作为工作介质时，气缸内一定质量的气体密度取决于压力和温度，需要考虑气体的热力学特性。作为理想气体时，气体的状态方程式为

$$pV^n = \text{const} \tag{10.40}$$

式中　p——气体压力；

　　　V——气体体积；

　　　n——气体状态变化的多变指数。

两边求导数，可得

$$V^n \mathrm{d}p + nV^{n-1} p\mathrm{d}V = 0$$

即

$$V\mathrm{d}p + np\mathrm{d}V = 0$$

气缸气室的气体体积弹性模量 β_0 的定义式为

$$\beta_0 = -V\frac{\mathrm{d}p}{\mathrm{d}V} = np \tag{10.41}$$

这里，气体为可压缩性流体，是压力的函数，随压力大小而线性变化。气体的体积弹性模量（β_0）并不是一个常数，其数值与气体压力（p）和多变指数（n）有关系。例如，气体压力分别为 5×10^5 Pa 和 10×10^5 Pa 时，气腔的体积弹性模量分别为 7×10^5 Pa 和 14×10^5 Pa。

假设气缸系统在平衡位置附近具有微小扰动量，此时气缸系统可等价为负载质量-弹簧系统。由气缸气室起作用的等效弹簧刚度为

$$K_{\text{eq}} = -\frac{\mathrm{d}F}{\mathrm{d}x} = -\frac{A\mathrm{d}p}{\mathrm{d}V/A} = \frac{A^2\beta_0}{V} \tag{10.42}$$

$$V = V_0 + Ax \tag{10.43}$$

式中　V_0——包括管路的气腔气体体积（m³）；

　　　V——气缸气室的气体体积（m³）；

　　　x——活塞离开初始位置的位移量（m）；

　　　A——气缸活塞的有效面积（m²）。

气缸系统的固有频率计算方法与负载质量-弹簧系统一样（$K = 0$）。

$$\omega = \sqrt{\frac{K_{\text{eq}}}{m}} = \sqrt{\frac{nA^2 p}{Vm}} = \sqrt{\frac{nA^2 p}{(V_0 + Ax)m}} \tag{10.44}$$

当活塞处于气缸的极端位置，即处于活塞的最末端（$x = 0$）时，固有频率达到最大值。此时，固有频率为

$$\omega_{\max} = \sqrt{\frac{nA^2 p}{V_0 m}} \tag{10.45}$$

气缸连接的管路中气体体积(V_0)越小,即活塞处于气缸端部位置时,理论上气缸系统的固有频率具有最大值。管路内气体体积(V_0)越小,如 $V_0 = 0$ 时,活塞处于气缸端部位置时,理论上气缸系统的固有频率具有最大值。单作用气缸系统的固有频率与活塞位置的理论关系如图 10.17 和表 10.1 所示。

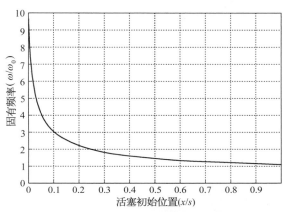

图 10.17　气动单作用气缸系统的固有频率特性 ($K = 0$)

表 10.1　气动单作用气缸系统的固有频率特性 ($V_0 = 0$)

x/s	0	0.1	0.2	0.3	0.4	0.5	0.6	0.7	0.8	0.9	1.0
ω/ω_0 (%)	∞	316	224	183	158	142	129	120	112	106	100

由图 10.17 可知,活塞的初始位置不同,容腔中气体的等效气体弹簧刚度不同。单作用气缸的活塞处于缸体的端部,管路内气体体积最小时(活塞在极端位置,即端盖附近 $x \approx 0$)气动控制系统的固有频率最高,空气室内气体的等效弹簧刚度达到最大值。例如,气体压力为 5×10^5 Pa,气缸面为 34.3 cm^2,气缸和管路之间的气体体积为 3.00 cm^3 时,空气的气体弹簧刚度 $K_{eq} = 2.75 \times 10^6$ N/m。

10.3.2.2　双作用气缸

图 10.18 所示为双作用气缸示意图。定义活塞稳定地停止于作动器的几何中间位置状态为基准状态,气体体积为管路内的体积和作动器内的体积,作动器活塞两侧的活塞杆直径不同的作动器系统相当于两个等效气体弹簧组成的等效质量-弹簧系统,其等效弹簧刚度为

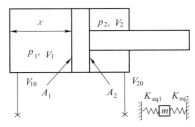

图 10.18　双作用气缸和双作用
液压缸结构示意图

$$K_{eq1} = \frac{A_1^2 \beta_1}{V_1} = \frac{A_1^2 \beta_1}{V_{10} + A_1 x} \tag{10.46}$$

$$K_{eq2} = \frac{A_2^2 \beta_2}{V_2} = \frac{A_2^2 \beta_2}{V_{20} + A_2 (s - x)} \tag{10.47}$$

式中 V_1、V_2——作动器两腔的流体容积；

$\quad\quad\beta_1$、β_2——作动器两腔的气体的体积弹性模量，$\beta_1 = np_1$，$\beta_2 = np_2$；

$\quad\quad A_1$、A_2——作动器两腔的有效面积($\mathrm{m^2}$)；

$\quad\quad V_{10}$、V_{20}——两侧的管路和控制阀之间的流体体积($\mathrm{m^3}$)；

$\quad\quad p_1$、p_2——作动器两腔内的流体压力(Pa)；

$\quad\quad s$——活塞的最大位移(m)。

两个并列的等效质量-弹簧系统的有效弹簧刚度为

$$K = K_{eq1} + K_{eq2}$$

即

$$K = \frac{A_1^2 \beta_1}{V_{10} + A_1 x} + \frac{A_2^2 \beta_2}{V_{20} + A_2(s-x)} = \frac{A_1^2 np_1}{V_{10} + A_1 x} + \frac{A_2^2 np_2}{V_{20} + A_2(s-x)} \tag{10.48}$$

双作用气缸的固有频率为

$$\omega = \sqrt{\frac{K}{m}} = \sqrt{\frac{A_1^2 np_1}{(V_{10} + A_1 x)m} + \frac{A_2^2 np_2}{[V_{20} + A_2(s-x)]m}} \tag{10.49}$$

当活塞处于气缸的两个极端位置时，有

$x = 0$ 时

$$K_{\max 1} = \frac{A_1^2 np_1}{V_{10}} + \frac{A_2^2 np_2}{V_{20} + A_2 s}, \; \omega_{\max 1} = \sqrt{\frac{K_{\max 1}}{m}} \tag{10.50}$$

$x = s$ 时

$$K_{\max 2} = \frac{A_1^2 np_1}{V_{10} + A_1 s} + \frac{A_2^2 np_2}{V_{20}}, \; \omega_{\max 2} = \sqrt{\frac{K_{\max 2}}{m}} \tag{10.51}$$

具有气缸的位置控制系统，做以下假设：

(1) 气缸的初始位置平衡状态处有 $p_1 A_1 = p_2 A_2$。

(2) 气缸内气体的体积比管路内气体体积大得多，即管路内的气体体积可忽略，即 $V_{10} = V_{20} = 0$。

由式(10.48)和式(10.49)，气缸系统的等效气体弹簧刚度和固有频率分别为

$$K = \frac{nA_1 p_1}{x} + \frac{nA_2 p_2}{s-x} = nA_1 p_1 \left(\frac{1}{x} + \frac{1}{s-x} \right)$$

$$\omega_0 = \sqrt{\frac{K}{m}} = \sqrt{\frac{nA_1 p_1}{m} \cdot \left(\frac{1}{x} + \frac{1}{s-x} \right)} \tag{10.52}$$

从上式可知，气缸系统的固有频率随活塞的初始位置变化而变化。由式(10.52)可计算得出双作用气缸的固有频率特性，计算结果如图 10.19 和表 10.2 所示。由式(10.52)可知，固有频率取最小值的条件为

$$\mathrm{d}K/\mathrm{d}x = 0$$

即 $x/s = 0.5$，$K = K_{\min}$ 时，$\omega = \omega_{\min} = \sqrt{\dfrac{4nA_1 p_1}{sm}}$。

由上式可知，无论双作用对称气缸还是双作用非对称气缸，当活塞处于气缸的中央位置时，固有频率达到最小值。活塞的初始位置和气缸初始压力对频率特性的影响如图 10.20 所示。气缸气体压力的初始值越高，气缸的固有频率越大。

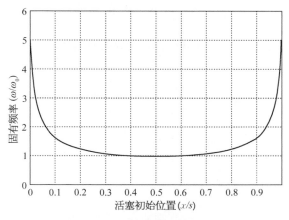

图 10.19　气动双作用气缸的固有频率特性
$(A_1 = A_2$ 或 $A_1 \neq A_2)$

表 10.2　初始压力对双作用气缸固有频率特性的影响 ($A_1 = A_2$ 或 $A_1 \neq A_2$；$V_{10} = V_{20} = 0$)

x/s	0	0.1	0.2	0.3	0.4	0.5	0.6	0.7	0.8	0.9	1.0
ω/ω_0（%）	∞	167	125	109	103	100	103	109	125	167	∞

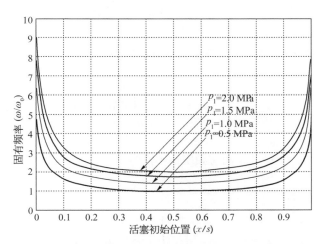

图 10.20　初始压力对双作用气缸固有频率特性的影响
$(A_1 = A_2$ 或 $A_1 \neq A_2)$

10.3.3　活塞初始位置对液压缸固有频率的影响

　　液压缸和气缸的结构相似,液压缸以液压油作为工作介质,气缸以压缩性较强的气体(如空气)作为工作介质,但两者的基本特性差异却很大。液压缸的压缩性一般在液压缸系统的动态特性中表现出来。液压油的体积弹性系数随压力、温度的变化较小,可以看作具有较大弹簧刚度的液压弹簧。如图 10.18 所示,双作用液压缸系统的两个等效弹簧的弹簧刚度分别为

$$K_{eq1} = \frac{A_1^2 \beta}{V_{10} + A_1 x}, \ K_{eq2} = \frac{A_2^2 \beta}{V_{20} + A_2(s-x)}$$

双作用液压缸可以看作两个相互并联的弹簧组成的质量弹簧系统。弹簧刚度和固有频率分别为

$$K = \frac{A_1^2 \beta}{V_{10} + A_1 x} + \frac{A_2^2 \beta}{V_{20} + A_2(s-x)}$$

$$\omega = \sqrt{\frac{K}{m}} = \sqrt{\frac{A_1^2 \beta}{(V_{10} + A_1 x)m} + \frac{A_2^2 \beta}{[V_{20} + A_2(s-x)]m}} \tag{10.53}$$

该固有频率取最小值时,可得到活塞的位置。

$dK/dx = 0$ 时
$$K = K_{min}, \ \omega = \omega_{min}$$

$$x_0 = \frac{\sqrt{A_1/A_2} \cdot V_{20} - \sqrt{A_2/A_1} \cdot V_{10} + \sqrt{A_1} \cdot s}{\sqrt{A_1} + \sqrt{A_2}} \tag{10.54}$$

固有频率取最大值时,活塞处于液压缸两端的两个极端位置。

$x = 0$ 时
$$K_{max1} = \frac{A_1^2 \beta}{V_{10}} + \frac{A_2^2 \beta}{V_{20} + A_2 s}$$

$x = s$ 时
$$K_{max2} = \frac{A_1^2 \beta}{V_{10} + A_1 s} + \frac{A_2^2 \beta}{V_{20}}$$

忽略管路内油液的体积,只考虑液压缸内油液的体积时,液压缸系统的固有频率及其最小值分别为

$$V_{10} = V_{20} = 0, \ \omega = \sqrt{\frac{\beta}{m} \left(\frac{A_1}{x} + \frac{A_2}{s-x} \right)} \tag{10.55}$$

当 $x_0 = \dfrac{\sqrt{A_1}}{\sqrt{A_1} + \sqrt{A_2}} \cdot s$ 时,固有频率最小值为

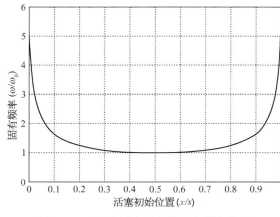

$$\omega = \omega_{min} = \sqrt{\frac{\beta}{ms}} (\sqrt{A_1} + \sqrt{A_2})$$

由式(10.55),双作用对称液压油缸($A_1 = A_2$)的固有频率如图10.21和表10.3所示。活塞处于液压缸的两个极端位置时,固有频率达到最大值。活塞处于液压缸的中间位置时,固有频率达到最小值。$x_0 = 0.5s$ 时,固有频率达到最小值

$$\omega_0 = 2\sqrt{\frac{A_2 \beta}{sm}}$$

图 10.21 双作用液压缸的固有频率特性
($A_1 = A_2$)

表 10.3 双作用液压缸的固有频率特性 ($A_1 = A_2$)

x/s	0	0.1	0.2	0.3	0.4	0.5	0.6	0.7	0.8	0.9	1.0
ω/ω_0(%)	∞	167	125	109	103	100	103	109	125	167	∞

液压缸的左右两个活塞杆的有效面积不相同时,液压缸为非对称缸。例如 $A_1 = 2A_2$ 时,液压缸的固有频率特性如图 10.22 及表 10.4 所示。当活塞到达液压缸两边的端盖极端位置时固有频率达到最大值。但是固有频率取最小值时,活塞并不处于中央位置。$x_0 = (2-\sqrt{2})s$ 时,固有频率取最小值

$$\omega_0 = (1+\sqrt{2})\sqrt{\frac{A_2\beta}{sm}}$$

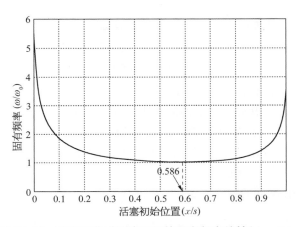

图 10.22 双作用非对称液压缸的固有频率特性($A_1 = 2A_2$)

表 10.4 双作用非对称液压缸的固有频率特性($A_1 = 2A_2$)

x/s	0	0.1	0.2	0.3	0.4	0.5	$2-\sqrt{2}$	0.7	0.8	0.9	1.0
ω/ω_0(%)	∞	190	139	118	107	102	100	103	114	145	∞

10.3.4 液压缸系统和气动气缸系统比较

(1) 不可压缩流体和可压缩流体差别。由式(10.49)和式(10.53)可知,气动气缸系统与液压缸系统的固有频率和动态特性的表达式非常相似。但是,流体的体积弹性系数差别却极大。液压油的体积弹性系数的数值非常大,可以近似认为是非压缩性流体。气体(如空气)为具有非常大的压缩性的流体,必须考虑气体的压缩性。

(2) 体积弹性系数差别。空气 $\beta = 7\times10^5 \sim 14\times10^5$ Pa,液压系统的作动油 $\beta = 1.4\times10^9 \sim 1.86\times10^9$ Pa,两者相差约 2 000 倍。

(3) 由式(10.49)和式(10.53)可知,相同尺寸的作动器,液压缸和气缸的固有频率却相差大约 $\sqrt{2\,000}$ 倍(45 倍)。

（4）固有频率最小时活塞位置的差别。

气动：对称气缸和非对称气缸的最小固有频率发生在活塞处于气缸的中间位置处。分析气动系统稳定性时，只需要研究活塞处于气缸中立位置处即可。

液压：对称液压缸的最小固有频率发生在活塞处于液压缸的中间位置处。但是，非对称液压缸的最小固有频率发生在活塞偏离液压缸中间位置的某处。分析液压系统稳定性时，对称液压缸只需要研究活塞处于液压缸中立位置处即可；非对称液压缸则需要研究活塞偏离液压缸中立位置的某处。

（5）液压缸和气缸的机械构造基本相同。

通过分析两侧有效面积不对称的作动器，活塞在中央位置或偏离中央位置某处时的气动气缸和液压缸的固有频率，经过两者的比较分析可得到以下结论：

（1）活塞处于不同位置时，液压缸或气缸的固有频率完全不同。活塞处于作动器端盖的两端位置时，固有频率达到最大值。

（2）气动单作用气缸的活塞处于端面位置时，固有频率达到最大值。双作用气缸，无论对称气缸（$A_1 = A_2$）或非对称气缸（$A_1 = 2A_2$），当活塞处于中间位置时，固有频率达到最小值。对称液压缸（如 $A_1 = A_2$），当活塞处于中央位置时，固有频率达到最小值。非对称液压缸（如 $A_1 = 2A_2$），固有频率的最小值出现在活塞偏离油缸中央位置的某处，如 $x = (2-\sqrt{2})s$。

（3）固有频率最小时，液压缸或气缸的活塞处于中央位置或偏离中央位置的某处。此时，控制系统的稳定性最低，需要详细分析活塞处于该位置时的系统稳定性。固有频率最大值出现在液压缸或气缸的活塞处于端盖两端的位置，此时作动器系统的快速性好。固有频率的最小值和最大值是控制系统设计和使用时需要重点考虑的因素。

（4）对直线运动的作动器的分析方法和结果同样适用于旋转运动的摆动作动器。

参考文献

［1］ Yin Y B, Qu Y Y, Yan J K. An investigation on hydraulic servosystems with asymmetric cylinders ［C］//Proceedings of the 1st international symposium on fluid power transmission and control, ISFP91, Beijing, China, Beijing Institute of Technology Press, 1991：271 - 273.

［2］ 阎耀保. 液压控制系统速度增益特性研究［J］. 红外技术与自动驾驶仪, 1994(73)：23 - 29.

［3］ 阎耀保. 非对称液压缸伺服系统流量匹配控制及精度研究［D］. 上海：上海交通大学硕士学位论文, 1991.

［4］ 阎耀保. 具有对称不均等正开口量液压滑阀压力特性研究［J］. 液压气动与密封, 1993(50)：22 - 26.

［5］ 阎耀保, 荒木献次, 石野裕二, 等. ピストンの位置と左右有効面積のシリンダ固有周波数に及ばす影響［C］//日本油空圧学会·日本機械学会, 平成 9 年春季油空圧講演会講演論文集, 1997 年 5 月, 東京：77 - 80.

［6］ 阎耀保, 俞丛义, 陆泰琳, 等. 飞行器液压控制系统气腔压力特性研究［J］. 自动驾驶仪与红外技术, 2006(2)：8 - 12.

［7］ 阎耀保. 极端环境下的电液伺服控制理论与应用技术［M］. 上海：上海科学技术出版社, 2012.

［8］ 阎耀保. 非対称電空サーボ弁の開発と高速空気圧-力制御系のハードウエア補償に関する研究［D］. 埼玉大学博士学位論文(埼玉大学, 1999 年, 博理工甲第 255 号), 1999.

［9］ 鳥建中, 阎耀保. 同済大学機械電子工学研究所鳥建中研究室·阎耀保研究室における油圧技術研究開発動向［J］. 油空圧技術(Hydraulics & pneumatics), 日本工業出版, 2007, 46(13)：31 - 37.

［10］ 严金坤. 液压动力控制［M］.上海：上海交通大学出版社,1986.

［11］ Viersma T J. Analysis，synthesis and design of hydraulic servosystems and pipe lines ［M］. Delft：Delft Univ. of Technology，1980.

［12］ 刘长年. 液压伺服系统的分析与设计［M］.北京：科学出版社,1985.

［13］ 李洪人,王栋梁,李春萍. 非对称缸电液伺服系统的静态特性分析［J］.机械工程学报,2003,39(2)：18－22.

［14］ 山口淳,田中裕久. 油空圧工学［M］.東京：コロナ社,1986.

［15］ 武藤高義.アクチュエータの駆動と制御［M］.東京：コロナ社,1992.

［16］ (社)日本油空圧学会. 油空圧便覧［M］.東京：オーム社,1989.

241

第 11 章

对称不均等正开口液压滑阀

液压伺服阀的工作特性取决于阀芯和阀套之间的节流工作边及其重叠量的制造配合精度。正开口滑阀阀芯上台肩的宽度比阀套上沟槽的宽度窄。当四个节流工作边具有不均等的开口量时,称为遮盖量不均等正开口阀。本章分析对称不均等伺服阀（servovalve with uneven underlaps)的压力特性、压力增益特性及零位泄漏量,介绍应用案例。

11.1 对称不均等液压滑阀及其压力特性

如图 11.1 所示为阀控液压缸动力机构示意图。设滑阀为正开口,且四个节流边对称,对称重合量分别为 Δ_1、Δ_2,且 $\Delta_1 \neq \Delta_2$,阀的工作行程在正开口范围内,即 $|x_v| < \min(\Delta_1, \Delta_2)$。液流流过四个节流边时均为紊流流动,并忽略液压缸和液压阀的内外部泄漏量。在稳态工作时,$\dot{Y} = 0$,液压缸活塞位置静止不动,进出液压缸的油液体积为零（$Q_L = 0$）,即 $Q_a = Q_d$、$Q_b = Q_c$,分析液压缸两腔压力 p_1、p_2 及负载压力 p_L,滑阀位移 x_v 之间的关系,即在 $Q_L = 0$ 时的压力特性 $p_L = f(x_v)$,同时得出系统工作压力特性曲线。

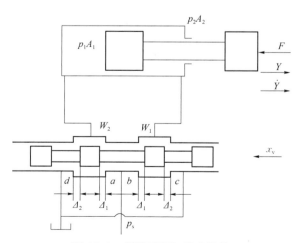

图 11.1 阀控液压缸动力机构

假设液压阀节流口面积和液压缸流量相匹配，则有

$$\frac{W_1}{W_2} = \frac{A_1}{A_2} \tag{11.1}$$

式中　W_1——伺服阀与无杆腔连接的节流窗口面积梯度（m）；

　　　W_2——伺服阀与有杆腔连接的节流窗口面积梯度（m）；

　　　A_1——活塞无杆腔的有效面积（m^2）；

　　　A_2——活塞有杆腔的有效面积（m^2）。

并设

$$\frac{W_2}{W_1} = n$$

液压缸活塞静止不动时，液压阀的流量方程满足

$$C_d W_1 (\Delta_1 + x_v) \sqrt{\frac{2}{\rho}(p_s - p_1)} = C_d W_1 (\Delta_2 - x_v) \sqrt{\frac{2}{\rho} p_1} \tag{11.2}$$

$$C_d W_2 (\Delta_1 - x_v) \sqrt{\frac{2}{\rho}(p_s - p_2)} = C_d W_2 (\Delta_2 + x_v) \sqrt{\frac{2}{\rho} p_2} \tag{11.3}$$

式中　C_d——节流口的流量系数；

　　　x_v——阀芯偏离中立位置的位移量（m）；

　　　ρ——油液密度（kg/m^3）；

　　　p_s——供油压力（Pa）；

　　　p_1——无杆腔压力（Pa）；

　　　p_2——有杆腔压力（Pa）。

液压缸活塞的负载力平衡方程为

$$F = A_1 p_1 - A_2 p_2 \tag{11.4}$$

定义负载压力为

$$p_L = \frac{F}{A_1} = p_1 - n p_2$$

令阀位移的无因次量为 $\overline{x_v} = x_v / \Delta_1$，两腔的压力和负载压力的无因次量分别为 $\overline{p_1} = p_1 / p_2$，$\overline{p_2} = p_2 / p_s$，$\overline{p_L} = p_L / p_s$。定义圆柱滑阀轴向尺寸正开口量的不均等系数为 $m = \Delta_2 / \Delta_1$。由式（11.2）、式（11.3）可得阀位移量为 x_v 时液压缸两腔的压力分别为

$$p_1 = \frac{(\Delta_1 + x_v)^2}{(\Delta_1 + x_v)^2 + (\Delta_2 - x_v)^2} p_s \tag{11.5}$$

$$p_2 = \frac{(\Delta_1 - x_v)^2}{(\Delta_1 - x_v)^2 + (\Delta_2 + x_v)^2} p_s \tag{11.6}$$

将式（11.5）与式（11.6）无因次化，可得液压缸两个控制腔的工作压力分别为

$$\overline{p_1} = \frac{(1 + \overline{x_v})^2}{(1 + \overline{x_v})^2 + (m - \overline{x_v})^2} \tag{11.7}$$

$$\overline{p_2} = \frac{(1-\overline{x_v})^2}{(1-\overline{x_v})^2 + (m+\overline{x_v})^2} \tag{11.8}$$

将式(11.7)与式(11.8)相加,还可以得到液压缸两腔压力和的表达式为

$$\overline{p_1} + \overline{p_2} = \frac{(1+\overline{x_v})^2}{(1+\overline{x_v})^2 + (m-\overline{x_v})^2} + \frac{(1-\overline{x_v})^2}{(1-\overline{x_v})^2 + (m+\overline{x_v})^2} \tag{11.9}$$

将式(11.5)与式(11.6)代入负载压力表达式 p_L,并无因次化,可得负载压力特性式为

$$\overline{p_L} = \frac{(1+\overline{x_v})^2}{(1+\overline{x_v})^2 + (m-\overline{x_v})^2} - \frac{n(1-\overline{x_v})^2}{(1-\overline{x_v})^2 + (m+\overline{x_v})^2} \tag{11.10}$$

式(11.7)和式(11.8)表明,液压缸两个控制腔的工作压力 $\overline{p_1}$、$\overline{p_2}$ 与阀位移 $\overline{x_v}$ 之间呈非线性关系,且两腔的压力特性曲线对称于 $\overline{x_v} = 0$,同时还与阀正开口量不均等系数 m 有关。由式(11.7)、式(11.8)可得出在不同的正开口量不均等系数值 m 时的无因次工作压力特性曲线,以及当阀位移达到饱和状态的 $|x_v| > \min(\Delta_1, \Delta_2)$ 时的压力分布情况。图11.2所示为 $\Delta_1 = 2\Delta_2$,即 $m = 0.5$ 时的正开口阀控液压缸的两腔压力无因次特性曲线。图11.3所示为 $\Delta_1 = \Delta_2$,即 $m = 1$ 时的正开口阀控液压缸的两腔压力无因次特性曲线。图11.4所示为 $\Delta_1 = 0.5\Delta_2$,即 $m = 2$ 时的正开口阀控液压缸的两腔压力无因次特性曲线。

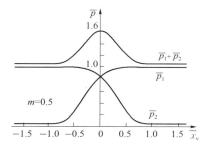

图11.2　正开口阀控液压缸的两腔压力无因
次特性曲线($\Delta_1 = 2\Delta_2$,即 $m = 0.5$)

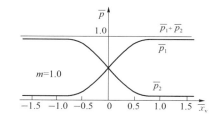

图11.3　正开口阀控液压缸的两腔压力无因
次特性曲线($\Delta_1 = \Delta_2$,即 $m = 1$)

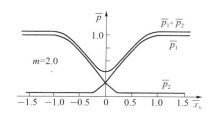

图11.4　正开口阀控液压缸的两腔压力无因
次特性曲线 ($\Delta_1 = 0.5\Delta_2$,即 $m = 2$)

式(11.9)表明,当且仅当圆柱滑阀轴向尺寸对称均等,即 $m = 1$ 时,$\overline{p_1} + \overline{p_2} = 1$,$p_1 + p_2 = p_s$ 为常数;当滑阀轴向尺寸对称不均等,即 $m < 1$ 或 $m > 1$ 时,$\overline{p_1} + \overline{p_2}$ 是 $\overline{x_v}$ 的函数,且呈非线性关系,在零位 $\overline{x_v} = 0$ 时,$\overline{p_1} + \overline{p_2}$ 有最大值或最小值 $2/(1+m^2)$。由图11.2～图11.4可知:

(1)液压阀两个负载通道的压力 $\overline{p_1}$、$\overline{p_2}$ 随阀位移 $\overline{x_v}$ 变化曲线是非线性的,且对称于纵坐标轴。

（2）具有对称均等开口量的液压滑阀（$m=1$）在零位附近较大范围内,压力特性曲线的线性度较好,其灵敏度最高;具有对称不均等开口量的液压滑阀（如 $m=0.5$ 或 $m=2$ 时）在零位附近的较小区域,即 $|x_v|<\min(\Delta_1,\Delta_2)$ 范围内,压力特性曲线有较好的线性度和灵敏度。设计液压阀时,应尽量限制阀位移,使其在正开口范围,即 $|x_v|<\min(\Delta_1,\Delta_2)$ 内移动。

（3）具有对称均等开口量的液压滑阀,两个负载腔的压力和等于供油压力,即当 $m=1$ 时,$\overline{p_1}+\overline{p_2}=1.0$ 为常数,且在 $\overline{x_v}=0$ 时,$\overline{p_{10}}=\overline{p_{20}}=0.5$,这种具有对称均等正开口量滑阀的液压系统,分析过程极为方便;当 $m=0.5$ 时,$\overline{p_1}+\overline{p_2}>1.0$,且在 $\overline{x_v}=0$ 时,$\overline{p_{10}}=\overline{p_{20}}=0.8>0.5$;当 $m=0.707$ 时,$\overline{p_{10}}=\overline{p_{20}}=2/3$;当 $m=2$ 时,$\overline{p_1}+\overline{p_2}<1.0$,且在 $\overline{x_v}=0$ 时,$\overline{p_{10}}=\overline{p_{20}}=0.2<0.5$。可见,具有对称不均等正开口量滑阀在零位时,两个负载通道的压力均不为 $0.5p_s$,在零位附近,$\overline{p_1}+\overline{p_2}$ 并不为常数,而是阀位移 $\overline{x_v}$ 的函数,这种阀组成的液压系统动态分析比较困难,可以利用计算机进行仿真计算。

由式（11.10）可绘出在 m、n 取不同数值时的无因次负载压力-阀位移特性曲线,如图 11.5~图 11.7 所示。可见:

（1）对称液压阀控对称液压缸系统（即 $n=1$）,空载 $\overline{p_L}=0$ 时,阀处于零位 $\overline{x_v}=0$;负载为 $\overline{p_L}$ 时,阀的稳态工作点将偏离零位某处 $\overline{x_v}$。

（2）非对称液压阀控非对称液压缸系统（即 $n=0.5$）,空载 $\overline{p_L}=0$ 时,则可使阀的稳态工作点在零位 $\overline{x_v}=0$。如图 11.6 所示,$m=1$,$\overline{p_L}=0.25$,即 $F=0.25p_sA_1$ 时,阀的稳态工作点在零位。

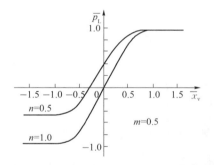

图 11.5　正开口阀控液压缸的负载压力无因次特性曲线 ($\Delta_1=2\Delta_2$,即 $m=0.5$; $A_1=A_2$ 或 $A_1=0.5A_2$,即 $n=1$ 或 0.5)

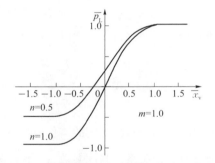

图 11.6　正开口阀控液压缸的负载压力无因次特性曲线 ($\Delta_1=\Delta_2$,即 $m=1$; $A_1=A_2$ 或 $A_1=0.5A_2$,即 $n=1$ 或 0.5)

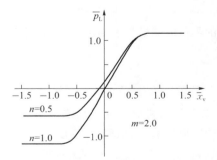

图 11.7　正开口阀控液压缸的负载压力无因次特性曲线
($\Delta_1=0.5\Delta_2$,即 $m=2$; $A_1=A_2$ 或 $A_1=0.5A_2$,即 $n=1$ 或 0.5)

11.2 零位压力值与零位泄漏量

11.2.1 零位压力值

当滑阀处于中立位置,即零位 $\overline{x_v}=0$ 时,由式(11.7)、式(11.8)可得到滑阀的零位压力值为

$$\overline{p_{10}} = \overline{p_{20}} = 1/(1+m^2) \tag{11.11}$$

零位时负载压力值为

$$\overline{p_{L0}} = (1-n)/(1+m^2) \tag{11.12}$$

由上式可见,零位压力值与滑阀正开口量的对称不均等系数 m 有关。具有对称均等正开口量的圆柱滑阀(即 $m=1$),零位压力为供油压力的 50%,即 $\overline{p_{10}} = \overline{p_{20}} = 0.5$;具有对称不均等正开口量的圆柱滑阀,如 $m<1$ 时,零位压力大于供油压力的 50%,即 $\overline{p_{10}} = \overline{p_{20}} > 0.5$;当 $m = 0.707$ 时,$\overline{p_{10}} = \overline{p_{20}} = 2/3$;当 $m>1$ 时,零位压力小于供油压力的 50%,即 $\overline{p_{10}} = \overline{p_{20}} < 0.5$。

式(11.12)反映了液压阀处于零位时液压系统所承受的负载压力,根据该式恰当地进行液压系统设计,使液压系统的零速平衡点在阀的零位。

11.2.2 零位泄漏量

零位泄漏量为

$$Q_0 = Q_{a0} + Q_{b0} = Q_{c0} + Q_{d0} \tag{11.13}$$

将式(11.2)、式(11.3)、式(11.11)代入式(11.13),可得零位泄漏量为

$$Q_0 = \frac{C_d(W_1+W_2)\Delta_1\Delta_2}{\sqrt{\Delta_1^2+\Delta_2^2}}\sqrt{\frac{2}{\rho}p_s} = \frac{C_d W_1 \Delta_1\, m(1+n)}{\sqrt{1+m^2}}\sqrt{\frac{2}{\rho}p_s} = \frac{C_d W_1 \Delta_2 (1+n)}{\sqrt{1+m^2}}\sqrt{\frac{2}{\rho}p_s}$$

$$\tag{11.14}$$

式(11.14)表明,液压阀的零位泄漏量与阀正开口量的对称不均等系数 m、阀配流窗口不对称系数 n 有直接关系。当阀参数 Δ_1、W_1、n、p_s 一定时,系数 $\dfrac{m}{\sqrt{1+m^2}}$ 反映了零位泄漏量的大小。为了减小零位泄漏量,减小阀的供油量与功率损耗,提高效率,应取较小的 m 值。同时,m 值太小,由图 11.2 可知阀有效工作行程及其压力特性线性度较差。在有些伺服阀的设计中,取 $\overline{p_{10}} = \overline{p_{20}} = 2/3$,这就意味着 $m = 0.707$。因此,取 $0.707 < m < 1$,这样既使系统具有较好压力增益特性与线性度,又具有较小的零位泄漏量与供油流量,功率损耗较小。

11.3 工程应用案例

本书作者以上海人造板机器厂磨浆机液压加载系统为例,对两种具有不均等正开口滑阀的压力特性进行了试验测试,试验结果如图 11.8、图 11.9 所示。图 11.8 所示为非对称液压阀控非对称液压缸压力特性试验结果($A_1 = 0.5A_2$,$\Delta_1 = 2\Delta_2$),实验对象的液压阀为具有对称不均等正开口量的非对称阀。图 11.9 所示为非对称液压阀控非对称液压缸压力特性试验结果($A_1 = 0.5A_2$,$\Delta_1 = \Delta_2$),实验对象的液压阀为具有对称均等正开口量的非对称阀。试验压力特性结果

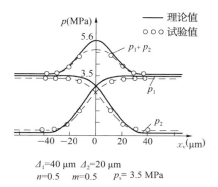

$\Delta_1 = 40\ \mu\mathrm{m}$ $\Delta_2 = 20\ \mu\mathrm{m}$
$n = 0.5$ $m = 0.5$ $p_s = 3.5\ \mathrm{MPa}$

图 11.8　非对称液压阀控非对称液压缸压力
　　　　特性试验结果 $(A_1 = 0.5A_2, \Delta_1 = 2\Delta_2)$

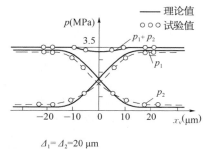

$\Delta_1 = \Delta_2 = 20\ \mu\mathrm{m}$
$n = 0.5$ $m = 1.0$ $p_s = 3.5\ \mathrm{MPa}$

图 11.9　非对称液压阀控非对称液压缸压力
　　　　特性试验结果 $(A_1 = 0.5A_2, \Delta_1 = \Delta_2)$

与理论分析结果能很好地吻合。

综上所述,应用本章所提出的方法和理论计算式可以对液压滑阀的正开口量、压力特性进行评估和预测,包括以下几个方面:

(1) 轴向尺寸对称不均等正开口量液压滑阀的两个控制腔压力与阀位移呈非线性函数关系,且两个控制腔的压力之和并不为常数。

(2) 设计承受负载力的液压系统或加载系统时,应尽可能采用非对称阀控非对称液压缸,恰当地选择液压缸面积 A_1 和供油压力 p_s,如 $\dfrac{W_2}{W_1} = \dfrac{A_2}{A_1} = 0.5$,$m = 1$ 时,使 $F = 0.25 p_s A_1$,这样可以保证系统速度特性具有良好的线性度。

(3) 在流量匹配控制系统中,选取合适的正开口阀轴向尺寸对称不均等系数 m 值,可以提高滑阀的输出功率。

参考文献

[1] 阎耀保. 具有对称不均等正开口量液压滑阀压力特性研究[J]. 液压气动与密封,1993(50):22-26.

[2] Yin Y B, Qu Y Y, Yan J K. An investigation on hydraulic servosystems with asymmetric cylinders [C]//Proceedings of the 1st international symposium on fluid power transmission and control, ISFP91, Beijing, China, Beijing Institute of Technology Press, 1991:271-273.

[3] 阎耀保. 不对称液压缸伺服系统流量匹配控制及精度研究[D]. 上海:上海交通大学硕士学位论文,1991.

[4] 阎耀保,李长明,荒木献次. 具有对称不均等负重合量的气动伺服阀特性[J]. 上海交通大学学报,2010,44(4):500-505.

[5] 阎耀保,水野毅,乌建中,等. 具有不对称负重合量的非对称气动伺服阀压力特性研究[J]. 中国机械工程,2007,18(18):2169-2173.

[6] 阎耀保. 具有不均等正开口量的双边滑阀式气动伺服阀特性研究[J]. 液压与气动,2007(3):74-77.

[7] 阎耀保,李长明. 气动伺服阀阀芯阀套重合量间接测量方法及其应用:中国,200810041108.X[P].2008-07-29.

[8] 阎耀保,孟伟. 非对称喷嘴挡板式电液伺服阀特性分析[J]. 中国机械工程,2011,22(4):957-960,970.

[9] 阎耀保,李长明. 对称负重合型气动伺服阀零位流动状态分析[J]. 航空学报,2015,36(11):3724-

3733.

[10] 阎耀保,荒木献次. 具有非对称气动伺服阀的气动压力控制系统建模与分析[J]. 中国机械工程,2009,20(17)：2107 - 2112.

[11] 阎耀保,赵燕,刘华,等. 正开口气动伺服阀控缸匀速运动时的负载特性[J]. 流体传动与控制,2013(2)：1 - 4.

[12] Yin Y B，Li H J，Li C M. Modeling and analysis of hydraulic speed regulating valve[C]//Proceedings of the 2013 International Conference on Advances in Construction Machinery and Vehicle Engineering(ICACMVE2013)，pp108 - 216，Jilin，China，August 8 - 11,2013.

[13] 阎耀保,李洪娟. 液压调速阀流场分析[J]. 流体传动与控制,2013(5)：1 - 4.

[14] 阎耀保. 极端环境下的电液伺服控制理论与应用技术[M]. 上海：上海科学技术出版社,2012.

[15] 卢长耿. 具有两个固定节流孔两个可变节流口的正开口四通阀的综合分析[J]. 武汉钢铁学院学报,1987(4)：17 - 23.

高端液压元件理论与实践

第 12 章

增压油箱与液压附件

液压系统可以用来传输和控制机械能源,主要由泵、管道、阀、液压缸或马达等部件组成。为了使液压系统更合理地工作,除了这些基础元件外,通常还需要一些辅助元件,即液压附件(hydraulic accessory)。这些辅助元件基本不参与能量的传输、转换和控制。但是,它们对系统的正常工作和可靠性起着非常重要的作用。

(1) 液压油箱:用来盛放系统所需的液压油。

(2) 冷却器、加热器:将油液温度保持在可操作范围内。

(3) 过滤器:控制油液中污染物的颗粒物数量和颗粒物尺寸大小。

(4) 监控元件:压力表、温度计、流量计和其他监测系统运行或在某些情况下控制系统紧急停止的元件。

(5) 能量储存元件:用于适应各种工作模式,如蓄能器。

为保证液压泵入口有足够的吸油压力或者避免油箱油液溢出等,飞行器或闭式行走装备液压系统通常采用增压油箱(pressure booster tank)关键元件。本章主要介绍增压油箱的功能以及应用案例,液压过滤器、液压压力开关的结构和工作原理。

12.1 增压油箱结构及原理

12.1.1 飞行器液压系统增压油箱结构与分类

油箱用于储存油液,以保证供给液压系统充分的工作油液,同时还具有散热、使渗入油液中的空气逸出以及使油液中的污染物沉淀等作用。

增压油箱按油箱内油液与空气接触与否,可分为非隔离式和隔离式两大类。

非隔离式增压油箱在飞行器(如飞机)上得到广泛的应用。这种油箱重量轻、形状没有严格要求、对安装空间要求不高,但由于增压空气直接与油液相接触,不可避免地增大油液中空气含量,造成液压系统刚性降低,容易产生气穴和噪声。

隔离式增压油箱可分为弹簧增压油箱、带增压弹簧的自增压油箱、带增压蓄能器的自增压油箱等多种类型。隔离式油箱杜绝了外界空气、水和污染物颗粒直接进入系统的可能性,有助于油液的清洁和有较高的工作品质,也便于在油箱上实现油位指示和低油位告警等功能,但是这类油箱的自身重量重、受力复杂。目前国内外在高性能飞机、导弹、火箭等飞行器上普遍采用隔离式油箱。目前飞行器(如飞机)液压增压油箱采用的增压措施及其特点见表12.1。

表 12.1 油箱增压方式与分类

油箱形式	增压措施	特 点
非隔离式	空气直接增压	油液与增压气体接触。增压空气引自飞机发动机压气机,为保证有不间断的含水量低的增压空气,增压系统中设有增压气瓶、气滤和沉淀器
隔离式	弹簧增压	采用压缩弹簧经过活塞给油箱油液增压,一般用于对油箱增压压力不高的液压系统
	带增压弹簧的自增压	采用油泵的供油压力给油箱油液增压。油箱内有一个增压弹簧,用于提供初始增压压力
	带增压蓄压器的自增压	采用油泵的供油压力给油箱油液增压。由增压系统中的一个小型专用增压蓄压器提供初始增压压力
	增压腔与系统蓄压器气腔连通的自增压	油箱增压腔与系统蓄压器的气腔相通

对增压油箱的要求随所在飞机的形式而变化。对于大多数军用飞机,油箱必须是机动且完全不受限制的。这表示油液必须装满,不存在空气/油液的交界面,并在所有飞机姿态和过载情况下必须保持供油。为了获得油泵良好的容积效率,当任何一个泵缸与入口窗孔连通时,油箱压力必须足以促使充满的油液进入该泵缸。

为了满足油泵响应时间的要求,可使稳定流动状态所需的压力加倍。

油箱容积应将系统中所有的容积变化包含进去,同时考虑到油液热膨胀和有富裕的应急裕量。

当油箱油面降至低于预定位置时,一般需要隔断系统的某些部分。这是一种试图隔断系统中的泄漏,并给飞行安全性关键子系统提供进一步保护的措施。该隔断位置必须保证在所有情况下,余下系统有足够的油量。油箱受到压力安全阀的保护,安全阀可向机外放油。

飞行器(如飞机)飞行时涉及的环境条件极为复杂,一般民用飞机的飞行高度在 7 000 ~ 12 000 m,巡航速度为 0.8 马赫左右,由于环境气压低,且飞行器可能会剧烈动作,如加速上升、下降和颠簸过程中,为了保证飞行器液压系统的油箱能向液压泵持续、有效地输送油液,需要使液压泵的吸油口有一个稳定、可靠的增压压力。为此,采用增压油箱,维持液压泵吸油口压力高于一个大气压,实现有效吸油。闭式液压系统具有结构紧凑、液压冲击小、空气不易进入系统等优点。飞行器大多采用闭式液压系统,保持飞行器翻滚或具有加速度时,有效地供给油液。飞行器的飞行环境和状态复杂,为了使飞行过程中液压泵始终可以顺利吸油,闭式系统常采用增压油箱,压力一般在 50 ~ 83 psi。

12.1.2 气体增压油箱

民用飞机常用的增压油箱有引气增压油箱和自增压油箱两种。引气增压油箱以高压气体作为增压介质,为油箱储油腔增压,引气增压油箱工作原理如图12.1所示。

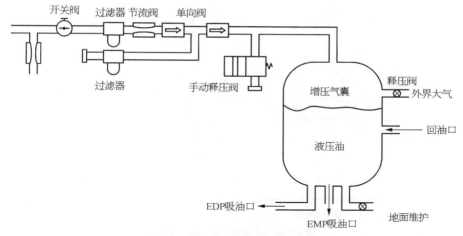

图 12.1　飞机引气增压油箱原理

飞机的引气增压油箱所用高压气体可直接从发动机引气系统或辅助动力装置（auxiliary power unit，APU）引出，通过过滤器、节流阀、单向阀等进入引气增压油箱。为了避免油液中混入气体，通常用气囊或隔板将气体与油液相隔开，这种油箱在飞机上应用较广泛，其缺点是体积较大。因需要与发动机引气系统相连，还需要额外的管路。另外，飞机飞行过程中，所用气源压力并不相同，以波音 B737 为例，每台发动机有一套引气系统，发动机引气来自压气机第 5 级和第 9 级，发动机引气系统控制并调节引气的温度及压力，当发动机高转速时使用第 5 级引气，低转速时使用第 9 级引气，例如当发动机转速低于 50% 时（该值随温度、海拔、加减油门程序等因素会有所变化），由发动机第 9 级引气，额定压力为 32 psi±6 psi。当发动机转速 50% 以上时，使用第 5 级引气，其额定压力为 42 psi±8 psi。由此可见，引气增压油箱引气源压力并不恒定，使用引气增压油箱会导致泵吸油口压力产生变化。该气体增压油箱为飞机发动机驱动主泵（EDP）和电动泵（EMP）提供增压油源。

12.1.3　自增压油箱

自增压油箱是利用液压泵的出口压力，通过增压油箱结构上两腔活塞有效面积比，在液压泵出口压力和入口压力之间建立一定的增压关系，即建立液压泵吸油口的增压压力。自增压油箱包括高压腔和低压腔，低压腔连接储油箱，系统从低压腔上的吸油口吸油，回油从低压腔上的回油口流入低压腔；高压腔压力源引自恒压变量泵的出口。一般来说，自增压油箱上会集成一些传感器来监测油液及油箱状态，如图 12.2 所示的温度传感器测量油液的温度，集成了位移传感器监测活塞的位置，指示油箱油量，部分油箱也会设有低压腔压力传感器监测低压腔的压力情况。自增压油箱上还集成了排气阀，目的是使装配或工作时遗留在油箱内的气体逸出，泄压阀主要是将低压腔压力限制在一定范围内，当低压腔压力超过一定值时（如国外某生产商某型油箱的泄压压力为 0.621 MPa），泄压阀打开，以保证在某些极端情况下低压腔压力急剧增大时，不会对油箱造成损伤和破坏。另外，自增压油箱安装时一般使其轴线与水平线呈 7° 角，以使储油箱内气体可以方便从排气阀排出。

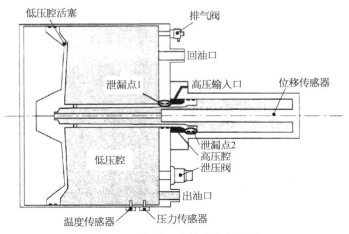

图 12.2　自增压油箱结构剖面图

　　自增压油箱共设有三个油口：与高压腔相通的是高压输入口,用于输入压力源;与低压腔相通的两个油口分别是出油口和回油口,泵从出油口吸油,系统回油和泄油由回油口回到油箱。

　　自增压油箱工作原理如图 12.3 所示。自增压油箱高压压力引自恒压变量泵,恒压变量泵与自增压油箱高压输入口连通,通过活塞的面积比来建立油箱压力,由于自增压油箱高压腔压力引自恒压变量泵,且经过了蓄能器,高压腔压力可以基本保持不变。相对自增压油箱而言,增压压力较为稳定,即使飞机处于不同的飞行状态以及剧烈动作情况下,储油箱仍能保持恒定压力,以保证系统正常供油并不产生气穴。自增压油箱不需要额外动力,结构也较为紧凑,但是为了保证活塞响应灵敏,避免高压密封处内泄漏,对油箱加工、装配要求较高。

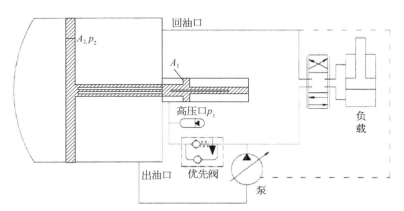

图 12.3　自增压油箱工作原理示意图

　　自增压油箱压力的大小取决于自增压油箱内部差动活塞两侧高低压腔的有效面积比和系统高压腔压力。根据自增压油箱的活塞力平衡方程,有

$$p_2 = p_1 \cdot \frac{A_1}{A_2} \tag{12.1}$$

式中　p_1——高压腔压力；

　　　A_1——高压腔有效面积；

　　　p_2——低压腔压力；

　　　A_2——低压腔有效面积。

12.1.4　具有增压油箱的飞行器液压能源系统

飞机液压系统为了提高抗污染能力并保证液压泵良好的吸油能力，其液压油箱一般采用闭式增压系统。油箱增压的方式有多种形式。伺服机构液压负载较大，这些伺服机构对液压油中混入的空气较为敏感，油中含气时执行元件（如作动器）会产生抖动、爬行等故障问题或者导致故障检测装置报警。因此，液压油箱的增压方式大多由以前的气体增压方式转变为自增压方式。闭式液压系统增压系统的常见自增压油箱有两种形式，一种是与液压供压系统管路直接相连接的自增压油箱（图12.4），一旦液压系统建立压力，自动给液压油箱提供增压压力，并通过系统蓄压器来保证油箱增压压力的平稳。但是，当液压系统负载的操纵动作较大、舵面动作变化较剧烈，系统的压力可能会不稳定，而系统压力的不稳定也会造成液压油箱增压压力的不稳定。并且，液压系统一旦卸压，液压油箱的油压也随之消失，这样，液压系统再次启动工作时，液压泵的起始吸油压力就基本为零。

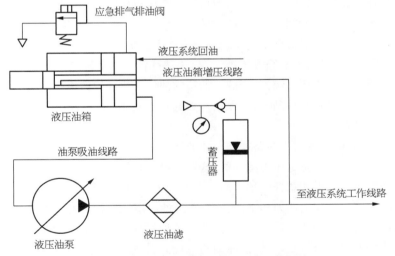

图 12.4　带增压蓄压器的自增压油箱系统

另一种是增压腔与系统蓄压器气腔连通的独立的油箱增压系统（图12.5）。该系统设有油箱增压蓄压器、单向阀、油箱增压安全阀、串通开关等液压元件，其中系统蓄压器和油箱增压蓄压器的充氮气部分均设有充气嘴和充气压力表。该增压系统的主要功用是：即使在主系统没有建立压力或压力消失，即不论液压系统主泵的压力是否建立，液压油箱也会由蓄能器的增压压力来保障液压油泵的吸油压力，并保证吸油压力的平稳，延长液压油泵的工作寿命。由于这种类型的油箱增压系统布局较为合理，具有相当的优势，选用该类型油箱增压系统的飞机液压系统也较多。

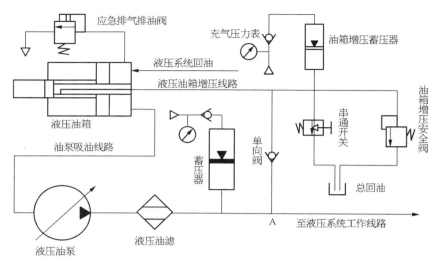

图 12.5　增压腔与系统蓄压器气腔连通的自增压油箱系统

如图所示,增压腔与系统蓄压器气腔连通的增压系统较为复杂一些,功能也较多。与第一种形式的油箱增压系统相比,它有一条独立的增压线路,该线路采用单向阀与系统供压线路隔离,即油液不能从增压线路流向系统供压线路,但可以从系统供压线路流向增压线路,这样就可以在系统油泵建立系统工作压力的同时,油箱的增压压力也建立起来,油箱供油腔的压力即供给油泵的吸油压力也随之建立。为了保证增压系统的压力不因系统工作时油箱油位的变化而产生增压压力的变化,增压管路上设置了油箱增压蓄压器。一般情况下,可以通过该蓄压器的放油、充油能力来吸收增压管路的冲击压力峰值,当液压油箱的油位变化而导致增压管路的压力升高,或者由于系统温度的升高,油液因热膨胀而导致增压线路压力的升高,且该压力达到一定程度时,将会对增压管路造成破坏。

为了解决这样的问题,在增压线路并联一个油箱增压安全阀和一个串通开关,安全阀的开启压力调定得比增压线路上的特定压力低一些,这个特定压力是指增压线路上的某一个压力,这个压力通过作用在液压油箱里活塞杆的环形面积上所产生的力与应急排气排油阀的开启压力作用在油箱供油腔的大活塞面积上的力相平衡。换言之,油箱增压线路上若产生过高的压力峰值,首先通过安全阀的溢流作用而卸去过高的压力,然后才通过应急排气排油阀而泄去液压油箱中的油液而使增压线路上的压力降低,不致损坏油箱。应急排气排油阀的作用不仅在油箱的压力升高到一定程度时,放出油箱部分油液,以避免油箱损坏;当液压系统混入空气并且超过一定量时,也可以通过操纵液压系统的工作负载,将液压系统油液中的气体赶至油箱。再通过应急排气排油阀排出含有空气的油气混合体。

串通开关主要在液压系统地面维护时使用。例如更换液压元件时,将串通开关拧开,将油箱增压压力卸掉,系统压力也随之降至很低的水平。拆装时,避免拆卸处喷油,减少液压系统漏油量。串通开关在使用后,必须拧紧,为了防止差错,拧紧后应打上保险。

如图 12.6 所示为运载火箭伺服机构液压系统图。图中液压泵出口处安装蓄能器,入口处连接增压油箱。蓄能器和增压油箱结构上通过增压活塞杆相连接。通过蓄能器的气体压力实现油箱的初始增压作用,维持液压泵启动和工作时具有足够的入口压力。还可巧妙设计增压油箱与

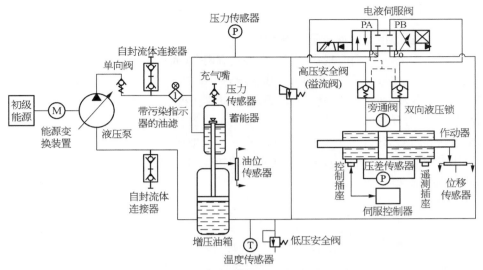

图 12.6 运载火箭伺服机构自增压液压系统图

蓄能器,使得能源系统启动的瞬间,液压泵的初始压力由蓄能器气体提供;正常工作后,蓄能器的气腔与增压油箱的增压杆分离,通过蓄能器的油液压力直接给油箱增压。

12.1.5 增压油箱关键技术

自增压油箱设计和分析时,应考虑和创造条件做到:

(1)液压泵启动之前,自增压油箱进入工作状态,保持工作压力。液压泵启动的动态过程中,自增压油箱的工作压力维持在一定范围内。为此,需要对自增压油箱进行动态性能分析和设计。确保在液压泵启动的动态时间范围内,增压油箱维持一定的工作压力。例如导弹发射点火的同时,需要给油箱增压;导弹控制舱液压能源系统启动的全过程范围(0.03 s)内,自增压油箱均能提供液压泵入口足够的供油压力。

(2)正常工作时,自增压油箱给液压泵入口提供的工作压力为 0.5~1 MPa。恰当地设计自增压油箱的增压活塞面积比。

(3)飞行器或行走装备运行过程中,往往会遭受振动、冲击、加速度环境过程,在该全过程范围内,增压油箱结构和性能应均能维持正常。

(4)通常自增压油箱的油液温度随着飞行器或行走机构的环境温度变化而变化,液压系统局部温度随工作过程而变化。油温往往在大温度范围内变化,如−40~160 ℃甚至 250 ℃。自增压油箱必须能容纳大温度范围变化时整机油液造成的热胀冷缩体积变化量。

(5)液压系统结束工作时,通常液压泵出口压力撤销后,液压泵入口仍然需要在一定时间内维持入口压力。

以飞机液压系统自增压油箱为例,介绍液压系统冲击压力对油箱增压系统的影响。液压系统停止工作的瞬间,液压系统压力突然释放,造成的冲击压力最大。在液压系统工作时,油箱增压蓄压器压力平稳。但是,液压系统停止工作的瞬间,气体压力表指针会陡升,甚至损坏表针。

12.1.6 增压油箱应用案例

案例1：飞机典型的双通道液压能源系统

为保证液压系统可靠工作，现代飞机上大多装有两套（或多套）相互独立的液压系统，分别称为公用液压系统（或主液压系统）和助力液压系统，如图12.7所示。公用液压系统用于起落架、襟翼和减速板的收放、前轮转弯操纵、机轮刹车、驱动风挡板雨刷和燃油泵的液压马达；同时还用于驱动部分副翼、升降舵（或全动平尾）和方向舵的助力器。助力液压系统仅用于驱动飞机操纵系统的助力器和阻尼舵机。图中，两台液压泵均采用自增压油箱，通过油箱的活塞面积比，将液压泵出口压力按照一定比例减小，维持液压泵从油箱吸油压力值为0.5～1 MPa，能够满足飞行全过程的高空吸油动作。

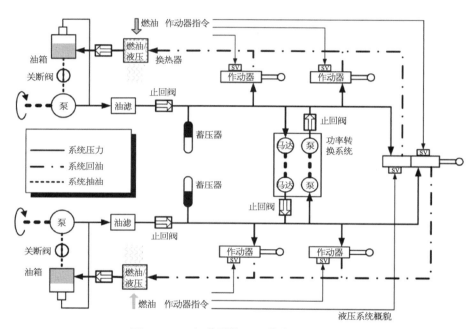

图12.7 飞机典型的双通道液压能源系统

案例2："狂风"歼击机液压系统

"狂风"歼击机是帕那维亚（Panavia）飞机公司（英国、德国以及意大利）研制的双座、双发超声速变后掠翼歼击机，主要用于近距空中支援、战场遮断、截击、防空、对海攻击、电子对抗和侦察等。该机于1970年开始研制，1972年完成结构设计，1974年8月首飞，1974年9月命名为"狂风"。该机为串列双座，两侧进气，正常式布局，全金属结构，机翼为变后掠翼，带全翼展襟副翼及前缘缝翼，铝合金整体加强蒙皮，尾翼为全动升降副翼，内置式方向舵，采用电传操纵系统。液压系统为4 000 psi压力的全二余度系统，如图12.8所示。由于高的工作压力允许应用小直径的油管，为了耐受战斗损伤需要敷设复式管路，系统重量仍然较小。两台液压泵装于发动机传动匣上，并接入了卸压阀。在发动机启动过程中液压系统卸压，以减小发动机功率的提取而加速发动机的启动。在两台RB199发动机之间提供交叉传动，它可在任一台发动机失效时，使另一台发动机驱动两台液压泵。

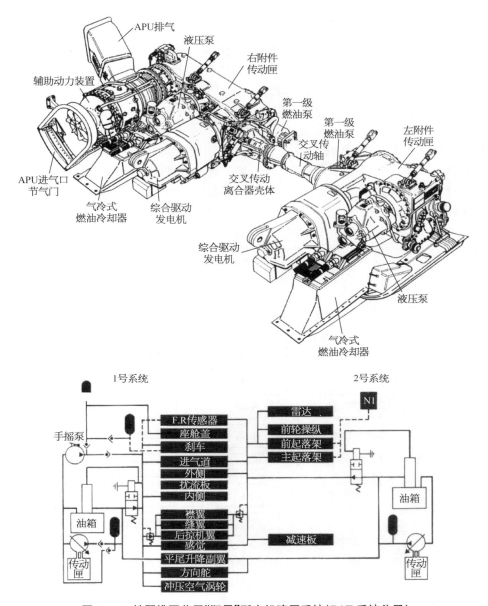

APU排气 液压泵
辅助动力装置 右附件传动匣
第一级燃油泵
第一级燃油泵
交叉传动轴 左附件传动匣
交叉传动离合器壳体
APU进气口节气门
气冷式燃油冷却器 综合驱动发电机
综合驱动发电机
液压泵
气冷式燃油冷却器

1号系统　　　　　　　　　　　　　　2号系统

N1

手摇泵

F.R传感器 　　雷达
座舱盖 　　前轮操纵
刹车 　　前起落架
进气道 　　主起落架
外侧
扰流板
内侧

襟翼
缝翼
后掠机翼
感觉 　　减速板
平尾升降副翼
方向舵
冲压空气涡轮

油箱
传动匣

油箱
传动匣

图 12.8 帕那维亚公司"狂风"歼击机液压系统(BAE 系统公司)

　　两台泵由两个独立的附件传动匣(AMAD)驱动,其中一个通过功率提取轴与右发动机相连,另一个类似地与左发动机相连。这使液压泵可与燃油泵和独立的驱动发电机一起安装在机体上,而用防火墙与发动机隔开。这表示"狂风"的液压系统完全容纳于机体内。这不仅是一种安全性的改进,拆卸发动机时无须脱开液压管路连接,因而也缩短了更换发动机的时间。

　　发动机的进气道斜板、尾部升降副翼、后掠机翼、襟翼和缝翼的作动器都由两套系统供油。如果通用系统任一部分受损,则隔断阀工作而给主要的控制作动器予优先权。

起落架由 2 号系统提供动力,故障时,起落架可借助应急氮气瓶放下。具有一个手摇泵给刹车和座舱盖作动器充压。

接近充注部位表面安装了压力计和油量计,所有过滤器都为手紧式。

该系统采用自增压油箱,通过油箱的活塞面积比,将液压泵出口压力按照一定比例减小,为飞机液压系提供带有压力的油液,保证飞机液压泵具有良好的自吸性并且具有储油、散热等作用,同时将飞机液压系统中的气体排出。

案例 3：波音 B737 - 800 客机

如图 12.9 和图 12.10 所示波音 B737 - 800 客机有三个独立的液压系统提供液压动力源,它们分别是 AB 系统和辅助液压系统。A 系统和 B 系统是主液压系统,A 系统部件大部分在飞机的左侧,B 系统部件主要在飞机右侧。

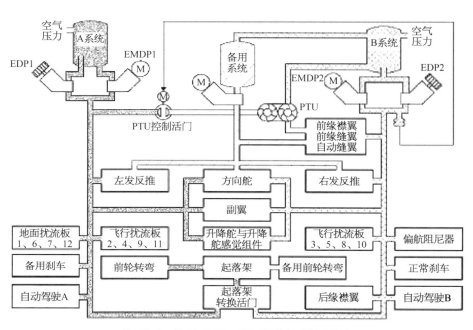

图 12.9　波音 B737 - 800 客机 AB 液压系统

正常情况下 A 系统和 B 系统分别由同一侧的发动机驱动液压泵(EDP)以及另一侧转换汇流条驱动的电动马达泵(EMDP)来提供动力,而辅助系统则由 2 号转换汇流条驱动的 EMDP 来提供动力。A 系统为左发反推、主飞行操纵系统、起落架收放前轮转弯、备用刹车、自动驾驶、地面扰流板提供液压动力。B 系统为右发反推、主飞行操纵系统、备用起落架收上备用前轮转弯、正常刹车、自动驾驶、增升系统提供液压动力。

辅助液压系统包括备用液压系统和液压动力转换组件(PTU),备用液压系统是需求系统在有需求的情况下为方向舵、前缘襟翼缝翼、发动机反推提供备用的液压动力,在 B 系统释压的情况下,A 系统还可以通过 PTU 为增升系统中的前缘襟翼缝翼、自动缝翼提供液压动力,液压油仍来自 B 系统。

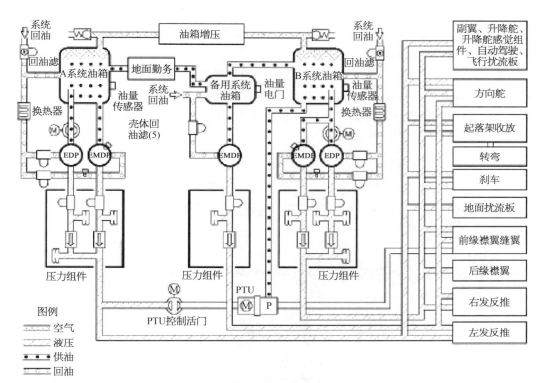

图 12.10 波音 B737‑800 客机辅助液压系统

1) 液压油箱 每个液压系统都有自己的油箱。在油箱增压系统的压力下,向各自系统泵供应液压油,A 系统和 B 系统液压油箱位于主起落架轮舱的前壁板上。A 系统油箱较小(25.8 L),在中间。B 系统油箱较大(40.6 L),在右侧。备用系统液压油箱在主起落架轮舱的龙骨梁上,容积更小,只有 13.3 L。A 系统和 B 系统液压油箱里都有根竖管,A 系统的竖管只为 A 系统 EDP 供应液压油,而 B 系统的竖管则同时为 EDP 和 EMDP 供油,A 系统液压油箱底部的出油口为 A 系统 EMDP 供油。B 系统油箱底部出油口则为 PTU 供油,备用系统油箱顶部与 B 系统油箱之间有一根加油平衡管。可将备用系统油箱的过量液压油输送回 B 系统,油箱承受备用系统油箱的热膨胀,将 B 系统油箱压力传到备用系统油箱,该平衡管在 B 系统油箱的接口位于油箱 72% 容积水平线上,可保证备用系统渗漏不会使 B 系统油箱的油量低于 72%。两个主系统液压油箱底部有人工放油活门,还有液压油油量传感/指示器。而备用系统液压油箱没有放油活门和油量传感器,只有低油量电门。所有的油箱都通过地面勤务系统进行加油。

2) 油箱增压系统 油箱增压组件与释压活门、空气压力表、压力释放活门等组成了油箱增压系统,都位于主起落架轮舱前壁板上。油箱增压组件由引气系统增压,再把气压施加到 A 系统和 B 系统的液压油箱,使得液压油的供应持续有效。备用系统油箱的压力来自 B 系统油箱,是通过一根连接 B 系统油箱和备用系统油箱的加油平衡管来实现的,在增压组件与液压油箱之间有一个油箱减压活门,维护中可以通过这个活门将液压油箱中的空气压力释放,在液压油箱与释压活门之间装有空气压力表来指示油箱压力。在 A 和 B 系统液压油箱顶部附近,各装有释压活门,当空气压力达到 $60\sim65$ psi 时,该活门自动打开,将多余压力通过 APU 燃油管套放油杆释放出去。

案例 4：波音 737NG 客机

波音 737NG 客机液压系统由 A、B 两个独立的液压系统给飞机提供主要液压动力，每个液压系统正常能提供 3 000 psi 的压力，给各操作系统提供操作系统部件的动力。另外，还有一套备用液压系统，在特定条件下开始工作，作为主液压动力的补充。A、B 系统的液压工作原理及相关部件完全相似，如图 12.11 所示。

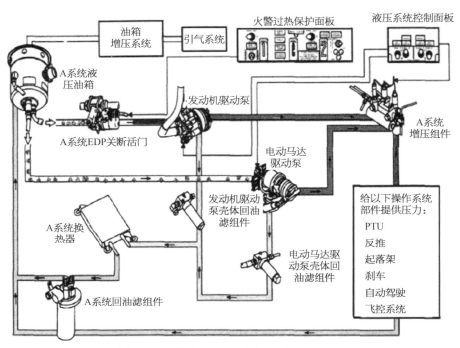

图 12.11　波音 737NG 客机 A 系统工作原理

A 液压系统工作基本循环为：

（1）液压油箱为系统存储的液压油进行预增压。通过飞机引气系统预增压，在地面如果飞机无引气，则可以通过外接地面气源完成该功能。液压油增压压力达到 50 psi 左右。

（2）发动机驱动泵（EDP）和（或）电动马达驱动泵（EMDP）对液压油进行增压，再通过系统压力组件使系统液压油压力达到各系统操作压力 3 000 psi。

（3）各操作系统利用压力油驱动系统部件。

（4）系统操作使用后，压力油变成低压油，流回到液压油箱，准备进行下一次循环。

液压系统 A 和 B 独立工作，向 737NG 飞机系统提供液压动力。两个系统工作在 3 000 psi 正常压力下，并且两个系统几乎相同。每个系统都由增压空气系统增压，油箱增压组件向主液压系统提供过滤的增压空气。在液压油运动循环的各部件或管路中，安装有不同类型的油滤对液压油进行清洁，以防止系统堵塞。

案例5：波音747客机

在波音747客机的早期型号 B747 - 100/200/300（图 12.12）上，液压系统共有四套子系统，标记为系统1、系统2、系统3和系统4，工作压力为 3 000 psi，为飞控系统、发动机反推、起落架收放、机轮刹车和转弯等提供动力。每套子系统均由一台发动机驱动泵（EDP）提供液压动力，额定工作压力下流量为 37.5 gal/min（1 gal/min＝3.785 L/min），每套子系统中还配有一台空气驱动泵（ADP），可起到辅助供能的作用。此外，系统4中还配有一台电动泵（EMP），可工作在 2 850 psi 和 1 200 psi 两种额定压力下。部分飞机上，系统1和系统3之间还有单向动力转换单元（PTU），令系统1可在系统3失效时为系统3提供备用动力驱动安定面驱动。系统4中为刹车系统配备了刹车蓄能器。B747 的油箱增压同样为空气增压，增压压力约为 45 psi。

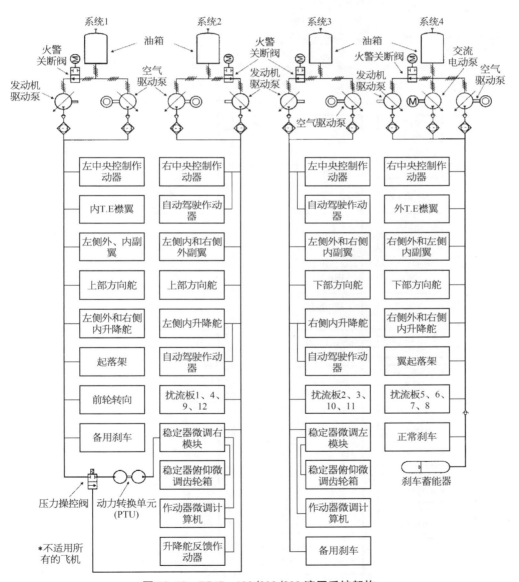

图 12.12　B747 - 100/200/300 液压系统架构

B747-400(图 12.13)中,液压系统同样由四套子系统组成,分别标记为系统 1、系统 2、系统 3 和系统 4,工作压力约为 3 000 psi。每套子系统均由一台发动机驱动泵(EDP)提供液压动力,额定工作压力时流量为 37.5 gal/min。B747-400 中,空气驱动泵(ADP)的数量减少为 2 台,系统 1 和系统 4 各有一台。与此同时,系统 2、系统 3 和系统 4 均配有一台电动泵(EMP),同样可工作在两级压力下,即系统 2 和系统 3 中电动泵取代了空气驱动泵。同时,在 B747-400 中取消了原有的系统 1 和系统 3 之间的 PTU,刹车蓄能器的布置与 B747-100/200/300 相同。油箱增压同样为空气增压,增压压力约为 45 psi。

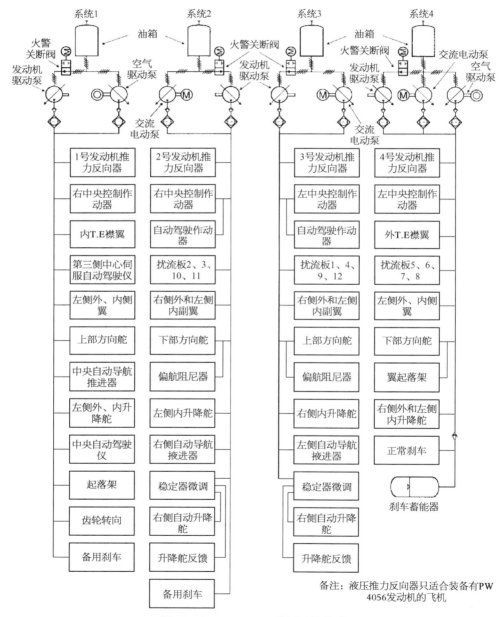

图 12.13 B747-400 液压系统构成

案例6：空客 A310 客机

空客 A310 客机的液压系统由三套子系统组成，分别为黄系统、蓝系统和绿系统（图 12.14），额定工作压力为 3 000 psi。

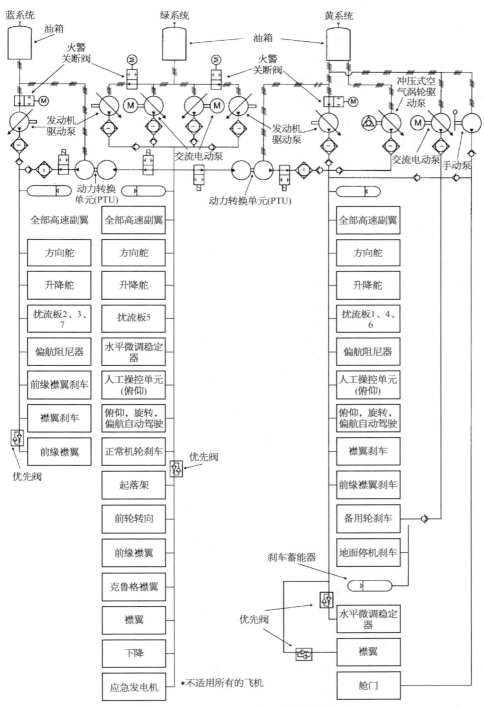

图 12.14　A310 - 200/300 液压系统构成

绿系统主要由两台发动机驱动泵 EDP、两台电动泵 EMP、油箱、油滤、蓄能器等部件组成,另外还有两个功率转换单元的输出端。其中两台 EDP 为系统主泵,额定流量约 37.5 gal/min;两台 EMP 为辅助泵,在大流量工况或故障状态下为系统提供压力,额定流量为 8 gal/min。绿系统的用户主要为飞行控制舵面、刹车、起落架、前轮转弯及应急发电机等。绿系统的管路在起落架前设置有优先阀 PV,在系统压力不足时切断对起落架、前轮转弯、缝翼和应急发电机的能源供应,优先保证飞控舵面正常工作。除上述用户外,绿系统与蓝、黄系统之间分别有一台 PTU,可在紧急情况下为蓝、黄系统提供应急能源。

黄系统主要由一台发动机驱动泵 EDP、一台电动泵 EMP、一台 RAT 和一台辅助手摇泵组成,还有一台 PTU 的泵。黄系统的主要液压用户为飞控舵面、停机/备份刹车、舱门等。其中 EMP 仅为停机/备份刹车供能,手摇泵仅为货舱门供能,其余用户由 EDP 供能。黄系统管路在水平安定面和襟翼前装有优先阀 PV。RAT 及 PTU 在紧急情况下可为黄系统的液压用户提供液压能源。

蓝系统为辅助系统,有一台发动机驱动泵驱动,可为部分飞控舵面提供能源及翼缘刹车提供动力。A310 的油箱为空气增压式,增压压力约为 50 psi。

案例 7:空客 A320 客机

空客 A320 客机的液压系统由三套子系统组成,分别为绿系统、黄系统和蓝系统,额定工作压力为 3 000 psi。三套液压系统相互独立,其中黄系统和绿系统为主系统,蓝系统为辅助系统。

绿系统主要由一台发动机驱动泵 EDP、PTU 的定量马达/泵端、蓄能器、油滤等部分组成,EDP 为系统主泵,额定流量为 37 gal/min。绿系统的用户包括飞控舵面、刹车系统、襟缝翼、起落架收放系统、前轮转弯系统等。绿系统中还装有一台手动泵,在地面维护时为系统加油用。

黄系统由一台发动机驱动泵 EDP、一台电动泵 EMP 和 PTU 的变量泵/马达端组成,EDP 为系统主泵,额定流量同样为 37 gal/min,EMP 为辅助泵,共两级功率,2 840 psi 下额定流量为 6.1 gal/min,2 175 psi 下为 8.5 gal/min,仅在飞行剖面中的大流量工况及主泵故障时启动。黄系统的主要用户为飞控舵面、货舱门、备用刹车、缝翼等。黄系统中还装有一台手动泵,可用于控制货舱门的打开。

蓝系统中有一台电动泵 EMP 和冲压空气涡轮泵 RAT,其中 EMP 为系统主泵,额定流量为 6.1 gal/min。RAT 仅在飞机失去电源或者全部发动机故障时开启,可为蓝系统提供液压动力,同时也可以驱动恒速马达/发电机,为飞机提供电能源。

三套系统的主泵电机正常启动即开始运行。蓝系统的 EMP 只要有一台发动机正常工作即可运行。三套液压系统的管路中都设置有优先阀 PV,用于在紧急情况下保证关键用户的能源供应。除三套系统的主蓄能器外,黄系统和绿系统中还装有用于缓冲负载变化的蓄能器,为部分扰流板和副翼提供动力。黄系统中还配有为备用刹车及停机刹车供能的刹车蓄能器。

黄、绿系统中的 PTU 为双向 PTU,当黄、绿系统的压差达到 500 psi 时即可自动启动,为低压一端提供液压能源。PTU 一侧为定量、一侧为变量,通过两系统之间的压力差调节变量侧的斜盘倾角(图 12.15)。

A320 油箱的增压方式为空气增压,压缩空气通过从 1 号发动机的压气机引气产生,如果引起压力较低,系统则从交叉供气管道引气,此外也可通过辅助动力装置或者地面装置产生,以保证油箱达到约 50 psi 的增压效果,以避免泵在吸油时产生气穴。图 12.16 所示为 A320 液压系统结构示意图。

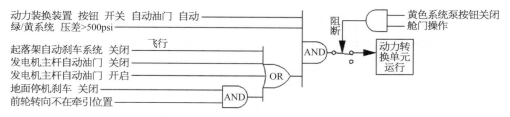

动力装换装置 按钮 开关 自动油门 自动————
绿/黄系统 压差>500psi————

起落架自动刹车系统 关闭————飞行————
发电机主杆自动油门 关闭————
发电机主杆自动油门 开启————
地面停机刹车 关闭————
前轮转向不在牵引位置————

阻断

黄色系统泵按钮关闭
舱门操作

AND

OR

动力转换单元运行

AND

(*)动力转换装置在舱门操作结束之后40s保持禁止状态

图 12.15   A320PTU 开启逻辑

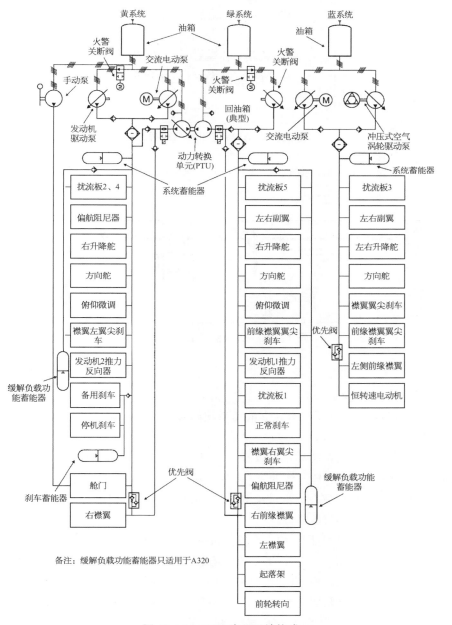

备注：缓解负载功能蓄能器只适用于A320

图 12.16   A320 液压系统构成

图 12.17 所示为 A320 液压系统转台显示页面,页面中可以显示油箱液位、增压压力、温度、防火切断阀状态,电动泵温度,EDP、EMP、RAT 状态,系统压力等液压系统的主要信息。

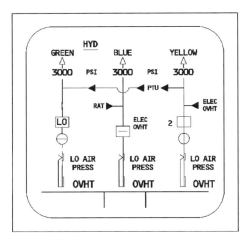

图 12.17　A320 液压 ECAM 界面

　　图 12.18 所示为 A320 液压系统顶部面板,EDP、EMP、RAT、PTU 等的手动控制开关及状态显示均位于此面板上。

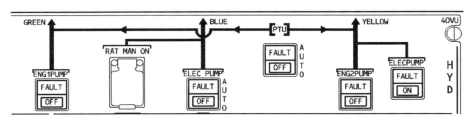

图 12.18　A320 液压 ECAM 界面

案例 8:空客 A340 客机

　　空客 A340 客机同样沿用了三套独立液压系统的布局,分别为绿系统、黄系统和蓝系统(图 12.19),额定工作压力为 3 000 psi。

　　蓝系统主要由一台发动机驱动泵 EDP 和一台电动泵 EMP 组成,其中 EDP 为系统主泵,额定流量约为 46.2 gal/min;EMP 为辅助泵,共两级功率,2 840 psi 下额定流量为 6.1 gal/min,2 175 psi 下为 8.54 gal/min,仅在大流量及主泵故障时启动。主要用户为飞控舵面、发动机反推、刹车和备用偏航阻尼器单元发电机等。

　　黄系统与蓝系统配置类似,同样由一台发动机驱动泵 EDP 和一台电动泵 EMP 组成,额定工作压力和流量也与绿系统相同。另外,黄系统中还有一台手动泵,可为货舱门提供动力。黄系统的主要液压用户同样为飞控舵面、发动机反推、刹车及备用偏航阻尼器单元发电机等。

　　绿系统中配有两台发动机驱动泵 EDP、一台电动泵 EMP 和一台冲压空气涡轮泵 RAT,主泵为 EDP。绿系统的主要用户为飞控舵面、刹车、起落架收放、前轮转弯及应急发电机等。

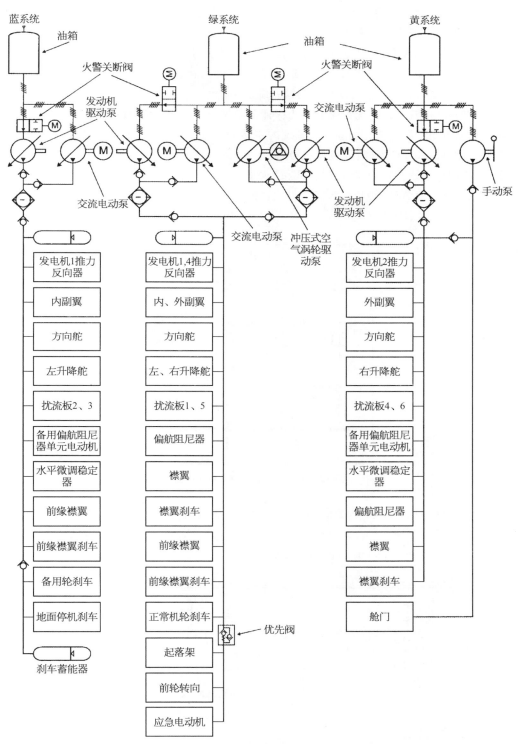

图 12.19　A340 液压系统构成

正常状态下三套系统的 EDP 在整个飞行阶段随发动机全程开启,蓝系统 EDP 与 2 号发动机相连,黄系统 EDP 与 3 号发动机相连,绿系统两台 EDP 分别与 1 号、4 号相连。EMP 则主要在系统大流量需求或 EDP 故障时启动,例如在 1 号或 4 号发动机故障且有起落架操作时绿系统电动泵将自动启动 25 s,3 号发动机故障且襟翼处于伸出状态时黄系统电动泵将自动启动。当四台发动机均失效时,RAT 将自动启动为绿系统供压。

A340 仅在绿系统中设有优先阀 PV,为保证关键用户的功能,可在必要时切断起落架、前轮转弯及应急发电机的液压供应。除三套系统的主蓄能器外,蓝系统还为应急刹车和停机刹车配置了刹车蓄能器。A340 中没有安装 PTU 组件。

A340 的油箱增压方式同样为空气增压型,增压压力为 50 psi。

图 12.20 所示为 A340 液压系统综合显示页面,油箱液位、温度、增压信号、防火切断阀、EDP 工作状态、EMP 温度、RAT 转速及系统压力信号等均可由该页面显示。

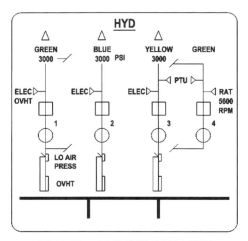

图 12.20　A340 液压 ECAM 界面

图 12.21 所示为 A340 顶部液压面板,三套液压系统及对应的 EDP、EMP 状态的手动控制及显示均在该面板上。RAT 的手动开启按钮也在此面板。EMP 及 RAT 的自动开启及关闭由 HSMU(hydraulic system monitoring unit)控制。

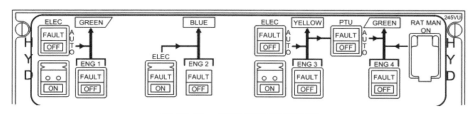

图 12.21　A340 顶部液压面板

12.2　液压过滤器

液压过滤器用来过滤液压油中的污染物。液压过滤器一般安装在泵的吸油管路、释放压力的油路或者系统回油路上。在泵入口吸油管路上安装的过滤器需要仔细设计,避免油液压力低于大气压或油液气体分离压力所产生的空化现象。与大气相通的油箱通常也会装有液压过滤器。这些过滤器主要用来控制和过滤分布在液压油中的污染物的颗粒,以减小液压元件零部件的磨损并防止污染物堵塞液压系统的各种控制用细小节流孔。图 12.22 和图 12.23 所示分别是回油路上和压力回路上安装过滤器的应用示例。

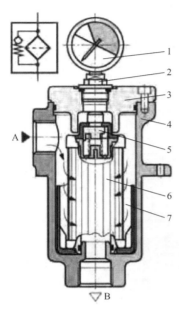

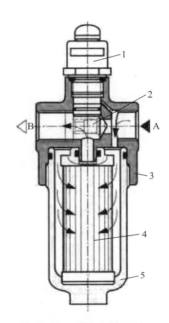

图 12.22　回油路过滤器

1—堵塞指示表;2—堵塞标尺;3—端盖;4—外壳;
5—旁通阀;6—过滤元件;7—保留盒

图 12.23　压力回路过滤器

1—堵塞标尺;2—旁通阀;3—过滤器头;
4—过滤元件;5—外壳

回油路过滤器使用得越来越多,不仅可以用在回路管道线上,也可以直接用在储油箱上,如图 12.22 所示。它由外壳、端盖、与端盖相连的堵塞标尺、过滤元件、污染物保留盒、堵塞指示表组成。此外,还集成了一个旁通阀。流体从端口 A 流入到过滤器元件中,被过滤掉的污染物留在保留盒和过滤元件中。过滤后的流体通过端口 B 流入油箱中。当拆除过滤元件时也需要清理保留盒,以保证沉淀下来的污染物不会进入油箱。

压力回路过滤器适用于直接安装在压力回路上,如图 12.23 所示。它由过滤器头、外壳、过滤元件、堵塞标尺、带有低压微分过滤元件的旁通阀组成,流体从端口 A 流入过滤元件。污染颗粒相互分离,保留的污染颗粒进入过滤器外壳和过滤元件中。过滤后的流体通过端口 B 回到循环中。

过滤器的主要性能参数有:过滤精度、压降特性、纳垢容量、工作压力和温度等。

现有几种定义油液清洁度的标准,以尺寸范围序列中的颗粒数为基础。典型标准为:在 100 ml 油液中可找到的 $5\sim15~\mu m$、$15\sim25~\mu m$、$25\sim50~\mu m$、$50\sim100~\mu m$ 和 $100~\mu m$ 以上颗粒数。目前还没有计算元件和要求清洁度等级之间关系的方法,元件的过滤器选择大多凭经验和试验结果。在大多数情况下,应用 $5~\mu m$ 绝对值的回油路过滤器和 $15~\mu m$ 压力回路过滤器的组合,可达到和保持合适的清洁度等级。

12.3 液压压力开关

12.3.1 活塞式压力开关

活塞式压力开关由压力负载活塞驱动,有常开或常闭触点,可以在可调压力设置下激活电接触器。

高端液压元件理论与实践

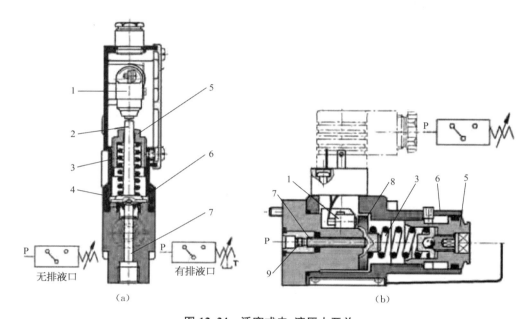

图 12.24 活塞式电-液压力开关

1—微动开关;2—柱塞;3—弹簧;4—机械制动;5—调整机构;6—壳体;7—活塞;8—平板;9—压力孔口

如图 12.24a 所示的压力开关由壳体、微动开关、调整机构、柱塞、活塞、弹簧组成。压力和活塞的作用方向相反,使得柱塞克服弹簧力的作用。当压力超过弹簧力,柱塞移动且激活微动开关。机械制动防止微动开关超程。

如图 12.24b 所示为活塞式电-液压力开关的另一个应用事例。它由外壳、活塞、弹簧、调整元件、微动开关组成。微动开关最初与低压相接触,压力孔口与活塞相接触。活塞与弹簧力作用方向相反。接近设定压力时,平板将活塞的运动转换成微动开关的动作。根据现场接线可将电路切换到开或者关的状态。

12.3.2 弹簧管压力开关

使用弹簧管驱动的压力开关适用于连续压力,抗污染,精度高。由壳体、弹簧管、挡料板、微动开关组成,如图 12.25 所示。压力信号作用在弹簧管上,当压力增加时,弹簧管扩张。连接杆将弹簧管的扩张转换成线性位移来激活微动开关。

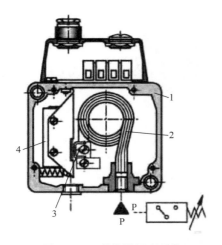

图 12.25 弹簧管压力开关

1—壳体；2—弹簧管；
3—挡料板；4—微动开关

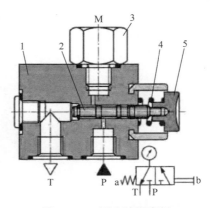

图 12.26 压力计隔离阀

1—壳体；2—阀芯；3—压力表连接杆；
4—弹簧；5—按钮

12.3.3 压力计隔离阀

压力计隔离阀是一个两位三通方向控制阀，用于将压力计从系统中分离。压力可以通过按下按钮来监测。它由壳体、阀芯、弹簧、按钮和压力表连接件组成，如图 12.26 所示。当处于中位时，P 口被堵塞，压力表连接到回油路 T 口。通过按下按钮，阀芯移动，将压力信号传输到压力表端口。释放后，在弹簧力作用下线轴回到中心位置，M 口连接到回油路 T 口。

参考文献

[1] 阎耀保，俞丛义，陆泰琳，等. 飞行器液压控制系统气腔压力特性研究[J]. 自动驾驶仪与红外技术，2006(2)：8-12.

[2] 阎耀保. 极端环境下的电液伺服控制理论与应用技术[M]. 上海：上海科学技术出版社，2012.

[3] 阎耀保. 极端环境下飞行器电液伺服阀特性研究[R]. 国家自然科学基金资助项目结题报告（50775161），2011.1.20.

[4] 阎耀保. 飞行器舵机系统关键基础理论研究[R]. 上海市浦江人才计划（A 类）总结报告（06PJ14092），2008.9.30.

[5] 阎耀保. 气阻气容的气动非对称性机理与高速气动控制的基础研究[R]. 国家自然科学基金资助项目 2012 年年度报告，2013.

[6] 阎耀保，徐娇珑，胡兴华，等. 飞机液压系统油液温度分析[J]. 液压与气动，2010(9)：55-58.

[7] 杨华勇，丁斐，欧阳小平，等. 大型客机液压能源系统[J]. 中国机械工程，2009，20(18)：2152-2156.

[8] Rabie M G. Fluid power engineering [M]. Cairo：Egypt The McGraw-Hill Companies Inc. ，2009.

[9] Aaltonen J，Koskinen K T，Vilenius M. Pump supply pressure fluctuations in the semi-closed hydraulic circuit with bootstrap type reservoir [C]//The Tenth Scandinavian International Conference on Fluid Power，SICFP，May 21-23，2007，Tampere，Finland.

第 13 章

双边气动伺服阀

气动容腔的充气过程和排气过程,存在严重的气动非对称性现象,即通过同一节流孔,向气动容腔充气的充气时间远远小于气动容腔的排气时间。为此,人们纷纷探索各种关于气动容腔的高速控制方法。非对称气动伺服阀是实现气动高速控制的一种有效的硬件解决途径。

随着宇航及国防军工事业的发展,一般工业用响应缓慢的气动控制发展成气动伺服控制,具有一定响应性速度、较高精度以及较大功率的伺服控制技术应运而生。多年来,各地研究者对于四边阀和双作用作动器、气动马达等做了有益的基础研究。文献[1]系统地研究了具有不均等负重合量的四边阀控气缸频率响应。气动系统应用于汽车车身生产线的电阻式焊接机,气动电磁阀、气动比例阀相继问世。十几年前,各地制造商陆续利用液压伺服阀改制成气动伺服阀,民用气动伺服阀商品问世,并应用于产业过程的远程控制等。目前,气动伺服阀的商业品种还极少。

气动伺服阀是气动伺服系统的核心元件,按照节流边的数量可分为单边气动伺服阀、双边气动伺服阀、四边气动伺服阀。双边气动伺服阀或四边气动伺服阀的偶数个节流口的轴向尺寸存在对称均等、对称不均等、不对称不均等的配合状态。气动伺服阀的上游节流口和下游节流口初始面积相等时,称为对称气动伺服阀;上游节流口和下游节流口初始面积不相等时,称为非对称气动伺服阀。本章着重介绍双边对称气动伺服阀与双边非对称气动伺服阀的结构和基本特性;并介绍双边非对称气动伺服阀控气动压力控制系统的数学模型。

13.1 对称双边气动伺服阀

具有均等正开口量的气动伺服阀零位压力为供气压力的 80%,零位时泄漏量最大;具有不均等正开口量的气动伺服阀零位压力取决于不均等正开口量大小,且在偏离零位某处时泄漏量最大。本节分析具有不均等正开口量(负重合量)双边滑阀式的气动伺服阀结构,介绍一种具有均等正开口量或不均等正开口量的气动伺服阀及其特性。

13.1.1 具有不均等正开口量的对称双边气动伺服阀结构

如图 13.1 所示为一种带有弹簧和容腔补偿的双级气动伺服阀,主阀为双边滑阀。当反馈杆处于中立位置时,双边阀滑阀部分的供气口和排气口的轴向正开口量分别为 Δ_1 和 Δ_2。如果圆柱滑阀上游重合量和下游重合量相等($\Delta_1 = \Delta_2$),则定义为具有均等正开口量(负重合量)的伺服阀;

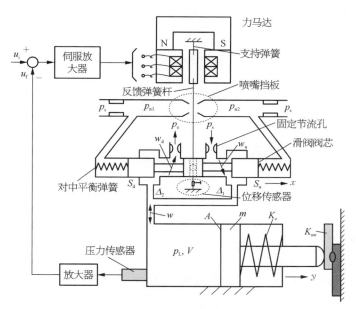

图 13.1 滑阀式双边气动伺服阀及其气动系统示意图

如果上游重合量和下游重合量不相等($\Delta_1 \neq \Delta_2$),则定义为具有不均等正开口量(负重合量)的伺服阀。实际上,在制造和装配过程中,圆柱滑阀阀芯和阀套的重合量往往存在几何均等或几何不均等现象,即滑阀实际上具有不均等的正开口量(负重合量)。

如图 13.1 所示为电阻式点焊机电极的气动加压系统。在工业焊接机闭式气动力控制系统中,采用单作用气缸进行电极加压,通过双边滑阀式气动伺服阀进行气缸气体的压力控制。该气动伺服阀具有一定的正开口量,可以直接进行气动加压过程中的气缸压力控制。所试制伺服阀样机的圆柱阀芯直径为 8 mm,圆柱滑阀阀芯位移的最大饱和量为 $\pm 350\ \mu\mathrm{m}$。在闭环压力控制系统中,气缸上装有压力传感器,进行压力反馈。

13.1.2 滑阀式对称双边气动伺服阀数学模型

为了分析图 13.1 所示的气动伺服阀静特性,建立数学模型时做以下假设:

(1) 供气压力 p_s 恒定,压力值取绝对压力。

(2) 通过节流口的气体流动为绝热过程。假设气体的绝热系数和节流口的流量系数为常数,并忽略阀芯和阀套之间的泄漏。

(3) 为简化计算,采用节流口的平均温度。

(4) 正开口滑阀阀芯位移在饱和范围内,即

$$-\Delta_1 \leqslant x \leqslant \Delta_2 \tag{13.1}$$

式中　x——阀位移,正方向如图 13.1 所示;

Δ_1、Δ_2——阀芯和阀套在上游节流口处和下游节流口处的轴向正开口量。

利用节流口基本方程式,可以得出:

1) 具有正开口量的双边滑阀式伺服阀节流口面积　经过正开口圆柱滑阀节流口的流动有

两种方式：一种为经过供气口至负载口的上游节流口流动；另一种为经过负载口至排气口的下游节流口流动。上游节流口面积为

$$S_\mathrm{u} = b_\mathrm{p}(\Delta_1 + x) \tag{13.2}$$

下游节流口面积为

$$S_\mathrm{d} = b_\mathrm{p}(\Delta_2 - x) \tag{13.3}$$

式中　b_p——节流口的宽度。

2) 通过单个节流口 S_o 的质量流量　亚声速流动时（$0.528\ 3 \leqslant p_\mathrm{o}/p_\mathrm{i} \leqslant 1.0$），有

$$w_\mathrm{o} = f_\mathrm{s}(S_\mathrm{o},\ p_\mathrm{i},\ p_\mathrm{o},\ T) = CS_\mathrm{o}\,\frac{p_\mathrm{i}}{\sqrt{RT}}\,\sqrt{\frac{2k}{k-1}\Big[\Big(\frac{p_\mathrm{o}}{p_\mathrm{i}}\Big)^{\frac{2}{k}} - \Big(\frac{p_\mathrm{o}}{p_\mathrm{i}}\Big)^{\frac{k+1}{k}}\Big]} \tag{13.4}$$

超声速流动时（$0 \leqslant p_\mathrm{o}/p_\mathrm{i} < 0.528\ 3$），有

$$w_\mathrm{o} = f_\mathrm{c}(S_\mathrm{o},\ p_\mathrm{i},\ T) = CS_\mathrm{o}\,\frac{p_\mathrm{i}}{\sqrt{RT}}\,\sqrt{\frac{2k}{k+1}\Big(\frac{2}{k+1}\Big)^{\frac{2}{k-1}}} \tag{13.5}$$

式中　C——节流口的流量系数（0.68）；
　p_i、p_o——节流口的入口压力和出口压力；
　　T——气体的绝对温度（293 K）；
　　k——气体的绝热比系数（1.4）；
　　R——气体常数［287 J/(kg·K)］。

3) 通过上游节流口 S_u 的质量流量　亚声速流动时（$0.528\ 3 \leqslant p_\mathrm{L}/p_\mathrm{s} \leqslant 1.0$），有

$$w_\mathrm{u} = f_\mathrm{s}(S_\mathrm{u},\ p_\mathrm{s},\ p_\mathrm{L},\ T) \tag{13.6}$$

超声速流动时（$0 \leqslant p_\mathrm{L}/p_\mathrm{s} < 0.528\ 3$），有

$$w_\mathrm{u} = f_\mathrm{c}(S_\mathrm{u},\ p_\mathrm{s},\ T) \tag{13.7}$$

4) 通过下游节流口 S_d 的质量流量　亚声速流动时（$0.528\ 3 \leqslant p_\mathrm{e}/p_\mathrm{L} \leqslant 1.0$），有

$$w_\mathrm{d} = f_\mathrm{s}(S_\mathrm{d},\ p_\mathrm{L},\ p_\mathrm{e},\ T) \tag{13.8}$$

超声速流动时（$0 \leqslant p_\mathrm{e}/p_\mathrm{L} < 0.528\ 3$），有

$$w_\mathrm{d} = f_\mathrm{c}(S_\mathrm{d},\ p_\mathrm{L},\ T) \tag{13.9}$$

式中　p_L、p_e——负载压力和环境大气压力（0.101 3 MPa）；
　　p_C——控制压力。

5) 从节流口至负载口的质量流量　假设节流口之间的气体为不可压缩的绝热流动过程，那么通过从节流口流向负载口的质量流量为

$$w = w_\mathrm{u} - w_\mathrm{d} \tag{13.10}$$

6) 伺服阀的静态压力特性和泄漏量特性　伺服阀的静态特性指当负载流量为零时，滑阀阀芯位移（或输入电流）和控制口压力以及泄漏量之间的关系。具有正开口的伺服阀一般工作在正

开口量范围内,常常用于控制压力。将伺服阀负载口堵死,即负载流量为零,由式(13.10)可以得出

$$w = 0 \tag{13.11}$$

13.1.3 滑阀式对称双边气动伺服阀基本特性

13.1.3.1 压力特性与泄漏量特性

基于上述数学模型式(13.1)~式(13.11),可以对伺服阀的控制压力-阀位移特性以及泄漏量-阀位移特性做数学仿真计算和理论分析。

图 13.2 所示为均等正开口量为 $3 \sim 20\ \mu m$ 的气动伺服阀($\Delta_1 = \Delta_2$)压力特性。可以看出,负载压力随阀芯位移而改变,均等正开口量不同,伺服阀的压力特性就不同;具有均等正开口量的伺服阀在 $x=0$ 时的零位压力均为供气压力的 80%,即 $p_{L0} = 0.8p_s$。图 13.3 所示为均等正开口量为 $3 \sim 20\ \mu m$ 的各种气动伺服阀($\Delta_1 = \Delta_2$)泄漏量特性。具有均等正开口量的伺服阀在零位附近时,阀泄漏量最大。

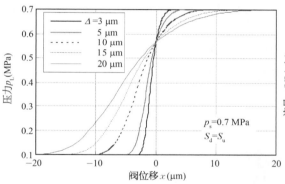

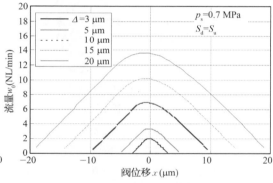

图 13.2 具有均等正开口量的气动伺服阀
压力特性 ($\Delta_1 = \Delta_2 = 3 \sim 20\ \mu m$)

图 13.3 具有各种均等正开口量的气动伺服阀
泄漏流量特性 ($\Delta_1 = \Delta_2 = 3 \sim 20\ \mu m$)

图 13.4 和图 13.5 是不均等正开口量为 $5 \sim 20\ \mu m$ 时的伺服阀($\Delta_1 \neq \Delta_2$)压力特性和泄漏量

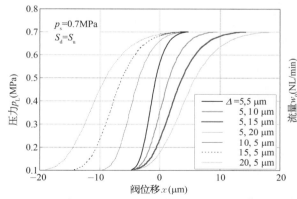

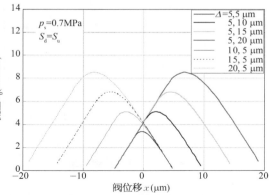

图 13.4 具有各种不均等正开口量的气动伺服
阀压力特性($\Delta_1 \neq \Delta_2$)

图 13.5 具有各种不均等正开口量的气动伺服
阀泄漏量特性($\Delta_1 \neq \Delta_2$)

特性。由图 13.4 可见，当 $\Delta_1 = 5\ \mu m$，$\Delta_2 = 5\ \mu m$ 时的零位压力等于供气压力的 80%($p_{L0} = 0.8p_s$)；当 $\Delta_1 = 5\ \mu m$，$\Delta_2 = 10\ \mu m$、$15\ \mu m$、$20\ \mu m$ 时的零位压力小于供气压力的 80%($p_{L0} < 0.8p_s$)；当 $\Delta_1 = 10\ \mu m$、$15\ \mu m$、$20\ \mu m$，$\Delta_2 = 5\ \mu m$ 时的零位压力大于供气压力的 80%($p_{L0} > 0.8p_s$)；两种不均等正开口量条件下的零位压力特性完全不同。这意味着在制造过程中，伺服阀的正开口量可以根据其零位压力和压力特性来间接测量。由图 13.5 可见，不均等正开口量伺服阀在偏离零位的某处时出现最大泄漏量，也就是说在零位时不出现最大泄漏量。

13.1.3.2 工程应用案例

图 13.6 所示为伺服阀压力特性实验装置图。由测微仪驱动滑阀阀芯并产生阀位移，阀芯位移由贴在悬臂反馈杆上的应变片进行测量和反馈，信号采用动态应变仪(KYOWA 制造，DPM-713B，带宽 10 kHz)传送。压缩空气经过减压阀后用来测试伺服阀。压力由安装在伺服阀阀体负载口处的压力传感器(KYOWA 制造，PGM-10KC，谐振频率 40 kHz)测量。采用三台流量计(1、2、3)并联，测量被测试部件的流量。该实验装置在 0.7 MPa 的供气压力下，可以分别测量伺服阀的压力特性和泄漏量特性。

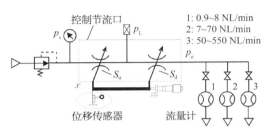

图 13.6 气动伺服阀压力特性与泄漏量特性实验装置图

图 13.7 所示是均等正开口量 5 μm 的伺服阀和不均等正开口量 10 μm 与 5 μm 的伺服阀压力特性实验结果。供气压力为 0.7 MPa，在 $x=0$ 的中立位置时，均等正开口量伺服阀($\Delta_1 = \Delta_2 = 5\ \mu m$)的零位压力 $p_{L0} = 0.56$ MPa，约为供气压力的 80%($p_{L0} = 0.8p_s$)；不均等正开口量伺服阀($\Delta_1 = 10\ \mu m$，$\Delta_2 = 5\ \mu m$)的零位压力 $p_{L0} = 0.6$ MPa，大于供气压力的 80%($p_{L0} > 0.8p_s$)。图 13.8 所示是正开口伺服阀泄漏量特性实验结果。可见，均等正开口量伺服阀($\Delta_1 = \Delta_2 = 5\ \mu m$)在 $x=0$ 的零位时泄漏量最大。不均等正开口量伺服阀($\Delta_1 = 10\ \mu m$，$\Delta_2 = 5\ \mu m$)在偏离零位的 $x = -2.5\ \mu m$ 时泄漏量最大。实验结果和理论结果相吻合，实验结果还显示阀芯和阀套之间具有一定的间隙和泄漏。

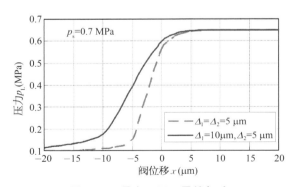

图 13.7 具有正开口量的气动伺服阀压力特性实验结果

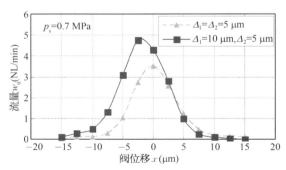

图 13.8 具有正开口量的气动伺服阀泄漏量特性实验结果

气动伺服阀的静态压力特性和泄漏量特性取决于圆柱滑阀的正开口量。具有均等正开口量的气动伺服阀零位压力为供气压力的 80%，且在零位时泄漏量最大。具有不均等正开口量的气

高端液压元件理论与实践

动伺服阀零位压力取决于开口量的不均等性,在偏离零位的某一位置时泄漏量最大。本节的研究结果为后继新型气动伺服阀研制、商品化以及高速高精度气动控制提供了基础理论。

13.2 非对称双边气动伺服阀

本节介绍一种具有不均等负重合量及均等负重合量的新型非对称气动伺服阀。该非对称气动伺服阀的下游节流口面积为上游节流口面积的两倍。伺服阀的压力特性及零位压力取决于下游和上游开口面积比例和阀的负重合量。具有均等负重合量的伺服阀在零位时泄漏量最大;具有不均等负重合量的伺服阀在零位附近某处时泄漏量最大。气动系统气腔的充气时间与排气时间存在严重的不对称性,直接影响气动快速性。为此,介绍所提出的采用新原理气动非对称阀,实现气腔排气时间与充气时间相同的快速性。

13.2.1 非对称双边气动伺服阀结构

气动伺服控制起源于第二次世界大战前后导弹与火箭飞行体的姿态控制,该系统采用燃气发生器、气动伺服阀和燃气马达构成燃气伺服系统。多年来,各地研究者对气动伺服阀控马达的特性、具有不均等重合量(正重合、零重合及负重合)的对称气动伺服阀控气缸特性等做了深入的基础研究。一般工业用响应缓慢的气动控制逐步发展成为气动伺服控制,具有一定响应性速度、较高精度以及较大功率的伺服控制技术应运而生。日本焊接协会在20世纪60年代将气动系统应用于焊接机设备,气动电磁阀、气动比例阀相继问世,气动技术在汽车、飞机制造、火车车辆、机床、自动化生产线、机器人等方面得到了广泛的应用。但是,气腔的排气时间远远超过充填时间,气动系统下降时间与上升时间的快速响应相差甚远,导致各容腔的控制特性差异,尤其是难以实现高速控制甚至出现系统失控。例如,工业用电阻点焊机的焊接质量取决于焊接电流、加压时间、电极加载力三大要素。其中,电极加载力控制采用容积 900 cm³ 的气缸时,其加压上升时间为 200 ms,下降时间则达 400 ms,难于实现高速控制。文献[6]～[8]研究了一种新型非对称气动伺服阀,该阀下游节流口面积为上游节流口面积的两倍,使得电极的加压气动系统下降时间和上升时间基本相同,并用于焊接机的高速气动控制。目前,气动伺服阀的商业品种还极少。

本节结合气腔充填时间和放气时间的非对称现象,分析具有非对称节流控制器的非对称气动伺服阀结构,研究具有不均等负重合量的圆柱滑阀特性,并进行试验验证。

13.2.1.1 气阻-定容气腔回路的充气时间与排气时间非对称性

图 13.9 所示为具有固定节流孔和定容气腔的气阻-气容 RC 回路(resistance and capacitance circuits)。工程上可以按文献[37]、[38]提供的近似计算式计算该回路充气和排气时的压力时间曲线。假定气体的充气和排气时间很短,来不及和外界进行热量交换即看作绝热过程。在一定压力范围内,同一气腔的排气时间是充气时间的两倍。如图 13.9c 所示,p_{ch} 为气腔内的压力,当供气压力 $p_s = 0.5$ MPa,容积 $V = 5$ cm³ 时,供气固定节流孔的面积 $S_u = 10$ mm²,充气时间为 2.8 ms;排气固定节流孔的面积分别为 $S_d = 10$ mm²、12 mm²、14 mm²、16 mm²、18 mm²,排气时间分别为 5.2 ms、4.6 ms、4.0 ms、3.4 ms、2.8 ms。由此可见,节流孔面积相同($S_u = S_d$)时,排气时间约为充气时间的两倍;当排气节流孔的面积为充气节流孔面积的1.8倍,即 $S_d = 1.8S_u$ 时,排气时间和充气时间基本相同。

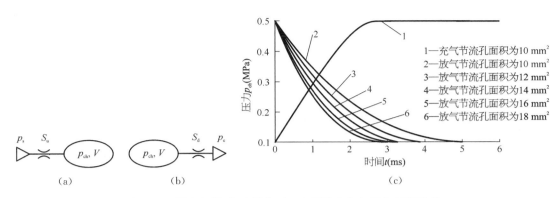

图 13.9 具有气阻-气容的气动 RC 回路充气与排气时间特性

(a) 充气过程；(b) 排气过程；(c) 气腔充气与排气时间特性

13.2.1.2 非对称气动伺服阀结构

由于上述特性,在工业焊接机闭式气动力控制系统中,气动加压过程的上升时间和下降时间响应特性产生了很大的差别。在相同的闭环增益时,如果增益刚好适合上升响应,下降响应时间就变得非常长。为了解决气动系统响应时间的非对称现象,可采用一种带有弹簧和容腔补偿的高性能双级非对称气动伺服阀(图 13.10)。与通用的伺服阀结构有所不同,非对称伺服阀的上游和下游开口面积是不对称的,下游节流边面积是上游节流口面积的两倍。供气时只有一个节流口打开,排气时却有两个节流口同时打开。这种特殊的结构设计在相同充气速度时,大大加快了气动 RC 回路的放气速度。该伺服阀的圆柱阀芯直径为 8 mm,圆柱滑阀阀芯位移的饱和量为 $\pm 350\,\mu m$。如图所示,在闭环压力控制系统中,K_c 为气腔活塞复位弹簧刚度,K_{sw} 为焊接机等效弹性负载刚度,气缸上装有压力传感器,进行压力反馈。

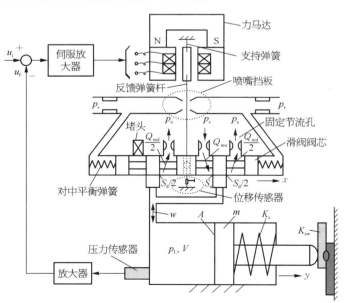

图 13.10 非对称气动伺服阀控单作用气缸的气动系统示意图

13.2.1.3 具有不均等负重合量的圆柱滑阀结构

图 13.11 所示为具有不均等负重合量(即不均等正开口量)的两位三通非对称伺服阀滑阀结构示意图。图 13.12 所示为具有不均等负重合量的对称伺服阀滑阀的结构示意图,对称伺服阀有一个流入节流口和一个流出节流口。伺服阀上游和下游节流口面积分别为 S_u 和 S_d,负重合量分别为 Δ_1 和 Δ_2。如果上游节流口面积和下游节流口面积相等($S_u = S_d$),则称为对称气动伺服阀;如果上游节流口面积和下游节流口面积不相等(如 $S_d = 2S_u$),则称为非对称气动伺服阀。当圆柱滑阀上游重合量和下游重合量相等($\Delta_1 = \Delta_2$)时,定义为具有均等负重合量(正开口)的伺服阀;当上游重合量和下游重合量不相等($\Delta_1 \neq \Delta_2$)时,则定义为具有不均等负重合量(正开口)的伺服阀。在制造过程中,圆柱滑阀阀芯和阀套的重合量往往存在几何均等或几何不均等现象。

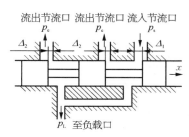

图 13.11 具有不均等正开口量的非对称气动伺服阀滑阀结构示意图 ($S_d = 2S_u$, $\Delta_1 \neq \Delta_2$)

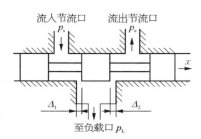

图 13.12 具有不均等正开口量的对称气动伺服阀滑阀结构示意图 ($S_d = S_u$, $\Delta_1 \neq \Delta_2$)

13.2.2 数学模型

如图 13.10 所示,在分析伺服阀静态特性时做以下假设:

(1) 供气压力 p_s 恒定,压力值取绝对压力。

(2) 通过节流控制口的气体流动为绝热过程。假设气体的绝热系数和节流控制口的流量系数均为常数,并忽略阀芯和阀套之间的泄漏。

(3) 为简化计算,数学模型中采用节流控制口的平均温度。

(4) 负重合量伺服阀的阀芯位移 x 在饱和范围内,即

$$-\Delta_1 \leqslant x \leqslant \Delta_2 \tag{13.12}$$

式中　x——阀位移;

Δ_1、Δ_2——阀芯和阀套在上游节流口处和下游节流口处的轴向负重合量。

利用流量基本方程式,可以得出:

1) 具有负重合量的非对称伺服阀节流口面积　经过负重合量圆柱滑阀节流口的流动有两种方式:一种为经过供气口至负载口的上游节流口流动;另一种为经过负载口至排气口的下游节流口流动。上游节流口面积为

$$S_u = b_p(\Delta_1 + x) \tag{13.13}$$

下游节流口面积为

$$S_d = 2b_p(\Delta_2 - x) \tag{13.14}$$

式中 b_p——上游节流口的宽度(15 mm)。

2) 通过面积为 S_o 的单个节流口的质量流量 亚声速流动时($0.528\ 3 \leqslant p_o/p_i \leqslant 1.0$),质量流量为

$$Q_{mo} = f_s(S_o, p_i, p_o, T) = CS_o \frac{p_i}{\sqrt{RT}} \sqrt{\frac{2k}{k-1}\left[\left(\frac{p_o}{p_i}\right)^{\frac{2}{k}} - \left(\frac{p_o}{p_i}\right)^{\frac{k+1}{k}}\right]} \quad (13.15)$$

式中 C——节流口的流量系数(0.68);

p_i、p_o——节流口的入口压力和出口压力;

T——气体的绝对温度(293 K);

k——气体的绝热比系数(1.4);

R——气体常数[287 J/(kg·K)]。

超声速流动时($0 \leqslant p_o/p_i < 0.528\ 3$),质量流量为

$$Q_{mo} = f_c(S_o, p_i, T) = CS_o \frac{p_i}{\sqrt{RT}} \sqrt{\frac{2k}{k+1}\left(\frac{2}{k+1}\right)^{\frac{2}{k-1}}} \quad (13.16)$$

3) 通过面积为 S_u 的上游节流口的质量流量 亚声速流动时($0.528\ 3 \leqslant p_L/p_s \leqslant 1.0$),质量流量为

$$Q_{mu} = f_s(S_u, p_s, p_L, T) \quad (13.17)$$

超声速流动时($0 \leqslant p_L/p_s < 0.528\ 3$),质量流量为

$$Q_{mu} = f_c(S_u, p_s, T) \quad (13.18)$$

4) 通过面积为 S_d 的下游节流口的质量流量 亚声速流动时($0.528\ 3 \leqslant p_e/p_L \leqslant 1.0$),质量流量为

$$Q_{md} = f_s(S_d, p_L, p_e, T) \quad (13.19)$$

超声速流动时($0 \leqslant p_e/p_L < 0.528\ 3$),质量流量为

$$Q_{md} = f_c(S_d, p_L, T) \quad (13.20)$$

式中 p_L、p_e——负载压力和环境大气压力。

5) 从节流口至负载口的质量流量 假设节流口之间的气体为不可压缩的绝热流动过程,那么通过控制节流口流向负载口的质量流量为

$$Q_m = Q_{mu} - Q_{md} \quad (13.21)$$

6) 非对称伺服阀的静态压力特性和泄漏量特性 将伺服阀负载口堵死,即负载流量为零时,得出

$$Q_m = 0 \quad (13.22)$$

13.2.3 压力特性与泄漏量特性

基于上述数学模型式(13.12)～式(13.22),可以对伺服阀的压力特性和泄漏量特性做数学

仿真计算和理论分析。图 13.13 所示为具有均等负重合量的各种非对称气动伺服阀在供气压力 0.7 MPa 时的压力特性和泄漏量特性。可以看出,非对称阀下游和上游节流口面积比例 S_d：S_u 从 1 到 3 不同时,伺服阀的压力特性就不同;而且负载口的压力随阀芯位移而改变。具有均等负重合量的非对称伺服阀,当下游和上游节流口面积比例为 2：1 时,在 $x=0$ 时的零位压力为供气压力的 50%,即 $p_{L0} = 0.5p_s$。具有均等负重合量的对称伺服阀,其下游和上游节流口面积比例为 1：1,在 $x=0$ 时的零位压力大约为供气压力的 80%,即 $p_{L0} = 0.8p_s$。对称阀在零位时,阀泄漏量 Q_{m0} 最大;非对称阀在偏离零位的某一位置时,阀泄漏量最大。

图 13.14 所示为各种均等负重合量为 $3 \sim 20 \ \mu m$ 的非对称伺服阀($S_d = 2S_u$,$\Delta_1 = \Delta_2$)压力特性和泄漏量特性。可见,在供气压力 0.7 MPa,$x=0$ 时的零位压力为供气压力的 50%($p_{L0} = 0.5p_s$)。如图 13.15 所示,具有均等负重合量的对称伺服阀($S_d = S_u$,$\Delta_1 = \Delta_2$)在 $x=0$ 时的零位压力均为供气压力的 80%($p_{L0} = 0.8p_s$)。零位压力值取决于负重合量及下游和上游节流口的面积比。

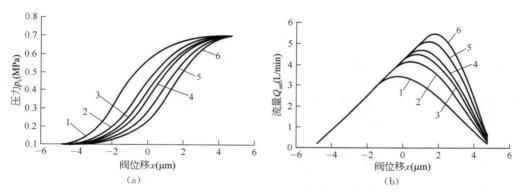

图 13.13　具有均等负重合量的非对称气动伺服阀压力特性和泄漏量特性[$S_d = (1 \sim 3)S_u$,$\Delta_1 = \Delta_2 = 5 \ \mu m$]

(a) 压力特性;(b) 泄漏量特性

1—$S_d = S_u$;2—$S_d = 1.5S_u$;3—$S_d = 1.8S_u$;4—$S_d = 2.0S_u$;5—$S_d = 2.5S_u$;6—$S_d = 3.0S_u$

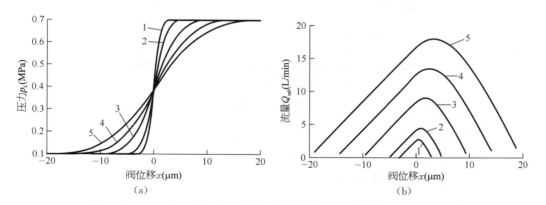

图 13.14　具有均等负重合量的非对称气动伺服阀压力特性($S_d = 2S_u$,$\Delta_1 = \Delta_2 = 3 \sim 20 \ \mu m$)

(a) 压力特性;(b) 泄漏量特性

1—$\Delta=3 \ \mu m$;2—$\Delta=5 \ \mu m$;3—$\Delta=10 \ \mu m$;4—$\Delta=15 \ \mu m$;5—$\Delta=20 \ \mu m$

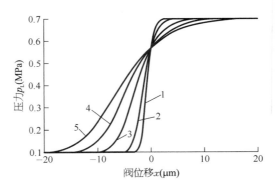

图 13.15 具有均等负重合量的对称气动伺服阀压力
特性 ($S_d = S_u$, $\Delta = \Delta_1 = \Delta_2 = 3 \sim 20\ \mu m$)

1—$\Delta = 3\ \mu m$；2—$\Delta = 5\ \mu m$；3—$\Delta = 10\ \mu m$；4—$\Delta = 15\ \mu m$；5—$\Delta = 20\ \mu m$

图 13.16 所示是当滑阀不均等负重合量为 $5 \sim 20\ \mu m$，供气压力为 0.7 MPa 时的非对称伺服阀（$S_d = 2S_u$，$\Delta_1 \neq \Delta_2$）压力和流量特性。可见，当 $\Delta_1 = 5\ \mu m$，$\Delta_2 = 5\ \mu m$、$10\ \mu m$、$15\ \mu m$、$20\ \mu m$ 时的零位压力均小于供气压力的 50%（$p_{L0} < 0.5p_s$）；当 $\Delta_1 = 5\ \mu m$、$10\ \mu m$、$15\ \mu m$、$20\ \mu m$，$\Delta_2 = 5\ \mu m$ 时的零位压力大于供气压力的 50%（$p_{L0} > 0.5p_s$）。压力变化范围及零位压力随滑阀不均等负重合量的变化而变化。这意味着在制造过程中，非对称伺服阀的负重合量还可以根据其零位压力及其压力特性来间接测量。

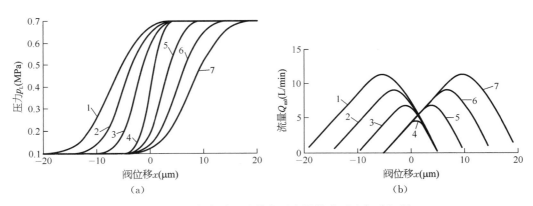

图 13.16 具有各种不均等负重合量的非对称气动伺服
阀压力特性和泄漏量特性 ($S_d = 2S_u$, $\Delta_1 \neq \Delta_2$)

(a) 压力特性；(b) 泄漏量特性

1—$\Delta_1 = 20\ \mu m$, $\Delta_2 = 5\ \mu m$；2—$\Delta_1 = 15\ \mu m$, $\Delta_2 = 5\ \mu m$；3—$\Delta_1 = 10\ \mu m$, $\Delta_2 = 5\ \mu m$；4—$\Delta_1 = 5\ \mu m$,
$\Delta_2 = 5\ \mu m$；5—$\Delta_1 = 5\ \mu m$, $\Delta_2 = 10\ \mu m$；6—$\Delta_1 = 5\ \mu m$, $\Delta_2 = 15\ \mu m$；7—$\Delta_1 = 5\ \mu m$, $\Delta_2 = 20\ \mu m$

13.2.4 试验装置及实践案例

图 13.17 所示为气动伺服阀压力特性的试验装置。由测微仪驱动滑阀阀芯产生阀位移，上游和下游的节流口面积比不变。阀芯位移由贴在悬臂反馈杆上的应变片进行测量和反馈，信号采用动态应变仪（KYOWA 制造，DPM - 713B，带宽 10 kHz）传送。压缩空气经过调节阀后压力

为 1.1 MPa，用来测试非对称伺服阀。同时，压力由安装在伺服阀阀体负载口处的压力传感器（KYOWA 制造，PGM－10KC，谐振频率 40 kHz）测量。采用三台流量计并联，测量被试伺服阀的流量。在供气压力 0.7 MPa 时，分别测量非对称伺服阀的压力特性和泄漏量特性。

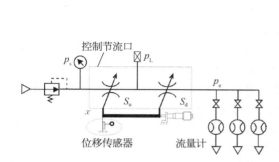

图 13.17　具有负重合量的非对称阀压力流量特性试验装置图

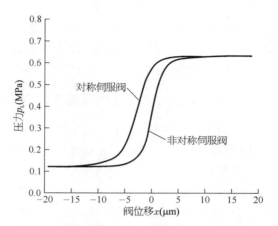

图 13.18　具有均等负重合量的非对称伺服阀和对称伺服阀压力特性试验结果（$\Delta_1 = \Delta_2 = 5\ \mu m$）

图 13.18 所示是均等负重合量为 5 μm 的非对称伺服阀和对称伺服阀的压力特性试验结果。在中立位置（$x = 0$）时，非对称伺服阀的零位压力为供气压力的 50%（$p_{L0} = 0.35$ MPa），对称伺服阀的零位压力为供气压力的 80%（$p_{L0} = 0.56$ MPa）。根据试验曲线可以间接得出圆柱滑阀阀芯和阀套的重合量。

图 13.19 所示是负重合量为 5 μm 的对称伺服阀和非对称伺服阀泄漏量特性的试验和理论结果比较图。图示为阀位移在 $-10 \sim 10\ \mu m$ 之间多个测量点的测量结果。对称阀在 $x = 0$ 的零位时泄漏量最大，非对称阀阀芯在零位附近的某一位置时泄漏量最大。理论结果和试验结果相吻合，试验结果还表明阀芯和阀套之间具有一定间隙和泄漏。

由此可见，可得到以下结论：

（1）非对称气动伺服阀的稳态工作点压力随着上游和下游节流口开口面积比例和阀芯阀套负重合量的变化而变化。零位压力取决于开

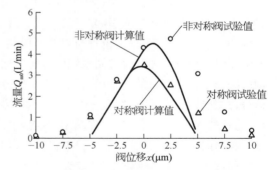

图 13.19　具有均等负重合量的非对称伺服阀和对称伺服阀泄漏量特性试验结果和理论结果（$\Delta_1 = \Delta_2 = 5\ \mu m$）

口面积比例和滑阀的负重合量。具有均等负重合量的非对称伺服阀的零位压力是供气压力的 50%，具有均等负重合量的对称伺服阀的零位压力约为供气压力的 80%。

（2）具有均等负重合量的非对称伺服阀和对称伺服阀的最大泄漏量都发生在零位处。

（3）具有不均等负重合量的伺服阀，其压力特性和流量特性随负重合量的改变而改变。圆柱滑阀负重合量可根据压力特性曲线进行间接测量。

13.3　非对称双边气动伺服阀控气动压力控制系统

分析非对称气动伺服阀控单作用气缸的气动压力控制系统的数学模型。通过非对称伺服阀的试验结果,可得出伺服阀的三个典型系数,即流量增益、流量-压力系数和压力增益系数,建立系统的数学模型,包括三阶传递函数式,取得结构参数与增益、系统带宽、稳态误差之间的关系,并进行闭环压力控制系统频率响应的试验验证,试验结果与计算结果十分吻合。

13.3.1　非对称气动伺服阀控缸压力控制系统

单作用气缸由于结构简单、成本低、节省空间且出力大等诸多优点,在自动化生产线中已经得到了广泛的应用。例如,工业用电阻式点焊机采用单作用气缸的气动力控制系统进行电极的加载,其焊接质量取决于焊接电流、加压时间、电极加载力三大要素。多年来,各地研究者对气动伺服阀控马达的特性、对称气动伺服阀控双作用气缸特性等做了深入的基础研究。同一气腔的排气时间通常为充气时间的 2 倍以上,这就导致采用常规方法难以实现单作用气缸的高速控制与节能。文献[7]、[29]~[31]研究了一种新型非对称气动伺服阀,该阀下游节流口面积为上游节流口面积的两倍,并用于焊接机电极的高速气动控制,实现了气动压力控制系统下降过程和上升过程相同的快速性。

本节通过实验取得伺服阀的流量增益、流量-压力系数和压力增益系数三个典型系数,对具有非对称气动伺服阀和单作用气缸的气动力控制系统进行建模和分析。最后,结合点焊机闭式气动压力控制系统进行实验验证。

电阻式点焊机气动控制过程可分为两个阶段。一是实现气缸快速无碰撞地夹紧工件,并减少由焊头的磨损和烧损而引起的气缸行程变化。为此,文献[35]研究了一种特殊气缸及其气动系统,实现了焊头和工件的位置与力复合控制。二是夹紧工件后实现气缸快速加压与控制。本节主要研究位置与力复合控制系统中如何实现快速加压与控制。图 13.20 所示为该非对称气动伺服阀控单作用气缸的气动压力控制系统部分的示意图。图中,u_i 为输入电信号,u_f 为压力反馈信号,p_s 为供气压力,p_e 为排气压力,p_L 为负载压力,V 为体积,m 为负载质量,K_c 为弹簧刚度,K_{sw} 为负载的等效弹簧刚度。气动压力控制系统采用新型非对称三通气动伺服阀控制单作用气缸气腔内的压力,从而控制焊接机电极(单作用气缸活塞)和焊接板之间的加载力大小。由于电极中通过大电流,例如 5~20 kA,为了简化电极和力传感器的安装,通过压力反馈系统间接实现电极的加载。工作状态下电极位移极小,可将被焊接板的负载力简化为弹性负载。非对称气动伺服阀内藏有阀芯位移传感器。压力传感器为日本共和电业制造的 PGM-10KC,共振频率为 40 kHz,压力信号由带宽为 5 kHz 的应变计 DPM-602A 放大。

气动伺服阀处于图 13.20 所示的左位时,气体经上游供气节流口向气缸供气;气动伺服阀处于右位时,气缸经伺服阀下游排气节流口向外界排气。当充气节流口面积和放气节流

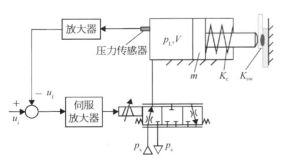

图 13.20　非对称气动伺服阀控单作用气缸的气动力控制系统

口面积相同时,同一气腔的排气时间通常为充气时间两倍以上。为了满足气容-气阻回路的高速排气及其高速控制的需要,采用非对称气动伺服阀,其上游和下游节流口面积是不对称的,即在相同阀位移时,下游排气节流口的面积是上游供气节流口面积的两倍($S_d = 2S_u$)。因此,非对称气动伺服阀可以实现排气过程与充气过程相同的快速性,实现电极的高速气动控制。考虑到气体的可压缩性,气缸的气腔体积越小,气动力控制系统的固有频率越高,加载力响应速度越快。因此,电阻式点焊机气动加压系统单作用气缸的气腔体积尽可能设计得较小。

13.3.2 非对称气动伺服阀基本特性

非对称气动伺服阀为双级气动伺服阀,第一级即先导级,包括永磁式力马达和推拉式喷嘴挡板机构,第二级包括圆柱滑阀、力反馈弹簧和主阀阀芯位移传感器。滑阀主阀阀芯通过机械力反馈弹簧与力马达相连。图13.21所示为气动伺服阀的流量和阀位移特性。主阀阀芯直径为8 mm,最大行程为 ± 350 μm。供气压力为0.7 MPa时,供气侧可控名义流量为145 L/min。对称气动伺服阀($S_d = S_u$)下游排气口的可控流量为120 L/min;非对称气动伺服阀($S_d = 2S_u$)下游排气口的可控流量达240 L/min。非对称气动伺服阀和对称气动伺服阀理论结果和试验结果一致。在相同阀位移时,非对称气动伺服阀下游节流口将气体排放到大气的最大排气面积大约为上游节流口从进气口向容腔供气的供气面积的两倍。通过该曲线还可以得出伺服阀的流量增益系数 k_q。

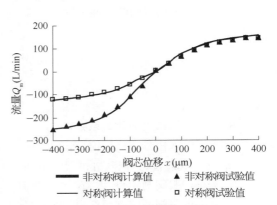

图13.21 气动伺服阀的流量特性

图13.22所示为非对称气动伺服阀的压力增益特性的试验结果。由该曲线可以得到伺服阀的压力增益系数 k_p。图13.23所示为供气压力0.7 MPa时非对称气动伺服阀输入信号和输出阀位移的频率特性试验结果。可见,该伺服阀的固有频率 ω_v 为1 256 rad/s,阻尼系数 ζ_v 为0.58。

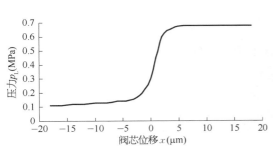

图13.22 非对称气动伺服阀的压力
增益特性试验结果

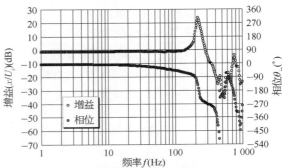

图13.23 非对称气动伺服阀的频率特性试验结果

13.3.3　数学模型

13.3.3.1　基本方程

为了推导气动系统的传递函数,做以下假设:

(1) 压力为绝对压力。供气压力 p_s 为常数($p_s = 0.7$ MPa),气缸零位压力 p_{L0} 为 0.5 MPa。

(2) 伺服阀节流窗口为矩形窗口。阀工作在中立位置附近,且经过节流孔的气体为绝热流动,气体比热比和节流孔的流量系数为常数。

(3) 活塞的位移很小。气缸内的气体为等温变化过程。

根据流量和运动学基本方程及阀零位工作点附近的线性化方程,可以得到各部件的数学表达式。

1) 放大器和伺服阀的传递函数

$$i = K_a(u_i - u_f) \tag{13.23}$$

$$\frac{x(s)}{i(s)} = \frac{K_v \omega_v^2}{s^2 + 2\zeta_v \omega_v s + \omega_v^2} \tag{13.24}$$

式中　i——输入电流;

　　　K_a——伺服放大器放大系数;

　u_i、u_f——输入信号和反馈信号;

　　　x——阀芯位移,向气缸供气时位移为正;

　　　K_v——伺服阀阀系数,$K_a K_v = 2 \times 10^{-4}$ m/V;

　　　ω_v——伺服阀的固有频率,1 256 rad/s;

　　　ζ_v——伺服阀的阻尼系数,0.58;

　　　s——拉普拉斯算子。

2) 伺服阀控制节流孔的质量流量　当主阀芯位移为正 ($x > 0$) 时,气源经过节流孔向气缸供气,非对称气动伺服阀的上游控制节流口面积和通过的质量流量分别为

$$S = b_p x$$

$$Q_m = Q_{mu}$$

式中　S——节流口开口面积;

　　　b_p——上游节流口面积梯度,15 mm;

　　　Q_{mu}——通过上游节流口的质量流量。

当主阀芯位移为负 ($x \leqslant 0$) 时,气缸经过节流孔向外界排气,非对称气动伺服阀的下游控制节流口面积和通过的质量流量分别为

$$S = -2b_p x$$

$$Q_m = -Q_{md}$$

式中　$2b_p$——下游节流口面积梯度;

　　　Q_{md}——通过下游节流口的质量流量。

伺服阀控制节流孔的质量流量是负载压力和阀位移的函数。在某一工作点附近工作时,通过控制节流孔的流量非线性式可以进行线性化,即

$$\Delta Q_{\mathrm{m}} = \frac{\partial Q_{\mathrm{m}}}{\partial x}\bigg|_0 \Delta x + \frac{\partial Q_{\mathrm{m}}}{\partial p_{\mathrm{L}}}\bigg|_0 \Delta p_{\mathrm{L}} = k_{\mathrm{q}}\Delta x - k_{\mathrm{c}}\Delta p_{\mathrm{L}} \tag{13.25}$$

$$k_{\mathrm{q}} = \frac{\partial Q_{\mathrm{m}}}{\partial x}\bigg|_0, \quad k_{\mathrm{c}} = -\frac{\partial Q_{\mathrm{m}}}{\partial p_{\mathrm{L}}}\bigg|_0 \tag{13.26}$$

式中 k_{q}——非对称伺服阀流量增益系数,18.6 kg/(s · m);

k_{c}——非对称伺服阀流量-压力系数,1.5×10^{-10} kg/(s · Pa);

p_{L}——负载压力。

压力增益 k_{p} 为

$$k_{\mathrm{p}} = \frac{\partial p}{\partial x}\bigg|_0 \tag{13.27}$$

k_{q} 和 k_{p} 的值可由式(13.26)和式(13.27),以及图 13.21 和图 13.22 所示的流量-阀位移特性试验曲线和压力-阀位移特性试验曲线得出,k_{p} 为 1.2×10^{11} Pa/m。考虑到节流口宽度远大于阀芯和阀套之间的间隙值,即 $b_{\mathrm{p}} \gg r_{\mathrm{c}}$,阀芯和阀体之间实际存在矩形节流孔的泄漏量为

$$Q_{\mathrm{mc}} = \frac{\pi b_{\mathrm{p}} r_{\mathrm{c}}^2}{32\mu}\Delta p$$

式中 b_{p}——控制节流口宽度;

r_{c}——阀芯和阀套之间的间隙值;

μ——空气的黏性系数,1.8×10^{-7} Pa · s。

零位流量-压力系数 k_{c} 的理论值为

$$k_{\mathrm{c}} = -\frac{\partial Q_{\mathrm{m}}}{\partial p_{\mathrm{L}}}\bigg|_0 = \frac{\pi b_{\mathrm{p}} r_{\mathrm{c}}^2}{32\mu}$$

3) 气缸气腔内气体的流量连续性方程

$$Q_{\mathrm{m}} = \frac{V}{nRT} \cdot \frac{\mathrm{d}p_{\mathrm{L}}}{\mathrm{d}t} + \frac{Ap_{\mathrm{L}}}{RT} \cdot \frac{\mathrm{d}y}{\mathrm{d}t}$$

$$\Delta Q_{\mathrm{m}} = \frac{1}{nRT}\left[\frac{\mathrm{d}p_{\mathrm{L}}}{\mathrm{d}t}\bigg|_0 \Delta V + V_0\frac{\mathrm{d}\Delta p_{\mathrm{L}}}{\mathrm{d}t} + nA\frac{\mathrm{d}y}{\mathrm{d}t}\bigg|_0 \Delta p_{\mathrm{L}} + nAp_{\mathrm{L0}}\frac{\mathrm{d}\Delta y}{\mathrm{d}t}\right]$$

式中 V——气缸内腔体积,5.00 cm^3;

n——气体多变指数,等温变化 $n = 1.0$;

R——气体常数,287 N · m/(kg · K);

T——气体绝对温度,293 K;

A——活塞有效面积;

y——活塞位移,定义弹簧被压缩方向为正。

t——时间。

考虑到阀零位时的初始条件为 $(\mathrm{d}p_{\mathrm{L}}/\mathrm{d}t)_0 = 0$,$(\mathrm{d}y/\mathrm{d}t)_0 = 0$,并假设 $c_0 = V_0/nRT$,$a_0 = Ap_{\mathrm{L0}}/RT$,$\rho_0 = p_{\mathrm{L0}}/RT$,则气缸流量连续性方程为

$$\Delta Q_{\mathrm{m}} = c_0\frac{\mathrm{d}\Delta p_{\mathrm{L}}}{\mathrm{d}t} + a_0\frac{\mathrm{d}\Delta y}{\mathrm{d}t} \tag{13.28}$$

4) 气缸活塞的运动学方程 气缸活塞复位弹簧和被焊接钢板等效弹簧 K_{sw} 并联构成等效弹性负载,其质量弹簧系统的运动学方程和线性化方程分别为

$$p_L A = m\ddot{y} + b\dot{y} + ky + p_{L0}A + f_d + f_c \text{sgn}(\dot{y})$$

$$A\Delta p_L = m\Delta\ddot{y} + b\Delta\dot{y} + k\Delta y + \Delta f_d + \Delta f_c \text{sgn}(\dot{y}) \tag{13.29}$$

式中　m——活塞质量,17.5 kg;

　　　b——黏性阻力系数,228 N·s/m;

　　　k——活塞等效弹性负载系数,$k = K_c + K_{sw}$;

　　p_{L0}——气缸的初始负载压力,0.5 MPa;

　　　f_d——外界干扰力(N);

　　　f_c——静摩擦力(N);

　sgn($\dot{y}$)——活塞速度项方向的符号。

5) 压力传感器和压力反馈放大器 由于焊接时电极中通过大电流,在电极处安装力传感器很困难。因此,这里通过压力反馈系统间接地实现电极的力控制。压力传感器安装在驱动气缸的缸体上,通过负载压力反馈代替电极力反馈构成闭环压力控制系统。压力反馈信号为

$$u_f = K_f(p_L - p_e) \tag{13.30}$$

式中　K_f——压力传感器增益,1.5×10^{-5} V/Pa;

　　　p_e——周围大气压力,0.101 3 MPa。

13.3.3.2　开环压力控制系统的传递函数

式(13.25)、式(13.28)和式(13.29)的拉普拉斯变换式为

$$Q_m(s) = k_q x(s) - k_c p_L(s) \tag{13.31}$$

$$Q_m(s) = c_0 s p_L(s) + a_0 s y(s) \tag{13.32}$$

$$A p_L(s) = (ms^2 + bs + k)y(s) + F(s) \tag{13.33}$$

式中　$F(s)$——外界干扰力和静摩擦力拉普拉斯变换式之和,且 $F(s) = f_d(s) + D(s)$,$D(s) = \text{L}[\Delta f_c \text{sgn}(\dot{y})]$。

由式(13.31)~式(13.33)可得出气动阀控缸的框图,如图13.24所示。由阀位移和外界干扰力到负载腔控制压力的传递函数为

$$p_L(s) = \frac{(ms^2 + bs + k)k_q x(s) + a_0 s F(s)}{mc_0 s^3 + (mk_c + bc_0)s^2 + (Aa_0 + bk_c + kc_0)s + kk_c} \tag{13.34}$$

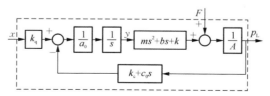

图 13.24　阀控单作用气缸的框图

当负载为弹性负载（$k \neq 0$）时，通常有

$$\frac{bk_c}{A^2\rho_0} \ll 1, \quad \frac{bk_c}{A^2\rho_0(1+k/k_e)} \ll 1, \quad \left[\frac{k_c\sqrt{mk}}{A^2\rho_0(1+k/k_e)}\right]^2 \ll 1 \tag{13.35}$$

对于弹性负载，传递函数式（13.34）可归纳为

$$p_L(s) = \frac{\dfrac{k_q}{k_c}\left(\dfrac{s^2}{\omega_m^2} + \dfrac{2\zeta_m}{\omega_m}s + 1\right)x(s) + \dfrac{A\rho_0}{kk_c}sF(s)}{\left(\dfrac{s}{\omega_r}+1\right)\left(\dfrac{s^2}{\omega_0^2}+\dfrac{2\zeta_0}{\omega_0}s+1\right)} \tag{13.36}$$

$$\omega_m = \sqrt{k/m}, \quad \zeta_m = b/(2\sqrt{mk})$$

$$\omega_r = 1\Big/\left(\frac{1}{\omega_1}+\frac{1}{\omega_2}\right) = \frac{k_c}{A^2\rho_0}\Big/\left(\frac{1}{k}+\frac{1}{k_e}\right) \tag{13.37}$$

$$\omega_1 = \frac{k_c}{c_0} = \frac{k_e k_c}{A^2\rho_0} = \frac{np_{L0}k_c}{V_0\rho_0}, \quad \omega_2 = \frac{kk_c}{A^2\rho_0}$$

$$k_e = np_{L0}A^2/V_0, \quad \omega_e = \sqrt{\frac{k_e}{m}} = \sqrt{\frac{np_{L0}A^2}{V_0 m}} \tag{13.38}$$

$$\omega_0 = \sqrt{\omega_e^2 + \omega_m^2} = \omega_e\sqrt{1+\frac{k}{k_e}} = \sqrt{\frac{np_{L0}A^2}{V_0 m} + \frac{k}{m}}$$

$$\zeta_0 = \frac{1}{2\omega_0}\left[\frac{k_c np_{L0}}{\rho_0 V_0(1+k/k_e)} + \frac{b}{m}\right] = \frac{k_c}{2A\rho_0}\left(1+\frac{k}{k_e}\right)^{-\frac{3}{2}}\left(\frac{np_{L0}m}{V_0}\right)^{\frac{1}{2}} + \frac{b}{2A}\left(1+\frac{k}{k_e}\right)^{-\frac{1}{2}}\left(\frac{V_0}{np_{L0}m}\right)^{\frac{1}{2}}$$

式中　ω_m、ζ_m——质量-弹簧系统的固有频率和阻尼系数；

ω_r——负载弹簧和气动弹簧串联耦合时的刚度与阻尼系数之比；

ω_1——气体弹簧刚度与阻尼系数之比；

ω_2——负载弹簧刚度与阻尼系数之比；

k_e、ω_e——气缸气腔内空气的等效弹簧刚度和固有频率；

ω_0、ζ_0——负载弹簧和气动弹簧构成的质量-弹簧系统的固有频率和阻尼系数。

若 $k/k_e \ll 1$，则有 $\omega_r < \omega_2 < \omega_1$ 和 $\omega_r \approx \omega_2$。若 $k/k_e \gg 1$，则有 $\omega_r < \omega_1 < \omega_2$ 和 $\omega_r \approx \omega_1$。

由式（13.23）、式（13.24）、式（13.30）和式（13.36）可得到闭环压力控制系统的框图如图13.25所示。由误差信号和干扰力信号到控制压力的传递函数为

$$p_L(s) = \frac{\dfrac{k_a k_v k_q}{k_c}\left(\dfrac{s^2}{\omega_m^2}+\dfrac{2\zeta_m}{\omega_m}s+1\right)\Big/\left(\dfrac{s^2}{\omega_v^2}+\dfrac{2\zeta_v}{\omega_v}s+1\right)E(s) + \dfrac{A\rho_0}{kk_c}sF(s)}{\left(\dfrac{s}{\omega_r}+1\right)\left(\dfrac{s^2}{\omega_0^2}+\dfrac{2\zeta_0}{\omega_0}s+1\right)}$$

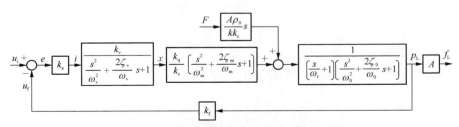

图 13.25　具有阀控单作用气缸的压力控制系统框图

这里,伯德图上的穿越频率为

$$\omega_c = k_a k_v \frac{k_q}{k_c} k_f \omega_r = \frac{k k_a k_v k_f k_q}{A^2 \rho (1 + k/k_e)}$$ (13.39)

闭环系统的带宽与开环穿越频率 ω_c 几乎相同。开环压力控制系统的典型伯德图如图 13.26 所示。动态性能决定于 K_{sw}、ω_r、ω_m 和 ω_0。如式(13.39)所示,ω_c 由开环系统的增益和式(13.37) 得到的 ω_r 决定。

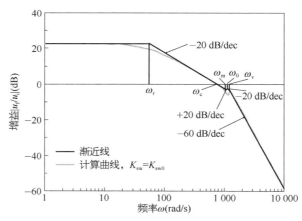

图 13.26 开环压力控制系统伯德图

当没有弹性负载($k = 0$)时,传递函数式(13.34)为

$$p_L(s) = \frac{(ms + b)k_q x(s) + a_0 F(s)}{mc_0 s^2 + (mk_c + bc_0)s + (bk_c + Aa_0)} = \frac{K_{tp}(\omega_n^2/\omega_3)(\omega_3 + s)x(s) + K_{lp}\omega_n^2 F(s)}{s^2 + 2\zeta_n \omega_n s + \omega_n^2}$$

$$= \left.\frac{p_L}{x}\right|_{F=0} \cdot x + \left.\frac{p_L}{F}\right|_{x=0} \cdot F$$ (13.40)

$$K_{tp} = \frac{bk_q}{Aa_0 + bk_c} = \frac{bk_q}{A^2\rho_0 + bk_c}$$

$$K_{lp} = \frac{a_0}{Aa_0 + bk_c} = \frac{\rho_0 A}{A^2\rho_0 + bk_c}$$

$$\omega_n = \sqrt{\frac{k_e}{m} + \frac{b\omega_1}{m}} = \sqrt{\frac{np_{L0}A^2 + k_c bnRT}{V_0 m}}$$

$$\zeta_n = \frac{m\omega_1 + b}{2\sqrt{(b\omega_1 + k_e)m}}$$

式中 K_{tp}——总压力增益;

K_{lp}——总负载系数。

忽略非线性摩擦力时,由式(13.40)控制压力为

$$\frac{p_L(s)}{x(s)} = \frac{K_{tp}(\omega_n^2/\omega_3)(\omega_3 + s)}{s^2 + 2\zeta_n \omega_n s + \omega_n^2}$$ (13.41)

13.3.3.3 稳态偏差

图 13.27 为图 13.25 所示闭环压力控制系统的简化框图。

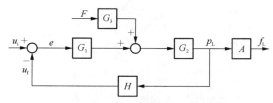

图 13.27　压力反馈控制系统的框图

稳态误差为

$$E(s) = \frac{1}{1+G_1 G_2 H} u(s) - \frac{G_2 G_3 H}{1+G_1 G_2 H} F(s) \tag{13.42}$$

运用终值定理,由式(13.42)可得到阶跃输入信号 u_i/s 时的稳态误差 e_{pL} 为

$$e_{pL} = \lim_{t \to \infty} e(t) = \lim_{s \to \infty} sE(s) = \frac{u_i}{1+k_a k_v k_f k_q / k_c} \tag{13.43}$$

13.3.4　气动压力控制系统基本特性

13.3.4.1　弹性负载系数的影响

当气动压力控制系统应用于点焊机时,工件的弹性系数 K_{sw} 随焊接过程的温度等条件而变化。并且,气动压力控制系统的动态特性随负载力而变化。弹性系数分别为 $K_{sw} = 0.6K_{sw0}$、K_{sw0} 和 $10K_{sw0}$ 时,式(13.35)的条件为 8‰ ≪ 1、0.5‰ ≪ 1 和 0.23‰ ≪ 1,计算得出的各频率值见表 13.1。可见,弹性系数增加,穿越频率 ω_c 也增加。弹性系数减小时,ω_r、ω_m、ω_0 和 ω_c 减小,但是 ω_m 和 ω_0 之间的距离变得更大,伯德图移向左侧。式(13.43)所示的阶跃输入信号的稳态误差 e_{pL} 大约为 6.86%。

表 13.1　传递函数的参数值

K_{sw}(N/m)	ω_r(rad/s)	ω_c(rad/s)	ω_m(rad/s)	ζ_m	ω_0(rad/s)	ζ_0	e_{pL}(%)
$0.6K_{sw0}$	54	725	925	0.07	961	0.07	6.86
K_{sw0}	55	747	1 195	0.055	1 223	0.054	6.86
$10K_{sw0}$	57	779	3 779	0.017	3 778	0.017	6.86

13.3.4.2　初始条件的影响

气缸的初始容积和初始压力是影响压力控制系统的重要参数。式(13.38)和式(13.39)所示为气缸的初始容积和初始压力对频率 ω_c、ω_r 和 ω_c 的影响。

13.3.4.3　闭环压力控制系统的频率特性

采用动态信号分析仪(HP35670A)和动态应变仪器(KYOWA 公司制造的 DPM - 713B,频率范围 10 kHz)测试闭式压力控制系统的频率响应特性。实验结果如图 13.28 所示。闭环系统

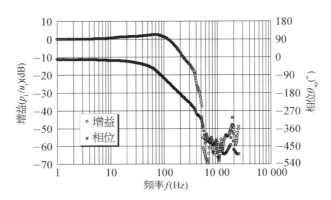

图 13.28   闭环压力控制系统频率特性实验结果

—3 dB 的带宽达到 120 Hz，与开环系统的穿越频率 ω_c(747 rad/s)几乎相同。实验结果和理论分析结果一致。

（1）通过非对称气动伺服阀的特性实验，可得出气动伺服阀的三个典型系数值，即流量增益、流量-压力系数和压力增益。

（2）分析了非对称气动伺服阀控单作用气缸的数学模型及其影响因素。通常情况下，气动压力控制系统的数学模型可简化为三阶传递函数形式，初始条件和负载弹性系数直接影响系统的动态响应。

（3）得出了气动压力控制系统结构参数与增益、系统频宽以及稳态误差之间的关系。闭环系统的频宽与开环系统的穿越频率基本相同。闭环气动压力控制系统的实验结果和理论结果一致。具有非对称气动伺服阀和单作用气缸的气动力控制系统数学模型的建立为气动系统分析提供了有效的工具。

参考文献

［1］阎耀保.气阻气容的气动非对称性机理与高速气动控制的基础研究［R］.国家自然科学基金资助项目结题报告(51175378),2015.12.19.

［2］阎耀保.45 MPa以上的氢气增压、压力控制和调节技术研究［R］.国家高技术研究发展计划(863计划)课题验收报告(2007AA05Z119),2010.6.30.

［3］阎耀保.燃料电池汽车车载超高压减压阀组集成设计理论研究［R］.上海市白玉兰科技人才基金总结报告(2008B110),2009.5.28.

［4］阎耀保,等.地下连续墙与复杂地层桩基础施工关键装备研发与产业化［R］.国家科技支撑计划总结报告(2011BAJ02B06-05),2016.05.04.

［5］阎耀保.飞行器舵机系统关键基础理论研究［R］.上海市浦江人才计划(A类)总结报告(06PJ14092),2008.9.30.

［6］阎耀保,水野毅,乌建中,等.具有不均等负重含量的非对称气动伺服阀压力特性研究［J］.中国机械工程,2007,18(18):2169-2173.

［7］阎耀保,荒木献次.具有非对称气动伺服阀的气动压力控制系统建模与分析［J］.中国机械工程,2009,20(17):2107-2112.

［8］ 阎耀保.具有不均等正开口量的双边滑阀式气动伺服阀特性研究[J].液压与气动,2007(3)：74-77.

［9］ 阎耀保,黄帅,王康景,等.大直径气动潜孔锤动力学过程分析[J].中南大学学报(自然科学版),2014,45(3)：721-726.

［10］ 阎耀保,俞丛义,陆泰琳,等.飞行器液压控制系统气腔压力特性研究[J].自动驾驶仪与红外技术,2006(2)：8-12.

［11］ 阎耀保,水野毅,荒木献次.非对称高速气动伺服阀的研究[J].流体传动与控制,2007(3)：4-8.

［12］ 阎耀保,李长明,荒木献次.具有对称不均等负重合量的气动伺服阀特性[J].上海交通大学学报,2010,44(4)：500-505.

［13］ 阎耀保,李长明.对称负重合型气动伺服阀零位流动状态分析[J].航空学报,2015,36(11)：3724-3733.

［14］ 阎耀保,赵燕,刘华,等.正开口气动伺服阀控缸匀速运动时的负载特性[J].流体传动与控制,2013(2)：1-4.

［15］ 阎耀保,黄帅,李洪娟.气动潜孔锤用气动逆止阀的密封特性分析[J].流体传动与控制,2013(5)：1-4.

［16］ 阎耀保,张丽,贾萍,等.飞行器姿态控制用拉瓦尔喷管的流场分析[J].液压气动与密封,2013,33(1)：32-36.

［17］ 阎耀保,李长明.气动伺服阀阀芯阀套重合量间接测量方法及其应用：CN101329171B[P]. 2010-12-01.

［18］ 阎耀保,李玲.一种双气阻气容气动压力控制回路：CN201902393U[P]. 2011-07-20.

［19］ 阎耀保,马建新,罗九阳.车载高压输氢系统：CN101323248B[P]. 2012-01-25.

［20］ 阎耀保,张丽,傅俊勇.一种高压气动减压阀：201110011195.6[P]. 2011-05-11.

［21］ 阎耀保,岑斌,张昌钧,等.一种带套管钻的大直径气动潜孔锤：201410218494.0[P]. 2014-05-22.

［22］ 阎耀保,黄伟达.平衡活塞感应式气动减压阀：201020232292.9[P]. 2010-06-18.

［23］ 阎耀保.高速气动控制理论和应用技术[M].上海：上海科学技术出版社,2014.

［24］ Yin Y B, Araki K, Mizuno T. Development of an asymmetric servovalve with even underlaps or uneven underlaps ［C］//Proceedings of the 39th SICE Annual Conference, International Session Papers, The Japan Society of Instrument and Control Engineers, SICE'2000, 214 A-2, July, 2000：229-234.

［25］ Yin Y B, Araki K. Charge and exhaust characteristics of a gas chamber based on an asymmetric pneumatic servovalve ［C］//Proceedings of the 3rd International Symposium on Fluid Power Transmission and Control, ISFP'99, Harbin, China, September 7-9,1999：426-431.

［26］ Yin Y B, Araki K. Modelling and analysis of an asymmetric valve-controlled single-acting cylinder of a pneumatic force control system ［C］//Proceedings of the 37th SICE Annual Conference, International Session Papers, SICE'98, Chiba, IEEE, July 29-31,1998：1099-1104.

［27］ Yin Y B, Araki K, Ishino Y. Development of an asymmetric flow control pneumatic valve ［C］// Proceedings of the International Sessions of the 75th JSME Meeting, The Japan Society of Mechanical Engineers, March 31-April 3,1998, Tokyo：86-89.

［28］ Araki K, Yin Y B, Yamada T. Hardware approaches for a pneumatic force control system with an asymmetric servovalve of a spot welding machine ［C］//Bath Workshop on Power Transmission and Motion Control (PTMC'98), United Kingdom, 1998：123-136.

［29］ 閻耀保,荒木獻次.抵抗スポット溶接機のための非対称サーボ弁と単動シリンダを用いた高速空気圧-力制御(第2報 非対称電空サーボ弁の実験解析と閉ループ圧力制御系のハードウエア補償)[J].日本油空圧学会論文集,1999,30(2)：35-41.

［30］ 荒木獻次,閻耀保.抵抗スポット溶接機のための非対称サーボ弁と単動シリンダを用いた高速空気圧-力制御(第1報 ファジイ制御系のシミュレーション)[J].日本油空圧学会論文集(フルイドパワーシステム),1998,29(1)：9-15.

［31］ 閻耀保.非対称電空サーボ弁の開発と高速空気圧-力制御系のハードウエア補償に関する研究

[D]. 埼玉大学博士学位論文(埼玉大学,1999 年,博理工甲第 255 号),1999. 3.

[32] 闇耀保,荒木献次. 非対称電空サーボ弁による空気圧-圧力制御系のハードウエア特性補償[J]. 日本油空圧学会・日本機械学会,平成 10 年春季油空圧講演会講演論文集,1998 年 5 月,東京:58 - 60.

[33] 闇耀保,荒木献次,石野裕二. 単動シリンダを用いた空気圧-力制御系の特性解析[J]. 計測自動制御学会,第 15 回流体計測・第 12 回流体制御合同シンポジウム講演論文集,SY0018/97,1997 年 12 月,東京:45 - 48.

[34] 荒木献次,闇耀保. 抵抗スポット溶接機用空気圧-力制御系に関する研究[J]. 機械設計,日刊工業新聞社,1998,42(2):72 - 77.

[35] 荒木献次,陈剑波. 抵抗スポット溶接機用位置・力複合制御シリンダの開発[J]. 油圧と空気圧,1996,27(7):941 - 947.

[36] 鸟建中,闇耀保. 同済大学機械電子工学研究所鸟建中研究室・闇耀保研究室における油圧技術研究開発動向[J]. 油空圧技術(Hydraulics & pneumatics),日本工業出版,2007,46(13):31 - 37.

[37] (社)日本油空圧学会編. 油空圧便覧[M]. 東京:オーム社,1989.

[38] 安藤弘平. 抵抗溶接機の圧縮空気回路の基礎的動作特性の調査報告[R]. 東京:日本溶接協会部会,1963.

[39] Araki K. Frequency response of a pneumatic valve controlled cylinder with an uneven-underlap four-way valve (Part II , Part IV)[J]. Journal of Fluid Control,ASME,1984,15(1):22 - 64.

[40] Shearer J L. Study of pneumatic processes in the continuous control of motion with compressed air [J]. Transactions of the ASME,1956(78):233 - 249.

高端液压元件理论与实践

第 14 章
四边气动伺服阀

四边气动伺服阀阀芯与阀套的轴向重合量或重叠量存在三种情况,即正重合、零重合及负重合。正重合,也称负开口状态,是指阀芯台肩的宽度大于阀套沟槽的宽度,几何上形成正重合、负开口状态。零重合,也称零开口状态,是指阀芯台肩的宽度等于阀套沟槽的宽度,几何上形成零开口状态。负重合,也称正开口状态,是指阀芯台肩的宽度小于阀套沟槽的宽度,几何上形成负重合、正开口状态;均等负重合型气动伺服阀,是指阀芯与阀套处于中立位置时,四个节流口的负重合量即正开口量完全相同。本章讲述的是在不同功能需求时,可采用不同的阀芯与阀套的轴向重合情况,实现气动伺服阀控气缸的输出功能要求。包括具有对称均等负重合量(正开口量)的四边气动伺服阀和具有对称不均等负重合量的气动伺服阀的基本特性,涉及零位时气动伺服阀两个控制口(即上游节流口)和两个排气口(即下游节流口)的节流口可能存在的各种流动状态及其特性。掌握气动伺服阀基本特性和基础理论是进一步分析气动伺服系统、开发新型气动控制系统的基础。

14.1　对称均等负重合型四边气动伺服阀

气动伺服阀的特性取决于气动伺服阀阀芯与阀套的轴向重合量(正重合、零重合及负重合),尤其是伺服阀处于零位时的重合量特性。气动伺服阀的零位特性,即零位压力特性和泄漏量特性与阀芯和阀套的轴向负重合量以及径向间隙有关。具有对称均等负重合量的气动伺服阀两个控制口的零位压力约为供气压力的 80%,且伺服阀两个负载口的压力之和并不为常数。本节分析具有对称均等负重合量(正开口量)的气动伺服阀在零位时,两个控制口(即上游节流口)和两个排气口(即下游节流口)的节流口流动特性,为准确掌握和分析气动伺服阀及气动伺服系统基本特性,开发新型气动控制系统提供基础理论。

图 14.1 所示为具有均等负重合量(正开口量)的四边气动阀控缸系统示意图。均等负重合四通气动滑阀具有进气口 p_s,排

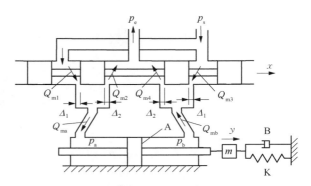

图 14.1　具有均等负重合量的四边气动阀控缸系统示意图 ($\Delta_1 = \Delta_2 = \Delta$)

气口 p_e 和负载口 p_a、p_b。假设圆柱滑阀阀芯和阀套在结构上形成的负重合量几何对称，且分别为 Δ_1 和 Δ_2。其中 Δ_1 为上游供气侧的负重合量，Δ_2 为下游排气侧的负重合量。假设 $\Delta_1 = \Delta_2 = \Delta$，即气动伺服阀结构上具有对称均等的负重合量。在伺服阀的生产制造过程中，往往要求尽量做到伺服阀具有对称均等的负重合量。

研究正开口圆柱滑阀各节流口流动状态时，假设图 14.1 所示的气动系统中活塞位置固定不动，输出位移 y 为零，即伺服阀输出到气缸的气体流量为零。主要研究当圆柱阀芯输入位移 x 变化，特别是阀位移为零的零位时，滑阀的四个节流口的气体流动状态。

具有对称均等负重合量的气动伺服阀在不同供气压力时上游供气节流口和下游排气节流口的流动状态决定了气动伺服阀的控制性能。针对以空气作为工作介质的气动系统，排气压力为一个标准大气压，供气压力小于 0.237 4 MPa 时，零位时的上游两个供气节流口和下游两个排气节流口均为亚声速流动；供气压力等于 0.237 4 MPa 时，零位时的上游两个供气节流口为亚声速流动，下游两个排气节流口处于临界流动，即亚声速流动和超声速流动的分界点；供气压力大于 0.237 4 MPa 时，零位时的上游两个供气节流口为亚声速流动，下游两个排气节流口为超声速流动，且在零位处的负载压力为供气压力的 80.75%。

14.1.1　数学模型

14.1.1.1　上游和下游各节流口面积

经过负重合圆柱滑阀各节流口的流动有两种方式：一种为经过供气口至负载口的上游节流口流动；另一种为经过负载口至排气口的下游节流口流动。静态时，气缸活塞固定不动，相当于负载口关闭，气体从供气口进入后，直接经排气口流出。

和负载口 p_a 相连接的滑阀上游节流口面积为

$$S_1 = b_p(\Delta + x) \tag{14.1}$$

和负载口 p_a 相连接的滑阀下游节流口面积为

$$S_2 = b_p(\Delta - x) \tag{14.2}$$

式中　b_p——节流口的宽度（15 mm）。

和负载口 p_b 相连接的滑阀上游节流口面积为

$$S_3 = b_p(\Delta - x) \tag{14.3}$$

和负载口 p_b 相连接的滑阀下游节流口面积为

$$S_4 = b_p(\Delta + x) \tag{14.4}$$

14.1.1.2　通过单个节流口的质量流量

亚声速流动时（$0.528\,3 \leqslant p_o/p_i \leqslant 1.0$），通过面积为 S_o 的单个节流口的质量流量为

$$Q_{mo} = f_s(S_o, p_i, p_o, T) = CS_o \frac{p_i}{\sqrt{RT}} \sqrt{\frac{2k}{k-1}\left[\left(\frac{p_o}{p_i}\right)^{\frac{2}{k}} - \left(\frac{p_o}{p_i}\right)^{\frac{k+1}{k}}\right]} \tag{14.5}$$

式中　C——节流口的流量系数（0.68）；

p_i、p_o——节流口的入口压力和出口压力；

T——气体的绝对温度(293 K);

k——气体的绝热比系数(1.4);

R——气体常数[287 J/(kg·K)]。

超声速流动时($0 \leqslant p_o/p_i < 0.528\,3$),质量流量为

$$Q_{mo} = f_c(S_o,\ p_i,\ T) = CS_o \frac{p_i}{\sqrt{RT}} \sqrt{\frac{2k}{k+1}\left(\frac{2}{k+1}\right)^{\frac{2}{k-1}}} \tag{14.6}$$

14.1.1.3 滑阀各节流口的质量流量

1)通过面积为 S_1 的节流口质量流量

$$Q_{m1} = \begin{cases} f_s(S_1,\ p_s,\ p_a,\ T), & 0.528\,3 \leqslant p_a/p_s \leqslant 1 \\ f_c(S_1,\ p_s,\ T), & 0 \leqslant p_a/p_s < 0.528\,3 \end{cases} \tag{14.7}$$

2)通过面积为 S_2 的节流口质量流量

$$Q_{m2} = \begin{cases} f_s(S_2,\ p_a,\ p_e,\ T), & 0.528\,3 \leqslant p_e/p_a \leqslant 1 \\ f_c(S_2,\ p_a,\ T), & 0 \leqslant p_e/p_a < 0.528\,3 \end{cases} \tag{14.8}$$

3)通过面积为 S_3 的节流口质量流量

$$Q_{m3} = \begin{cases} f_s(S_3,\ p_s,\ p_b,\ T), & 0.528\,3 \leqslant p_b/p_s \leqslant 1 \\ f_c(S_3,\ p_s,\ T), & 0 \leqslant p_b/p_s < 0.528\,3 \end{cases} \tag{14.9}$$

4)通过面积为 S_4 的节流口质量流量

$$Q_{m4} = \begin{cases} f_s(S_4,\ p_b,\ p_e,\ T), & 0.528\,3 \leqslant p_e/p_b \leqslant 1 \\ f_c(S_4,\ p_b,\ T), & 0 \leqslant p_e/p_b < 0.528\,3 \end{cases} \tag{14.10}$$

14.1.1.4 滑阀节流口至负载口的质量流量

假设各节流口之间的气体为不可压缩的绝热流动过程,那么通过控制节流口流向两个负载口的质量流量分别为

$$Q_{ma} = Q_{m1} - Q_{m2} \tag{14.11}$$

$$Q_{mb} = Q_{m3} - Q_{m4} \tag{14.12}$$

14.1.1.5 气动伺服阀的静态压力特性和泄漏量特性

静态时相当于将伺服阀的两个负载口堵死,即伺服阀输出的负载流量为零,可得出 $Q_{ma} = Q_{mb} = 0$,即

$$Q_{m1} = Q_{m2},\ Q_{m3} = Q_{m4} \tag{14.13}$$

14.1.2 控制口压力特性与节流口流动状态

假定气动伺服阀排气口与大气相通,排气压力 p_e 为一个标准大气压(0.101 3 MPa),研究在不同供气压力时上游两个节流口和下游两个节流口的气体流动状态(亚声速流动或超声速流动)。当伺服阀两个负载口压力 p_a 和 p_b 为 $p_e/0.528\,3(= 0.191\,7\ \text{MPa})$ 时,有 $p_e/p_a = p_e/p_b =$

0.528 3;此时,下游两个节流口的流动均为临界流动(即亚声速流动和超声速流动的临界过渡点处)。文献[3]研究结果表明,具有对称均等正开口量的气动伺服阀在零位时的负载口压力为供气压力的80.75%。可见,伺服阀两个负载口压力 p_a 和 p_b 为 $p_e/0.528\,3(=0.191\,7\text{ MPa})$ 时,供气压力 p_s 为 $p_a/80.75\%(=0.237\,4\text{ MPa})$。为此,分别讨论供气压力在 $[p_e, 0.191\,7\text{ MPa}]$、$[0.191\,7\text{ MPa}, 0.237\,4\text{ MPa}]$ 和 0.237 4 MPa 以上三种情况下的零位流动状态。由式(14.1)~式(14.13)可以进行气动伺服阀静态特性的数值计算。计算结果如图 14.2 至图 14.5 所示。

1) 供气压力范围 0.101 3 MPa $< p_s \leqslant$ 0.191 7 MPa 如图 14.2 所示,当供气压力范围为 0.101 3 MPa $< p_s \leqslant$ 0.191 7 MPa 时,气动伺服阀在零位处有 $p_e/p_a = p_e/p_b > 0.528\,3$,$p_a/p_s = p_b/p_s > 0.528\,3$。可见,气动伺服阀零位时上游两个节流口和下游两个节流口的气体流动状态均为亚声速流动。

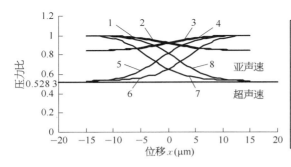

曲线	上游节流口		下游节流口	
	p_a/p_s	p_b/p_s	p_e/p_a	p_e/p_b
$p_s = 0.12$ MPa $p_e = 0.101\,3$ MPa	4	1	3	2
$p_s = 0.19$ MPa $p_e = 0.101\,3$ MPa	5	8	6	7

图 14.2 对称均等负重合气动伺服阀各节流口的流动状态
($\Delta_1 = \Delta_2 = 15\ \mu m$, 0.101 3 MPa $< p_s \leqslant$ 0.191 7 MPa)

2) 供气压力范围 0.191 7 MPa $< p_s <$ 0.237 4 MPa 如图 14.3 所示,当供气压力范围为 0.191 7 MPa $< p_s <$ 0.237 4 MPa 时,气动伺服阀在零位处有 $p_e/p_a = p_e/p_b > 0.528\,3$,$p_a/p_s = p_b/p_s > 0.528\,3$。即伺服阀零位时上游两个节流口和下游两个节流口的气体流动状态均为亚声速流动。

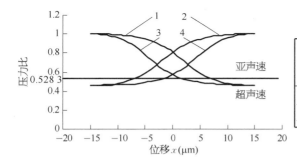

曲线	上游节流口		下游节流口	
	p_a/p_s	p_b/p_s	p_e/p_a	p_e/p_b
$p_s = 0.22$ MPa $p_e = 0.101\,3$ MPa	2	1	3	4

图 14.3 对称均等负重合气动伺服阀各节流口的流动状态
($\Delta_1 = \Delta_2 = 15\ \mu m$, 0.191 7 MPa $< p_s <$ 0.237 4 MPa)

3) 供气压力 $p_s = 0.237\,4$ MPa 如图 14.4 所示,当供气压力 $p_s = 0.237\,4$ MPa 时,气动伺服阀在零位处有 $p_a/p_s = p_b/p_s > 0.528\,3$,$p_e/p_a = p_e/p_b = 0.528\,3$。即气动伺服阀零位时上游

高端液压元件理论与实践

两个节流口的气体流动状态为亚声速流动，下游两个节流口为临界流动（即处于亚声速与超声速的分界点上）。

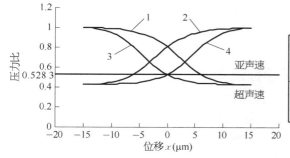

图 14.4　对称均等负重合气动伺服阀各节流口的流动状态
$(\Delta_1 = \Delta_2 = 15 \ \mu m, \ p_s = 0.237\ 4 \ \text{MPa})$

曲线	上游节流口		下游节流口	
	p_a/p_s	p_b/p_s	p_e/p_a	p_e/p_b
$p_s = 0.237\ 4 \ \text{MPa}$ $p_e = 0.101\ 3 \ \text{MPa}$	2	1	3	4

4）供气压力 $p_s > 0.237\ 4 \ \text{MPa}$　如图 14.5 所示，当供气压力 $p_s > 0.237\ 4 \ \text{MPa}$ 时，气动伺服阀在零位处有 $p_a/p_s = p_b/p_s > 0.528\ 3$，$p_e/p_a = p_e/p_b < 0.528\ 3$。即伺服阀零位时上游两个节流口的气体流动状态为亚声速流动，下游两个节流口为超声速流动。根据这一结论，还可得出气动伺服阀在零位时的负载口压力为供气压力的 80.75%。

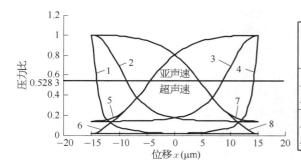

图 14.5　对称均等负重合气动伺服阀各节流口的流动状态
$(\Delta_1 = \Delta_2 = 15 \ \mu m, \ p_s > 0.237\ 4 \ \text{MPa})$

曲线	上游节流口		下游节流口	
	p_a/p_s	p_b/p_s	p_e/p_a	p_e/p_b
$p_s = 0.7 \ \text{MPa}$ $p_e = 0.101\ 3 \ \text{MPa}$	5	7	3	2
$p_s = 6.0 \ \text{MPa}$ $p_e = 0.101\ 3 \ \text{MPa}$	6	8	4	1

14.1.3　零位特性

（1）具有对称均等负重合量的气动伺服阀在零位处各节流口的流动状态与供气压力大小有关。

（2）具有对称均等负重合量的气动伺服阀排气口压力为一个标准大气压，当供气压力在 $0.101\ 3 \ \text{MPa} < p_s \leqslant 0.191\ 7 \ \text{MPa}$ 时，在零位处的上游两个节流口和下游两个节流口气体流动状态均为亚声速流动。当供气压力 $0.191\ 7 \ \text{MPa} < p_s < 0.237\ 4 \ \text{MPa}$ 时，气动伺服阀在零位处的上游两个节流口和下游两个节流口的气体流动状态仍然均为亚声速流动。当供气压力 $p_s = 0.237\ 4 \ \text{MPa}$ 时，在零位处的上游两个节流口的气体流动状态为亚声速流动，下游两个节流口的气体流动状态处于亚声速与超声速流动的临界状态。当供气压力 $p_s > 0.237\ 4 \ \text{MPa}$ 时，在零位处的上游两个节流口的气体流动状态为亚声速流动,下游两个节流口的气体流动状态为超声速流动,且在零位时的负载口压力为供气压力的80.75%。

(3)针对以空气作为工作介质,且直接向周围环境排气的气动系统,恰当地选择供气压力,可以准确地掌握和控制气动伺服阀的零位压力及其各节流口的流动状态,从而分析气动伺服系统的基本特性。

14.2 对称负重合型四边气动伺服阀零位流动状态

阀口的流动状态直接决定气动伺服阀和气动伺服机构的特性。建立对称负重合型气动伺服阀滑阀级的数学模型,这里介绍采用假设求证法如何分析零位时气体流经上、下游节流口的所有流动状态及其影响因素。结果表明:负重合量不均等系数与供、排气压力比共同决定气动伺服阀的零位流动状态。在不同供、排气压力比下,负重合量不均等系数小于0.5283的气动伺服阀有三种零位流动状态,即上、下游节流口均为亚声速流动,或者均为声速流动,或者上游节流口为声速而下游节流口为亚声速流动;负重合量不均等系数不小于0.5283的气动伺服阀有两种零位流动状态,即上、下游节流口均为亚声速流动,或者上游节流口为亚声速而下游节流口为声速流动。针对负重合量不均等系数分别为0.5、1、2的三种气动伺服阀进行了计算和实验验证,实验结果与理论分析相吻合。

气动伺服系统发源于第二次世界大战期间,导弹与火箭姿态控制采用温度达400~2 000 ℃的燃气作为动力源,也称为热气伺服机构。由于气源价廉、防火性好且柔韧度较高等,工业用响应缓慢的气动系统陆续采用伺服控制,具有一定响应速度、较高精度的气动电磁阀、伺服阀、比例阀相继问世,气动技术在飞机、汽车、火车、自动化生产线、机器人等制造领域得到了广泛应用。近年来,国内外学者相继研究气动射流管伺服阀、比例压力阀、微型气动阀、电气伺服阀、气动伺服比例阀、绝缘橡胶驱动型气动阀的特性,探讨气动阀内部结冰现象与机理以及小口径气动元件的流量测试理论与方法,建立气动系统能量消耗评价体系,并利用现代控制理论补偿气动伺服系统的非线性现象,以及在基于质量流量对气动伺服系统进行设计方面进行了尝试。

目前,气动伺服阀的研究大多针对圆柱阀芯和阀套轴向呈理想的几何对称均等结构。实际中,圆柱滑阀上游、下游节流口的轴向重合量存在不对称或者不均等结构、对称不均等结构等多种形式。该类结构下气动伺服阀的性能已经引起少数学者的关注,但是研究尚不够深入。

气体流动状态不同时,伺服阀的零位流量增益和压力增益均不相同。为了准确掌握气动伺服阀的零位特性,须首先理清零位时气体流经控制阀口的流动状态。本节针对对称负重合型气动伺服阀,包括对称均等负重合型和对称不均等负重合型,着重介绍负重合量不均等系数及供、排气压力比与伺服阀零位气体流动状态之间的映射关系,为精确控制气动伺服阀的零位特性提供理论依据。

14.2.1 负重合量不均等系数与供、排气压力比

负重合型四边气动阀控缸系统如图14.6所示,伺服阀供气口压力为p_s,排气口压力为p_e,两负载口压力分别为p_a、p_b。与负载口相连的两个腔室分别为左、右负载腔C_L和C_R。由供气口去往负载腔的通道称为上游节流口;由负载腔去往排气口的通道称为下游节流口。通过四个节流口的气体质量流量依次为Q_{m1}、Q_{m2}、Q_{m3}、Q_{m4}。通往两负载口的气体质量流量分别为

Q_{ma}、Q_{mb}。

假设零位时圆柱滑阀的阀芯和阀套在结构上形成的轴向负重合量几何对称,其中 Δ_1 为上游供气侧的负重合量,Δ_2 为下游排气侧的负重合量。当 $\Delta_1 = \Delta_2$ 时,定义其为对称均等负重合型气动伺服阀;而当 $\Delta_1 \neq \Delta_2$ 时,则定义其为对称不均等负重合型;当四处节流口的负重合量皆不相等时,称为不规则负重合型。本节研究的对象包括对称均等负重合型($\Delta_1 = \Delta_2$)和对称不均等负重合型($\Delta_1 \neq \Delta_2$)气动伺服阀,统称为对称负重合型气动伺服阀。

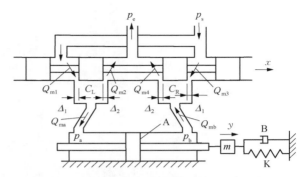

图 14.6 负重合型四边气动阀控缸系统示意图

定义气动伺服阀上游和下游轴向负重合量之比为负重合量不均等系数,即

$$\lambda = \frac{\Delta_1}{\Delta_2} \tag{14.14}$$

则对称均等负重合型气动伺服阀的不均等系数 $\lambda = 1$;对称不均等负重合型气动伺服阀的不均等系数 $\lambda \neq 1$。

定义气动伺服阀的供、排气压力比为

$$n = \frac{p_s}{p_e} \tag{14.15}$$

14.2.2 数学模型

假设条件如下:

(1) 气体为干燥的空气。

(2) 供、排气压力 p_s、p_e 取绝对压力。

(3) 通过各节流口的气体流动为绝热过程,气体的绝热比系数和各节流口的流量系数为常数,并忽略阀芯和阀套之间间隙的泄漏。

(4) 为简化计算,数学模型中采用节流控制口的平均温度。

气体亚声速流动时($0.528\,3 \leqslant p_o/p_i \leqslant 1.0$),通过面积为 S_o 的单个节流口的质量流量为

$$Q_{mo} = f_s(S_o, p_i, p_o, T)$$
$$= CS_o \frac{p_i}{\sqrt{RT}} \sqrt{\frac{2k}{k-1}\left[(p_o/p_i)^{\frac{2}{k}} - (p_o/p_i)^{\frac{k+1}{k}}\right]} \tag{14.16}$$

式中 C——节流口的流量系数(0.68);

p_i、p_o——节流口的入口和出口压力(MPa);

T——气体的绝对温度(293 K);

k——气体的绝热比系数(1.4);

R——气体常数[287 J/(kg·K)]。

气体声速流动时（$0 \leqslant p_{\mathrm{o}}/p_{\mathrm{i}} < 0.5283$），通过面积为 S_{o} 的单个节流口的质量流量为

$$Q_{\mathrm{mo}} = f_{\mathrm{c}}(S_{\mathrm{o}},\ p_{\mathrm{i}},\ T)$$

$$= CS_{\mathrm{o}}\ \frac{p_{\mathrm{i}}}{\sqrt{RT}}\ \sqrt{\frac{2k}{k+1}\Big(\frac{2}{k+1}\Big)^{\frac{2}{k-1}}} \tag{14.17}$$

图 14.6 所示气动系统中与负载口 p_{a}、p_{b} 相连接的滑阀上、下游节流口面积分别为

$$S_1 = b_{\mathrm{p}}(\Delta_1 + x),\ S_2 = b_{\mathrm{p}}(\Delta_2 - x) \tag{14.18}$$

$$S_3 = b_{\mathrm{p}}(\Delta_1 - x),\ S_4 = b_{\mathrm{p}}(\Delta_2 + x) \tag{14.19}$$

式中　b_{p}——滑阀节流口的面积梯度（$\mu\mathrm{m}$）；

　　　x——阀芯位移（$\mu\mathrm{m}$）；

　Δ_1、Δ_2——阀芯和阀套在供气侧、排气侧的轴向负重合量（$\mu\mathrm{m}$）。

则通过滑阀 $S_1 \sim S_4$ 各节流口的气体质量流量分别为

$$Q_{\mathrm{m1}} = \begin{cases} f_{\mathrm{s}}(S_1,\ p_{\mathrm{s}},\ p_{\mathrm{a}},\ T), & 0.5283 \leqslant p_{\mathrm{a}}/p_{\mathrm{s}} \leqslant 1 \\ f_{\mathrm{c}}(S_1,\ p_{\mathrm{s}},\ T), & 0 \leqslant p_{\mathrm{a}}/p_{\mathrm{s}} < 0.5283 \end{cases} \tag{14.20}$$

$$Q_{\mathrm{m2}} = \begin{cases} f_{\mathrm{s}}(S_2,\ p_{\mathrm{a}},\ p_{\mathrm{e}},\ T), & 0.5283 \leqslant p_{\mathrm{e}}/p_{\mathrm{a}} \leqslant 1 \\ f_{\mathrm{c}}(S_2,\ p_{\mathrm{a}},\ T), & 0 \leqslant p_{\mathrm{e}}/p_{\mathrm{a}} < 0.5283 \end{cases} \tag{14.21}$$

$$Q_{\mathrm{m3}} = \begin{cases} f_{\mathrm{s}}(S_3,\ p_{\mathrm{s}},\ p_{\mathrm{b}},\ T), & 0.5283 \leqslant p_{\mathrm{b}}/p_{\mathrm{s}} \leqslant 1 \\ f_{\mathrm{c}}(S_3,\ p_{\mathrm{s}},\ T), & 0 \leqslant p_{\mathrm{b}}/p_{\mathrm{s}} < 0.5283 \end{cases} \tag{14.22}$$

$$Q_{\mathrm{m4}} = \begin{cases} f_{\mathrm{s}}(S_4,\ p_{\mathrm{b}},\ p_{\mathrm{e}},\ T), & 0.5283 \leqslant p_{\mathrm{e}}/p_{\mathrm{b}} \leqslant 1 \\ f_{\mathrm{c}}(S_4,\ p_{\mathrm{b}},\ T), & 0 \leqslant p_{\mathrm{e}}/p_{\mathrm{b}} < 0.5283 \end{cases} \tag{14.23}$$

根据假设条件（2），各节流口之间的气体为绝热流动过程，且忽略阀芯和阀套之间间隙的泄漏，通过控制节流口流向两个负载口的气体质量流量分别为

$$Q_{\mathrm{ma}} = Q_{\mathrm{m1}} - Q_{\mathrm{m2}},\ Q_{\mathrm{mb}} = Q_{\mathrm{m3}} - Q_{\mathrm{m4}} \tag{14.24}$$

静态时，图 14.6 所示气动系统中活塞位置固定，输出位移 y 为零，即伺服阀输出到气缸的气体流量 $Q_{\mathrm{ma}} = Q_{\mathrm{mb}} = 0$，则

$$Q_{\mathrm{m1}} = Q_{\mathrm{m2}},\ Q_{\mathrm{m3}} = Q_{\mathrm{m4}} \tag{14.25}$$

14.2.3　各阀口可能的流动状态

由式（14.16）、式（14.17）可知，气体经过节流口的流动状态直接影响其通过节流口质量流量，进而影响伺服阀的工作特性。为使气动伺服阀得到预期的工作性能，可以通过控制其节流口的气体流动状态而达到设计目标。为达到此目的，采取"先假设，后求证"的方法，按照四种可能的组合形式逐一展开分析，以期得到气动伺服阀供、排气压力比 n，负重合量不均等系数 λ 与零位各节流口流动状态之间的数学关系。

对称负重合型气动伺服阀主阀芯处于零位时

$$x = 0 \tag{14.26}$$

$$S_1 = S_3 = b_{\mathrm{p}}\Delta_1 \tag{14.27}$$

$$S_2 = S_4 = b_{\mathrm{p}}\Delta_2 \tag{14.28}$$

由于伺服阀左、右负载腔对称，则以左负载腔的上、下游节流口为例进行分析。

14.2.3.1　假设上、下游节流口均为亚声速流动

当上、下游节流口均为亚声速流动状态时，须满足条件

$$0.528\,3 \leqslant p_{\mathrm{a0}}/p_{\mathrm{s}} \leqslant 1 \tag{14.29}$$

$$0.528\,3 \leqslant p_{\mathrm{e}}/p_{\mathrm{a0}} \leqslant 1 \tag{14.30}$$

式中　p_{a0}——滑阀阀芯处于零位时，左负载腔的压力（MPa）。

气体流经上、下游节流口的质量流量分别为

$$Q_{\mathrm{m10}} = f_{\mathrm{s}}(S_1,\ p_{\mathrm{s}},\ p_{\mathrm{a0}},\ T) \tag{14.31}$$

$$Q_{\mathrm{m20}} = f_{\mathrm{s}}(S_2,\ p_{\mathrm{a0}},\ p_{\mathrm{e}},\ T) \tag{14.32}$$

且流经上、下游节流口的气体质量流量相等，将式（14.14）、式（14.27）、式（14.28）、式（14.31）、式（14.32）代入式（14.25），得

$$\lambda \frac{\sqrt{(p_{\mathrm{a0}}/p_{\mathrm{s}})^{\frac{2}{k}} - (p_{\mathrm{a0}}/p_{\mathrm{s}})^{\frac{k+1}{k}}}}{p_{\mathrm{a0}}/p_{\mathrm{s}}} = \sqrt{(p_{\mathrm{e}}/p_{\mathrm{a0}})^{\frac{2}{k}} - (p_{\mathrm{e}}/p_{\mathrm{a0}})^{\frac{k+1}{k}}} \tag{14.33}$$

在亚声速流动条件式（14.29）、式（14.30）下

$$\frac{\sqrt{(p_{\mathrm{a0}}/p_{\mathrm{s}})^{\frac{2}{k}} - (p_{\mathrm{a0}}/p_{\mathrm{s}})^{\frac{k+1}{k}}}}{p_{\mathrm{a0}}/p_{\mathrm{s}}} \in [0,\ 0.489\,9]$$

$$\sqrt{(p_{\mathrm{e}}/p_{\mathrm{a0}})^{\frac{2}{k}} - (p_{\mathrm{e}}/p_{\mathrm{a0}})^{\frac{k+1}{k}}} \in [0,\ 0.258\,8]$$

为使等式（14.33）成立，则负重合量不均等系数

$$\lambda \in [0,\ +\infty)$$

再求伺服阀供、排气压力比，联立亚声速流动条件式（14.29）、式（14.30），得

$$0.279\,1 \leqslant (p_{\mathrm{a0}}/p_{\mathrm{s}}) \cdot (p_{\mathrm{e}}/p_{\mathrm{a0}}) \leqslant 1$$

而供、排气压力比

$$n = \frac{p_{\mathrm{s}}}{p_{\mathrm{e}}} = \frac{1}{(p_{\mathrm{a0}}/p_{\mathrm{s}}) \cdot (p_{\mathrm{e}}/p_{\mathrm{a0}})} \tag{14.34}$$

则

$$1 \leqslant n \leqslant 3.582\,9$$

故当负重合量不均等系数不小于 0，供、排气压力比在 [1, 3.582 9]，且满足等式（14.33）时，

对称负重合型气动伺服阀零位上、下游节流口均为亚声速流动。

14.2.3.2 假设上、下游节流口均为声速流动

当上、下游节流口均为声速流动状态时,须满足条件

$$0 \leqslant p_{a0}/p_s < 0.528\,3 \tag{14.35}$$

$$0 \leqslant p_e/p_{a0} < 0.528\,3 \tag{14.36}$$

此时,气体流经负载腔上、下游节流口的质量流量分别为

$$Q_{m10} = f_c(S_1, p_s, T) \tag{14.37}$$

$$Q_{m20} = f_c(S_2, p_a, T) \tag{14.38}$$

且流经上、下游节流口的气体质量流量相等,将式(14.14)、式(14.27)、式(14.28)、式(14.37)、式(14.38)代入气体质量流量式(14.25),得

$$\lambda = p_{a0}/p_s \tag{14.39}$$

将上式与式(14.35)联立,得

$$0 \leqslant \lambda < 0.528\,3$$

联立声速流动条件式(14.35)、式(14.36),得

$$0 \leqslant (p_{a0}/p_s)(p_e/p_{a0}) < 0.279\,1$$

将其代入恒等式(14.34),可得伺服阀供、排气压力比

$$3.582\,9 < n < +\infty$$

可知当负重合量不均等系数 λ 在$[0, 0.528\,3)$,供、排气压力比大于 3.582 9,且满足式(14.39)时,对称负重合型气动伺服阀零位上、下游节流口均为声速流动。

14.2.3.3 假设上游节流口为亚声速流动,下游节流口为声速流动

当上游节流口为亚声速流动,下游节流口为声速流动时,须满足前提条件 $0.528\,3 \leqslant p_{a0}/p_s \leqslant 1$,$0 \leqslant p_e/p_{a0} < 0.528\,3$;且此时通过上、下游节流口的气体质量流量相等,分别如式(14.31)、式(14.38)所示,将式(14.14)、式(14.27)、式(14.28)、式(14.31)、式(14.38)代入气体流量等式(14.25),整理得

$$\lambda \frac{\sqrt{\dfrac{2k}{k-1}\left[(p_{a0}/p_s)^{\frac{2}{k}} - (p_{a0}/p_s)^{\frac{k+1}{k}}\right]}}{p_{a0}/p_s} = \sqrt{\frac{2k}{k+1}\left(\frac{2}{k+1}\right)^{\frac{2}{k-1}}} \tag{14.40}$$

在上游节流口为亚声速流动,下游节流口为声速流动条件 $0.528\,3 \leqslant p_{a0}/p_s \leqslant 1$,$0 \leqslant p_e/p_{a0} < 0.528\,3$ 下

$$\frac{\sqrt{\dfrac{2k}{k-1}\left[(p_{a0}/p_s)^{\frac{2}{k}} - (p_{a0}/p_s)^{\frac{k+1}{k}}\right]}}{p_{a0}/p_s} \in [0, 1.296\,1]$$

$$\sqrt{\frac{2k}{k+1}\left(\frac{2}{k+1}\right)^{\frac{2}{k-1}}} = 0.684\,7$$

为使等式(14.40)成立,则负重合量不均等系数

$$\lambda \in [0.528\,3, +\infty)$$

再求气动伺服阀供、排气压力比,联立上游节流口为亚声速流动,下游节流口为声速流动条件 $0.528\,3 \leqslant p_{a0}/p_s \leqslant 1$、$0 \leqslant p_e/p_{a0} < 0.528\,3$,得

$$0 \leqslant (p_{a0}/p_s) \cdot (p_e/p_{a0}) < 0.528\,3$$

将上式代入恒等式(14.34)得

$$1.892\,9 < n < +\infty$$

即当负重合量不均等系数 λ 不小于 $0.528\,3$,供、排气压力比大于 $1.892\,9$,且满足式(14.40)时,对称负重合型气动伺服阀零位的上游节流口为亚声速流动、下游节流口为声速流动。

14.2.3.4 假设上游节流口为声速流动,下游节流口为亚声速流动

当上、下游节流口分别为声速流动、亚声速流动时,须满足条件 $0 \leqslant p_{a0}/p_s < 0.528\,3$、$0.528\,3 \leqslant p_e/p_{a0} \leqslant 1$;且此时通过上、下游节流口的气体质量流量相等,分别如式(14.37)、式(14.32)所示,则将式(14.14)、式(14.27)、式(14.28)、式(14.32)、式(14.37)代入气体质量流量式(14.25),得

$$\lambda \frac{\sqrt{\dfrac{2k}{k+1}\left(\dfrac{2}{k+1}\right)^{\frac{2}{k-1}}}}{p_{a0}/p_s} = \sqrt{\frac{2k}{k-1}\left[\left(\frac{p_e}{p_{a0}}\right)^{\frac{2}{k}} - \left(\frac{p_e}{p_{a0}}\right)^{\frac{k+1}{k}}\right]} \tag{14.41}$$

在上、下游节流口分别为声速流动、亚声速流动条件 $0 \leqslant p_{a0}/p_s < 0.528\,3$、$0.528\,3 \leqslant p_e/p_{a0} \leqslant 1$ 下

$$\sqrt{\frac{2k}{k+1}\left(\frac{2}{k+1}\right)^{\frac{2}{k-1}}} \Big/ p_{a0}/p_s \in (1.269\,1, +\infty)$$

$$\sqrt{\frac{2k}{k-1}\left[(p_e/p_{a0})^{\frac{2}{k}} - (p_e/p_{a0})^{\frac{k+1}{k}}\right]} \in (0, 0.684\,7)$$

为使等式(14.41)成立,则负重合量不均等系数

$$\lambda \in (0, 0.528\,3)$$

联立上、下游节流口分别为声速流动、亚声速流动条件 $0 \leqslant p_{a0}/p_s < 0.528\,3$、$0.528\,3 \leqslant p_e/p_{a0} \leqslant 1$,得

$$0 \leqslant (p_{a0}/p_s) \cdot (p_e/p_{a0}) < 0.528\,3$$

将上式代入恒等式(14.34),得供、排气压力比

$$1.892\,9 < n < +\infty$$

可知当负重合量不均等系数 λ 小于 $0.528\,3$,供排气压力比大于 $1.892\,9$,且满足式(14.41)时,对称负重合型气动伺服阀零位的上游节流口为声速流动,下游节流口为亚声速流动。

14.2.3.5 控制参数与伺服阀零位流动状态映射关系

由上述分析可得对称负重合型伺服阀零位流动状态与控制参数的关系,见表14.1。

表 14.1　对称负重合型气动伺服阀流动状态

气体流动状态		存在与否	须满足条件		
Δ_1	Δ_2		n	λ	表达式
亚声速	亚声速	是	$[1, 3.5829]$	$[0, +\infty]$	式(14.33)
亚声速	声速	是	$(1.8929, +\infty)$	$[0.5283, +\infty)$	式(14.40)
声速	亚声速	是	$(1.8929, +\infty)$	$(0, 0.5283)$	式(14.41)
声速	声速	是	$(3.5829, +\infty)$	$[0, 0.5283)$	式(14.39)

14.2.4　计算案例

在实际案例中,气动伺服阀的圆柱滑阀上、下游节流口的负重合量客观上存在对称均等、对称不均等的情况。为验证理论分析的有效性,选取案例① $\Delta_1 = 5\,\mu m$,$\Delta_2 = 10\,\mu m$;② $\Delta_1 = \Delta_2 = 5\,\mu m$;③ $\Delta_1 = 10\,\mu m$,$\Delta_2 = 5\,\mu m$。即结构参数负重合量不均等系数 λ 分别为 0.5、1、2 的三种气动伺服阀进行计算,并与后续实验结果进行对比验证。

14.2.4.1　负重合量不均等系数 λ 为 0.5 的气动伺服阀

参照表 14.1,负重合量不均等系数 λ 为 0.5 的气动伺服阀零位流动状态有三种可能的组合,即上、下游节流口均为亚声速流动,上流节流口为声速流动而下游节流口为亚声速流动,以及上、下游节流口均为声速流动。组合的实现取决于供、排气压力比 n 满足哪一种组合对应的条件等式,需要逐一计算求取。

1) 上、下游节流口均为亚声速流动的情况　该情况下,气动伺服阀的供、排气压力 p_s、p_e 以及零位压力 p_{a0} 满足式(14.29)、式(14.30),即 $0.5283 \leqslant p_{a0}/p_s \leqslant 1$、$0.5283 \leqslant p_e/p_{a0} \leqslant 1$。由该工况下的条件等式(14.33)得

$$0.5\,\frac{\sqrt{(p_{a0}/p_s)^{\frac{2}{k}} - (p_{a0}/p_s)^{\frac{k+1}{k}}}}{p_{a0}/p_s} = \sqrt{(p_e/p_{a0})^{\frac{2}{k}} - (p_e/p_{a0})^{\frac{k+1}{k}}} \tag{14.42}$$

在条件 $0.5283 \leqslant p_{a0}/p_s \leqslant 1$、$0.5283 \leqslant p_e/p_{a0} \leqslant 1$ 以及上式下,由拉格朗日乘数法(或利用 MATALB 软件中的 fmincon 函数,下同)求得供、排气压力比 n 的极值区间:

当 $p_{a0}/p_s = 1$、$p_e/p_{a0} = 1$ 时,供、排气压力比 n 取得极小值 1。

当 $p_{a0}/p_s = 0.5283$、$p_e/p_{a0} = 0.6816$ 时,供、排气压力比 n 取得极大值 2.7770。

则负重合量不均等系数 λ 为 0.5 的气动伺服阀的供、排气压力比 $n \in [1, 2.7770]$,主阀阀芯处于零位时,其上、下游节流口均为亚声速流动。

2) 上游节流口为声速流动,下游节流口为亚声速流动的情况　此种情况下,气动伺服阀的供、排气压力 p_s、p_e 及零位压力 p_{a0} 满足条件 $0 \leqslant p_{a0}/p_s < 0.5283$、$0.5283 \leqslant p_e/p_{a0} \leqslant 1$。由该工况下的条件等式(14.41)得

$$0.5\,\frac{\sqrt{\frac{2k}{k+1}\left(\frac{2}{k+1}\right)^{\frac{2}{k-1}}}}{p_{a0}/p_s} = \sqrt{\frac{2k}{k-1}\left[\left(\frac{p_e}{p_{a0}}\right)^{\frac{2}{k}} - \left(\frac{p_e}{p_{a0}}\right)^{\frac{k+1}{k}}\right]} \tag{14.43}$$

在条件 $0 \leqslant p_{a0}/p_s < 0.5283$、$0.5283 \leqslant p_e/p_{a0} \leqslant 1$ 以及上式下,由拉格朗日乘数法求得供、

排气压力比 n 的取值范围:

当 $p_{a0}/p_s = 0.528\,3$、$p_e/p_{a0} = 0.681\,6$ 时,供、排气压力比 n 取得极小值 $2.777\,0$。

当 $p_{a0}/p_s = 0.5$、$p_e/p_{a0} = 0.528\,3$ 时,供、排气压力比 n 取得极大值 $3.785\,7$。

即负重合量不均等系数 λ 为 0.5 的气动伺服阀供、排气压力之比 $n \in (2.777\,0, 3.785\,7]$,主阀阀芯处于零位时,其上游节流口为声速流动、下游节流口为亚声速流动。

3) 上、下游节流口均为声速流动的情况 此时,气动伺服阀的供、排气压力 p_s、p_e 以及零位压力 p_{a0} 满足式(14.35)、式(14.36),即 $0 \leqslant p_{a0}/p_s < 0.528\,3$、$0 \leqslant p_e/p_{a0} < 0.528\,3$。由该情况下的条件等式(14.39)得

$$p_{a0}/p_s = 0.5 \tag{14.44}$$

将上式与不等式(14.36)联立,得

$$3.785\,7 < n < +\infty$$

可知对称不均等负重合型(负重合量不均等系数 $\lambda = 0.5$)气动伺服阀供、排气压力之比大于 $3.785\,7$,主阀阀芯处于零位时,流经其上、下游节流口的气体均为声速流动。

汇总上述分析得负重合量不均等系数 λ 为 0.5 的气动伺服阀零位流动状态与供、排气压力比 n 的关系,见表14.2。

表 14.2　负重合量不均等系数 λ 为 0.5 的气动伺服阀流动状态

气体流动状态		存在与否	须满足条件	
Δ_1	Δ_2		n	λ
亚声速	亚声速	是	$[1, 2.777\,0]$	0.5
亚声速	声速	否	—	0.5
声速	亚声速	是	$(2.777\,0, 3.785\,7]$	0.5
声速	声速	是	$(3.785\,7, +\infty)$	0.5

14.2.4.2　负重合量不均等系数 λ 为 1 的气动伺服阀

负重合量不均等系数 λ 为 1 时,称为对称均等负重合型气动伺服阀,参照表14.1,其零位流动状态有两种可能的组合,即上、下游节流口均为亚声速流动,以及上流节流口为亚声速流动而下游节流口为声速流动。以下求取其对应的供、排气压力比 n。

1) 上、下游节流口均为亚声速流动的情况 当上、下游节流口均为亚声速流动状态时,伺服阀的供、排气压力 p_s、p_e 及零位压力 p_{a0} 满足式(14.29)、式(14.30),即 $0.528\,3 \leqslant p_{a0}/p_s \leqslant 1$、$0.528\,3 \leqslant p_e/p_{a0} \leqslant 1$。

将负重合量不均等系数 $\lambda = 1$ 代入条件等式(14.33),得

$$\frac{\sqrt{(p_{a0}/p_s)^{\frac{2}{k}} - (p_{a0}/p_s)^{\frac{k+1}{k}}}}{p_{a0}/p_s} = \sqrt{(p_e/p_{a0})^{\frac{2}{k}} - (p_e/p_{a0})^{\frac{k+1}{k}}} \tag{14.45}$$

在条件 $0.528\,3 \leqslant p_{a0}/p_s \leqslant 1$、$0.528\,3 \leqslant p_e/p_{a0} \leqslant 1$ 以及上式下,由拉格朗日乘数法求得供、排气压力比 n 的极值区间:

当 $p_{a0}/p_s = 1$、$p_e/p_{a0} = 1$ 时,供、排气压力比 n 取得极小值 1。

当 $p_{a0}/p_s = 0.8075$、$p_e/p_{a0} = 0.5283$ 时,供、排气压力比 n 取得极大值 2.3441。

则对称均等负重合型气动伺服阀,其供、排气压力之比 $p_s/p_e \in [1, 2.3441]$ 时,其零位流动状态为上、下游节流口均为亚声速流动。

2）上游节流口为亚声速流动,下游节流口为声速流动的情况　此种情况下气动伺服阀的供、排气压力 p_s、p_e 以及零位压力 p_{a0} 满足式(14.29)、式(14.36),即 $0.5283 \leqslant p_{a0}/p_s \leqslant 1$、$0 \leqslant p_e/p_{a0} < 0.5283$。

将负重合量不均等系数 $\lambda = 1$ 代入条件等式(14.40),得

$$p_{a0}/p_s = 0.8075 \tag{14.46}$$

将其与流动条件 $0.5283 \leqslant p_{a0}/p_s \leqslant 1$、$0 \leqslant p_e/p_{a0} < 0.5283$ 联立,得

$$2.3441 < n < +\infty$$

即在供、排气压力比大于 2.3441 时,对称均等负重合型气动伺服阀零位流动状态为:上游节流口为亚声速流动,下游节流口为声速流动。且伺服阀零位稳态压力恒为供气压力的 80.75%。

通过以上分析,可得到对称均等负重合型气动伺服阀零位流动状态与供、排气压力比 n 的关系,见表 14.3。

表 14.3　对称均等负重合型 λ 为 1 的气动伺服阀流动状态

气体流动状态		存在与否	须满足条件	
Δ_1	Δ_2		n	λ
亚声速	亚声速	是	$[1, 2.3441]$	1
亚声速	声速	是	$(2.3441, +\infty)$	1
声速	亚声速	否	—	
声速	声速	否	—	1

14.2.4.3　负重合量不均等系数 λ 为 2 的气动伺服阀

根据表 14.1,负重合量不均等系数 λ 为 2 的气动伺服阀零位流动状态有两种可能的组合,即上、下游节流口均为亚声速流动,及上流节流口为亚声速流动而下游节流口为声速流动。以下求取其对应的供、排气压力比。

1）上、下游节流口均为亚声速流动的情况　该种情况下伺服阀的供、排气压力 p_s、p_e 以及零位压力 p_{a0} 满足式(14.29)、式(14.30),即 $0.5283 \leqslant p_{a0}/p_s \leqslant 1$、$0.5283 \leqslant p_e/p_{a0} \leqslant 1$。

由该种工况下的气体流量等式(14.33)得

$$2\frac{\sqrt{(p_{a0}/p_s)^{\frac{2}{k}} - (p_{a0}/p_s)^{\frac{k+1}{k}}}}{p_{a0}/p_s} = \sqrt{(p_e/p_{a0})^{\frac{2}{k}} - (p_e/p_{a0})^{\frac{k+1}{k}}} \tag{14.47}$$

在条件 $0.5283 \leqslant p_{a0}/p_s \leqslant 1$、$0.5283 \leqslant p_e/p_{a0} \leqslant 1$ 以及上式下,由拉格朗日乘数法求得供、排气压力比 n 的极值区间:

当 $p_{a0}/p_s = 1$、$p_e/p_{a0} = 1$ 时,供、排气压力比 n 取得极小值 1。

当 $p_{a0}/p_s = 0.9444$、$p_e/p_{a0} = 0.5283$ 时,供、排气压力比 n 取得极大值 2.0044。

即供、排气压力比 $n \in [1, 2.0044]$ 时,负重合量不均等系数 λ 为 2 的气动伺服阀零位流动

状态为：上、下游节流口均为亚声速流动。

2）上游节流口为亚声速流动，下游节流口为声速流动的情况　此时气动伺服阀的供、排气压力 p_s、p_e 以及零位压力 p_{a0} 满足式（14.29）、式（14.36），即 $0.528\,3 \leqslant p_{a0}/p_s \leqslant 1$，$0 \leqslant p_e/p_{a0} < 0.528\,3$。

将负重合量不均等系数 $\lambda = 2$ 代入条件等式（14.40），得

$$p_{a0}/p_s = 0.944\,4 \tag{14.48}$$

将其与条件 $0.528\,3 \leqslant p_{a0}/p_s \leqslant 1$、$0 \leqslant p_e/p_{a0} < 0.528\,3$ 联立，得

$$2.004\,4 < n < +\infty$$

即在供、排气压力比大于 $2.004\,4$ 时，负重合量不均等系数 λ 为 2 的气动伺服阀零位流动状态为：上游节流口为亚声速流动，下游节流口为声速流动。且伺服阀零位稳态压力恒为供气压力的 94.44%。

经上述分析，可得负重合量不均等系数 λ 为 2 的气动伺服阀零位流动状态与供、排气压力比 n 的关系，见表 14.4。

表 14.4　负重合量不均等系数 λ 为 2 的气动伺服阀

气体流动状态		存存与否	须满足条件	
Δ_1	Δ_2		n	λ
亚声速	亚声速	是	$[1, 2.004\,4]$	2
亚声速	声速	是	$(2.004\,4, +\infty)$	2
声速	亚声速	否	—	2
声速	声速	否	—	2

14.2.5　案例及其分析

14.2.5.1　实验装置及方法

案例实验装置示意图如图 14.7 所示，压缩空气经过调节阀后气源压力为 1.1 MPa，经减压至 p_s 为 0.7 MPa 后供给被测力反馈式两级气动伺服阀。由螺旋测微仪驱动滑阀阀芯产生位移，通过粘贴在力反馈杆上的应变片进行测量和反馈，信号采用动态应变仪（型号 DPM2713B，KYOWA 制造，带宽 10 kHz）传送。被测压力 p_a 由安装在伺服阀负载口处的压力传感器（型号 PGM210 KC，KYOWA 制造，谐振频率 40 kHz）测量。多台流量计并联测量气体流量。排气压力 p_e 为大气压 0.101 3 MPa，此时的供、排气压力比为 6.91。

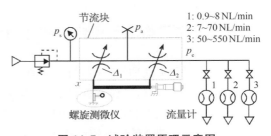

图 14.7　试验装置原理示意图

被测气动伺服阀中第一台负重合量 Δ_1 为 5 μm，Δ_2 为 10 μm，负重合量不均等系数 λ 为 0.5；第二台 Δ_1、Δ_2 均为 5 μm，负重合量不均等系数 λ 为 1；第三台 Δ_1 为 10 μm，Δ_2 为 5 μm，负重合量

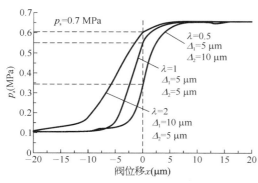

图 14.8 气动伺服阀压力实验结果

不均等系数 λ 为 2。主阀阀芯的面积梯度为 15 mm。

14.2.5.2 实验结果与分析

三台气动伺服阀的稳态压力测试结果如图 14.8 所示。阀芯位移 $x = 0$ 时,负重合量不均等系数 λ 为 0.5 的气动伺服阀零位压力为 0.34 MPa,为供气压力的 48.57%,与上一节中的理论结果 $p_{a0}/p_s = \lambda$ 较接近,误差 2.86%。此时 $p_e/p_{a0} = 0.30$,可知气体流经上、下游节流口均为声速流动,符合理论分析。

对称均等负重合型气动伺服阀零位压力为 0.55 MPa,为供气压力的 78.57%,与上一节中理论结果 $p_{a0}/p_s = 0.8075$ 接近,误差 2.7%。此时 $p_e/p_{a0} = 0.18$,则气体流经上游节流口为亚声速流动,下游节流口为声速流动,与理论分析一致。

负重合量不均等系数 λ 为 2 气动伺服阀零位压力为 0.61 MPa,为供气压力的 87.14%,与上一节中计算结果 $p_{a0}/p_s = 0.9444$ 接近,误差 7.73%。此时 $p_e/p_{a0} = 0.166$,则伺服阀上游节流口为亚声速流动,下游节流口为声速流动,与理论分析吻合。

实验结果与理论结果的差异还表明阀芯与阀套之间存在一定的间隙与泄漏。

可得到的主要结论有:

(1) 结构参数负重合量不均等系数和供、排气压力比两者共同决定对称负重合型气动伺服阀各节流口的零位流动状态。通过控制气动伺服阀负重合量不均等系数以及供、排气压力比,可以得到伺服阀零位上、下游节流口不同的流动状态组合。

(2) 在不同供、排气压力比下,负重合量不均等系数小于 0.5283 的气动伺服阀零位流动状态存在三种情况,分别为:上、下游节流口均为亚声速流动,上游节流口为声速流动而下游节流口为亚声速流动,及上、下游节流口皆为声速流动。

(3) 在不同供、排气压力比下,负重合量不均等系数不小于 0.5283 的气动伺服阀零位流动状态有两种组合:上、下游节流口均为亚声速流动和上游节流口为亚声速流动、下游节流口为声速流动。

14.3　对称不均等负重合型四边气动伺服阀

第二次世界大战期间,导弹与火箭的姿态控制采用燃气伺服系统。此后,气动阀控执行机构、具有均等重合量(正重合、零重合及负重合)的气动伺服阀、气动容腔特性等基础研究取得了一定的进展。一般工业用响应缓慢的气动控制逐步发展成为伺服控制,具有一定响应性速度、较高精度以及较大功率的伺服控制技术应运而生,气动电磁阀、气动比例阀相继问世,气动技术在汽车、飞机制造、火车车辆、机床、自动化生产线、机器人等方面得到了广泛应用。气动圆柱滑阀阀芯和阀套的轴向几重合量直接决定了气动伺服阀及气动系统的特性。目前,气动伺服阀的研究与制造大多针对圆柱阀芯和阀套的轴向尺寸具有对称均等重合量的结构。但是,气动伺服阀在制造过程中由于加工精度和装配等原因,存在圆柱滑阀上游节流口与下游节流口重合量的严重差异,即不均等重合量,导致阀的控制特性相差甚远,难以实现精确的高速控制甚至出现系统失控,气动伺服阀的研究和商业品种尚不多。

为了准确掌握具有不均等负重合量的气动伺服阀特性,并为新型气动伺服阀的研制和测试提供理论依据,本节分析具有负重合量的气动伺服阀特性及各节流口的流动形式。具有均等负重合量的气动伺服阀的零位压力约为供气压力的80%;当供气侧对称不均等负重合量小于排气侧负重合量时,零位压力小于供气压力的80%;当供气侧对称不均等负重合量大于排气侧负重合量时,零位压力大于供气压力的80%;具有对称均等负重合量或对称不均等负重合量的伺服阀的最大泄漏量发生在零位处。进行对称均等负重合量和不均等负重合量对气动伺服阀的压力特性、流量特性的影响分析和实验验证。

图14.9所示为具有负重合(即正开口)四通阀控缸的气动系统示意图。负重合四通气动滑阀的进气口压力为 p_s,排气口压力为 p_e,两个负载口的压力分别为 p_a 和 p_b,四个节流口的气体质量流量分别为 Q_{m1}、Q_{m2}、Q_{m3} 和 Q_{m4},伺服阀输出到气缸两腔的质量流量分别为 Q_{ma} 和 Q_{mb}。假设圆柱滑阀阀芯和阀套在结构上形成的轴向负重合量几何对称,且 Δ_1 为上游供气侧的轴向负重合量,Δ_2 为下游排气侧的轴向负重合量。当 $\Delta_1 = \Delta_2$ 时,定义该结构为具有几何对称均等负重合量的气动伺服阀;当 $\Delta_1 \neq$

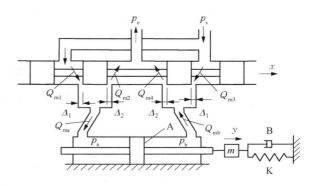

图14.9 具有负重合气动四通阀控缸的气动系统示意图

Δ_2 时,则定义该结构为具有几何对称不均等负重合量的气动伺服阀。当四个节流口的初始负重合量均不相等时,则称为具有不规则负重合量的气动伺服阀。在伺服阀的生产制造过程中,往往存在圆柱滑阀阀芯和阀套轴向重合量的几何对称均等、几何对称不均等或者不规则的现象。本节着重研究轴向尺寸 $\Delta_1 = \Delta_2$ 和 $\Delta_1 \neq \Delta_2$ 的情况。

研究具有负重合量的圆柱滑阀静态特性时,假设图14.9所示的气动系统中活塞位置固定不动,即位移 $y = 0$,则 $Q_{ma} = Q_{mb} = 0$。当圆柱阀芯位移 x 变化时,通过各节流口的质量流量也随之变化,控制腔压力 p_a 和 p_b 也随之变化。p_a 和 p_b 随阀芯位移的变化规律称为伺服阀的静态压力特性,此时的泄漏流量特性称为静态泄漏流量特性。

14.3.1 数学模型

假设条件如下:

(1) p_s 恒定,压力值取绝对压力。

(2) 通过各节流控制口的气体流动为绝热过程,绝热系数和各节流控制口的流量系数为常数,并忽略阀芯和阀套间隙之间的泄漏。

(3) 为简化计算,数学模型中采用节流控制口的平均温度。

(4) 负重合气动伺服阀的正常工作范围在阀位移饱和区域内,即

$$- \min(\Delta_1, \Delta_2) \leqslant x \leqslant \min(\Delta_1, \Delta_2) \tag{14.49}$$

本节研究负重合气动伺服阀阀芯在最大位移的全行程范围内的压力特性,即

$$-\max(\Delta_1, \Delta_2) \leqslant x \leqslant \max(\Delta_1, \Delta_2) \tag{14.50}$$

经过负重合圆柱滑阀各节流口的气体流动有两种方式：①经过供气口至负载口的上游节流口流动；②经过负载口至排气口的下游节流口流动。静态时，气缸活塞固定不动，相当于负载口关闭，气体从供气口进入后，直接经排气口流出。与 p_a 相连接的滑阀上、下游节流口面积分别为

$$S_1 = b_p(\Delta_1 + x) \tag{14.51}$$

$$S_2 = b_p(\Delta_2 - x) \tag{14.52}$$

式中　b_p——节流口的宽度（15 mm）。

与 p_b 相连接的滑阀上、下游节流口面积分别为

$$S_3 = b_p(\Delta_1 - x) \tag{14.53}$$

$$S_4 = b_p(\Delta_2 + x) \tag{14.54}$$

亚声速流动时（$0.528\,3 \leqslant p_o/p_i \leqslant 1.0$），通过单个节流口面积（$S_o$）的气体质量流量为

$$Q_{mo} = f_s(S_o, p_i, p_o, T) = CS_o \frac{p_i}{\sqrt{RT}} \sqrt{\frac{2k}{k-1}\left[\left(\frac{p_o}{p_i}\right)^{\frac{2}{k}} - \left(\frac{p_o}{p_i}\right)^{\frac{k+1}{k}}\right]} \tag{14.55}$$

式中　C——节流口的流量系数，$C = 0.68$；

　　p_i、p_o——节流口的入口压力和出口压力；

　　T——气体的绝对温度，$T = 293$ K；

　　k——气体的绝热比系数，$k = 1.4$；

　　R——气体常数，$R = 287$ J/(kg·K)。

超声速流动时（$0 \leqslant p_o/p_i < 0.528\,3$），有

$$Q_{mo} = f_c(S_o, p_i, T) = CS_o \frac{p_i}{\sqrt{RT}} \sqrt{\frac{2k}{k+1}\left(\frac{2}{k+1}\right)^{\frac{2}{k-1}}} \tag{14.56}$$

滑阀 $S_1 \sim S_4$ 各节流口的气体质量流量分别为

$$Q_{m1} = \begin{cases} f_s(S_1, p_s, p_a, T), & 0.528\,3 \leqslant p_a/p_s \leqslant 1 \\ f_c(S_1, p_s, T), & 0 \leqslant p_a/p_s < 0.528\,3 \end{cases} \tag{14.57}$$

$$Q_{m2} = \begin{cases} f_s(S_2, p_a, p_e, T), & 0.528\,3 \leqslant p_e/p_a \leqslant 1 \\ f_c(S_2, p_a, T), & 0 \leqslant p_e/p_a < 0.528\,3 \end{cases} \tag{14.58}$$

$$Q_{m3} = \begin{cases} f_s(S_3, p_s, p_b, T), & 0.528\,3 \leqslant p_b/p_s \leqslant 1 \\ f_c(S_3, p_s, T), & 0 \leqslant p_b/p_s < 0.528\,3 \end{cases} \tag{14.59}$$

$$Q_{m4} = \begin{cases} f_s(S_4, p_b, p_e, T), & 0.528\,3 \leqslant p_e/p_b \leqslant 1 \\ f_c(S_4, p_b, T), & 0 \leqslant p_e/p_b < 0.528\,3 \end{cases} \tag{14.60}$$

假设各节流口之间的气体流动为不可压缩的绝热过程，那么通过控制节流口流向两个负载口的气体质量流量分别为

$$Q_{ma} = Q_{m1} - Q_{m2} \tag{14.61}$$

$$Q_{mb} = Q_{m3} - Q_{m4} \tag{14.62}$$

静态时,相当于将伺服阀的两个负载口堵死,伺服阀输出的负载流量为 $Q_{ma} = Q_{mb} = 0$,即

$$Q_{m1} = Q_{m2} , \quad Q_{m3} = Q_{m4} \tag{14.63}$$

伺服阀在静态时的总泄漏流量为

$$Q_m = Q_{m1} + Q_{m3} = Q_{m2} + Q_{m4} \tag{14.64}$$

14.3.2 压力特性与泄漏量特性

采用式(14.49)~式(14.64),可以对轴向尺寸具有不同负重合量的气动伺服阀静态压力特性和泄漏流量特性进行数学计算和理论分析。

14.3.2.1 对称均等负重合型气动伺服阀特性

图 14.10 和图 14.11 分别为具有对称均等负重合量($\Delta_1 = \Delta_2 = \Delta$, $p_s = 0.7$ MPa, $p_e = 0.101\,3$ MPa)的气动伺服阀静态压力特性和泄漏流量特性。

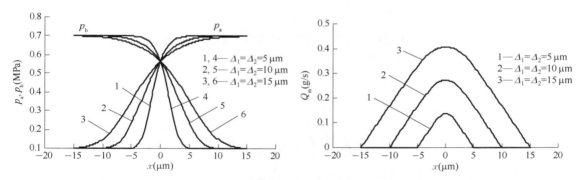

图 14.10 具有对称均等负重合量的气动伺服阀压力特性($\Delta_1 = \Delta_2$, $p_s = 0.7$ MPa, $p_e = 0.101\,3$ MPa)

图 14.11 具有对称均等负重合量的气动伺服阀流量特性($\Delta_1 = \Delta_2$, $p_s = 0.7$ MPa, $p_e = 0.101\,3$ MPa)

由图 14.10 可见,圆柱滑阀的对称均等负重合量不相同时,伺服阀的压力特性不相同;负重合量越小,压力变化的梯度越大。阀芯工作位置不同时,伺服阀的负载压力不同,而且其值随阀芯位移而改变。压力特性对应的阀位移饱和范围为 $-\Delta \leqslant x \leqslant +\Delta$;均等负重合量 Δ 的大小决定了阀位移饱和范围的大小。当 $x \leqslant -\Delta$ 时, $p_a = p_e$, $p_b = p_s$;当 $x \geqslant \Delta$ 时, $p_a = p_s$, $p_b = p_e$。具有均等负重合量的气动伺服阀在 $x = 0$ 时的零位压力均为供气压力的 80%,即 $p_{a0} = p_{b0} = 0.8 p_s$。伺服阀两个负载口的压力之和并不为常数。由图 14.11 可见,具有相同阀位移时,圆柱滑阀的均等负重合量越大,伺服阀的泄漏流量也越大。当伺服阀的阀芯处于零位时,阀泄漏量 Q_m 最大,且伺服阀的泄漏流量特性对称于阀零位。

14.3.2.2 对称不均等负重合型气动伺服阀特性

图 14.12~图 14.15 所示为 $\Delta_1 \neq \Delta_2$, $p_s = 0.7$ MPa 时气动伺服阀的压力特性和泄漏流量特性。

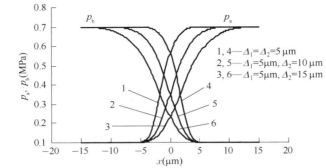

图 14.12　具有对称不均等负重合量的气动伺服阀压力特性
$(\varDelta_1 \leqslant \varDelta_2 ,\ p_s = 0.7\ \mathrm{MPa},\ p_e = 0.101\ 3\ \mathrm{MPa})$

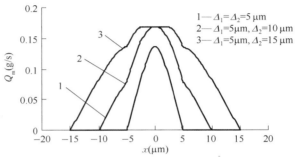

图 14.13　具有对称不均等负重合量的气动伺服阀流量特性
$(\varDelta_1 \leqslant \varDelta_2 ,\ p_s = 0.7\ \mathrm{MPa},\ p_e = 0.101\ 3\ \mathrm{MPa})$

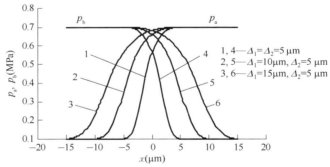

图 14.14　具有对称不均等负重合量的气动伺服阀压力特性
$(\varDelta_1 \geqslant \varDelta_2 ,\ p_s = 0.7\ \mathrm{MPa},\ p_e = 0.101\ 3\ \mathrm{MPa})$

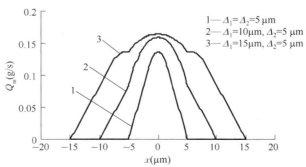

图 14.15　具有对称不均等负重合量的气动伺服阀流量特性
$(\varDelta_1 \geqslant \varDelta_2 ,\ p_s = 0.7\ \mathrm{MPa},\ p_e = 0.101\ 3\ \mathrm{MPa})$

高端液压元件理论与实践

由图 14.12 可见,当 $\Delta_1 \leqslant \Delta_2$ 时,气动伺服阀在 $x = 0$ 处的零位压力小于供气压力的 80%,即 $p_{a0} = p_{b0} \leqslant 0.8 p_s$。理论结果还表明,当 $\Delta_1 < 0.5283\Delta_2$ 时,零位压力与供气压力和 Δ_1/Δ_2(称为负重合量的不均等系数)成正比,即

$$p_{a0} = p_{b0} = \frac{\Delta_1}{\Delta_2} p_s \qquad (14.65)$$

由图 14.13 可见,对称不均等负重合气动伺服阀的泄漏流量曲线具有强烈的非线性特征,且在 $\pm\min(\Delta_1, \Delta_2)$ 和 $\pm\max(\Delta_1, \Delta_2)$ 处出现拐点。这是因为随着阀芯的位置变化,阀口的各节流口关闭或打开所致。Δ_1 与 Δ_2 的差值越大,非线性程度越强。当伺服阀的阀芯处于零位时,阀泄漏量 Q_m 最大,且伺服阀的泄漏流量特性对称于阀零位。

由图 14.14 可见,当 $\Delta_1 \geqslant \Delta_2$ 时,气动伺服阀在 $x = 0$ 处的零位压力均大于供气压力的 80%,即 $p_{a0} = p_{b0} \geqslant 0.8 p_s$。$\Delta_1/\Delta_2$ 减小,零位压力不断上升,但呈非线性关系。由图 14.15 可见,对称不均等负重合气动伺服阀的泄漏流量曲线具有强烈的非线性。当伺服阀的阀芯处于零位时,阀泄漏量 Q_m 最大。在 $\Delta_1 \leqslant \Delta_2$ 和 $\Delta_1 \geqslant \Delta_2$ 时的泄漏流量特性曲线略有不同。

14.3.2.3　零位附近各节流口的流动状态

如图 14.16 和表 14.5 所示,具有对称均等负重合量($\Delta_1 = \Delta_2$)的气动伺服阀当 $p_s = 0.7$ MPa,在零位及其附近时,供气侧的压力比 $p_a/p_s = p_b/p_s = 0.8 > 0.5283$,排气侧的压力比 $p_e/p_a = p_e/p_b < 0.5283$。可见,供气侧为亚声速流动,排气侧为超声速流动。由式(14.49)~式(14.64)可得出 $\Delta_1 = \Delta_2$ 时,两个负载口的零位压力均为供气压力的 80%,即 $p_{a0} = p_{b0} = 0.8 p_s$。

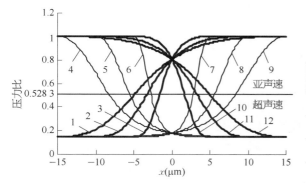

图 14.16　气动伺服阀各节流口的流动状态
($\Delta_1 = \Delta_2$, $p_s = 0.7$ MPa, $p_e = 0.1013$ MPa)

表 14.5　气动伺服阀特性曲线对应关系

曲线	p_a/p_s	p_b/p_s	p_e/p_a	p_e/p_b
$\Delta_1 = \Delta_2 = 15\ \mu m$	1	12	4	9
$\Delta_1 = \Delta_2 = 10\ \mu m$	2	11	5	8
$\Delta_1 = \Delta_2 = 5\ \mu m$	3	10	6	7

如图 14.17 和表 14.6 所示,具有对称不均等负重合量的气动伺服阀当 $\Delta_1 < 0.5283\Delta_2$,在零位及其附近时,供气侧的压力比 $p_a/p_s = p_b/p_s < 0.5283$,排气侧的压力比 $p_e/p_a = p_e/p_b < 0.5283$。可见,供气侧和排气侧均为超声速流动,并由式(14.49)~式(14.64)理论上可得出零位压力计算式(14.65)。

如图 14.18 和表 14.7 所示,具有对称不均等负重合量的气动伺服阀当 $\Delta_1 \geqslant \Delta_2$,在零位及其附近时,供气侧的压力比 $p_a/p_s = p_b/p_s > 0.8$,排气侧的压力比 $p_e/p_a = p_e/p_b < 0.5283$。可见,供气侧为亚声速流动,排气侧为超声速流动。

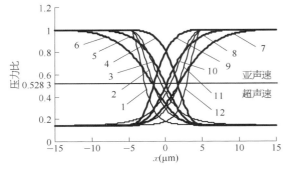

图 14.17　气动伺服阀各节流口的流动状态
$(\Delta_1 \leqslant \Delta_2,\ p_s = 0.7\ \text{MPa},\ p_e = 0.101\ 3\ \text{MPa})$

表 14.6　气动伺服阀特性曲线对应关系

曲线	p_a/p_s	p_b/p_s	p_e/p_a	p_e/p_b
$\Delta_1 = 5\ \mu m,\ \Delta_2 = 15\ \mu m$	7	6	3	10
$\Delta_1 = 5\ \mu m,\ \Delta_2 = 10\ \mu m$	8	5	2	11
$\Delta_1 = 5\ \mu m,\ \Delta_2 = 5\ \mu m$	9	4	1	12

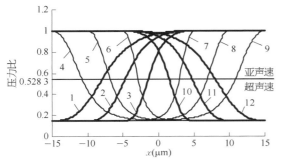

图 14.18　气动伺服阀各节流口的流动状态
$(\Delta_1 \geqslant \Delta_2,\ p_s = 0.7\ \text{MPa},\ p_e = 0.101\ 3\ \text{MPa})$

表 14.7　气动伺服阀特性曲线对应关系

曲线	p_a/p_s	p_b/p_s	p_e/p_a	p_e/p_b
$\Delta_1 = 15\ \mu m,\ \Delta_2 = 5\ \mu m$	1	12	4	9
$\Delta_1 = 10\ \mu m,\ \Delta_2 = 5\ \mu m$	2	11	5	8
$\Delta_1 = 5\ \mu m,\ \Delta_2 = 5\ \mu m$	3	10	6	7

14.3.3　工程应用案例

14.3.3.1　实验装置及方法

实验装置采用负载力反馈式两级气动伺服阀,通过测微仪驱动滑阀主阀阀芯产生阀位移,并通过粘贴在力反馈杆上的应变片进行测量和反馈,信号采用动态应变仪(KYOWA 制造,DPM-713B,带宽 10 kHz)传送。压缩空气经过调节阀后气源压力为 1.1 MPa。压力由安装在伺服阀阀体负载口处的压力传感器(KYOWA 制造,PGM-10KC,谐振频率 40 kHz)测量。采用多台流量计并联,测量被试伺服阀的流量。在供气压力 0.7 MPa 时,分别测量伺服阀的压力特性和泄漏量特性。

14.3.3.2　实验结果

图 14.19 所示是 $\Delta_1 = \Delta_2 = 5\ \mu m$ 的气动伺服阀压力特性实验结果。当阀芯 $x = 0$ 时,伺服阀的两个负载口的零位压力均约为供气压力的 80%,即 $p_{a0} = p_{b0} = 0.56\ \text{MPa}$。根据压力试验曲线还可以间接得出阀芯的中立位置和圆柱滑阀阀芯与阀套的轴向重叠量约为 5 μm。

图 14.20 所示是 $\Delta_1 = \Delta_2 = 5\ \mu m$ 的气动伺服阀泄漏流量特性的试验结果和理论结果比较图。由图可见,计算结果和实验结果相吻合。可见,当伺服阀 $x = 0$ 时,泄漏量最大。实验结果还表明阀芯和阀套之间存在一定的间隙和泄漏。

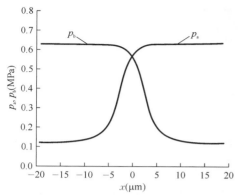

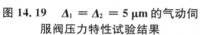

图 14.19 $\Delta_1 = \Delta_2 = 5\ \mu m$ 的气动伺服阀压力特性试验结果

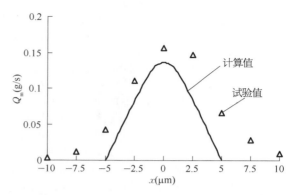

图 14.20 $\Delta_1 = \Delta_2 = 5\ \mu m$ 的气动伺服阀泄漏量特性试验结果和理论结果

第 14 章 四边气动伺服阀

（1）气动伺服阀的压力特性和泄漏量特性取决于阀芯和阀套的负重合量。具有均等负重合量的气动伺服阀的零位压力为供气压力的 80%，且伺服阀两个负载口的压力之和并不为常数。

（2）供气侧负重合量小于排气侧负重合量的对称不均等负重合气动伺服阀的零位压力小于供气压力的 80%；当 $\Delta_1 < 0.528\ 3\Delta_2$ 时，零位压力与负重合量的对称不均等系数（Δ_1/Δ_2）成正比。供气侧负重合量大于排气侧负重合量的对称不均等负重合气动伺服阀的零位压力大于供气压力的 80%。

（3）具有对称均等负重合量的气动伺服阀在零位附近时，供气侧为亚声速流动，排气侧为超声速流动。具有对称不均等负重合量的气动伺服阀在零位附近，当 $\Delta_1 < 0.528\ 3\Delta_2$ 时，供气侧和排气侧均为超声速流动；当 $\Delta_1 \geqslant \Delta_2$ 时，供气侧为亚声速流动，排气侧为超声速流动。

（4）具有对称均等负重合量或对称不均等负重合量的伺服阀的最大泄漏量均发生在零位处。圆柱四边滑阀的负重合量可根据压力特性试验曲线进行间接测量。研究结果对于精密高速气动控制系统的工作点设计具有理论指导意义。

参考文献

［1］阎耀保，李长明. 对称负重合型气动伺服阀零位流动状态分析［J］. 航空学报，2015，36（11）：3724 - 3733.

［2］阎耀保，李长明，荒木献次. 具有对称不均等负重合量的气动伺服阀特性［J］. 上海交通大学学报，2010，44（4）：500 - 505.

［3］阎耀保，李长明，韩啸啸，等. 具有均等负重合量的气动伺服阀零位流动状态分析［J］. 流体传动与控制，2008（6）：9 - 12.

［4］阎耀保，水野毅，乌建中，等. 具有不对称负重合量的非对称气动伺服阀压力特性研究［J］. 中国机械工程，2007，18（18）：2169 - 2173.

［5］阎耀保，荒木献次. 具有非对称气动伺服阀的气动压力控制系统建模与分析［J］. 中国机械工程，2009，20（17）：2107 - 2112.

［6］阎耀保，李长明. 气动伺服阀阀芯阀套重合量间接测量方法及其应用：CN101329171B［P］. 2010 - 12 - 01.

［7］ 阎耀保，水野毅，荒木献次. 非对称高速气动伺服阀的研究[J]. 流体传动与控制，2007(3)：4-8.

［8］ Yin Y B，Araki K，Mizuno T. Development of an asymmetric servovalve with even underlaps or uneven underlaps［C］//Proceedings of the 39th SICE Annual Conference，International Session Papers，The Japan Society of Instrument and Control Engineers，SICE' 2000，214 A-2，July，2000：229-234.

［9］ Yin Y B，Araki K. Charge and exhaust characteristics of a gas chamber based on an asymmetric pneumatic servovalve［C］//Proceedings of the 3rd International Symposium on Fluid Power Transmission and Control，ISFP' 99，Harbin，China，September 7-9，1999：426-431.

［10］ Yin Y B，Araki K. Modelling and analysis of an asymmetric valve-controlled single-acting cylinder of a pneumatic force control system［C］//Proceedings of the 37th SICE Annual Conference，International Session Papers，SICE' 98，Chiba，IEEE，July 29-31，1998：1099-1104.

［11］ Yin Y B，Araki K，Ishino Y. Development of an asymmetric flow control pneumatic valve［C］//Proceedings of the International Sessions of the 75th JSME Meeting，The Japan Society of Mechanical Engineers，March 31-April 3，1998，Tokyo：86-89.

［12］ 阎耀保. 气阻气容的气动非对称性机理与高速气动控制的基础研究[R]. 国家自然科学基金资助项目结题报告(51175378)，2015.12.19.

［13］ 阎耀保. 45 MPa 以上的氢气增压、压力控制和调节技术研究[R]. 国家高技术研究发展计划(863 计划)课题验收报告(2007AA05Z119)，2010.6.30.

［14］ 阎耀保，张丽，傅俊勇. 一种高压气动减压阀：201110011195.6[P]. 2011-05-11.

［15］ 阎耀保，李玲. 一种双气阻气容气动压力控制回路：CN201902393U[P]. 2011-07-20.

［16］ 阎耀保，黄伟达. 平衡活塞感应式气动减压阀：CN201715057U[P]. 2011-01-19.

［17］ 阎耀保，马建新，罗九阳. 车载高压输氢系统：CN101323248B[P]. 2012-01-25.

［18］ 阎耀保. 具有不均等正开口量的双边滑阀式气动伺服阀特性研究[J]. 液压与气动，2007(3)：74-77.

［19］ 閻耀保. 非対称電空サーボ弁の開発と高速空気圧-力制御系のハードウエア補償に関する研究[D]. 埼玉大学大学院理工学研究科(博士後期課程). 博士学位論文(埼玉大学，1999 年，博理工甲第 255 号)，1999.3.

［20］ 閻耀保，荒木献次. 抵抗スポット溶接機のための非対称サーボ弁と単動シリンダを用いた高速空気圧-力制御(第 2 報　非対称電空サーボ弁の実験解析と閉ループ圧力制御系のハードウエア補償)[J]. 日本油空圧学会論文集(フルイドパワーシステム)，1999，30(2)：35-41.

［21］ 荒木献次，閻耀保. 抵抗スポット溶接機のための非対称サーボ弁と単動シリンダを用いた高速空気圧-力制御(第 1 報　ファジイ制御系のシミュレーション)[J]. 日本油空圧学会論文集(フルイドパワーシステム)，1998，29(1)：9-15.

［22］ 閻耀保，荒木献次. 非対称電空サーボ弁による空気圧-圧力制御系のハードウエア特性補償[C]//日本油空圧学会・日本機械学会，平成 10 年春季油空圧講演会講演論文集，東京，1998 年 5 月：58-60.

［23］ 荒木献次，閻耀保. 抵抗スポット溶接機用空気圧-力制御系に関する研究[J]. 機械設計，日刊工業新聞社，1998，42(2)：72-77.

［24］ 荒木献次，閻耀保，石野裕二. 均等負重合非対称電空サーボ弁の開発[C]//日本計測自動制御学会第 13 回流体制御シンポジウム講演論文集，埼玉，1998：97-100.

［25］ 閻耀保，荒木献次，石野裕二. 単動シリンダを用いた空気圧-力制御系の特性解析[J]. 計測自動制御学会，第 15 回流体計測・第 12 回流体制御合同シンポジウム講演論文集，SY0018/97，東京，1997 年 12 月：45-48.

［26］ 閻耀保，荒木献次，石野裕二，陳剣波. ピストンの位置と左右有効面積のシリンダ固有周波数に及ばす影響[J]. 日本油空圧学会・日本機械学会，平成 9 年春季油空圧講演会講演論文集，1997 年 5 月，東京：77-80.

［27］ 阎耀保. 高速气动控制理论和应用技术[M]. 上海：上海科学技术出版社，2014.

［28］ 荒木献次. 不均等負重合弁を用いた空気圧案内弁・シリンダの周波数特性(第 1 報-第 4 報)[J]. 油

高端液压元件理论与实践

　　圧と空気圧,1979,10(1)：57－63；10(6)：361－367.1981,12(4)：262－276.

[29] 荒木獻次.スプール弁等価負重合量の一間接測定法[J].油圧と空気圧,1989,20(1)：71－76.

[30] Araki K. Frequency response of a pneumatic valve controlled cylinder with an uneven-underlap four-way valve(Part Ⅱ，Part Ⅳ) [J]. Journal of Fluid Control，ASME，1984，15(1)：22－64.

[31] Shearer J L. Study of pneumatic processes in the continuous control of motion with compressed air (Part Ⅰ，Part Ⅱ) [J]. Trans ASME，1956，78：233－249.

[32] Mccallum W G，Hughes-Hallett D，Gleason A M，et al. Multivariable calculus [M]. John Wiley & Sons Inc，1997：197－205.

第
14
章

四边气动伺服阀

附录1　电液伺服阀术语与定义

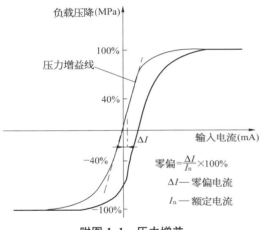

附图 1.1　压力增益

国标 GB/T 13854—2008《射流管电液伺服阀》的主要术语及其定义有：

1）压力增益　压力增益是指控制流量为零时，负载压差对控制电流的变化率。通常压力增益规定在最大负载压差±40%范围内，以负载压差对控制电流曲线的平均斜率来表示（附图 1.1）。

2）零位　负载压差为零时，使控制流量为零的输出级相对几何位置。

3）零位区域　零位附近，流量增益受遮盖和内漏等参数影响的区域。

4）分辨率　使伺服阀的控制流量发生变化的控制电流的最小增量称为分辨率，以额定电流的百分数表示。

5）正向分辨率　沿着输入电流变化的方向，使伺服阀输出流量产生变化的输入电流的最小增量，用其与额定电流的百分比表示。

6）反向分辨率　逆着输入电流变化的方向，使伺服阀输出流量产生变化的输入电流的最小增量，用其与额定电流的百分比表示。通常分辨率用反向分辨率来衡量。

7）零漂　名义流量曲线或模拟流量特性零流量点所对应的电流称为零偏，以额定电流的百分比表示。因供油压力、回油压力、油液温度等工作条件的变化而引起的零偏变化称为零漂，以额定电流的百分比表示。

8）静耗流量　伺服阀的控制流量为零时，从进油窗口到回油窗口流过的内部流量称为静耗流量，也称为内泄漏。静耗流量包括伺服阀前置级的流量和输出级的泄漏。静耗流量随进油口压力、控制电流的变化而变化，其关系曲线称为静耗流量曲线（附图 1.2）。

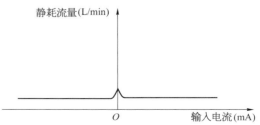

附图 1.2　静耗流量（即内泄漏流量）曲线

9) 控制流量 从伺服阀的控制油口(A 或 B)流出的流量称为控制流量(附图 1.3)。对于四通伺服阀,是指两控制窗口的连通管内的流量。伺服阀的负载压差为零时的控制流量称为空载流量,负载压差不为零时的控制流量称为负载流量。

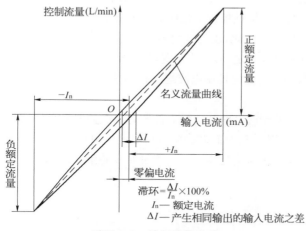

附图 1.3 控制流量曲线

10) 空载流量曲线 空载控制流量随输入电流在正负额定电流之间做出的一个完整循环的连续曲线。

11) 额定流量 伺服阀压降在额定供油压力情况下,对应于额定电流的空载流量。

12) 名义流量曲线 流量回线的中点轨迹。

13) 流量增益 伺服阀名义流量曲线上任一点的斜率称为该点的流量增益,即流量曲线的斜率(附图 1.4)。

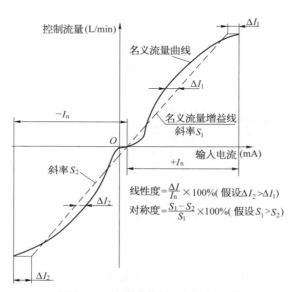

附图 1.4 流量增益、线性度、对称度

14）名义流量增益　从名义流量曲线的零流量点出发的一条与名义流量曲线的非饱和段相差最小的直线称为名义流量增益线，又称为名义流量特性，其斜率即为名义流量增益（附图 1.4）。

15）线性度　名义流量曲线的不直线度称为线性度，用名义流量曲线对名义流量增益线的最大偏差与额定电流之比作为线性度的度量，以百分数表示（附图 1.4）。

16）对称度　伺服阀正负极性控制电流所对应的流量增益的不一致性称为对称度。取两极性流量增益之差与其中较大者之比，用百分数表示（附图 1.4）。

17）滞环　在正负额定电流之间，以小于测试设备动态特性起作用的速度循环时，在流量回线上产生相同控制流量的往与返的控制电流之差的最大值称为滞环，以额定电流的百分数表示（附图 1.3）。

18）遮盖　圆柱滑阀处于阀套的几何中立位置时，阀芯与阀套的遮盖量，也称为重叠量。滑阀位于零位时，阀套固定节流棱边与阀芯台阶可动节流棱边轴向位置的相对关系。

19）零遮盖　零遮盖指遮盖量为零。名义流量曲线的延长线的零流量点之间不存在间隙遮盖（附图 1.5）。

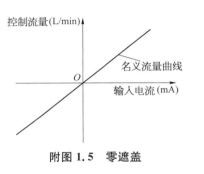

附图 1.5　零遮盖

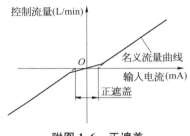

附图 1.6　正遮盖

20）正遮盖　遮盖量为正，即滑阀具有负开口量。在零位区域，导致名义流量曲线斜率减小的遮盖（附图 1.6）。

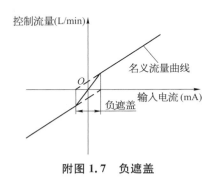

附图 1.7　负遮盖

21）负遮盖　遮盖量为负，即滑阀具有正开口量。在零位区域，导致名义流量曲线斜率增大的遮盖（附图 1.7）。

22）频率特性　当控制电流在某个频率范围内做正弦变化时，空载控制流量对控制电流的复数比称为频率特性。伺服阀的频率特性随控制电流幅值、油液温度、供油压力等工作条件的变化而变化。通常频率特性是在控制电流幅值恒定及标准试验条件下进行测量。

23）幅频宽与相频宽　幅频宽是指对数频率特性曲线上 $-3\mathrm{dB}$ 所对应的频率。相频宽是指对数频率特性曲线上相位滞后 $90°$ 所对应的频率。

24）相位滞后　在规定频率范围内，正弦输出跟踪正弦输入电流的瞬时时间差。在一个特定的频率下测量，以角度表示。

25）伺服阀流量规格的选择　伺服阀的额定流量（Q_n）一般是指阀在额定供油压力（p_n）和额定电流（I_n）条件下的空载流量。其计算公式为

$$Q_n = KI_n \sqrt{p_n}$$

式中 K——流量系数。

输出流量由信号大小和压降决定,当实际工作压降与额定压降不相等时,实际供油压力(p_s)情况下的实际流量(Q_s)可由下列计算公式计算

$$Q_s = Q_n \sqrt{\frac{p_s}{p_n}}$$

实际供油压力,并考虑负载压降(p_L)、回油压力(p_T)时的负载流量 Q_L 的计算公式为

$$Q_L = Q_n \sqrt{\frac{p_s - p_L - p_T}{p_n}}$$

伺服阀流量规格亦可以直接从阀压降-流量特性曲线中查出(附图1.8)。

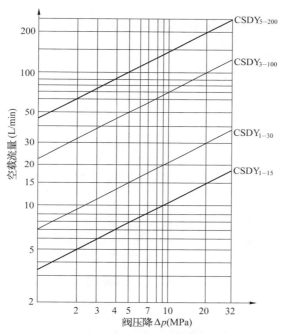

附图1.8 CSDY 伺服阀压降-流量特性曲线例

26)额定电流和线圈电阻 以 CSDY 系列射流管电液伺服阀为例,电液伺服阀的额定电流和每个线圈电阻,除了有 8 mA,1 000 Ω 外,还有多种规格可选择,见附表1.1。

附表1.1 CSDY 系列射流管伺服阀额定电流和线圈电阻例

项目 \ 序号	1	2	3	4	5	6	7	8	9	10	11
额定电流(mA)	8	10	15	16	20	25	30	40	50	64	80
线圈电阻(Ω)	1 000	650	350	250	160	105	75	40	25	16	10.5

注:1. 其他特殊规格特殊设计。

2. 最大过载电流可以是额定电流的两倍(即 $I_{max} = 2I_n$)。

27）线圈连接方式　从插座方向看，线圈排列如附图 1.9 所示。

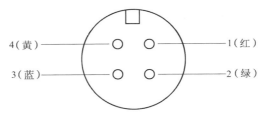

4（黄）————　　　　————1（红）

3（蓝）————　　　　————2（绿）

附图 1.9　双线圈排列

双线圈伺服阀力矩马达线圈的接线方式、接线端标号、外引出导线颜色及输入电流极性按附表 1.2 规定。输入正极性电流时，液流从控制口"A"流出，由控制口"B"流入回油口。

附表 1.2　双线圈伺服阀力矩马达线圈的连接方式

线圈连接方式	单线圈 2　1　4　3	串　联 （1　4） 2（1，4）3	并　联 2(4)　3(1)	差　动 2　1（4）　3
接线标注号	2、1；4、3	2（1，4）3	2(4)、1(3)	2（1，4）3
外引出线颜色	绿红　黄蓝	绿　蓝	绿　红	绿红蓝
控制电流的正极性	2＋ 1－或4＋ 3－ 供油腔通 A 腔， 回油腔通 B 腔	2＋ 3－ 供油腔通 A 腔， 回油腔通 B 腔	2＋ 1－ 供油腔通 A 腔， 回油腔通 B 腔	当1＋时，1 到 2＜1 到 3 当1－时，2 到 1＞3 到 1

28）三线圈伺服阀线圈接法与极性　线圈排列如附图 1.10 所示。

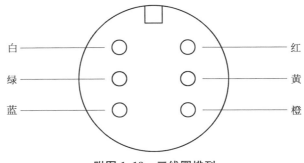

白————　　　　————红

绿————　　　　————黄

蓝————　　　　————橙

附图 1.10　三线圈排列

三线圈伺服阀力矩马达线圈的接线方式、接线端标号、外引出导线颜色及输入电流极性按附表 1.3 规定。

附表 1.3　三线圈伺服阀力矩马达线圈的连接方式

线圈连接方式	单线圈	并联
外引出导线颜色	红　白　黄　绿　橙　蓝	红(黄、橙)　白(绿、蓝)
控制电流的正极性	＋　－　＋　－　＋　－ 供油腔通 A 腔,回油腔通 B 腔	＋　　　　　－ 供油腔通 A 腔,回油腔通 B 腔

29) 伺服阀的传递函数　伺服阀的动态响应随输入信号幅值和供油压力的变化而变化。一般标准产品给出的频率测试条件为:输入信号的峰值为 25％额定电流,供油压力为伺服阀额定压力。系统设计与分析时,射流管电液伺服阀的传递函数可按下式计算。

$$W(s) = \frac{Q}{I} = \frac{K}{\left(\dfrac{s}{\omega_n}\right)^2 + \left(\dfrac{2\zeta}{\omega_n}\right)s + 1}$$

式中　K——阀的流量增益;

　　　ω_n——自然频率(可以取阀相位滞后 90°的频率);

　　　ζ——阻尼比(由阀幅频特性可见,其值为 0.7~1)。

30) 伺服放大器的要求　伺服阀一般配置专用的直流伺服放大器,放大器采用深度电流负反馈电路。

31) 常规技术参数

工作压力:1~31.5 MPa。

环境温度:-30~60 ℃。

油液温度:-30~90 ℃。

密封件材料:氟橡胶、丁腈橡胶。

工作介质:航空液压油、合成液压油或燃油介质。

系统过滤:无旁路的高压过滤器,过滤器尽量靠近伺服阀供油口。

过滤精度:名义过滤精度不低于 10 μm 的过滤器。

推荐清洁度等级:伺服阀验收试验时,油液污染度等级不劣于 GB/T 14039—2002 中规定的－/16/13 级;常规使用时油液污染度等级不劣于 GB/T 14039—2002 中规定的－/18/15 级;长寿命使用时油液污染度等级不劣于 GB/T 14039—2002 中规定的－/15/12 级。

安装要求:可任意安装,安装座表面粗糙度不低于 Ra 0.8 μm,表面不平度不大于 0.03 mm,安装座表面不应有毛刺,在伺服阀安装前,先装冲洗板,对系统进行一般不少于 24 h 的循环清洁。

附录2 上海航天控制技术研究所电液伺服阀

上海航天控制技术研究所(803所)是专门从事自动控制、红外制导、液压伺服专业产品的研制生产单位,是国内最早一批开始从事电液伺服阀研制的单位之一。经过50多年的发展积累,目前已形成了面向军工与民品两大领域、流量范围0.4~400 L/min,包括双喷嘴挡板、射流管和直驱式等结构形式的十余种电液伺服阀系列产品,广泛应用于各种自动化控制系统。

2.1 小流量电液伺服阀

1)用途与功能 小流量电液伺服阀的流量范围在4.5 L/min以下,主要应用于流量需求较小的场合。其功能是:在阀压降恒定的情况下,伺服阀的输出流量与输入电信号成比例。

2)结构原理(附图2.1) 由永磁力矩马达、双喷嘴挡板、力反馈杆等组成两级电液伺服阀。

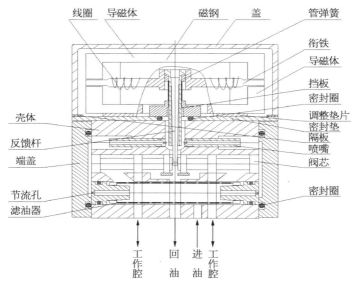

附图2.1 双喷嘴挡板式电液伺服阀结构原理图

3)特点 ①体积小,重量轻、响应快、精度高;②零位稳定性好,滞环小,分辨率高。

4)性能

项目/型别	XX-7	XX-23A	XX-23B	XX-23D	XX-25
额定压力(MPa)	18	14	20.6	20.6	20
额定流量(L/min)	3.6	0.4	4.5	3.75	4.5

高端液压元件理论与实践

项目/型别	XX－7	XX－23A	XX－23B	XX－23D	XX－25
额定电流（mA）	10	13	15	15	10
线性度（%）	≤5	≤4	≤5	≤5	≤5
对称度（%）	≤5	≤5	≤5	≤5	≤5
滞环（%）	≤3	≤3	≤3	≤3	≤3
重合量（%）	≤2	≤3	≤2.5	≤2.5	≤2.5
分辨率（%）	≤1	≤1	≤1	≤1	≤1
零偏（%）	≤2	≤1.5	≤2	≤2	≤2
压力增益（MPa/mA）	≥58	≥27	≥41.2	≥41.2	≥58
内漏（L/min）	≤0.45	≤0.3	≤0.45	≤0.45	≤0.45
幅频宽（Hz）	≥100	≥150	≥120	≥100	≥100
相频宽（Hz）	≥100	≥150	≥120	≥120	≥120
质量（kg）	<0.21	<0.19	<0.19	<0.23	<0.21
工作介质温度（℃）	－40～＋120				

5）典型产品　典型产品型号：XX－7、XX－23A、XX－23B、XX－23D、XX－25（附图 2.2）。小流量电液伺服阀系列如附图 2.3 所示。

附图 2.2　XX－25 型双喷嘴挡板式两级电液伺服阀

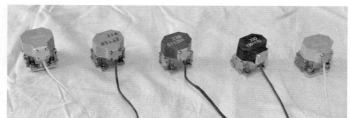

附图 2.3　小流量电液伺服阀系列

2.2　工业用电液伺服阀

1）用途与功能　工业用电液伺服阀主要应用于一般要求的工业自动化领域。其功能是：在阀压降恒定的情况下，阀的输出流量与输入电信号成比例。

2）结构原理　由永磁力矩马达、双喷嘴挡板、力反馈杆等组成两级电液伺服阀。

3）特点　①低成本；②产品体积小，响应快，温度、压力漂移小。

4）性能

额定压力：	14 MPa
额定流量：	40～90 L/min
额定电流：	±40 mA
滞环：	≤4%
分辨率：	≤0.5%
线性度：	≤10%
对称度：	≤10%
重合量：	≤3%
内漏：	≤2 L/min
零偏：	≤5%
幅频宽：	≥20 Hz
相频宽：	≥60 Hz

工作介质温度：−30～+100 ℃

5）典型产品　典型产品型号：XX‑21（附图2.4）。

高端液压元件理论与实践

附图2.4　XX‑21型双喷嘴挡板式两级电液伺服阀

2.3　动压反馈式电液流量伺服阀

1）用途与功能　动压反馈式电液流量伺服阀适用于大负载惯量的高精度液压伺服控制系统。其功能是：在阀压降恒定的情况下，伺服阀的输出流量与输入电信号成比例。

2）结构原理（附图2.5）　由永磁力矩马达、双喷嘴挡板、力反馈加动压反馈组件等构成两级电液伺服阀。

3）特点　动压反馈网络，能保障系统具有较高的静态刚度和良好的动态响应性能。

4）性能

额定压力：	20.5 MPa
额定流量：	>80 L/min
额定电流：	±10 mA
滞环：	≤7.5%
分辨率：	≤1%

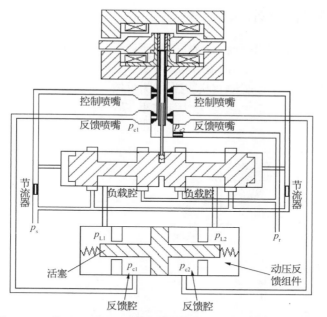

附图 2.5　带动压反馈的双喷嘴挡板两级电液伺服阀结构原理图

线性度：	$\leqslant 5\%$
对称度：	$\leqslant 7.5\%$
重合量：	$\leqslant 2.5\%$
内漏：	$\leqslant 3\ \text{L/min}$
零偏：	$\leqslant 2\%$
幅频宽：	$\geqslant 20\ \text{Hz}$
相频宽：	$\geqslant 18\ \text{Hz}$
工作介质温度：	$-40\sim+120\ ℃$

5）典型产品　典型产品型号：XX-5B(附图 2.6)。

附图 2.6　XX-5B 型动压反馈式电液流量伺服阀

2.4 冗余电液流量伺服阀

1）用途与功能　冗余电液流量伺服阀主要用于航天、电力、冶金、船舶等行业领域。其功能是：在阀压降恒定的情况下，伺服阀的输出流量与输入电信号成比例。

2）结构原理　由永磁力矩马达、双喷嘴挡板、力反馈、三力矩马达等构成两级电液伺服阀。

3）特点　①产品可靠性高；②温度、压力漂移小，动作响应快，控制精度高。

4）性能

项目/型别	XX-29	XX-26A	XX-26C	XX-28	XX-28A
额定压力（MPa）	20	20.5	24	17	20.5
额定流量（L/min）	4.5、6	≥90	200	55	85
额定电流（mA）	10	10	±20	10	10
线性度（%）	≤5	≤7.5	≤7.5	≤7.5	≤7.5
对称度（%）	≤5	≤7.5	≤7.5	≤7.5	≤7.5
滞环（%）	≤3	≤8	≤5	≤5	≤5
重合量（%）	≤2.5	≤3	≤3	≤3.5	≤3.5
分辨率（%）	≤1	≤2	≤1	≤1	≤1
零偏（%）	≤2	≤2	≤2	≤2	≤2
压力增益（MPa/mA）	≥50	≥30	≥70	≥48	≥48
内漏（L/min）	≤0.18+5%额定流量	≤3.8	≤5	≤3	≤3
幅频宽（Hz）	≥100	≥20	≥20	≥45	≥45
相频宽（Hz）	≥100	≥18	≥30	≥45	≥45
质量（kg）	≤0.6	≤5.2	≤5	≤1.9	≤1.9
工作介质温度（℃）	−40～+120	−40～+120	−35～+75	−40～+120	−40～+120

5）典型产品　典型产品型号：XX-26A、XX-26C、XX-28、XX-28A、XX-29（附图2.7）。余度电液流量伺服阀系列如附图2.8所示。

附图2.7　XX-29三余度电液流量伺服阀

附图2.8　余度电液流量伺服阀系列

2.5 直驱式电液流量伺服阀

1）用途与功能　直驱式电液流量伺服阀主要用于对油液污染敏感度较小的液压伺服系统中。其功能是：在阀压降恒定的情况下,伺服阀的输出流量与输入电信号成比例。

2）结构原理（附图2.9）　具有线性力马达、位置电反馈的单级电液伺服阀（内置电路板）。

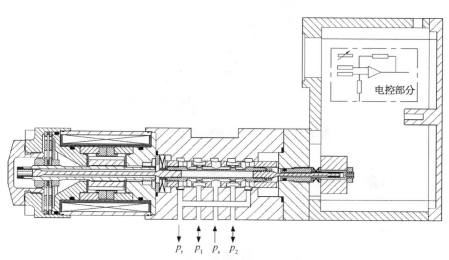

附图2.9　直驱式电液流量伺服阀结构原理图

3）特点　①抗污染能力强;②直驱式电液伺服阀的阀芯位移采用电反馈方式构成闭环控制系统,产品结构简单,可靠性高,静动态性能好;③零位稳定性好,滞环小。

4）性能

额定压力：	20.5 MPa
额定流量：	20 L/min、32 L/min
输入信号：	0～±10 mA 或 0～±10 V
滞环：	≤0.2%
分辨率：	≤1.5%
线性度：	≤7.5%
对称度：	≤7.5%
内漏：	≤1.5 L/min
零偏：	≤1.5%
压力增益：	≥15 MPa/mA
幅频宽：	≥25 Hz
相频宽：	≥30 Hz
工作介质温度：	—20～+80 ℃

5）典型产品　典型产品型号：ZQ-33（附图2.10）、ZQ-34。

附图 2.10　ZQ‑33 型直驱式电液流量伺服阀

2.6　射流管伺服阀

1）用途与功能　射流管伺服阀主要用于船舶、航空、航天等领域的液压伺服控制系统中。其功能是：在阀压降恒定的情况下，伺服阀的输出流量与输入电信号成比例。

2）结构原理（附图 2.11）　由永磁力矩马达、射流管、力反馈杆等构成两级电液伺服阀（内置电路板）。

3）特点　①抗污染能力强，对油液清洁度要求不高；②射流管阀压力效率和容积效率高，可产生较大的控制压力和流量，提高了功率级滑阀的驱动力；③具有"失效对中"能力，工作寿命长；④为避免先通电时喷嘴与挡板之间发生碰撞故障，喷嘴挡板阀一般要求先通油再通电，而射流管伺服阀不存在这个问题，先通电或先通油均可。

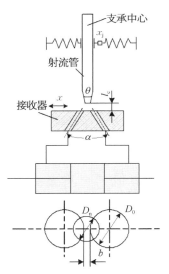

**附图 2.11　射流管伺服阀
工作原理图**

4）性能

额定压力：	20.5 MPa
额定流量：	20 L/min
输入信号：	0～±10 mA 或 0～±10 V
滞环：	≤5%
分辨率：	≤1%
线性度：	≤7.5%
对称度：	≤7.5%
内漏：	≤1.5 L/min
零偏：	≤2%
压力增益：	≥15 MPa/mA
幅频宽：	≥25 Hz
相频宽：	≥30 Hz

工作介质温度： －20～＋80 ℃

5）典型产品　典型产品型号：SL-10（附图2.12）。

附图2.12　SL-10型射流管伺服阀

2.7　压力电液伺服阀

1）用途与功能　压力电液伺服阀可以用于各种工业自动化控制系统中。其功能是：当伺服阀的负载腔短接时，伺服阀的流量与输入电信号成比例；当负载腔关闭时，伺服阀的输出压力与输入电信号成比例。

2）结构原理（附图2.13）　由永磁力矩马达、双喷嘴挡板、力反馈加压力反馈组件等构成两级压力流量伺服阀。

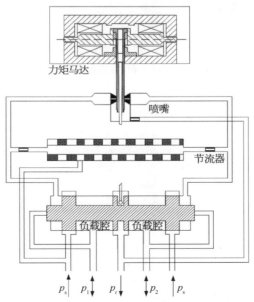

附图2.13　压力电液伺服阀结构原理图

3）特点　①体积小,重量轻,响应快,压力输出性能稳定;②输出压力和流量与输入信号成比例。

4）性能

额定压力：　　　　　21 MPa

额定电流：　　　　　±40 mA

滞环：　　　　　　　≤5%

分辨率：　　　　　　≤1%

线性度：　　　　　　≤10%

对称度：　　　　　　≤10%

重合量：　　　　　　≤3%

内漏：　　　　　　　≤2 L/min

压力增益：　　　　　≥6 MPa/mA

幅频宽：　　　　　　≥30 Hz

相频宽：　　　　　　≥40 Hz

工作介质温度：　　　−30～+100 ℃

5）典型产品　典型产品型号：YF-21(附图2.14)。

附图2.14　YF-21型压力电液伺服阀

附录 3　上海衡拓液压控制技术有限公司射流管伺服阀

上海衡拓液压控制技术有限公司依托中船重工第七○四研究所从事航空、航天、舰船及民用射流管式电液伺服阀研制、生产。20 世纪 70 年代开始研制和应用电液伺服阀,1981 年研制了船用射流管电液伺服阀。射流管式电液伺服阀具有结构紧凑、寿命长、抗污染能力强、可靠性高、分辨率优、适用工作压力范围广等优点,在航空、航天、舰船、冶金、化工、机床、试验机、机器人等领域得到了广泛应用。现有 CSDY 系列、CSDM 系列、CSDK 抗污染伺服阀、电反馈伺服阀、WS 燃油伺服阀、YF 液压伺服阀、YS 压力伺服阀七个系列产品。

3.1　CSDY 型射流管电液伺服阀

CSDY 系列射流管电液伺服阀可用作三通和四通流量控制阀。该系列阀为标准型的两级力反馈电液伺服阀。21 MPa 额定压降下的额定流量为 2~200 L/min。其中 CSDY6 型电液伺服阀 28 MPa 额定压降下的额定流量为 300~400 L/min。

1) CSDY1 型射流管电液伺服阀(附图 3.1~附图 3.4)

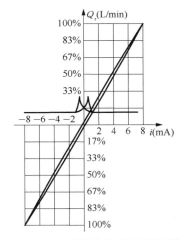

附图 3.1　流量特性、静耗量特性

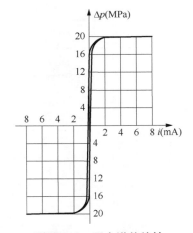

附图 3.2　压力增益特性

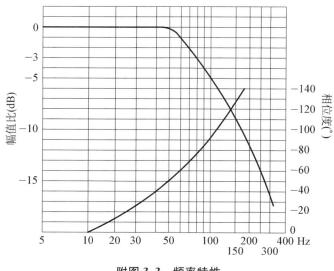

附图 3.3　频率特性

附图 3.4　CSDY1 型电液伺服阀外形图

高端液压元件理论与实践

技术指标:

型号	CSDY1-2、4、8、10、15、20、30、40(指 21 MPa 下的空载流量)
额定电流	±8 mA(或其他规格)
线圈电阻	1 000 Ω±100 Ω(或其他规格)
额定压力	21 MPa
使用压力	0.5~31.5 MPa
滞环	≤4%
分辨率	≤0.25%
线性度	≤7.5%
对称度	≤10%
零偏	≤2%
频率响应	(-3 dB)≥70 Hz (-90°)≥90 Hz
温度范围	-30~+90 ℃
工作油液	航空液压油或合成液压油(亦可提供燃油介质的伺服阀)
系统滤油精度	10~20 μm
质量	<400 g

2）CSDY2 型射流管电液伺服阀（附图 3.5）

附图 3.5　CSDY2 型电液伺服阀外形图

技术指标：

型号	CSDY2‐40、50、60（指 21 MPa 下的空载流量）
额定电流	±8 mA（或其他规格）
线圈电阻	1 000 Ω±100 Ω（或其他规格）
额定压力	21 MPa
使用压力	0.5～31.5 MPa
滞环	≤4%
分辨率	≤0.25%
线性度	≤7.5%
对称度	≤10%
零偏	≤2%
频率响应	（−3 dB)≥50 Hz （−90°)≥80 Hz
温度范围	−30～+90 ℃
工作油液	航空液压油或合成液压油（亦可提供燃油介质的伺服阀）
系统滤油精度	10～20 μm
质量	＜450 g

3) CSDY3 型射流管电液伺服阀（附图 3.6）

附图 3.6　CSDY3 型电液伺服阀外形图

技术指标：

型号	CSDY3 - 60、80、100、120（指 21 MPa 下的空载流量）
额定电流	±8 mA（或其他规格）
线圈电阻	1 000 Ω±100 Ω（或其他规格）
额定压力	21 MPa
使用压力	0.5～31.5 MPa
滞环	≤4%
分辨率	≤0.25%
线性度	≤7.5%
对称度	≤10%
零偏	≤2%
频率响应	（−90°）≥50 Hz
温度范围	−30～+90℃
工作油液	航空液压油或合成液压油（亦可提供燃油介质的伺服阀）
系统滤油精度	10～20 μm
质量	<1 200 g

4) CSDY4 型射流管电液伺服阀（附图 3.7）

附图 3.7　CSDY4 型电液伺服阀外形图

技术指标：

型号	CSDY4 - 120、140、160、180（指 21 MPa 下的空载流量）
额定电流	±8 mA（或其他规格）
线圈电阻	1 000 Ω±100 Ω（或其他规格）
额定压力	21 MPa
使用压力	0.5～31.5 MPa
滞环	≤4%
分辨率	≤0.25%
线性度	≤7.5%
对称度	≤10%
零偏	≤2%
频率响应	（−90°）≥25 Hz
温度范围	−30～＋90℃
工作油液	航空液压油或合成液压油（亦可提供燃油介质的伺服阀）
系统滤油精度	10～20 μm
质量	<1 400 g

5) CSDY6 型射流管电液伺服阀(附图 3.8)

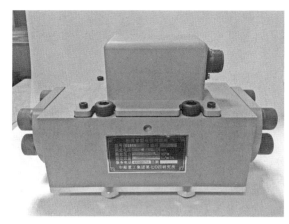

附图 3.8 CSDY6 型电液伺服阀外形图

技术指标:

型号	CSDY6 - 300、400(指 28 MPa 下的空载流量)
额定电流	±8 mA(或其他规格)
线圈电阻	1 000 Ω±100 Ω(或其他规格)
额定压力	28 MPa
使用压力	0.5～42 MPa
滞环	≤4%
分辨率	≤0.25%
线性度	≤7.5%
对称度	≤10%
零偏	≤2%
频率响应	(-3 dB)≥25 Hz (-90°)≥25 Hz
温度范围	-30～+90℃
工作油液	航空液压油或合成液压油(亦可提供燃油介质的伺服阀)
系统滤油精度	10～20 μm
质量	<5.5 kg

3.2 DSDY1 三线圈电余度射流管电液伺服阀

DSDY1 型三线圈电余度电液伺服阀(附图 3.9),其力矩马达设计有三个驱动线圈,各线圈可独立工作,当任一线圈出现故障时,产品仍能正常工作。

附图 3.9　DSDY 三线圈电余度电液伺服阀外形图

技术指标:

型号	DSDY1‑2、4、8、10、15、20、30、40(指 21 MPa 下的空载流量)
额定电流	±8 mA(或其他规格)
线圈电阻	1 000 Ω±100 Ω(或其他规格)
额定压力	21 MPa
使用压力	0.5~31.5 MPa
滞环	≤4%
分辨率	≤0.25%
线性度	≤7.5%
对称度	≤10%
零偏	≤2%
频率响应	(−3 dB)≥70 Hz (−90°)≥90 Hz
温度范围	−30~+90℃
工作油液	航空液压油或合成液压油(亦可提供燃油介质的伺服阀)
系统滤油精度	10~20 μm
质量	<400 g

3.3 CSDK 系列抗污染电液伺服阀

CSDK 系列抗污染电液伺服阀采用外置滤油器的结构方式,便于生产现场更换清洗滤芯,快速满足生产需求,多用于恶劣工况环境。

1)CSDK1 型电液伺服阀(附图 3.10)

附图 3.10　CSDK1 型电液伺服阀外形图

技术指标:

型号	CSDK1 - 2、4、8、10、15、20、30、40(指 21 MPa 下的空载流量)
额定电流	±8 mA(或其他规格)
线圈电阻	1 000 Ω±100 Ω(或其他规格)
额定压力	21 MPa
使用压力	0.5～31.5 MPa
滞环	≤4%
分辨率	≤0.25%
线性度	≤7.5%
对称度	≤10%
零偏	≤2%
频率响应	(−3 dB)≥70 Hz (−90°)≥90 Hz
温度范围	−30～+90℃
工作油液	航空液压油或合成液压油(亦可提供燃油介质的伺服阀)
系统滤油精度	10～20 μm
质量	<400 g

2）CSDK3 型抗污染电液伺服阀（附图 3.11）

附图 3.11　CSDK3 型电液伺服阀外形图

技术指标：

型号	CSDK3－60、80、100、120（指 21 MPa 下的空载流量）
额定电流	±8 mA（或其他规格）
线圈电阻	1 000 Ω±100 Ω（或其他规格）
额定压力	21 MPa
使用压力	0.5～31.5 MPa
滞环	≤4%
分辨率	≤0.25%
线性度	≤7.5%
对称度	≤10%
零偏	≤2%
频率响应	（－90°）≥50 Hz
温度范围	－30～＋90℃
工作油液	航空液压油或合成液压油（亦可提供燃油介质的伺服阀）
系统滤油精度	10～20 μm
质量	＜1 200 g

3.4　CSDY2‑70G型高温电液伺服阀

CSDY2‑70G型电液伺服阀（附图3.12）应用于高温燃油液压控制系统，力矩马达设计有外部油路冷却结构，使整阀具有在250℃环境温度下的工作能力。

附图3.12　CSDY2‑70G型高温电液伺服阀外形图

技术指标：

型号	CSDY2‑70G
额定电流	±40 mA
线圈电阻	40 Ω±4 Ω（单线圈电阻）
额定压力	21 MPa＋0.50 MPa
额定流量	70 L/min±7 L/min（在压降为20.4 MPa时）
滞环	≤5%
分辨率	≤0.3%
内漏	≤1.5 L/min
线性度	≤7.5%（在70% I_n 范围内考核）
对称度	≤10%
零偏	≤3%
频率响应	（−3 dB）≥45 Hz （−90°）≥55 Hz
环境温度范围	−55～＋150℃，短时180℃
工作液温度	−55～＋120℃，短时130℃
工作介质	3号或5号喷气燃油
质量	≤0.65 kg

3.5 YF‑60 型电液伺服阀

YF‑60 型电液伺服阀(附图 3.13)的特点为滑阀部分设置有 LVDT 位移传感器,可监测阀芯的位移,便于系统监控电液伺服阀的工作情况。

附图 3.13 YF‑60 型电液伺服阀外形图

技术指标:

型号	YF‑60
额定电流	± 10 mA
线圈电阻	485 $\Omega \pm 48\ \Omega$(线圈并联)
额定压力	21 MPa$+0.50$ MPa
额定流量	$\geqslant 56$ L/min(在压降为 20 MPa 时)
滞环	$\leqslant 6\%$
分辨率	$\leqslant 0.25\%$
内漏	$\leqslant 0.9$ L/min
线性度	$\leqslant 7.5\%$(在 $70\% I_n$ 范围内考核)
对称度	$\leqslant 10\%$
零偏	$\leqslant 2\%$
位移传感器输出电压	$\leqslant 40$ mV
在最大指令电流 ± 10 mA 时位移传感器输出电压(空载和带载)	$335 \sim 530$ mV
频率响应	$(-3$ dB$)\geqslant 15$ Hz $(-90°)\geqslant 40$ Hz
长期工作温度	$-55 \sim +85\ ℃$
工作液温度	$-55 \sim +135\ ℃$
工作介质	15 号航空液压油
质量	$\leqslant 0.55$ kg

3.6 YF415B 型高压电液伺服阀

YF415B 型高压电液伺服阀(附图 3.14)为两级机械反馈流量伺服阀,使用压力为 28 MPa,可承受 42 MPa 压力脉冲试验;产品可在 80℃的高温油液下长期工作,具有可靠性高、耐冲击性能强等特点。

附图 3.14　YF415B 型高压电液伺服阀外形图

技术指标:

型号	YF415B
额定电流	±41 mA
线圈电阻	40 Ω±4 Ω
额定压力	28 MPa
使用压力	0.5～42 MPa
流量	70～80 L/min
滞环	≤4%
分辨率	≤0.25%
线性度	≤7.5%(在 70%I_n 下考核)
对称度	≤10%
零偏	≤2%
频率响应	(−3 dB)≥50 Hz (−90°)≥65 Hz
温度范围	−30～+150℃
工作油液	YH‐15
系统滤油精度	10～20 μm
质量	<0.63 kg

3.7　YF425B 型高压大流量电液伺服阀

　　YF425B 型电液伺服阀为高压、大流量电液伺服阀（附图 3.15），产品可在 80℃的高温油液下长期工作，具有可靠性高、耐冲击性能强等特点。

附图 3.15　YF425B 型高压大流量电液伺服阀外形图

技术指标：

型号	YF425B
额定电流	±41 mA
线圈电阻	40 Ω±4 Ω
额定压力	28 MPa
使用压力	0.5～42 MPa
流量	175～200 L/min
滞环	≤5%
分辨率	≤0.25%
线性度	≤7.5%（在 70%I_n 下考核）
对称度	≤10%
零偏	≤2%
频率响应	（−3 dB）≥15 Hz （−90°）≥20 Hz
温度范围	−30～+150℃
工作油液	YH - 15
系统滤油精度	10～20 μm
质量	<1.8 kg

3.8 WS113 系列燃油电液伺服阀

WS113 系列燃油电液伺服阀(附图 3.16)主要用于燃油动力控制液压伺服系统,具有可靠性高、抗环境能力强、低压性好、零位稳定等特点。

附图 3.16　WS113 系列燃油电液伺服阀外形图

技术指标:

型号	WS113 - 01B	WS113 - 02B	WS113 - 03B
额定电流(mA)	310	310	310
线圈电阻(Ω)	15±1.5	15±1.5	15±1.5
额定供油压力(MPa)	2	2	10
使用压力范围(MPa)	2~4	2~4	2~10
零偏值(mA)	+45±3	+30±3	-30±3
流量(L/min)	2±0.2	20~24	70~84
内漏	2 MPa 下,≤0.5 L/min	2 MPa 下,≤0.5 L/min	10 MPa 下,≤1 L/min
线性度	≤7.5%	≤7.5%(在 70%I_n 内考核)	≤7.5%(在 70%I_n 内考核)
滞环	≤5%	≤5%	≤5%
分辨率	≤0.25%	≤0.25%	≤0.25%
重叠	(0~+5)%	≥20%P_n/1%I_n	-2.5%~+2.5%
压力增益	≥10%P_n/1%I_n	+30 mA±3 mA	≥20%P_n/1%I_n
频率特性	幅频宽(-3 dB):≥20 Hz;相频宽(-90°):≥20 Hz	—	幅频宽(-3 dB):≥20 Hz;相频宽(-90°):≥20 Hz
对称度	≤10%	—	≤10%
工作油液	RP-3 航空燃油	RP-3 航空燃油	RP-3 航空燃油
质量(g)	<500	<570	<570

3.9 YS‑187 型压力伺服阀

YS‑187 型压力伺服阀(附图 3.17)是一种接收模拟量电控制信号,输出随电信号大小及极性变化且快速响应的模拟量压力的液压控制阀。

附图 3.17 YS‑187 型压力伺服阀外形图

技术指标:

型号	YS‑187
额定电流	40 mA
线圈电阻	200 $\Omega \pm 5\ \Omega$
额定供油压力	21 MPa
额定输出压力	8 MPa$\pm$0.5 MPa
最大输出压力	21 MPa$\pm$1 MPa
线性度	$\leqslant 5\%$
滞环	$\leqslant 5\%$
死区	4^{+2}_{0} mA
压力稳定性	$\leqslant \pm 0.5$ MPa
分辨率	$\leqslant 2\%$
静耗流量	$\leqslant 1$ L/min
最大回油流量	$\leqslant 10$ L/min
压力损失	$\leqslant 2$ MPa
频率响应	$(-3\ \mathrm{dB}) \geqslant 17$ Hz $(-90°) \geqslant 17$ Hz
工作油液	YH‑15
系统滤油精度	$10 \sim 20\ \mu$m
质量	< 1.3 kg

附录 4   上海诺玛液压系统有限公司电液伺服阀

上海诺玛液压系统有限公司成立于 2005 年,专业研发、制造、销售电液伺服阀,包括双喷嘴挡板两级电液伺服阀、射流管式先导级电液伺服阀、射流管式先导级电液比例阀、大流量比例插装阀、负载敏感比例多路阀。

4.1   双喷嘴挡板两级电液伺服阀

1) RT7625M 系列双喷嘴挡板两级电液伺服阀(附图 4.1)   RT7625M 系列电液伺服阀可用作三通和四通节流型流量控制阀。该阀由干式双气隙、对称双喷嘴挡板先导阀驱动;四通滑阀输出。阀芯的反馈位置由悬臂反馈杆实现。

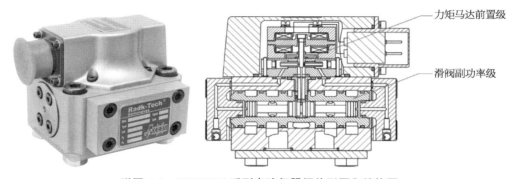

力矩马达前置级

滑阀副功率级

附图 4.1   RT7625M 系列电液伺服阀外形图和结构图

特点:阀为干式力矩马达和两级液压放大器结构,前置级为低摩擦力的双喷嘴挡板阀,阀芯驱动力大,动态响应性能高,分辨率高、滞环低,具有外部调零机构,可选择第五个油口用于单独控制先导级,阀体材料可选择铝材料或钢材料,可现场更换先导阀折叠过滤器。

常规使用参数:

最高工作压力:31.5 MPa

温度范围:油液温度 $-20\sim+80℃$,环境温度 $-20\sim+60℃$

过滤精度:常规使用 $\beta_{10}\geqslant75$,长寿命使用 $\beta_{5}\geqslant75$

工作介质:符合 DIN 51 524 标准的矿物油,或根据需要选用其他油

技术参数:

先导控制:可选内控式、外控式

额定流量:$4\sim63$ L/min(测试压力 7 MPa)

内漏:<2.5 L/min(测试压力 21 MPa)

滞环:$<4\%$($p_P=14$ MPa 时测)

分辨率:$<1\%$($p_P=14$ MPa 时测)

对称度：<10%（p_P = 14 MPa 时测）

额定信号：±40 mA（并联）、±20 mA（串联）

频率响应：−90°相位≥60 Hz，峰值<+2 dB

零漂：温漂<2%（温度每变化 38℃）；压漂<2%（供油压力每变化 7 MPa）

2) RT6225M 系列双喷嘴挡板两级电液伺服阀（附图 4.2） RT6225M 系列电液伺服阀可用作三通和四通节流型流量控制阀。该阀由干式双气隙、对称双喷嘴挡板先导阀驱动；四通滑阀输出。阀芯的反馈位置由悬臂反馈杆实现。

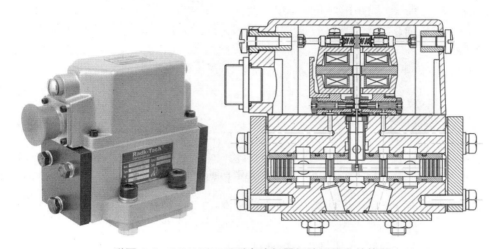

附图 4.2　RT6225M 系列电液伺服阀外形图和结构图

特点：阀为干式力矩马达和两级液压放大器结构，前置级为低摩擦力的双喷嘴挡板阀，动态响应性能高，分辨率高、低滞环，具有外部调零机构，抗污染能力强，阀体材料为铝材料，工作可靠性好，使用寿命长。

常规使用参数：

最高工作压力：21 MPa

温度范围：油液温度−20～+80℃，环境温度−20～+60℃

过滤精度：常规使用 β_{10} ≥ 75，长寿命使用 β_5 ≥ 75

工作介质：符合 DIN 51 524 标准的矿物油，或根据需要选用其他油

技术参数：

额定流量：40 L/min（测试压力 7 MPa）

内漏：<3 L/min（测试压力 14 MPa）

零偏：<2%

滞环：<5%（p_P = 14 MPa 时测）

分辨率：<1%（p_P = 14 MPa 时测）

对称度：<10%（p_P = 14 MPa 时测）

额定信号：±15 mA（并联）、±7.5 mA（串联）

频率响应：−90°相位>50 Hz，峰值<+2 dB

零漂：温漂<3%（温度每变化 38℃）；压漂<3%（供油压力每变化 7 MPa）

3）RT6215M 系列双喷嘴挡板两级电液伺服阀（附图 4.3）　RT6215M 系列电液伺服阀可用作三通和四通节流型流量控制阀，用于四通阀时控制性能更好。该阀由干式双气隙、对称双喷嘴挡板先导阀驱动；四通滑阀输出。阀芯的反馈位置由悬臂反馈杆实现。

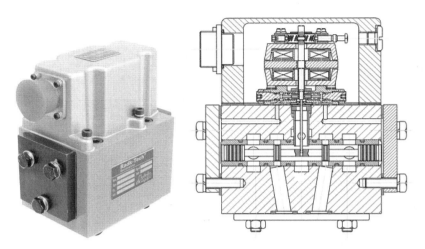

附图 4.3　RT6215M 系列电液伺服阀外形图和结构图

特点：阀为干式力矩马达和两级液压放大器结构，前置级为低摩擦力的双喷嘴挡板阀，分辨率高、低滞环，具有外部调零机构，抗污染能力强，可现场更换先导阀的蝶形滤油器，可选择第五个油口用于单独控制先导阀，阀体材料为铝材料，工作可靠性好，使用寿命长。

常规使用参数：

最高工作压力：31.5 MPa

温度范围：油液温度 $-20\sim+80℃$，环境温度 $-20\sim+60℃$

过滤精度：常规使用 $\beta_{10}\geqslant75$，长寿命使用 $\beta_5\geqslant75$

工作介质：符合 DIN 51 524 标准的矿物油，或根据需要选用其他油

技术参数：

型号系列：RT6215M—…

额定流量：5～75 L/min（测试压力 7 MPa）

内漏：<3 L/min（测试压力 14 MPa）

零偏：<2%

滞环：<4%（$p_P=14$ MPa 时测）

分辨率：<1%（$p_P=14$ MPa 时测）

对称度：<10%（$p_P=14$ MPa 时测）

额定信号：±100 mA（并联）、±50 mA（串联）

频率响应：$-90°$相位>50 Hz，峰值<+2 dB

零漂：温漂<4%（温度每变化 38℃）；压漂<3%（供油压力每变化 7 MPa）

4）RTJ01 两级电液伺服阀（附图 4.4）　RTJ01 型电液伺服阀是为伺服变量泵机组而设计，能在低压（1.1 MPa）下工作，具有高动态响应的双喷嘴挡板型两级电液伺服阀。该阀由干式双气隙、对称双喷嘴挡板先导阀驱动；四通滑阀输出。通过控制变量泵斜盘转角以达到控制输出流

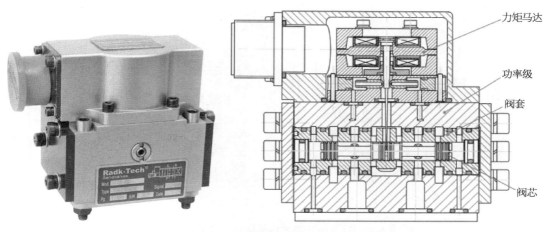

力矩马达

功率级

阀套

阀芯

附图 4.4 RTJ01 型电液伺服阀外形图和结构图

量的目的。

特点：体积小巧,安装便捷,干式力矩马达和两级液压放大器结构,前置级为低摩擦力的双喷嘴挡板阀,可以在低压(1.1 MPa)下工作,分辨率高、低滞环,具有外部调零机构,抗污染能力强,阀体材料为铝材料,工作可靠性好,使用寿命长。

常规使用参数：

最高工作压力：21 MPa

温度范围：油液温度$-40\sim+110℃$,环境温度$-40\sim+110℃$

过滤精度：常规使用$\beta_{10}\geqslant75$,长寿命使用$\beta_{5}\geqslant75$

工作介质：10 号航空液压油,或根据需要选用其他油

安装要求：可安装在任意固定位置或跟系统移动

技术参数：

额定流量：5 L/min(测试压力 1.1 MPa)

内漏：<0.5 L/min(测试压力 1.1 MPa)

零偏：$<\pm2\%$

滞环：$<4\%$($p_{P}=1.1$ MPa 时测)

对称度：$<10\%$($p_{P}=1.1$ MPa 时测)

额定信号：±40 mA(并联)

频率响应：幅频$\geqslant20$ Hz,峰值$<+2$ dB

零漂：温漂$<4\%$(温度每变化 38℃);压漂$<3\%$(供油压力每变化 $1.1\sim1.5$ MPa)

5) RT7626M 双喷嘴挡板两级电液伺服阀(附图 4.5) RT7626M 系列伺服阀是可用作三通和四通节流型流量控制阀,用于四通阀时控制性能更好。该系列阀为高性能的两级电液伺服阀,在 7 MPa 额定压力下流量可达 160 L/min,阀的先导级是一个对称的双喷嘴挡板阀,由干式力矩马达的双气隙驱动;输出级是一个四通滑阀。阀芯位置由一悬臂弹簧杆进行机械反馈。该阀由于具有两个过滤能力较强的过滤器,其具有较强的抗污染能力,工作可靠,使用寿命长。这类阀使用于位置、速度、力(或压力)伺服控制系统,并具有很高的动态响应。

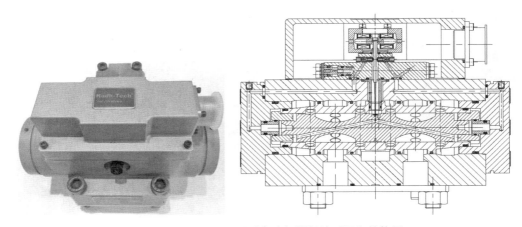

附图 4.5 RT7626M 系列电液伺服阀外形图和结构图

特点：干式力矩马达和两级液压放大器结构，前置级为低摩擦力的双喷嘴挡板阀，阀芯驱动力大，分辨率高、低滞环，具有外部调零机构，抗污染能力强，工作可靠性好，使用寿命长，先导级可选为外控、内控形式。

常规使用参数：

最高工作压力：21 MPa

温度范围：油液温度 $-40\sim+135℃$，环境温度 $-40\sim+135℃$

过滤精度：常规使用 $\beta_{10} \geqslant 75$，长寿命使用 $\beta_5 \geqslant 75$

工作介质：符合 DIN 51 524 标准的矿物油，或根据需要选用其他油

安装要求：可安装在任意固定位置或跟系统移动

技术参数：

额定流量：160 L/min(测试压力 7 MPa)

内漏：<5 L/min(测试压力 14 MPa)

零偏：$<\pm2\%$

滞环：$<4\%$（ $p_P = 7$ MPa 时测）

对称度：$<10\%$（ $p_P = 7$ MPa 时测）

额定信号：±40 mA(并联)

频率响应：相频$\geqslant50$ Hz，幅频$\geqslant25$ Hz，峰值$<+2$ dB

零漂：温漂$<4\%$(温度每变化 40℃)；压漂$<3\%$(供油压力每变化 7 MPa)

6) RT7325M 双喷嘴挡板两级电液伺服阀(附图 4.6) RT7325M 系列电液伺服阀可用作三通和四通节流型流量控制阀，阀先导级是一个对称的双喷嘴挡板阀，由干式双气隙力矩马达驱动；输出级是一个四通滑阀。阀芯位置由一个悬臂弹簧管进行机械反馈。该系列阀结构简单、坚固、工作可靠，使用寿命长。该阀适用于位置、速度、力（或压力）伺服系统，并具有很高的动态响应。

特点：干式力矩马达和两级液压放大器结构，前置级为低摩擦力的双喷嘴挡板阀，阀芯驱动力大，分辨率高、低滞环，具有外部调零机构，抗污染能力强，配有主辅两个过滤器，工作压力为28 MPa，阀体为钢件，工作可靠性好，使用寿命长，先导级可选为外控、内控形式。

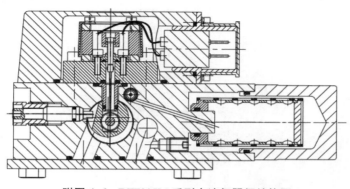

附图 4.6　RT7325M 系列电液伺服阀结构图

常规使用参数：

最高工作压力：28 MPa

温度范围：油液温度 $-40 \sim +135℃$，环境温度 $-40 \sim +135℃$

过滤精度：常规使用 $\beta_{10} \geqslant 75$，长寿命使用 $\beta_5 \geqslant 75$

工作介质：符合 DIN 51 524 标准的矿物油，或根据需要选用其他油

技术参数：

额定流量：57 L/min（测试压力 7 MPa）

内漏：<2.6 L/min（测试压力 21 MPa）

零偏：<±3%（$p_P = 21$ MPa 时测）

滞环：<3%（$p_P = 21$ MPa 时测）

对称度：<10%（$p_P = 21$ MPa 时测）

额定信号：±20 mA（串联）

频率响应：相频≥90 Hz，幅频≥40 Hz，峰值<+2 dB

零漂：温漂<4%（温度每变化 40℃）；压漂<3%（供油压力每变化 7 MPa）

4.2　射流管伺服阀

1）RT6615E 系列射流管式先导级电液伺服阀（附图 4.7）　RT6615E 系列阀可作二通、三通、四通和五通节流型的流量控制阀，并具有很高的动态响应特性。采用射流管先导阀驱动，四通滑阀输出。主要由射流管先导级、外接电插座、二级阀芯阀套、阀芯位移传感器组成。

特点：流量接收效率高（先导级流量 90% 以上被利用），使得能耗降低。射流管式先导级具有很高的无阻尼自然频率，阀的动态响应较高。性能可靠。射流管先导级具有很高压力恢复能力（输入额定信号时，压力恢复能力达 80% 以上），驱动功率级阀芯力较大，提高了阀芯位置精度。先导级的最低控制压力仅需 2.5 MPa，可用于汽轮机低压系统。先导级过滤器的寿命高，可现场更换。超大流量阀体流道设计，可通过 X、Y 口进行先导阀外控、外排。减小主阀芯的驱动面积，改善动态响应，使得较小的先导级流量驱动阀芯快速运动。带 LVDT 的位置电反馈。对于故障保险型比例阀，可通过弹簧、阀座或切断外界油压等作用，使得滑阀处于可靠的安全位置。主要用在小信号时要求较高分辨率和较高动态响应的系统。

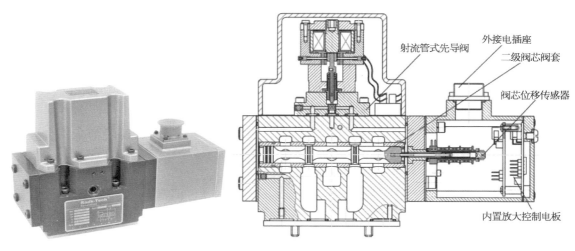

附图 4.7　RT6615E 系列电液伺服阀外形图和结构图

常规使用参数：

最高工作压力：35 MPa

温度范围：油液温度－20～＋80℃,环境温度－20～＋60℃

过滤精度：常规使用 $\beta_{10} \geqslant 75$,长寿命使用 $\beta_5 \geqslant 75$

工作介质：符合 DIN 51 524 标准的矿物油,或根据需要选用其他油

技术参数：

先导控制：可选内控式、外控式

额定流量：120～200 L/min(测试压力 7 MPa)

内漏：＜4.5 L/min(测试压力 21 MPa)

零偏：可根据客户要求设定

滞环：＜1%($p_P = 21$ MPa 时测)

分辨率：＜1%($p_P = 21$ MPa 时测)

对称度：＜10%($p_P = 21$ MPa 时测)

阶跃响应：＜10 ms(0～100%信号, $p_P = 21$ MPa)

电气连接：采用 24 VDC 供电电源,最小 18 VDC,最大 32 VDC,最大电流消耗 300 mA

指令信号：电流指令信号(0～±10 mA)、电压指令信号(0～±10 V)

零漂：温漂＜2%(温度每变化 55℃);压漂＜2%(供油压力每变化 7 MPa)

2) RT6617E 系列射流管式或 RT7613M 系列先导级电液伺服阀(附图 4.8)　RT6617E 系列阀可作二通、三通、四通和五通节流型的流量控制阀,并具有很高的动态响应特性。采用射流管或 RT7613M 系列双喷嘴挡板阀作为先导阀驱动,四通滑阀输出。主要由射流管先导级(或双喷嘴挡板先导阀)、外接电插

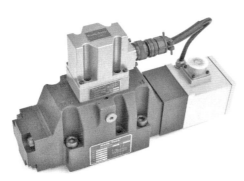

附图 4.8　RT6617E 射流伺服阀外形图

座、二级阀芯阀套、阀芯位移传感器组成。

特点：流量接收效率高（先导级流量 90% 以上被利用），使得能耗降低。射流管式先导级具有很高的无阻尼自然频率，阀的动态响应较高，性能可靠。射流管先导级具有很高压力恢复能力（输入额定信号时，压力恢复能力达 80% 以上），驱动功率级阀芯力较大，提高了阀芯位置精度。先导级的最低控制压力仅需 2.5 MPa，可用于汽轮机低压系统。先导级过滤器的寿命高，可现场更换，过滤精度为 200 μm。超大流量阀体流道设计，可通过 X、Y 口进行先导阀外控、外排。减小主阀芯的驱动面积，改善动态响应，使得较小的先导级流量驱动阀芯快速运动。带 LVDT 的位置电反馈。对于故障保险型比例阀，可通过弹簧、阀座或切断外界油压等作用，使滑阀处于可靠的安全位置。该阀分为两级和三级两种构造形式。

常规使用参数：

最高工作压力：35 MPa

温度范围：油液温度 −20～+80℃，环境温度 −20～+60℃

过滤精度：常规使用 $\beta_{10} \geqslant 75$，长寿命使用 $\beta_5 \geqslant 75$

工作介质：符合 DIN 51 524 标准的矿物油，或根据需要选用其他油

技术参数：

先导控制：可选内控式、外控式

先导级：	射流管先导级	RT7613M 双喷嘴挡板阀先导级

额定流量（测试压力 1 MPa）：120、150、200、250 L/min

内漏（测试压力 21 MPa）：≤5.1 L/min	≤4.5 L/min

零偏：可根据客户要求设定

滞环（$p_P = 21$ MPa 时测）：<1%	<2%

分辨率（$p_P = 21$ MPa 时测）：<0.2%	<0.4%

对称度（$p_P = 21$ MPa 时测）：<10%

阶跃响应（全行程，$p_P = 21$ MPa）：<30 ms	<10 ms

电气连接：采用 24 VDC 供电电源，最小 18 VDC，最大 32 VDC，最大电流消耗 300 mA

指令信号：电流指令信号（0～±10 mA）、电压指令信号（0～±10 V）

零漂：温漂<2%（温度每变化 55℃）；压漂<2%（供油压力每变化 7 MPa）

3）RT6619E 系列射流管式或 RT7613M 系列先导级电液伺服阀（附图 4.9） RT6619E 系列阀可作二通、三通、四通和五通节流型的流量控制阀，并具有很高的动态响应特性。采用射流管或 RT7613M 系列双喷嘴挡板阀作为先导阀驱动，四通滑阀输出。主要由射流管先导级、外接电插座、二级阀芯阀套、阀芯位移传感器组成。

特点：流量接收效率高（先导级流量 90% 以上被利用），使得能耗降低。射流管式先导级具有很高的无阻尼自然频率，阀的动态响应较高，性能可靠。射流管先导级具有很高压力

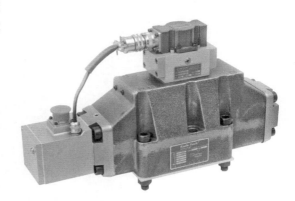

附图 4.9 RT6619E 射流伺服阀外形图

恢复能力(输入额定信号时,压力恢复能力达80%以上),驱动功率级阀芯力较大,提高了阀芯位置精度。先导级的最低控制压力仅需2.5 MPa,可用于汽轮机低压系统。先导级过滤器的寿命高,可现场更换,过滤精度为200 μm。超大流量阀体流道设计,可通过X、Y口进行先导阀外控、外排。减小主阀芯的驱动面积,改善动态响应,使得较小的先导级流量驱动阀芯快速运动。带LVDT的位置电反馈。对于故障保险型比例阀,可通过弹簧、阀座或切断外界油压等作用,使滑阀处于可靠的安全位置。该系列阀分为两级和三级两种构造形式。

常规使用参数:

最高工作压力:35 MPa

温度范围:油液温度−20～+80℃,环境温度−20～+60℃

过滤精度:常规使用$\beta_{10} \geqslant 75$,长寿命使用$\beta_5 \geqslant 75$

工作介质:符合DIN 51 524标准的矿物油,或根据需要选用其他油

技术参数:

先导控制:可选内控式、外控式

先导级: 射流管先导级　　　　　　　　　　RT7613M双喷嘴挡板阀先导级

额定流量(测试压力1 MPa):250、350、550 L/min

内漏(测试压力21 MPa):≤5.6 L/min　　　　　　≤5 L/min

零偏:<1%

滞环($p_P = 21$ MPa时测):<1%　　　　　　　　<2%

分辨率($p_P = 21$ MPa时测):<0.2%　　　　　　<0.4%

对称度($p_P = 21$ MPa时测):<10%

阶跃响应(全行程,$p_P = 21$ MPa):<37 ms　　　　<17 ms

电气连接:采用24 VDC供电电源,最小18 VDC,最大32 VDC,最大电流消耗300 mA

指令信号:电流指令信号(0～±10 mA)、电压指令信号(0～±10 V)

零漂:温漂<2%(温度每变化55℃);压漂<2%(供油压力每变化7 MPa)

附录5 中国运载火箭技术研究院第十八研究所电液伺服阀

5.1 产品代号示例

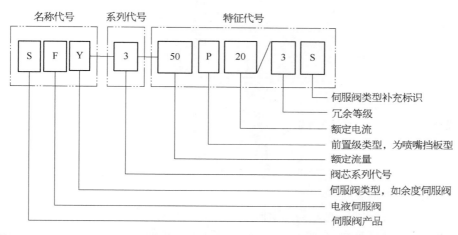

	电液伺服阀产品	SF	
名称代号	伺服阀类型	流量伺服阀	L
		余度伺服阀	Y
		数字控制机电一体化伺服阀	S
		机电双输入伺服阀	X
		动压反馈伺服阀	D
系列代号	阀芯直径系列	$d = 4.5$	1
		$d = 6.4$	2
		$d = 8$	3
		$d = 9.4$	4
		$d = 12.5$	5
		$d = 15$	6
		$d = 20$	7
		$d = 25$	8
		$d = 30$	9

特征代号	电液伺服阀产品	SF	
	额定流量	单位 L/min，用实际数字代表（额定压力 21 MPa）	
	前置级类型	喷嘴挡板型	P
		偏导射流型	D
		射流管	S
		电机	J
	额定电流或电压	单位 mA 或 V，用实际数字代表（单位为 V 时标明）	
	冗余等级	非冗余	省略
		三冗余	3
补充代号	伺服阀类型补充标识	无	省略
		射流管两级电反馈	D
		带控制器三级伺服阀	S
		两通数字流量伺服阀	E

1）SFL 系列流量伺服阀

（1）两级力反馈伺服阀。两级力反馈伺服阀前置级分别为双喷嘴挡板式、偏导射流式、射流管式，功率放大级均为四通滑阀，偏导射流和射流管式前置级伺服阀在抗污染能力上较普通双喷嘴伺服阀提高了一个数量级。

（2）三级电液伺服阀。三级电液伺服阀采用传统喷嘴挡板两级伺服阀作为前置级，阀芯安装了位移传感器，通过闭环控制，保证了整阀的动静态性能。

（3）电反馈射流管伺服阀。电反馈射流管伺服阀采用射流管作为前置级，功率级阀芯集成了位移传感器，自带伺服阀控制器，抗污染能力和动静态性能均有提高。

2）SFD 系列动压反馈伺服阀　SFD 系列伺服阀是具有动压反馈功能的伺服阀，主要用于需对大惯量负载引起的系统振荡提供有效阻尼的系统。

3）SFY 系列多余度伺服阀　SFY 系列伺服阀是具有三冗余设计的余度伺服阀，可靠性有了较大的提高。

4）SFX 系列双输入伺服阀　SFX 系列伺服阀是具有机电双输入功能的伺服阀，通过机械反馈装置将作动器的位移信号直接反馈到伺服阀的前置级，与作动器形成机械反馈式闭环伺服控制系统。

5）SFS 系列数字伺服阀

（1）数字伺服阀。数字流量伺服阀是一种新型的伺服阀，采用数字式驱动机构直接驱动功率级阀芯运动，由于其没有传统伺服阀的前置级，抗污染能力更强、可靠性更好，采用数字控制，抗干扰能力、控制性能等也更加优越。

（2）二通数字伺服阀。二通数字伺服阀为两通道流量控制伺服阀，采用数字式驱动机构驱动功率级阀芯滑动，实现对流量的线性控制，适用于发动机燃料控制、加注控制等。

5.2 主要产品及性能

5.2.1 SFL 系列流量伺服阀

5.2.1.1 两级力反馈伺服阀

1) 喷嘴挡板伺服阀（附图 5.1）

附图 5.1 喷嘴挡板伺服阀产品外形

（1）产品特点。

① 采用干式力马达和两级液压放大器结构。

② 前置级为无摩擦副的双喷嘴挡板阀。

③ 阀芯驱动力大。

④ 性能优良,动态响应高,工作稳定可靠,使用寿命长。

⑤ 结构紧凑,体积小,重量轻。

⑥ 高分辨率,低滞环。

（2）应用环境。

① 稳定的控制压力。

② 适当的冷却系统,保证产品在可承受的温度范围内工作。

③ 内部走线或电接插件形式。

④ 适用航空液压油或合成液压油等工作介质。

⑤ 油液清洁度不低于 NAS 1638 第 7 级。

（3）外形尺寸（附图 5.2、附图 5.3）。

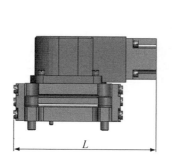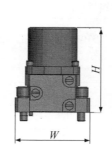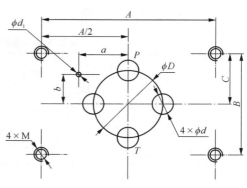

尺寸(mm) 代号	L	H	W	A	B	C	D	d	a	b	d_1	$n \times M$
SFL-2-5P10	78	45.4	47	48	38	21.5	12	3	10	14.5	1.5	4×M4
SFL-2-30P10	72.4	59	58	43	34	17	19.8	6.4	——	——	——	4×M5
SFL-4-80P10	91.2	69.5	68	35	56	28	22	9	22	17	6	4×M6

附图 5.2 喷嘴挡板伺服阀外形及产品安装面尺寸

高端液压元件理论与实践

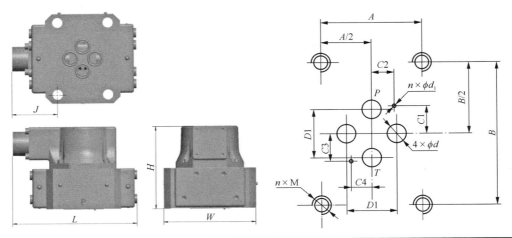

尺寸(mm) 代号	L	H	W	J	A	B	$C1$	$C2$	$C3$	$C4$	$D1$	$n \times d_1$	d	$n \times M$
SFL-2-40P40 (SFL212)	89.4	62	49	28	44	34	——	——	12	10	16	1×2.5	5	4×M4
SFL-7-400P40 (SFL216)	160	117	136	43.5	73	86	19	25.5	——	——	51	1×3	20	4×M10
SFL-3-100P40 (SFL218)	107	75	81	39.8	44.4	65	12.7	10	——	——	22	1×2.5	8.5	4×M8

附图 5.3 喷嘴挡板伺服阀(SF21 系列)外形及产品安装面尺寸

(4) 性能指标(附表 5.1、附表 5.2)。

附表 5.1 喷嘴挡板伺服阀性能指标

项目 \ 代号	SFL-2-5P10	SFL-2-30P10	SFL-4-80P10
供油压力范围(MPa)		1~28	
额定供油压力 p_s(MPa)		21	
额定电流 I_n(mA)		10	

代号 项目	SFL-2-5P10	SFL-2-30P10	SFL-4-80P10
额定流量 Q_n(L/min)	5	30	80
零偏(%)		$\leqslant 2$	
温漂(%)($\Delta T = 40℃$)		$\leqslant 2$	
滞环(%)		$\leqslant 3$	
分辨率(%)		$\leqslant 0.5$	
非线性度(%)		$\leqslant \pm 5$	
不对称度(%)		$\leqslant \pm 5$	
内泄(L/min)	$\leqslant 0.5 + 4\% Q_n$	$\leqslant 0.5 + 2.5\% Q_n$	$\leqslant 0.5 + 2\% Q_n$
幅频宽(−3 dB)(Hz)	$\geqslant 120$	$\geqslant 100$	$\geqslant 40$
相频宽(−90°)(Hz)	$\geqslant 120$	$\geqslant 100$	$\geqslant 40$
工作温度(℃)		−40~135(丁腈橡胶密封)	
		−15~180(氟橡胶密封)	
净重(kg) 钢壳体	≈ 0.35	—	≈ 2
铝壳体	—	≈ 0.5	—

附表 5.2　喷嘴挡板流量伺服阀(SF21 系列)性能指标

代号 项目	SFL-2-40P40 (SFL212)	SFL-7-400P40 (SFL216)	SFL-3-100P40 (SFL218)
供油压力范围(MPa)		2~21(铝壳体),2~35(钢壳体)	
额定电压(mA)		40	
额定流量 Q_n(L/min)	10,20,40	400	10,20,40,70,100
滞环(%)		$\leqslant 5$	
分辨率(%)		$\leqslant 1$	
非线性度(%)		$\leqslant \pm 7.5$	
不对称度(%)		$\leqslant \pm 7.5$	
内泄(L/min)		$\leqslant 2\% Q_n$	
温度零漂(%)($\Delta T = 55℃$)		$\leqslant \pm 2$	
压力零漂(%)($\Delta p = 7$ MPa)		$\leqslant \pm 2$	
幅频宽(−3 dB)(Hz)	$\geqslant 100$	$\geqslant 30$	$\geqslant 50$
相频宽(−90°)(Hz)	$\geqslant 100$	$\geqslant 35$	$\geqslant 60$
工作温度(℃)		−15~150	
净重(kg) 钢壳体	1.5	3	2

2）偏导射流伺服阀（附图5.4）

（1）产品特点。

① 采用流量控制、两级设计、偏导射流前置级以及力反馈结构。

② 抗污染能力较喷嘴挡板伺服阀强。

③ 耐高温、耐高压，能在供油压力为 35 MPa 条件下工作。

（2）应用环境。

① 稳定的控制压力。

附图5.4　偏导射流伺服阀产品外形

② 30 μm 的名义油滤，绝对精度为 50 μm。

③ 适当的冷却系统，保证产品在可承受的温度范围内工作。

（3）外形尺寸（附图5.5）。

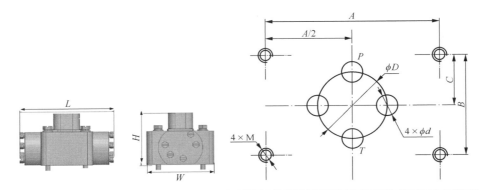

尺寸(mm)　　代号	L	H	W	A	B	C	D	d	$n \times$M
SFL - 2 - 30D40	89.2	76	81	44.4	65	32.5	22	8	4×M8
SFL - 3 - 50D40	89.2	76	81	44.4	65	32.5	22	8	4×M8
SFL - 5 - 150D40	110	88	73	50	59	29.5	32	11	4×M8
SFL - 6 - 200D40	124	97.5	88	72	72	42	34	13.8	4×M8
SFL - 7 - 300D40	181.2	107	130	73	86	43	50.8	16	4×M12

附图5.5　偏导射流伺服阀外形及产品安装面尺寸

（4）性能指标（附表5.3）。

附表5.3　偏导射流伺服阀性能指标

代号　　项目	SFL - 2 -30D40	SFL - 3 -50D40	SFL - 5 -150D40	SFL - 6 -200D40	SFL - 7 -300D40
供油压力范围(MPa)			1～28		
额定供油压力 p_s(MPa)			21		

项目 \ 代号	SFL－2－30D40	SFL－3－50D40	SFL－5－150D40	SFL－6－200D40	SFL－7－300D40
额定电流 I_n(mA)	40				
额定流量 Q_n(L/min)	30	50	150	200	300
零偏(%)	≤2				
温漂(%)($\Delta T = 40℃$)	≤2				
滞环(%)	≤3				
分辨率(%)	≤0.5				
非线性度(%)	≤±5				
不对称度(%)	≤±5				
内泄(L/min)	≤0.5＋2.5%Q_n	≤0.5＋2.5%Q_n	≤1＋1.5%Q_n	≤1＋1.5%Q_n	≤1＋1.5%Q_n
幅频宽(−3 dB)(Hz)	≥60	≥60	≥40	≥30	≥30
相频宽(−90°)(Hz)	≥60	≥60	≥40	≥30	≥30
工作温度(℃)	−40～135(丁腈橡胶密封)，−15～180(氟橡胶密封)				
净重(kg) 钢壳体	—	—	≈2.5	≈3.1	—
净重(kg) 铝壳体	≈1	≈1.1	—	—	≈4.5

5.2.1.2　三级电液伺服阀(附图5.6)

1) 产品特点

(1) 通过差动式线性位移传感器(LVDT)进行阀芯位置闭环控制反馈，无损耗。

(2) 集成式放大器，带极性保护。

(3) 通过阀体中的第五和第六油口可选择外控或者外排控制。

(4) 高分辨率、低滞环，卓越的零位稳定性。

2) 应用环境

(1) 稳定的控制压力。

(2) 适当的冷却系统，保证产品在可承受的温度范围内工作。

(3) 内部走线或电接插件形式。

(4) 适用航空液压油或合成液压油等工作介质。

(5) 油液清洁度不低于 NAS 1638 第 7 级。

3) 外形尺寸(附图5.7)

附图5.6　三级电液伺服阀产品外形(SF31 系列)

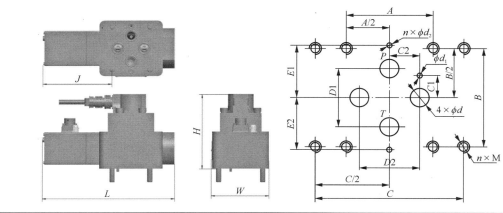

高端液压元件理论与实践

尺寸(mm) 代号	L	H	W	J	A	B	C	$C1$	$C2$	$E1$	$E2$	$D1$	$D2$	d	$n \times M$
SFL‐7‐450P10S (SFL316)	262.2	150	112	140.1	73	85.6	—	19.1	25.4	45.4	45.4	51	51	16	4×M10
SFL‐9‐1300P10S (SFL317)	310	187	146	142.1	47.8	117.4	110.8	—	—	58.7	—	57.2	79.2	28	8×M16

附图 5.7 三级电液伺服阀(SF31 系列)外形及产品安装面尺寸

4）性能参数（附表 5.4）

附表 5.4 三级电液伺服阀(SF31 系列)性能指标

代号 项目	SFL‐7‐450P10S(SFL316)	SFL‐9‐1300P10S(SFL317)
供油压力范围(MPa)	2～35(钢壳体)	
额定电压(mA)	10	
额定流量 Q_n(L/min)	450	1 300
滞环(%)	≤1	
分辨率(%)	≤0.2	
非线性度(%)	≤±1	
不对称度(%)	≤±1	
内泄(L/min)	≤2%Q_n	
温度零漂(%)($\Delta T = 55℃$)	≤2	
压力零漂(%)($\Delta p = 7$ MPa)	≤0.5	
幅频宽(−3 dB)(Hz)	≥100	≥100
相频宽(−90°)(Hz)	≥100	≥100
工作温度(℃)	−15～150	
净重(kg)	钢壳体	13	15

5.2.1.3 电反馈射流管伺服阀(附图 5.8)

1)产品特点

(1)先导级流量接收效率高(90％以上的先导级流量被利用)。

(2)先导级无阻尼自然频率高(500 Hz)。

(3)先导级控制压力低(2.5 MPa)。

(4)抗污染能力强。

(5)参数调节方便,系统适应性更好。

2)应用环境

(1)稳定的控制压力。

(2)适当的冷却系统,保证产品在可承受的温度范围内工作。

(3)内部走线或电接插件形式。

(4)适用航空液压油或合成液压油等工作介质。

(5)油液清洁度不低于 NAS 1638 第 7 级。

3)外形尺寸(附图 5.9)

附图 5.8 电反馈射流管伺服阀
(SFD234)产品外形

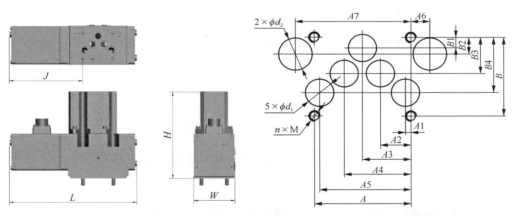

代号 \ 尺寸(mm)	L	H	W	J	A	$A1$	$A2$	$A3$	$A4$	$A5$
SFL－5－350P10D (SFD234)	226.9	158	74.5	131	54	3.2	16.7	27	37.3	50.8

代号 \ 尺寸(mm)	$A6$	$A7$	B	$B1$	$B2$	$B3$	$B4$	d_1	d_2	$n×M$
SFL－5－350P10D (SFD234)	10.6	64.6	46	6.3	9.9	21.4	32.5	15.8	18.7	4×M6

附图 5.9 电反馈射流管伺服阀(SFD234)外形尺寸

4)性能指标(附表 5.5)

代号 项目	SFL－5－350P10D(SFD234)		
供油压力范围(MPa)	2～35		
额定电流(mA)	10		
额定流量 Q_n(L/min)	70	140，200	280，350
滞环(%)	≤0.4		
分辨率(%)	≤0.1		
非线性度(%)	≤±10		
不对称度(%)	≤±10		
内泄(L/min)	4.7	5.4	5.4
先导级内泄(L/min)	2.6	2.6	2.6
先导级流量(L/min)	2.6	2.6	2.6
温度零漂(%)($\Delta T = 55℃$)	≤±2		
压力零漂(%)($\Delta p = 7$ MPa)	≤±2		
幅频宽(－3 dB)(Hz)	95	75	75
相频宽(－90°)(Hz)	95	75	75
工作温度(℃)	－15～150		
净重(kg)	6.1		

5.2.2　SFD 系列动压反馈伺服阀

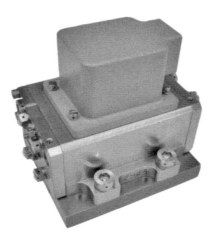

附图 5.10　动压反馈伺服阀
产品外形

动压反馈伺服阀(附图 5.10)是在传统伺服阀的基础上增加了动压反馈装置,所增加的动压反馈装置相当于一个低通滤波器,主要用于抑制负载的高频谐振。具体原理是:当系统出现高频振荡造成负载压差的快速变化时,负载压差作用于动压反馈活塞的两端,使得动压反馈活塞产生频率与负载振荡频率相同的往复运动,通过反馈喷嘴形成反馈压差作用于挡板上,驱使衔铁组件回复零位从而减小伺服阀的输出流量达到抑制负载谐振的目的。而当负载压差缓慢变化时,反馈活塞也运动缓慢,在反馈喷嘴腔产生的反馈压差很小,动压反馈几乎不起作用,因此也不会影响伺服机构的静态精度。

1) 产品特点

(1) 两级流量控制。

(2) 两级设计。

（3）工作稳定性较高。

2）应用环境

（1）稳定的控制压力。

（2）20 μm 的名义油滤,绝对精度为 35 μm。

（3）适当的冷却系统,保证产品在可承受的温度范围内工作。

3）外形尺寸(附图 5.11)

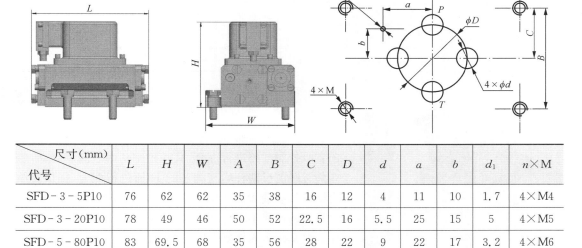

尺寸(mm) 代号	L	H	W	A	B	C	D	d	a	b	d_1	$n\times$M
SFD－3－5P10	76	62	62	35	38	16	12	4	11	10	1.7	4×M4
SFD－3－20P10	78	49	46	50	52	22.5	16	5.5	25	15	5	4×M5
SFD－5－80P10	83	69.5	68	35	56	28	22	9	22	17	3.2	4×M6

附图 5.11　动压反馈伺服阀外形及产品安装面尺寸

4）性能指标(附表 5.6)

附表 5.6　动压反馈伺服阀性能指标

代号 项目	SFD－3－5P10	SFD－3－20P10	SFD－5－80P10
供油压力范围(MPa)		1～28	
额定供油压力 p_s(MPa)		21	
额定电流 I_n(mA)		10	
额定流量 Q_n(L/min)	5	20	80
零偏(%)		≤2	
温漂(%)($\Delta T = 40℃$)		≤2	
滞环(%)		≤3	
分辨率(%)		≤0.5	
非线性度(%)		≤±5	

项目 ＼ 代号		SFD-3-5P10	SFD-3-20P10	SFD-5-80P10
不对称度(%)		≤±5		
内泄(L/min)		≤0.5+4%Q_n	≤0.5+2.5%Q_n	≤0.5+2%Q_n
幅频宽(-3 dB)(Hz)		≥50	≥50	≥50
相频宽(-90°)(Hz)		≥30	≥25	≥35
工作温度(℃)		-40~135(丁腈橡胶密封)		
		-15~180(氟橡胶密封)		
动压反馈压差效应(MPa) (负载压差为 4 MPa 时)	$f=0.5$ Hz	≤0.3	≤0.3	≤0.7
	$f=10$ Hz	≥1.3	≥1.4	≥1.6

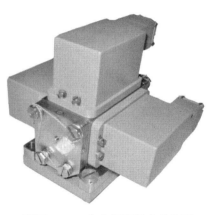

附图 5.12　余度伺服阀产品外形

5.2.3　SFY 系列余度伺服阀

三余度伺服阀(附图 5.12)具有三个前置级,将三个前置级控制油路进行综合,共同控制功率级阀芯运动,三个前置级的反馈杆均与阀芯的 H 槽进行配合,提供反馈力矩。具有前置级故障吸收能力,当出现一度故障时,整个系统的性能不降低,两度故障保持系统的功能可控,多用于对系统可靠性要求极高的场合。

1)产品特点

(1)双喷嘴挡板两级流量控制。

(2)两级设计。

(3)喷嘴挡板前置级。

(4)前置级三冗余设计。

2)应用环境　可靠性要求更高的环境。

3)外形尺寸(附图 5.13)

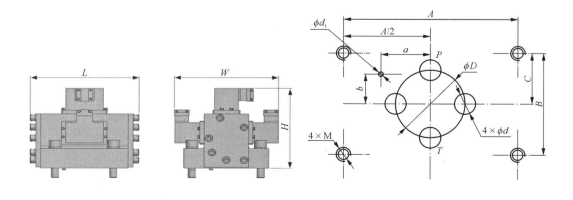

尺寸(mm) 代号	L	H	W	A	B	C	D	d	a	b	d_1	$n\times M$
SFY-2-5P10/3	96	92	115	65	62	28.5	14.2	9.7	—	—	—	4×M8
SFY-3-80P10/3	96	92	115	65	62	28.5	14.2	9.7	—	—	—	4×M8
SFY-6-150P10/3	138	117	130	73	86	43	50.8	15	25.4	—19	5	4×M10

附图 5.13　三余度伺服阀外形及产品安装面尺寸

4）性能指标（附表 5.7）

附表 5.7　三余度伺服阀性能指标

代号 项目	SFY-2-5P10/3	SFY-3-80P10/3	SFY-6-150P10/3
供油压力范围（MPa）	1～28		
额定供油压力 p_s（MPa）	21		
额定电流 I_n（mA）	10		
额定流量 Q_n（L/min）	5	80	150
零偏（%）	≤2		
温漂（%）（$\Delta T = 40℃$）	≤2		
滞环（%）	≤3		
分辨率（%）	≤0.5		
非线性度（%）	≤±5		
不对称度（%）	≤±5		
内泄（L/min）	≤0.6+4%Q_n	≤1.5+2%Q_n	≤1.5+2%Q_n
幅频宽（—3 dB）（Hz）	≥60	≥60	≥40
一度故障幅频宽（Hz）	≥55	≥55	≥38
相频宽（—90°）（Hz）	≥60	≥60	≥40
一度故障相频宽（Hz）	≥55	≥55	≥38
工作温度（℃）	—40～135（丁腈橡胶密封）；—15～180（氟橡胶密封）		
净重（kg）（铝壳体）	≈1.5	≈1.6	≈3.0

5.2.4　SFX 系列机电双输入伺服阀

机电双输入伺服阀（附图 5.14）的力矩马达有控制电流和机械位置两种输入，其是在传统两级伺服阀的基础上增加了机械反馈装置。机械反馈装置主要由一对机械反馈弹簧、机械反馈框架和顶杆组成，机械反馈弹簧的一端与顶杆连接，而顶杆与作动器的锥形作动杆连接，由于作动杆存在锥度，因此，其线位移可以转化为顶杆的线位移，进而使两个已存在预压缩的弹簧形变发

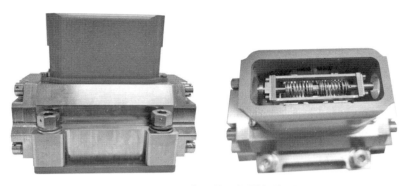

附图 5.14　机电双输入伺服阀外形

生变化,从而对力矩马达产生力矩,这便是机械输入。工作时,当伺服阀线圈输入一定电流时,力矩马达在电磁力矩作用下产生微小偏转,进而导致前置级两控制腔压力不平衡,驱动阀芯产生位移,进而伺服阀输出流量,此时,锥形作动杆产生线位移,由于锥度的存在,顶杆也由此产生线位移,从而使机械反馈弹簧对力矩马达产生与电磁力矩方向相反的力矩,当机械反馈力矩与电磁力矩平衡时,力矩马达回归中位,前置级两控制腔压力平衡,伺服阀不输出流量,作动器停止在某一位置。

　　1)产品特点　机械和电气双输入、伺服机构可断电回零。

　　2)应用环境　机械反馈式伺服系统。

　　3)外形尺寸(附图 5.15)

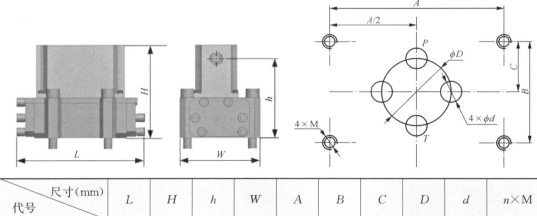

尺寸(mm) 代号	L	H	h	W	A	B	C	D	d	$n\times M$
SFX - 2 - 10D20	74	71	61	66	50	48	24	20	6	4×M6
SFX - 2 - 30D20	74	71	65	66	50	48	24	20	6	4×M8
SFX - 5 - 150D20	110	88	73.9	73	50	59	29.5	32	11	4×M8
SFX - 6 - 200D20	124	97.5	86.2	88	72	72	42	34	13.8	4×M8

附图 5.15　机电双输入伺服阀外形及产品安装面尺寸

4）性能指标（附表 5.8）

附表 5.8　机电双输入伺服阀性能指标

项　　目	指　　标
顶杆额定位移（mm）	±2.5(1±0.025)
额定电流（mA）	±20
双输入增益（mm/mA）	0.125(1±0.025)
双输入线性度（%）	≤2.5
双输入对称度（%）	≤2.5
双输入滞环（mA）	≤0.7

5.2.5　SFS 系列数字伺服阀

5.2.5.1　数字伺服阀

数字伺服阀（专利号：201410589842.5）采用数字控制驱动机构（专利号：201410586488.0）直接驱动功率级滑阀运动，实现数字控制指令与输出流量或压力的线性对应，其外形如附图 5.16 所示。

1）产品特点　与常规伺服阀产品相比，数字伺服阀具有以下优点：

（1）数字式驱动机构取代喷嘴挡板（射流管或偏导流）前置级，产品中不存在对油液清洁度敏感的微小型腔结构，对油液清洁度无特殊要求，抗污染能力强、可靠性高。

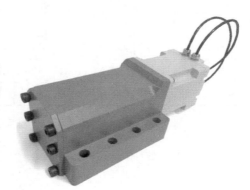

附图 5.16　数字伺服阀外形

（2）驱动机构采用闭环控制，保证了数字伺服阀静态特性更加优异，且温度零漂和压力零漂小，性能更稳定。

（3）数字式控制器可以根据系统实际使用需求进行伺服阀参数的调节，提高产品的系统适应性。

（4）数字控制器的多种总线通信接口，可以与分布式控制系统无缝对接，方便挂载数量众多的数字伺服阀。

（5）数字总线控制功能可以实现与互联网的通信，实现远程诊断、调试和产品维护管理。

2）应用环境

（1）稳定的控制压力。

（2）适当的冷却系统，保证产品在可承受的温度范围内工作。

（3）适用航空液压油或合成液压油等工作介质。

（4）油液清洁度无特别要求。

3）外形尺寸（附图 5.17）

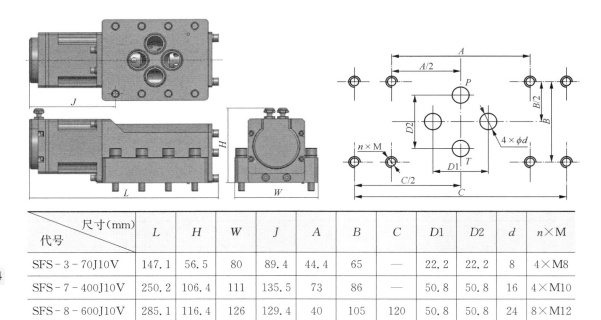

尺寸(mm) 代号	L	H	W	J	A	B	C	D1	D2	d	n×M
SFS-3-70J10V	147.1	56.5	80	89.4	44.4	65	—	22.2	22.2	8	4×M8
SFS-7-400J10V	250.2	106.4	111	135.5	73	86	—	50.8	50.8	16	4×M10
SFS-8-600J10V	285.1	116.4	126	129.4	40	105	120	50.8	50.8	24	8×M12
SFS-9-1500J10V	304.1	126.9	145	150	48	117	112	79	57	28	8×M16

附图 5.17　数字伺服阀外形及产品安装面尺寸

4）性能参数（附表 5.9）

附表 5.9　数字伺服阀性能指标

项目 \ 代号	SFS-3- 70J10V	SFS-7- 400J10V	SFS-8- 600J10V	SFS-9- 1500J10V
供油压力范围（MPa）	2~21（铝壳体），2~35（钢壳体）			
额定电压（V）	10			
额定流量 Q_n（L/min）	70	400	600	1 500
滞环（%）	≤0.5			
分辨率（%）	≤0.2			
非线性度（%）	≤±1			
不对称度（%）	≤±1			
内泄（L/min）	≤2%Q_n			
温度零漂（%）（$\Delta T = 55℃$）	≤2			
压力零漂（%）（$\Delta p = 7$ MPa）	≤0.5			
幅频宽（−3 dB）（Hz）	≥80	≥80	≥75	≥65
相频宽（−90°）（Hz）	≥70	≥60	≥55	≥45
工作温度（℃）	−15~150			

5.2.5.2 两通数字伺服阀(附图 5.18)

1) 产品特点

(1) 二通流量阀。

(2) 静态特性优异,性能稳定。

(3) 抗污染能力强,可靠性高。

(4) 数字控制,多通信接口。

2) 应用环境 适用于航空液压油、合成液压油、煤油等工作介质。

附图 5.18 两通数字伺服阀外形

3) 外形尺寸(附图 5.19)

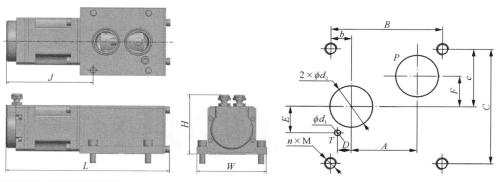

尺寸(mm) 代号	L	H	W	J	A	B	b	C	c	D	E	F	d_1	d_2	$n \times M$
SFS - 3 - 70J10VE	136.7	56.5	67	89.4	16.4	34	9	54	35.5	4	26	17	2.5	14	4×M6
SFS - 9 - 200J10VE	216.5	82.5	92	115	43	73	13.5	78	39	9	25	0	4	28	4×M8

附图 5.19 数字伺服阀外形及产品安装面尺寸

4) 性能参数(附表 5.10)

附表 5.10 数字伺服阀性能指标

代号 项目	SFS - 3 - 70J10VE	SFS - 9 - 1500J10VE
供油压力范围(MPa)	2～21(铝壳体)	
额定电压(V)	5	
额定流量 Q_n(L/min)	70	200
滞环(%)	≤0.5	
分辨率(%)	≤0.2	
非线性度(%)	≤±1	
不对称度(%)	≤±1	

代号 项目	SFS‐3‐70J10VE	SFS‐9‐1500J10VE
内泄（L/min）	$\leqslant 2\%Q_n$	
温度零漂（%）（$\Delta T = 55℃$）	$\leqslant 2$	
压力零漂（%）（$\Delta p = 7$ MPa）	$\leqslant 0.5$	
幅频宽（-3 dB）（Hz）	$\geqslant 80$	$\geqslant 80$
相频宽（$-90°$）（Hz）	$\geqslant 70$	$\geqslant 60$
工作温度（℃）	$-15\sim 150$	
净重（kg）（铝壳体）	0.63	2.75

高端液压元件理论与实践

附录6 中航工业西安飞行自动控制研究所电液伺服阀

6.1 喷嘴挡板式双级电液伺服阀

附图 6.1 NF03C 喷嘴挡板式双级电液伺服阀

NF03C(附图6.1)主要性能指标参数：

外形尺寸   89 mm×84.3 mm×69 mm

使用温度   −40～+135℃

额定供油压力   21 MPa

额定电流   10 mA

内漏   <1.2 L/min

零偏   <3%

线性度   <±7%

对称度   <±5%

滞环   <3%

分辨率

 供油压力 7 MPa 以下 <1%

 供油压力 7 MPa 以上 <0.5%

额度流量   120 L/min

相频动态(20 MPa) ≥50 Hz

(NF02E 双喷嘴挡板阀额定流量 12 L/min,相频响应≥150 Hz)

6.2　喷嘴挡板主备式自检测双级电液伺服阀

主要特点(附图 6.2)：

前置级有主备两个喷挡阀，主阀工作，备阀监控阀工作情况并将液压监控信号(p_{c1} 和 p_{c2})传到下一级监测机构；可实现伺服阀故障的自检测。此主备式自检测伺服阀适合对伺服阀控制安全性能较高的场合。

附图 6.2　喷嘴挡板主备式自
检测双级电液伺服阀

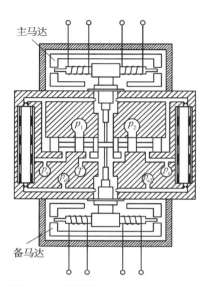

附图 6.3　喷嘴挡板主备式自检测双级
电液伺服阀原理图

工作原理(附图 6.3)：

主备式自检测伺服阀采用主通道工作，备通道监测的工作方式。主备马达接收相同信号；主马达驱动主阀挡板运动，控制功率滑阀两端压力，主阀挡板经反馈杆与功率阀芯连接，通过机械反馈实现输入电流到阀芯位置的线性控制。主阀和备阀的反馈杆共用一个阀芯，工作状态同步，备阀输出的检测压力(p_{c1} 和 p_{c2})与功率阀芯两端压力相同。当主阀出现故障，备阀可将异常的恢复压力输出到下一级舵机，碰撞电磁开关，切断伺服阀电信号，并且沟通进回油口，进行泄压，实现"故障→归零、失效→安全"。

主要性能指标参数：

质量	0.44 kg
外形尺寸	76.6 mm×52 mm×52.5 mm
使用温度	−55～+150℃
额定供油压力	21 MPa
额定电流	10 mA
额定流量	1.3 L/min
内漏	<0.4 L/min
零偏	3%

滞环	$<5\%$
分辨率	$<1\%$
同步压差	$<0.6\,\text{MPa}$
相频响应($21\,\text{MPa}$)	$\geqslant 120\,\text{Hz}$

6.3 喷嘴挡板式高压双单级电液伺服阀

主要特点(附图 6.4):

(1) 该伺服阀是单级阀,没有滑阀放大级。

(2) 有两个力矩马达,每个马达有两组线圈;具有电气四余度,液压两余度。

(3) 两级马达分别输出两路控制压力,可以用来驱动功率滑阀等机构;因为没有机械反馈,如果要求比较高的精度,可以采用电反馈来进行信号控制。

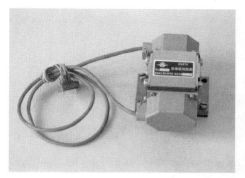

附图 6.4 喷嘴挡板式高压双单级电液伺服阀

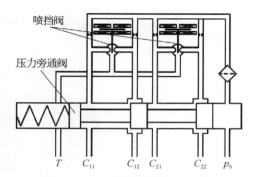

**附图 6.5 喷嘴挡板式高压双单级
电液伺服阀原理图**

工作原理(附图 6.5):

该伺服阀由两个喷挡式单级伺服阀和一个压力旁通阀组成,可作为前置级驱动功率阀芯运动;当给伺服阀线圈施加信号时,衔铁偏转,带动挡板向一侧喷嘴靠近,则该侧喷嘴后腔压力升高,产生压力差,可作为功率阀芯的驱动力。旁通阀的作用是当进回油差值小于规定值时,回中弹簧将阀芯推向右方,阀芯台阶不遮盖窗口,此时挡板两侧喷嘴后腔压力相同(即 $C_{11} = C_{12}$、$C_{21} = C_{22}$),伺服阀没有输出。

主要性能指标参数:

质量	$0.4\,\text{kg}$
外形尺寸	$108\,\text{mm} \times 56\,\text{mm} \times 41\,\text{mm}$
使用温度	$-54 \sim +135\,℃$
额定供油压力	$20.6\,\text{MPa}$
回油压力	$0.5\,\text{MPa}$
额定电流	$15\,\text{mA}$
线性度	$<10\%$
对称度	$<10\%$
滞环	$<0.4\,\text{mA}$

分辨率	<0.1 mA
内漏	<0.7 L/min
输出流量	0.11~0.135 L/min

6.4　偏转板射流电液伺服阀

主要特点(附图 6.6)：

(1)与喷挡阀相比,在动静态性能相当的情况下,偏转板射流伺服阀抗污染能力更强,具有显著的可靠性优势。

(2)与射流管伺服阀相比,在抗污染能力相当的情况下,偏转板射流伺服阀具有更高的动态响应。

(3)体积小、重量轻。

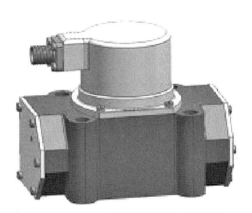

附图 6.6　DJ05 偏转板射流电液伺服阀

DJ05 主要性能指标参数：

质量	<0.8 kg
外形尺寸	94.6 mm×45 mm×75 mm
额定电流	10 mA、40 mA
使用温度	−40~+135 ℃
额定供油压力	20.6 MPa
回油压力	0.5 MPa
内漏(L/min)	<0.75
线性度	<±7%
对称度	<±5%
分辨率	
供油压力 7 MPa 以下	<1%
供油压力 7 MPa 以上	<0.5%
滞环	<±3%
零偏	<±2%
额定流量	170 L/min

相频响应(20 MPa)   ≥45 Hz

（DJ01 偏转板阀额定流量 12 L/min,相频响应≥125 Hz）

6.5 射流管电液伺服阀

主要特点（附图 6.7）：

（1）射流管阀的力矩马达零件全采用压配和焊接结合成一体,并经严格的失效处理消除内应力,结构牢固稳定,零位漂移小,更能承受强冲击及振动。

（2）射流管阀的先导级具有很高的压力效率,因此它能够给滑阀级提供较大驱动力,提高了阀芯的位置重复精度。

（3）射流管阀先导级的最小尺寸特征大,抗污染能力强。

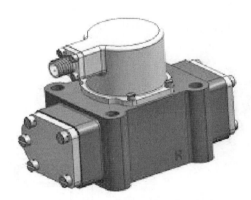

附图 6.7 JP04 射流管电液伺服阀

JP04 主要性能指标参数：

质量	<0.8 kg
额定电流	10 mA、40 mA
使用温度	−40～+135 ℃
额定供油压力	20.6 MPa
回油压力	0.5 MPa
内漏	<1.5 L/min
线性度	<±7%
对称度	<±5%
分辨率	
供油压力 7 MPa 以下	<1%
供油压力 7 MPa 以上	<0.5%
滞环	<±3%
零偏	<±2%
额定流量	170 L/min
相频响应（20 MPa）	≥35 Hz

（JP04 射流管阀额定流量 30 L/min,相频响应≥90 Hz）

附录7 南京机电液压工程研究中心 特殊电液伺服阀

7.1 燃油介质电液伺服阀

1）用途与功能　燃油介质电液伺服阀主要用于地面燃气轮机、航空发动机等液压控制系统设备。其基本功能（流量阀）：阀压降为恒值时，输出与输入电信号成比例地控制流量。

2）结构原理（附图 7.1～附图 7.4）　永磁力矩马达、双喷嘴挡板、力反馈、两级电液伺服阀；永磁力矩马达、射流偏转板、力反馈、两级电液伺服阀；永磁力矩马达、射流管、力反馈、两级电液伺服阀。

3）特点

（1）适用煤油为工作介质。

（2）低供油压力下，具有高的动态响应和优异的静态性能。

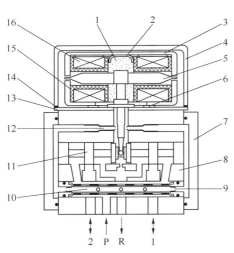

附图 7.1　YX‑27、30、31 型喷嘴挡板型电液伺服阀原理图

1—磁钢；2—上弹性片；3—上导磁体；4—上盖；
5—衔铁组件；6—调整垫片；7—端盖；8—壳体；
9—节流孔；10—油滤；11—阀芯；12—喷嘴；
13—隔板；14—密封垫；15—下导磁体；16—线圈

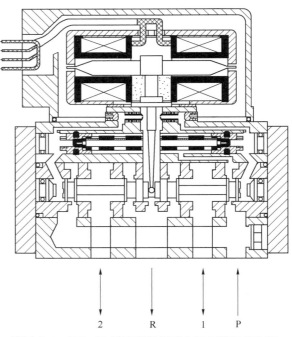

附图 7.2　YX‑28 型喷嘴挡板型电液伺服阀原理图

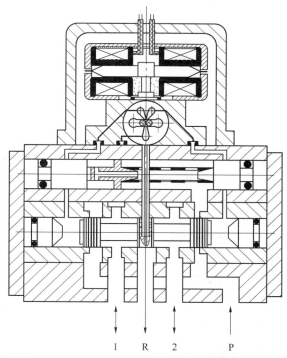

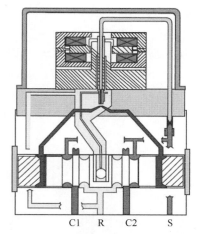

附图 7.3　YX－32 型射流偏转板式电液伺服阀原理图

附图 7.4　SXX－31、32、33 型耐振射流管式电液伺服阀原理图

（3）耐温范围宽，油液、环境温度可达－55～150 ℃、－55～220 ℃。

（4）耐振动、冲击等苛刻环境。

（5）零位稳定性好。

（6）适应侧装和倒装。

（7）具有预先偏置一定零偏值设计，在发动机数控系统掉电情况下，电液伺服阀能够按预先设计的输出功能使发动机处于安全状态，可提高发动机的可靠性。

（8）前置级外罩具有耐压密封功能，可防止弹簧管破裂时燃油外泄。

（9）部分产品采取非管状弹性元件设计，可以避免因管状弹性元件设计在力矩马达发生谐振或高振动量值情况下可能出现破裂漏油现象，进而提高产品使用可靠性。

（10）适用压力范围宽（1.5～21 MPa）。

（11）电气接口可内部走线或电接插件形式。

（12）喷嘴挡板式和射流偏转板式产品结构紧凑、体积小。

（13）射流偏转板式伺服阀相比喷嘴挡板式阀有较强抗污能力，相比射流管式伺服阀有较高零位稳定性和较小的加速度零偏。

4）性能

额定压力：1.5～21 MPa

额定流量：0.4～90 L/min

控制信号：±10 mA、±40 mA、±64 mA、±310 mA 等

滞环：≤4%～6%

分辨率：≤1%～1.5%

线性度：<7.5%

对称度：<10%

重叠：-2.5%～2.5%

内漏：≤0.5～4.2 L/min

零偏：±2%、±4%、±10%、+25%、-50%等

幅频宽：≥50～100 Hz

相频宽：≥60～120 Hz

5）典型产品　典型产品型号：FX-801、FX-802、YX-21～YX-32（附图7.5、附图7.6）、SXX-22～SXX-27（附图7.7）、SXX-30～SXX-34（附图7.8、附图7.9）等。

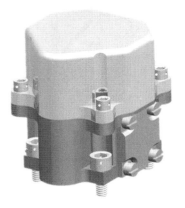

附图 7.5　YX-27、30、31 型
双喷嘴挡板两级电液伺服阀

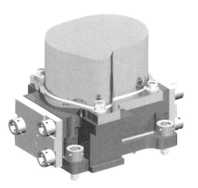

附图 7.6　YX-28 型双喷嘴挡板式
两级电液伺服阀

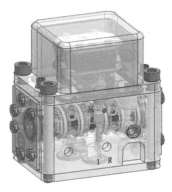

附图 7.7　SXX-25、26、27 型
射流偏转板式电液伺服阀

附图 7.8　YX-32, SXX-31 等型
射流偏转板式电液伺服阀

附图 7.9　SXX-34 等型耐振射流
管式电液伺服阀

7.2　磷酸酯介质电液伺服阀

1）用途与功能　磷酸酯介质电液伺服阀主要用于地面火力发电机、飞机等液压系统设备。

其基本功能(流量阀):阀压降为恒值时,输出与输入电信号成比例地控制流量。

2)结构原理　永磁力矩马达、双喷嘴挡板、力反馈、两级电液伺服阀;永磁力矩马达、射流偏转板、力反馈、两级电液伺服阀。

3)特点

(1)适用磷酸酯液压油工作介质。

(2)零位稳定性好。

(3)结构紧凑、体积小。

(4)电气接口可内部走线或电接插件形式。

4)性能

额定压力:21 MPa

额定流量:1~30 L/min

控制信号:±10 mA、±40 mA、±37 mA 等

滞环:≤4%

分辨率:≤1%

线性度:<7.5%

对称度:<10%

重叠:−2.5%~2.5%

内漏:≤0.5~2 L/min

零偏:±3%

幅频宽:≥100 Hz/50 Hz

相频宽:≥120 Hz/60 Hz

5)典型产品　典型产品型号:FF‑102/TXX(附图 7.10)、FF‑106/TXX、FF‑45X(附图 7.11)等。

附图 7.10　FF‑102/TXX 型双喷嘴挡板式两级电液伺服阀

附图 7.11　FF‑45X/T 型射流偏转板式两级电液伺服阀

7.3　高抗污能力电液伺服阀

1)用途与功能　高抗污能力电液伺服阀适用于地面液压系统、飞机液压系统等设备。基本

功能：阀压降为恒值时，输出与输入电信号成比例地控制流量。

2）结构原理（附图7.12、附图7.13）　有限转角力矩马达、位置电反馈、单级直接驱动电液伺服阀；直线力马达、位置电反馈、单级直接驱动电液伺服阀。

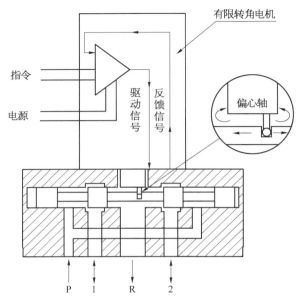

附图 7.12　XX‑33、34 型旋转直接驱动电液流量伺服阀

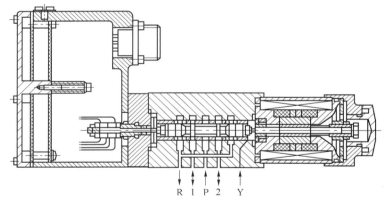

附图 7.13　FF‑133、604 型直线直接驱动型电液流量伺服阀结构原理图

3）特点

（1）无喷嘴挡板、射流管和接收器等前置放大级，突破了抗污能力较强的射流管和射流偏转板式伺服阀目前最大耐受 200 μm 固体污染颗粒尺寸的极限，实现伺服阀前置级抗工作液污染能力质的飞跃；低供油压力下（同时体积质量相当），旋转直接驱动电液伺服阀的阀芯驱动力远比射流管式、射流偏转板式、喷嘴挡板式阀高。

（2）低供油压下（1.5～100 MPa），具有高动态响应（XX‑33、34 为 110 Hz，FF‑133 为 50 Hz）和优异的静态性能。

（3）零位泄漏小。

（4）耐振动、冲击等苛刻环境。

（5）零位稳定性好、性能稳定可靠。

4）性能

额定压力：21 MPa，可在 2～28 MPa 下工作

额定流量：13 L/min、25 L/min、40 L/min、100 L/min，可按需取 1～100 L/min

控制信号：5 V，±10 V，可按需取 10 mA、20 mA 等

滞环：≤2%

分辨率：≤0.8%

线性度：<7%

对称度：<10%

重叠：−2.5%～2.5%

内漏：<0.6 L/min/<0.65 L/min

幅频宽：≥110 Hz

相频宽：≥110 Hz

环境、油液使用温度：−55～120 ℃

质量：≤0.4 kg/0.55 kg（有监控、反馈用位移传感器，含电子控制器）

5）典型产品　典型产品型号：FF-133、FF-604（附图 7.14）、XX-33/T、XX-34/T（附图 7.15）、FF-6XX 等。

附图 7.14　FF-133、604 型直线直驱阀　　　　附图 7.15　XX-33、34 型旋转直驱阀

7.4　防爆电液伺服阀

1）用途与功能　防爆电液伺服阀主要用于煤矿坑道、喷漆机器人等液压设备。基本功能（流量阀）：阀压降为恒值时，输出与输入电信号成比例地控制流量。

2）结构原理　永磁力矩马达、双喷嘴挡板、力反馈、两级电液伺服阀。

3）特点

（1）具备本质安全型技术防护功能（防护标志 ia Ⅱ CT6），适用于易燃易爆环境。

（2）电接插件接线柱符合"爬电距离"要求。

（3）具有机械外调零功能。

4）性能

额定压力：21 MPa，可在 2～21 MPa 下工作

额定流量：9 L/min、12 L/min、37 L/min、40 L/min、75 L/min 等

控制信号：±10 mA、±30 mA

线圈电阻：400 Ω、1 000 Ω

滞环：≤4%

分辨率：≤0.5%

线性度：<7.5%

对称度：<10%

重叠：−2.5%～2.5%

内漏：≤1、2、2.4、4 L/min

零偏：±3%

幅频宽：≥50 Hz

相频宽：≥60 Hz

环境、油液使用温度：−10～40 ℃、−10～60 ℃

5）典型产品　典型产品型号：FF－115、FF－115A 等（附图 7.16）。

附图 7.16　FF－115(A)等型

7.5　水下用电液伺服阀

1）用途与功能　水下用电液伺服阀主要适用于耐外压环境，如水下机器人等液压设备。基本功能：阀压降为恒值时，输出与输入电信号成比例地控制流量。

2）结构原理　永磁力矩马达、双喷嘴挡板、力反馈、两级电液伺服阀；永磁力矩马达、射流偏转板、力反馈、两级电液伺服阀。

3）特点

（1）具有机械、电气外部密封性。

（2）伺服阀外表面耐外压可达 10 MPa。

（3）适合水下环境使用。

4) 性能

工作介质：矿物质液压油

额定压力：21 MPa，可在 2～21 MPa 下工作

额定流量：30 L/min、10 L/min、60 L/min 等

控制信号：±40 mA、±10 mA

滞环：≤4%

分辨率：≤1%

线性度：<7.5%

对称度：<10%

重叠：-2.5%～2.5%

内漏：≤0.5+4%Q_n L/min、0.6+6%Q_n L/min

零偏：±3%

幅频宽：≥100 Hz、80 Hz

相频宽：≥120 Hz、100 Hz

环境、油液使用温度：-55～120 ℃/-55～120 ℃

5) 典型产品　典型产品型号：FF-102/T003、FF-102/T025、FF-106/TXX、FF-45X 等（附图 7.17、附图 7.18）。

附图 7.17　FF-102/T003、T025、FF-106/TXX 型双喷嘴挡板式两级电液流量伺服阀　　**附图 7.18　FF-45X 型射流偏转板式两级电液流量伺服阀**

7.6　高响应电液伺服阀

1) 用途与功能　高响应电液伺服阀主要适用于高响应液压系统，如轧机、液压振动台等液压设备。基本功能：阀压降为恒值时，输出与输入电信号成比例地控制流量。

2) 结构原理（附图 7.19、附图 7.20）　永磁力矩马达、双喷嘴挡板、力反馈、两级电液伺服阀。

3) 特点

(1) 动态响应高。

(2) 滞环小、分辨率高。

(3) 具有机械外调零(FF-171)、电气调零(FF-171/FF-108)功能。

4) 性能

额定压力：21 MPa，可在 2～21 MPa 下工作

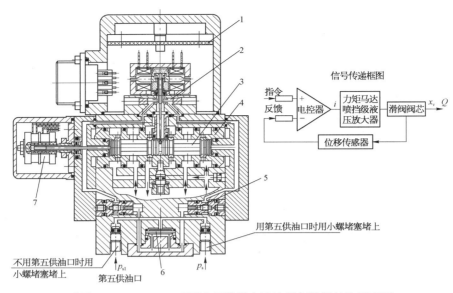

附图 7.19　FF－171 系列电反馈型电液流量伺服阀结构原理图
（差动变压器式位移传感器形式电反馈）

1—电控器；2—喷嘴；3—阀芯；4—阀套；5—固定节流孔；6—油滤；7—位移传感器

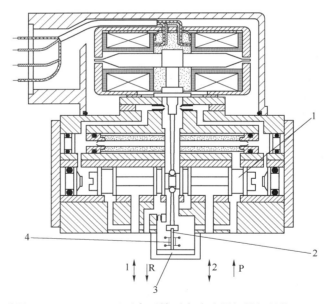

附图 7.20　FF－108 系列电反馈型电液流量伺服阀结构原理图
（弹性悬臂应变片式电反馈）

1—力反馈电液流量伺服阀；2—应变梁；3—位移传感器；4—半导体应变片

额定流量：5～120 L/min 等

控制信号：±10 mA、±10 V

滞环：≤2%

分辨率：≤0.5%

线性度：<7.5%

对称度：<10%

重叠：-2.5%~2.5%

内漏：≤0.5+4%Q_n L/min

零偏：±3%

幅频宽：≥150 Hz(FF-171)/200 Hz(FF-108)

相频宽：≥150 Hz(FF-171)/200 Hz(FF-108)

5) 典型产品　典型产品型号：FF-171、FF-108(附图7.21)。

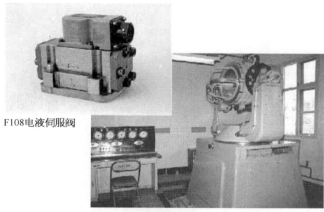

F108电液伺服阀

模拟飞机三轴旋转运动试验台

附图 7.21　FF-108型喷嘴挡板式电反馈电液流量伺服阀及应用

7.7　压力-流量电液伺服阀

1) 用途与功能　压力-流量电液伺服阀适用于负载刚度高、施力系统，如材料试验机、阀控马达等液压系统。基本功能：阀压降为恒值时，输出与输入电信号成比例地控制流量和压力。当伺服阀无负载时，伺服阀输出流量与输入信号成线性比例关系；当伺服阀负载流量为零时，伺服阀输出压力与输入信号呈线性比例关系。

2) 结构原理(附图7.22)　永磁力矩马达、双喷嘴挡板、压力反馈(阀芯力综合式)加力反馈、两级电液压力-流量伺服阀。

3) 特点

(1) 输出流量和压力与输入信号呈线性关系。

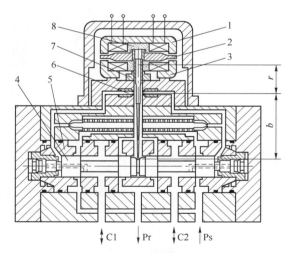

附图 7.22　FF-118型双喷嘴挡板式双向输出两级电液压力-流量伺服阀结构原理图

1—上导磁体；2—衔铁组件；3—下导磁体；4—阀芯；5—阀套；6—喷嘴；7—弹簧管；8—磁铁

（2）根据电信号极性可双向输出控制流量和压力。

（3）有较高的流量-压力系数，负载刚度高的施力系统。

4）性能

供油压力：21 MPa，可在2～28 MPa下工作

额定压力：21 MPa

额定流量：30 L/min、50 L/min、63 L/min、100 L/min 等

控制信号：±40 mA

滞环：≤5%

分辨率：≤1%

线性度：<7.5%

对称度：<10%

重叠：−2.5%～2.5%

内漏：≤1.5+4%Q_n L/min

零偏：±3%

幅频宽：≥50 Hz

相频宽：≥50 Hz

5）典型产品　典型产品型号：FF-118（附图7.23）。

**附图7.23　FF-118型喷嘴挡板式两级
压力-流量电液伺服阀**

7.8　压力电液伺服阀

1）用途与功能　压力电液伺服阀主要适用于地面燃气轮机、飞机机轮刹车、施力系统或静刚度大的系统等液压控制设备。基本功能：阀压降为恒值时，输出与输入电信号成比例地控制压力（单向或双向输出压力）。

2）结构原理（附图7.24～附图7.26）　永磁力矩马达、双喷嘴挡板、压力反馈（阀芯力综合式）、两级电液伺服阀；直线力马达、压力电反馈、单级直接驱动电液伺服阀。

3）特点

（1）输出压力与输入信号呈线性关系。

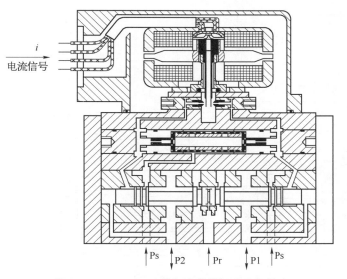

附图 7.24　FF‐119 型双喷嘴挡板式双向输出
两级压力电液伺服阀结构原理图

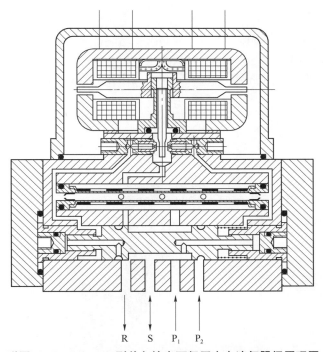

附图 7.25　FF‐126 型单向输出两级压力电液伺服阀原理图

（2）根据电信号极性可双向或单向输出压力。

（3）输出压力范围宽（2～21 MPa）。

（4）频率响应与负载容腔平方根成反比。

（5）直接驱动单级压力电液伺服阀抗污能力强，在低压下动态响应高。

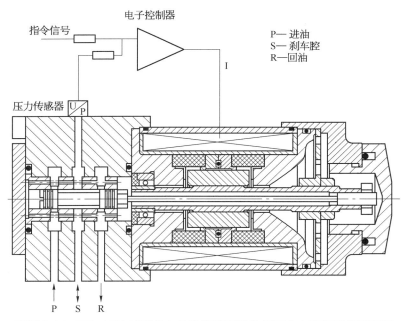

附图 7.26 FF‑132(A)型单向输出直接驱动单级压力电液伺服阀原理图

4）性能

额定电流：7.5、10、15、28 mA 或 15、40 mA 等

额定供油压力：21 MPa

额定控制压力：8 MPa、10 MPa、21 MPa（单向输出）/21 MPa（双向输出）

线性度：≤7.5%

滞环：≤4%

分辨率：≤1%

内漏：≤0.8 L/min

死区/零偏：0.9～1.2 mA/±3%

频率响应、阶跃响应时间：≥15 Hz、17 Hz/≤100 ms/≥50 Hz

5）典型产品　典型产品型号：FF‑119、126 系列、FF‑132 等（附图 7.27～附图 7.30）。

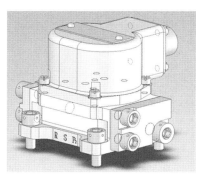

附图 7.27　126 系列喷嘴挡板
两级压力电液伺服阀

附图 7.28　FF‑132 型直线直驱
压力电液伺服阀（带控制器）

附图 7.29 FF‑119 型喷嘴挡板式
两级压力电液伺服阀

附图 7.30 FF‑132A 型直线直驱式
压力电液伺服阀

7.9 特殊单级伺服阀

1) 用途与功能 特殊单级伺服阀适用于航空航天液压伺服系统或发动机数控系统、地面设备液压系统等。双喷嘴挡板式伺服阀基本功能:阀压降为恒值时,输出与输入电信号成比例地控制压力/流量(单向或双向输出压力/流量)。平板式/滑刀式伺服阀基本功能:阀压降为恒值时,输出与输入电信号成比例地控制流量(单向或双向输出压力/流量)。

2) 结构原理(附图 7.31~附图 7.39) 永磁力矩马达、双喷嘴挡板(挡板偏置、对中)、单级电液伺服阀;永磁力矩马达、平板滑阀(滑刀)式、单级电液伺服阀。

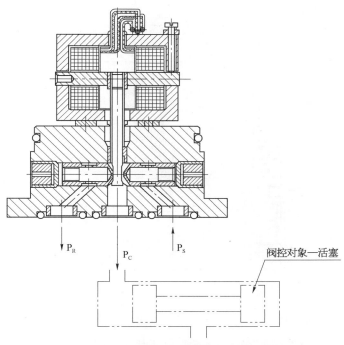

附图 7.31 SXX‑19 型双喷嘴挡板式单级伺服阀原理图

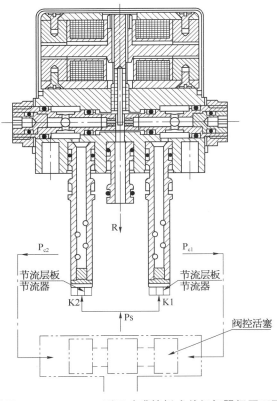

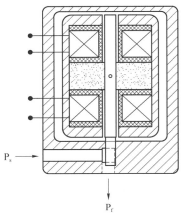

附图 7.32　SXX‑20 型双喷嘴挡板式单级伺服阀原理图

附图 7.33　SXX‑21 型力矩马达滑刀式计量单级伺服阀原理图

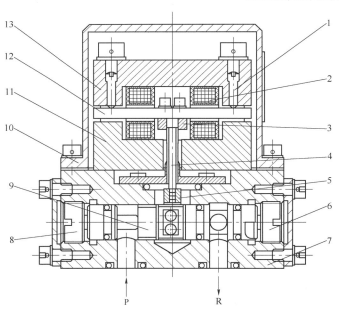

附图 7.34　XX‑28、125 型力矩马达平板单级伺服阀原理图

1—限位螺钉；2—线圈组件；3—弹簧管；4—摆杆；5—滑刀；6—右堵头；7—壳体；
8—左堵头；9—阀芯；10—上盖；11—下导磁体；12—衔铁；13—上导磁体

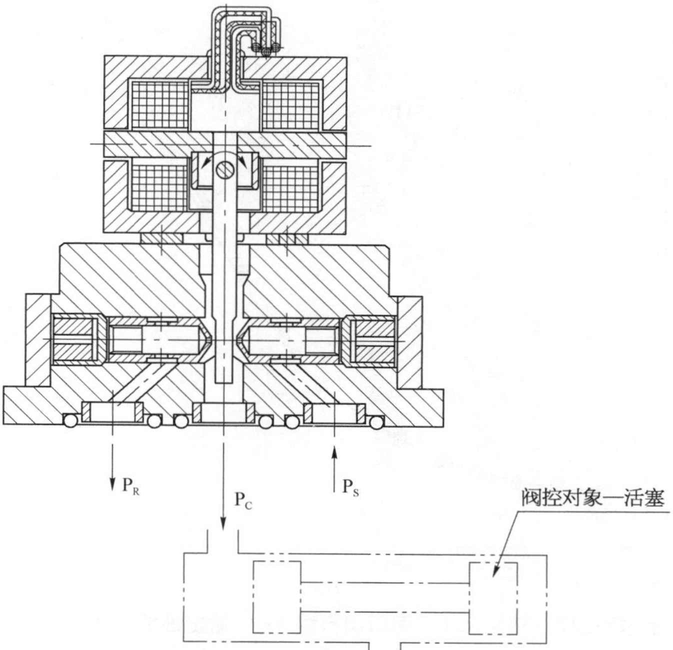

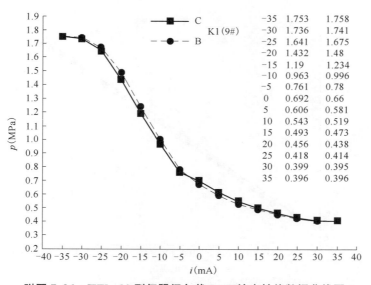

附图 7.35　SXX‑29、33 型双喷嘴挡板式单级伺服阀原理图

	C		−35	1.753	1.758
		K1(9#)	−30	1.736	1.741
	B		−25	1.641	1.675
			−20	1.432	1.48
			−15	1.19	1.234
			−10	0.963	0.996
			−5	0.761	0.78
			0	0.692	0.66
			5	0.606	0.581
			10	0.543	0.519
			15	0.493	0.473
			20	0.456	0.438
			25	0.418	0.414
			30	0.399	0.395
			35	0.396	0.396

附图 7.36　SXX‑20 型伺服阀负载 P2 口输出性能数据曲线图

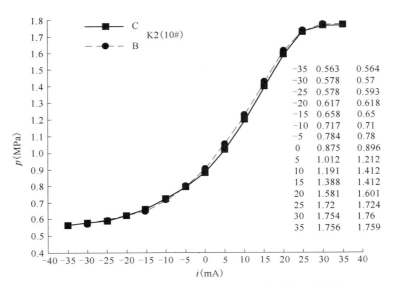

	C	0.563	0.564

附图 7.37　SXX－20 型伺服阀负载 P1 口输出性能数据曲线图

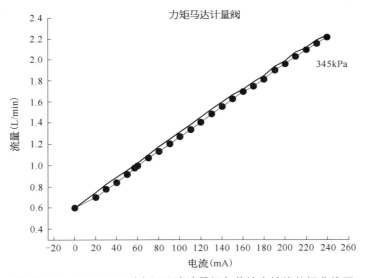

附图 7.38　XXX－21 型力矩马达计量阀负载输出性能数据曲线图

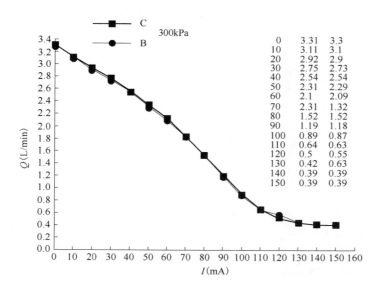

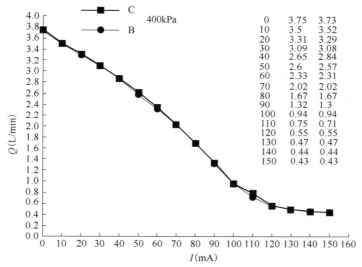

附图 7.39   XXX‑28、XX‑125 型力矩马达计量阀
负载输出性能数据曲线图

3）特点

（1）适用煤油、液压油工作介质。

（2）有较高的抗污能力。

（3）耐温范围宽,油液、环境温度均可达－55～180 ℃。

（4）耐振动、冲击等苛刻环境。

（5）低供油压下,有较好的动态响应和优异的静态性能,零位稳定性好。

（6）结构紧凑、体积小。

（7）电气接口可内部走线或电接插件形式。

4）性能

XXX‐19 型

额定供油压力：1.58 MPa

控制信号：＋(0～100)mA

流量[0 mA、(60±5)mA 时]：0.42/min、0.13 L/min

压力增益：(0.03±0.003)MPa/mA

压力(30 mA 时)：(0.9±0.06)MPa

线性度(在 20～45 mA 之间考核)：≤4%

滞环(在 20～45 mA 之间考核)：≤4%

分辨率：≤0.8%

死区：≤15 mA

内漏：≤0.25 L/min

线圈电阻：140 Ω±14 Ω

阶跃响应：200 ms(信号增加)/100 ms(信号减小)

XXX‐29、33 型

额定供油压力：1.8 MPa/5 MPa

控制信号：±52 mA/＋100 mA

最大流量：1.22 L/min/1.5 L/min

压力增益(在 42～62 mA)：0.03 MPa/mA/0.163 MPa/mA

压力(30 mA 时)：(0.9±0.06)MPa

线性度(在 20～45 mA)：≤4%

 (在 42～62 mA)：≤7.5%

滞环(在 20～45 mA)：≤6%

 (在 42～62 mA)：≤6%

分辨率 ≤0.8%

死区：≤15 mA/40 mA

内漏：≤0.72 L/min/1.2 L/min

阶跃响应：160 ms(信号增加)、130 ms(信号减小)/

 190 ms(信号增加)、160 ms(信号减小)

频率特性：20 Hz/45 Hz/15 Hz/30 Hz

零位压力：0.73/0.83(2 MPa)/—

SXX‐20 型

额定压力：1.9 MPa

输入信号：±35 mA

质量：0.18 kg

环境、油液使用温度：−54～135 ℃，−45～125 ℃

XXX‐21、21A 型

力矩马达驱动电流：0～250 mA

进口压力为 0.345 MPa,驱动电流为 0 mA 时,出口泄漏量不大于 0.15 L/min;

环境温度、介质温度：−54～121 ℃，−54～120 ℃。

高端液压元件理论与实践

XXX-28、XX-125 型

使用环境、介质温度：-40～60 ℃，-50～110 ℃

5) 典型产品　典型产品型号：XXX-19、-20、-21、-28、-29、-33，XX-125 系列等(附图7.40～附图7.44)。

附图 7.40　XXX-19 型力矩马达
双喷嘴挡板式单级伺服阀

附图 7.41　XXX-20 型力矩马达
双喷嘴挡板式单级伺服阀

附图 7.42　XXX-21、21A 型
力矩马达平板计量阀

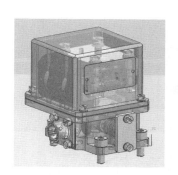

附图 7.43　XXX-28、XX-125 型
力矩马达平板阀

附图 7.44　XXX-29、33 型力矩马达
双喷嘴挡板式单级伺服阀

7.10　余度电液伺服阀

1) 用途与功能　余度电液伺服阀适用于航空、航天要求可靠性高的液压伺服系统等。双喷嘴挡板式伺服阀基本功能：阀压降为恒值时，输出与输入电信号成比例地控制流量。直线直接驱动式伺服阀基本功能：阀压降为恒值时，单向输出与输入电信号成比例地控制压力。

2) 结构原理(附图 7.45、附图 7.46)　永磁力矩马达、双喷嘴挡板、力反馈(三力矩马达)、两级电液伺服阀；直线力马达、压力电反馈(两传感器、电子控制器)、单级直接驱动电液伺服阀。

3) 特点

喷嘴挡板式特点

(1) 力矩马达具有三余度功能，提高产品可靠性。

(2) 结构紧凑、体积小。

(3) 动态响应高。

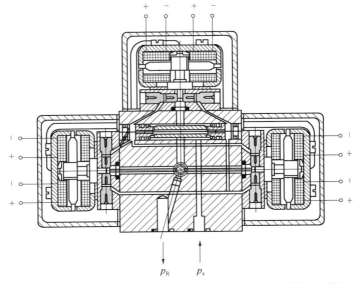

附图 7.45　FF–191 型三余度喷嘴挡板式两级电液流量伺服阀结构原理图

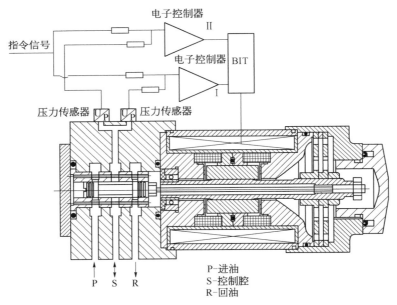

附图 7.46　YPDDV 型两余度直线直接驱动压力伺服阀结构原理图

直线直接驱动式特点

（1）传感器、电子控制器具有双余度功能，提高产品可靠性。

（2）结构紧凑。

（3）动态响应高。

（4）抗污能力强。

4) 性能

喷嘴挡板式性能

额定压力：21 MPa

额定流量：0.4～16 L/min

控制信号：±10 mA、±40 mA 等

滞环：≤4%

分辨率：≤1%

线性度：<7.5%

对称度：<10%

重叠：-2.5%～2.5%

内漏：≤0.5～1.3 L/min

零偏：±3%

幅频宽：≥100 Hz

相频宽：≥120 Hz

直线直接驱动式性能

额定电流：7.5 mA

额定供油压力：21.5+0.7　0 MPa

额定控制压力（额定电流为 7.5 mA）：8 MPa±0.2 MPa

线性度（不包括 1.5 MPa 压力以下,额定控制压力范围内）

滞环：≤4%

分辨率：≤1%

内漏：≤0.8 L/min

死区：0.9～1.2 mA

阶跃响应时间：≤100 ms

5) 典型产品　典型产品型号：FF-191（附图 7.47）、YPDDV（附图 7.48）等。

附图 7.47　FF-191 型三余度喷嘴挡板式
两级电液流量伺服阀

附图 7.48　YPDDV 型两余度直接
驱动压力伺服阀

7.11　廉价电液伺服阀

1）用途与功能　廉价电液伺服阀适用于要求动态响应不高、成本低廉的工业液压系统，如矿山机械、道路工程机械、注塑机、压铸机等设备。基本功能：阀压降为恒值时，输出与输入电信号成比例地控制流量。

2）结构原理　永磁力矩马达、双喷嘴挡板、力反馈两级电液伺服阀。

3）特点

（1）结构原理同喷嘴挡板式两级电液伺服阀，具有较好的静态性能。

（2）具有机械外调零功能。

（3）价格低廉。

4）性能

额定压力：21 MPa，可在 2～21 MPa 下工作

额定流量：10、20、40、60、80 L/min（7 MPa 下）

控制信号：±100 mA

附图 7.49　FF－502 型喷嘴挡板式两级廉价电液流量伺服阀

滞环：≤4%

分辨率：≤1%

线性度：<7.5%

重叠：－2.5%～2.5%

内漏：≤3.5 L/min

零偏：±3%

幅频宽：≥17 Hz

相频宽：≥35 Hz

5）典型产品　典型产品型号：FF－191、YPDDV 系列等（附图 7.49）。

7.12　耐高压电液伺服阀

1）用途与功能　耐高压电液伺服阀适用于高压液压源的液压系统，如飞机、坦克、冶金轧机等液压设备。基本功能：阀压降为恒值时，输出与输入电信号成比例地控制流量。

2）结构原理（附图 7.50）　永磁力矩马达、双喷嘴挡板、力反馈两级电液伺服阀。

3）特点

（1）耐工作压力可达 32 MPa。

（2）具有机械外调零功能。

4）性能

额定压力：28 MPa

额定流量：150 L/min、250 L/min、400 L/min 等

控制信号：±40 mA、±10 mA

零偏：≤±3%

幅频宽：≥30 Hz

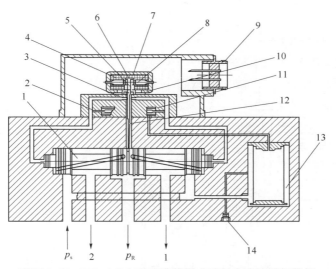

附图 7.50　FF‑113A 型喷嘴挡板式两级电液流量伺服阀

1—阀芯；2—节流孔；3—喷嘴；4—线圈；5—挡板；6—磁钢；7—导磁体；8—弹簧管；
9—插头座；10—调整垫片；11—油滤；12—反馈杆；13—可拆卸油滤；14—第五供油孔

相频宽：$\geqslant 40\ \text{Hz}$

5）典型产品　典型产品型号：FF‑113A 系列（附图 7.51）等。

**附图 7.51　FF‑113A 系列喷嘴挡板式两级
耐高压电液流量伺服阀**

7.13　其他特殊电液伺服阀

1）用途与功能　其他特殊电液伺服阀主要适用于施力液压系统，如疲劳试验机、加载系统等液压设备。主要适用于伺服阀无输入时无流量输出（阀控执行机构无动作）场合，如阀控马达、阀控缸等液压设备。基本功能：阀压降为恒值时，输出与输入电信号成比例地控制流量。

2）结构原理（附图 7.52、附图 7.53）　永磁力矩马达、双喷嘴挡板、力反馈、两级电液流量伺服阀；永磁力矩马达、射流管、力反馈、两级电液流量伺服阀。

3）特点

（1）较合适的压力增益或负重叠，适合加载伺服系统。

（2）较合适的正重叠，适合加载伺服系统。

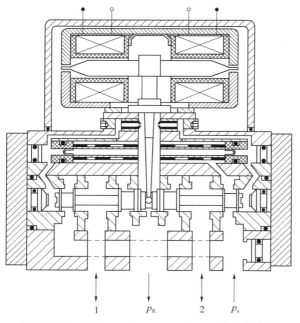

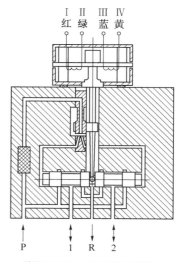

附图 7.52　FF - 102/TXX、106/TXX 系列喷挡式
电液流量伺服阀结构原理图

附图 7.53　129 型射流管式
电液流量伺服阀结构原理图

（3）动态响应较高、滞环小、分辨率高。

4）性能

额定压力：21 MPa，可在 2～28 MPa 下工作

额定流量：5～100 L/min 等

控制信号：±10 mA、±15 mA、±40 mA 等

重叠：最小－3%，最大－80%

　　　最小＋5%，最大＋50%

零偏：≤±3%/±2%

幅频宽：≥40～120 Hz

相频宽：≥50～130 Hz

5）典型产品　典型产品型号：FF - 102/T444、T055、FF - 106/TXX、XX - 106B、129A（附图 7.54、附图 7.55）。

附图 7.54　FF - 102/T444、T055、FF - 106/TXX、XX - 106B 型
双喷嘴挡板式两级电液流量伺服阀

附图 7.55 129A 型射流管式电液流量伺服阀

7.14 零偏手动可调电液伺服阀

1）用途与功能　主要适用于地面液压系统，可应用于对阀零偏有特殊要求的场合。其基本功能：阀压降为恒值下，输出与输入电信号成比例的控制流量。

2）结构原理（附图 7.56）　永磁力矩马达、双喷嘴挡板、力反馈、两级电液流量伺服阀。

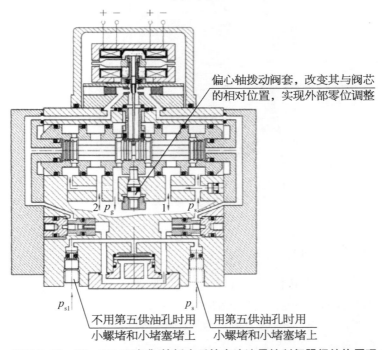

偏心轴拨动阀套，改变其与阀芯的相对位置，实现外部零位调整

$2\ p_g$　　1　　P_s

p_{s1}　　　　　p_s

不用第五供油孔时用　　用第五供油孔时用

小螺堵和小堵塞堵上　　小螺堵和小堵塞堵上

附图 7.56 FF-131 双喷嘴-挡板力反馈电液流量控制伺服阀结构原理

3）特点

（1）性能优良，动态响应高，工作稳定、可靠、寿命长。

（2）模锻铝壳体。

（3）机械零位调节，用户可根据需要手动调节零位。

（4）油滤更换方便。

4）性能

额定压力：21 MPa,可在 2～28 MPa 下工作

额定流量：6.5～100 L/min 等

控制信号：±15 mA、±40 mA 等

工作温度：－30～＋100 ℃

滞环：≤3%

分辨率：≤1%

零偏：≤±3%/±2%

幅频宽：≥50～100 Hz

相频宽：≥50～100 Hz

质量：1 kg

5）典型产品　典型产品型号：FF－131(附图 7.57)等。

**附图 7.57　FF－131 双喷嘴-挡板力反馈
电液流量控制伺服阀**

7.15　大流量电液伺服阀

1）用途与功能　主要适用于高压断路器、液压支架、冲击试验机、锻造液压机等大流量或快速动作的液压设备。其基本功能：阀压降为恒值下,输出与输入电信号成比例的控制流量。

2）结构原理(附图 7.58)　永磁力矩马达、双喷嘴挡板、先导级力反馈、功率阀芯位置电反馈、三级电液流量伺服阀。

3）特点

（1）静态流量大,动态响应高。

（2）内部集成控制器,与 LVDT 等零部件构成伺服阀内部闭环控制。

（3）伺服阀输出线性好。

（4）高分辨率,低滞环。

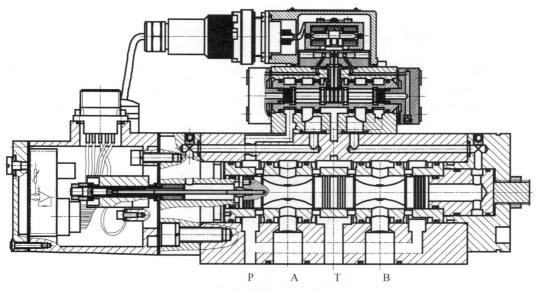

附图 7.58 FF‑791 型喷嘴挡板式三级电液流量伺服阀原理图

（5）先导进回油可选择外控形式。

4）性能

额定压力：21 MPa，可在 2～31.5 MPa 下工作

额定流量：100/160/250 L/min 等

工作温度：－20～＋60 ℃

供电电压：15 V/24 V

滞环：≤0.5%

分辨率：≤0.2%

零偏：≤±3%

阶跃响应：3～10 ms

净重：≤13 kg

5）典型产品 典型产品型号：FF‑791 系列（附图 7.59）等。

附图 7.59 FF‑791 系列喷嘴挡板式三级电液流量伺服阀

7.16　偏导射流电液伺服阀

1）用途与功能　主要适用于军机、民机、大型运输机等的飞行控制系统。其基本功能：阀压降为恒值下，输出与输入电信号成比例的控制流量。

2）结构原理（附图 7.60）　永磁力矩马达、偏导板、力反馈、两级电液流量伺服阀。

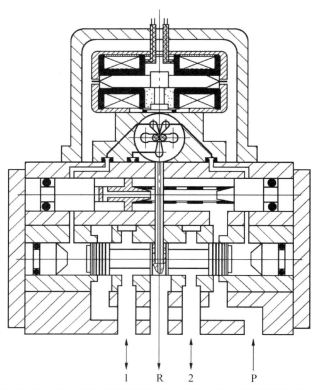

附图 7.60　FF - 261 系列偏导射流电液流量控制伺服阀结构原理

3）特点

（1）抗污染能力强。

（2）与射流管伺服阀相比，不需要绕性供油管，消除了结构上可能出现的振动，工作可靠。

4）性能

额定压力：21 MPa，可在 2～28 MPa 下工作

额定流量：5～30 L/min 等

控制信号：±8 mA、±20 mA、±46 mA 等

工作温度：-55～+150 ℃

滞环：≤4%

分辨率：≤1%

零偏：≤±3%/±2%

幅频宽：≥80 Hz

相频宽：$\geqslant 150\ Hz$

质量：1 kg

5）典型产品　典型产品型号：FF‐261（附图7.61）等。

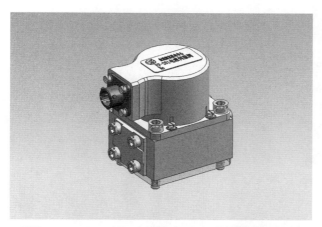

附图7.61　FF‐261系列偏导射流电液流量控制伺服阀